高等学校教材

高分子材料成型加工原理

王贵恒 主编

化学工业出版社

·北京·

图书在版编目（CIP）数据

高分子材料成型加工原理/王贵恒主编 . —北京：化学
工业出版社，1991.2（2024.2重印）
高等学校教材
ISBN 978-7-5025-0862-3

Ⅰ．高…　Ⅱ．王…　Ⅲ．高分子材料-成型-高等学校-
教材　Ⅳ．TB324

中国版本图书馆 CIP 数据核字（95）第 03148 号

责任编辑：杨　菁　　　　　　　　　　装帧设计：宫　历

出版发行：化学工业出版社（北京市东城区青年湖南街 13 号　邮政编码 100011）
印　　刷：三河市航远印刷有限公司
装　　订：三河市宇新装订厂
787mm×1092mm　1/16　印张 21　字数 512 千字　2024 年 2 月北京第 1 版第 35 次印刷

购书咨询：010-64518888　　　　　　售后服务：010-64518899
网　　址：http://www.cip.com.cn
凡购买本书，如有缺损质量问题，本社销售中心负责调换。

定　　价：52.00 元　　　　　　　　　　　　版权所有　违者必究

前　言

本教材是根据化工部于 1978 年 2 月在上海召开的"化工高校专业教材编写工作会议"所拟定的《高分子材料成型加工原理》教材编写大纲进行编写的。

由于聚合物加工技术和工艺的主要理论是以高分子物理学的概念为基础建立起来的，本书的意图是在高分子物理学和其它前修课程（如流体力学、传热学、材料力学和高分子化学等有关内容）的基础上，结合加工方法和工艺过程介绍高分子材料的加工性质（包括加工过程中的行为）和加工原理，为学生从事高分子材料的生产和科学研究工作打下必要的理论基础。因限于篇幅，仅就与成型加工基础理论有密切关系的内容适当地加以介绍，对工艺过程的描述和数学分析则尽量从简。本书可供高等学校高分子化工专业的学生选修和从事高分子材料成型加工的技术人员参考。限于编者水平，书中错误难免，请读者指正。

参加本书编写的有成都科技大学王贵恒（第一篇）、杨国文（第二篇）、邵光达（第三篇第十章）、李克友（第四篇）、河北工学院林锡禧（第三篇第八章和第九章）、吴培熙和张美廉（第五篇）等同志，并由王贵恒同志对全书进行汇总和修改。本书由南京化工学院副教授孙载坚主审和华东化工学院李克斌审阅，并经《高分子材料成型加工原理》审稿会审查。在本书编写和审稿过程中，华东化工学院、南京化工学院、天津大学、华南工学院、清华大学、合肥工业大学、北京工业学院和化工出版社等兄弟院校和单位提出了很多宝贵意见，对本书编写工作给予了大力支持和帮助，谨此致谢。

编者 1979 年 10 月

本书中常出现的主要符号及其意义

符 号	表 示 意 义	符 号	表 示 意 义
B	膨 胀 比	α	热膨胀系数；热扩散系数；拉伸时的收敛角或取向角
D 和 d	直 径		
E	活 化 能	β	特性系数
F	作用力；取向度	γ	应变；形变
H 和 h	厚度；高度	γ_E	普弹形变
ΔH	热 熔	γ_H	高弹形变
I	溶 胀 度	γ_V	粘性形变
K	热传导系数；常数	$\dot{\gamma}$	剪切速率；剪切速度梯度
k	常 数	γ_F	表面张力
L	长 度	δ	厚 度
M	转矩；分子量	ε	拉伸应变；伸长率；拉伸率
M_c	聚合物临界分子量	ε_k	实际拉伸率
$\overline{M}_n$	聚合物数均分子量	ε_b	断裂伸长率
$\overline{M}_w$	聚合物重均分子量	$\dot{\varepsilon}$	拉伸速率；拉伸速度梯度
MI	熔融（流动）指数	η	非牛顿粘度
m	指数；质量	η_a	表观粘度
n	非牛顿指数；转速	η_0	零切（变速率）粘度
P	压力，作用力；分子量分散性	η_∞	极限粘度
$\overline{P}_n$	平均聚合度	η_r	对比（比浓）粘度
ΔP	压 力 降	η_s	溶剂粘度；参考温度时的粘度
Q	聚合物体积流率；热量	η_T	温度 T 时的粘度
Q_p	压力流动或逆流体积流率	Λ	自然拉伸比
Q_D	拖曳流动或正流体积流率	λ	拉伸粘度；导热系数
Q_T	横流体积流率	λ_{Bm}	导湿系数
R	气体常数；半径	μ	牛顿粘度
Re	雷诺准数	ρ	密 度
ΔS	熵	σ	拉应力；作用力
T	温 度	σ_b	抗张（拉伸）强度；极限强度
T_g	聚合物玻璃化温度	σ_y	拉伸屈服（应力）强度
T_f	聚合物流动或软化温度	τ	剪 应 力
T_m	聚合物熔融温度	τ_R 和 τ_r	半径 R 和 r 处的剪切力
T_d	聚合物分解温度	τ_y	剪切屈服（应力）强度
t	时 间	ϕ	流（动）度；旋转角
t^*	聚合物的弹性松弛时间	ϕ_g	玻璃化温度时聚合物的自由体积分率
U	内 能	ϕ_v	聚合物的体积分率
V	体 积	ω	旋转角；夹角
v	速 度	φ_P	聚合物容积百分率
ΔZ	自 由 能	φ_S	溶剂容积百分率

目　　录

绪　　论

聚合物加工是将聚合物（有时还加入各种添加剂、助剂或改性材料等）转变成实用材料或制品的一种工程技术。要实现这种转变，就要采用适当的方法。研究这些方法及所获得的产品质量与各种因素（材料的流动和形变的行为以及其它性质、各种加工条件参数及设备结构等）的关系，就是聚合物加工这门技术的基本任务。它对推广和开发聚合物的应用有十分重要的意义。目前各种聚合物（塑料、橡胶和合成纤维等）的产量已超过六千万吨，应用已遍及国民经济各部门，特别是近廿年来军事及尖端技术对具有各种不同性能聚合物材料的迫切需要，促使聚合物合成和加工的技术有了更快的发展，聚合物成型与加工已经成为一种独立的专门工程技术了。从六十年代以来，由于加工技术理论的研究、加工设备设计和加工过程自动控制等方面都取得了很大的进展，产品质量和生产效率大大提高，产品适应范围扩大，原材料和产品成本降低，聚合物加工工业更进入了一个高速度发展的时期。

加工过程中聚合物表现出形状、结构和性质等方面的变化。形状转变往往是为满足使用的最起码要求而进行的，例如将粒状或粉状聚合物制成各种型材、各种形式的制品等，大多数情况下总是使聚合物流动或变形来实现形状的转变。材料结构的转变包括聚合物组成、组成方式、材料宏观与微观结构的变化等，例如由单纯聚合物组成的均质材料；由不同材料以不同方式加工成的非均质材料，如层压材料、增强材料、多孔材料及其它复合材料等；聚合物结晶和取向也引起材料聚集态变化。这种转变主要是为满足对成品内在质量的要求而进行的，一般通过配方设计、原材料的混合、采用不同加工方法和成型条件来实现。加工过程中材料结构的转变有些是材料本身所固有的，亦或是有意进行的，例如聚合物的交联或硫化、生橡胶的塑炼降解等，有些则是不正常的加工方法或加工条件引起的，例如高温引起的分解、交联或烧焦等。

大多数情况下，聚合物加工通常包括两个过程：首先使原材料产生变形或流动，并取得所需要的形状，然后设法保持取得的形状（即固化）。聚合物加工与成型通常有以下形式：

聚合物熔体的加工——如以挤出、注射、压延或模压等方法制取热塑性塑料型材和制品，热固性塑料则采用模压、注射或传递模塑；橡胶制品的加工也属于这一类；挤出法还可用于纤维纺丝。这些都是用得很广泛的重要加工技术。

类橡胶状聚合物的加工——如采用真空成型、压力成型或其它热成型技术等制造各种容器、大型制件和某些特殊制品。薄膜或纤维的拉伸也属于这一技术范围。

聚合物溶液的加工——如以流涎方法制取薄膜的技术。油漆，涂料和粘合剂等也往往采用溶液方式制造。与挤出技术结合，聚合物溶液还用于湿法或干法纺丝。

低分子聚合物或预聚物的加工——如丙烯酸酯类、环氧树脂、不饱和聚酯树脂以及浇铸聚酰胺等都可用这种技术制造各种尺寸的整体浇铸制件或增强材料。

聚合物悬浮体的加工——如以橡胶胶乳、聚乙酸乙烯酯胶乳或其它胶乳以及聚氯乙烯糊等生产多种胶乳制品、涂料、粘合剂、搪塑塑料制品等。

聚合物的机械加工——考虑到经济上的原因或难以采用前述方法时，可采用机械切屑加工（车、铣、刨等）方法来制取某些产品。主要用于数量不多或尺寸过大的产品，通常是选择适当的"毛坯"来进行的。

可以看出，除机械加工以外的大多数加工技术中，流动-硬化是这些加工过程的基本程序。根据加工方法的特点或聚合物在加工过程变化的特征，可用不同的方式对这些加工技术进行分类。常见的一种分类方法是根据聚合物在加工过程有否物理或化学变化，而将这些加工技术分为三类：第一类是加工过程主要发生物理变化的，热塑性聚合物的加工属于此类，例如注射成型、挤出成型（包括吹塑成型、纤维纺丝）、压延成型、热成型、搪塑成型和流涎薄膜等。加工过程中聚合物都必须加热到软化温度或流动温度以上，通过塑性形变或流动而成型，并通过冷却固化而得成品，这一过程中加热-流动（或形变）和冷却-固化仅是一种物理变化，纤维或薄膜拉伸过程的取向以及聚合物加工过程的结晶作用也是物理变化；第二类是加工过程只发生化学变化的，如铸塑成型中单体或低聚物在引发剂或热的作用下因发生聚合反应或交联反应而固化；第三类则是加工过程中同时兼有物理和化学变化的，在过程中有加热-流动和交联-固化作用，热固性塑料的模压成型、注射成型和传递模塑成型以及橡皮的成型等属于这一类。

这些加工技术大致包括以下四个过程：（i）混合、熔融和均化作用；（ii）输送和挤压；（iii）拉伸或吹塑；（iv）冷却和固化（包括热固性聚合物的交联和橡胶的硫化）。但并不是所有制品的加工成型过程都必须完全包括上述四个步骤，例如注射与模压成型通常就不需要经过拉伸或吹塑，热固性聚合物交联硬化（注：以下将交联硬化与热塑性聚合物的冷却固化均统称硬化）成型后也不需冷却。

由于涂料、粘合剂在加工过程的"转变"技术与塑料、橡胶、纤维加工过程的"转变"技术有一些明显差别，因此本书的内容只着重讨论与塑料、橡胶和纤维有关的加工理论与技术。

第一篇　聚合物加工的理论基础

第一章　材料的加工性质

聚合物具有一些特有的加工性质，如有良好的可模塑性（Mouldability），可挤压性（Extrudability），可纺性（Spinnability）和可延性（Stretchability）。正是这些加工性质为聚合物材料提供了适于多种多样加工技术的可能性，也是聚合物能得到广泛应用的重要原因。本章主要讨论与上述加工性有密切关系的基本性质和聚合物材料加工中松弛过程的特点。

第一节　聚合物材料的加工性

聚合物通常可以分为线型聚合物和体型聚合物。但体型聚合物也是由线型聚合物或某些低分子物质与分子量较低的聚合物通过化学反应而得到的。众所周知，线型聚合物的分子具有长链结构，在其聚集体中它们总是彼此贯穿、重叠和缠结在一起。在聚合物中，由于长链分子内和分子间强大吸引力的作用，使聚合物表现出各种力学性质。聚合物在加工过程所表现的许多性质和行为都与聚合物的长链结构和缠结以及聚集态所处的力学状态有关。

根据聚合物所表现的力学性质和分子热运动特征，可以将聚合物划分为玻璃态（结晶聚合物为结晶态）、高弹态和粘流态，通常称这些状态为聚集态。聚合物可从一种聚集态转变为另一种聚集态，聚合物的分子结构、聚合物体系的组成、所受应力和环境温度等是影响聚集态转变的主要因素，在聚合物及其组成一定时，聚集态的转变主要与温度有关。处于不同聚集态的聚合物，由于主价键与次价键共同作用构成的内聚能不同而表现出一系列独特的性

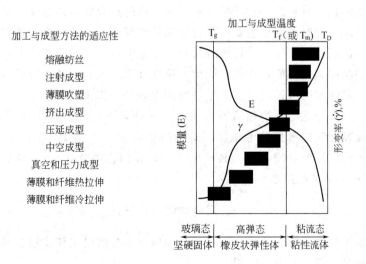

图 1-1　线型聚合物的聚集态与成型加工的关系示意

能，这些性能在很大程度上决定了聚合物对加工技术的适应性，并使聚合物在加工过程表现出不同的行为。图 1-1 以线型聚合物的模量-温度曲线说明聚合物聚集态与加工方法的关系。由于线型聚合物的聚集态是可逆的，这种可逆性使聚合物材料的加工性更为多样化。

聚合物在加工过程中都要经历聚集态转变，了解这些转变的本质和规律就能选择适当的加工方法和确定合理的加工工艺，在保持聚合物原有性能的条件下，能以最少的能量消耗，高效率地制得质量良好的产品。

处于玻璃化温度 T_g 以下的聚合物为坚硬固体。此时聚合物的主价键和次价键所形成的内聚力，使材料具有相当大的力学强度。在外力作用下大分子主链上的键角或键长可发生一定变形，因此玻璃态聚合物有一定变形能力，在极限应力范围内该形变具有可逆性。由于弹性模量高，该形变值小，故玻璃态聚合物不宜进行引起大变形的加工，但可通过车、铣、削、刨等进行机械加工。在 T_g 以下的某一温度，材料受力容易发生断裂破坏，这一温度称为脆化温度，它是材料使用的下限温度。

在 T_g 以上的高弹态，聚合物模量减少很多，形变能力显著增大，但形变仍是可逆的。对于非晶聚合物，在 $T_g \sim T_f$ 温度区间靠近 T_f 一侧，由于聚合物粘性很大，可进行某些材料的真空成型、压力成型、压延和弯曲成型等。但达到高弹形变的平衡值与完全恢复形变不是瞬时的，所以高弹形变有时间依赖性，因此应充分考虑到加工中的可逆形变，否则就得不到符合形状尺寸要求的制品，把制品温度迅速冷却到 T_g 以下温度是这类加工过程的关键。对结晶或部分结晶的聚合物，在外力大于材料的屈服强度时，可在玻璃化温度至熔点（即 $T_g \sim T_m$ 温度）区间进行薄膜或纤维的拉伸。由于 T_g 对材料力学性能有很大影响，因此 T_g 是选择和合理应用材料的重要参数，同时也是大多数聚合物加工的最低温度，例如纺丝过程初生纤维的后拉伸，最低温度不应低于 T_g，实际上在 T_g 以上若干度进行。

高弹态的上限温度是 T_f，由 T_f（或 T_m）开始聚合物转变为粘流态，通常又将这种液体状态的聚合物称为熔体。从 T_f 开始，材料在 T_f 以上不高的温度范围表现出类橡胶流动行为。这一转变区域常用来进行压延成型、某些挤出成型和吹塑成型等。生橡胶的塑炼也在这一温度范围，因此在这一条件下橡胶有较适宜的流动性，在塑炼机辊筒上受到强烈剪切作用，生橡胶的分子量能得到适度降低，转化为较易成型加工的塑炼胶。比 T_f 更高的温度使分子热运动大大激化，材料的模量降低到最低值，这时聚合物熔体形变的特点是不大的外力就能引起宏观流动，此时形变中主要是不可逆的粘性形变，冷却聚合物就能将形变永久保持下来，因此这一温度范围常用来进行熔融纺丝、注射、挤出、吹塑和贴合等加工。过高的温度将使聚合物的粘度大大降低，不适当的增大流动性容易引起诸如注射成型中溢料、挤出制品的形状扭曲、收缩和纺丝过程纤维的毛细断裂等现象。温度高到分解温度 T_d 附近还会引起聚合物分解，以致降低产品物理机械性能或引起外观不良等。因此 T_f 与 T_g 一样都是聚合物材料进行成型加工的重要参考温度。对结晶聚合物，T_g 与 T_m 间有一大致关系。例如对链结构不对称的结晶聚合物，T_m（K）与 T_g（K）的比约为 3：2，因此从结构聚合物的 T_g 可以估计其成型加工的温度。

一、聚合物的可挤压性

聚合物在加工过程中常受到挤压作用，例如聚合物在挤出机和注塑机料筒中、压延机辊筒间，以及在模具中都受到挤压作用。

可挤压性是指聚合物通过挤压作用形变时获得形状和保持形状的能力。研究聚合物的挤出性质能对制品的材料和加工工艺作出正确的选择和控制。

通常条件下聚合物在固体状态不能通过挤压而成型，只有当聚合物处于粘流态时才能通过挤压获得宏观而有用的形变。挤压过程中，聚合物熔体主要受到剪切作用，故可挤压性主要取决于熔体的剪切粘度和拉伸粘度。大多数聚合物熔体的粘度随剪切力或剪切速率增大而降低。

如果挤压过程材料的粘度很低，虽然材料有良好的流动性，但保持形状的能力较差；相反，熔体的剪切粘度很高时则会造成流动和成型的困难。材料的挤压性质还与加工设备的结构有关。挤压过程聚合物熔体的流动速率随压力增大而增加（图1-2），通过流动速度的测量可以决定加工时所需的压力和设备的几何尺寸。

材料的挤压性质与聚合物的流变性（剪应力或剪切速率对粘度的关系），熔融指数和流动速度密切有关。有关流变性和流动速率的测定和计算将在第二章中讨论。

熔融指数是评价热塑性聚合物特别是聚烯烃的挤压性的一种简单而实用的方法，它是在熔融指数仪中测定的，熔融指数仪的结构如图1-3所示。这种仪器只测定给定剪应力下聚合物的流动度（简称流度 ϕ，即粘度的

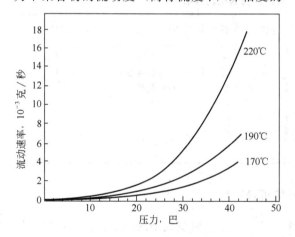

图 1-2　聚丙烯在不同温度下的流动速率
（毛细管直径 d＝1.05 毫米，长径比 L/d＝4.75）

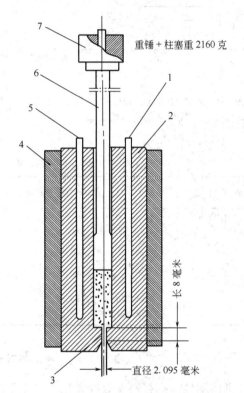

图 1-3　熔融指数测定仪结构示意图
1—热电偶测温管；2—料筒；3—出料孔；4—保温层；
5—加热器；6—柱塞；7—重锤

倒数 $\phi=\dfrac{1}{\eta}$）。用定温下 10 分钟内聚合物从出料孔挤出的重量（克）来表示，其数值就称为熔体流动指数（Melt Flow Index），通常称为熔融指数，简写为〔MI〕或〔MFI〕。

根据 Flory 的经验式，聚合物粘度 η 与重均分子量 $\overline{M}_w$ 有如下关系

$$\log\eta=A+B\overline{M}_w^{1/2} \tag{1-1}$$

式中 A 和 B 均为常数，决定于聚合物的特性和温度。既然 η 与 $\overline{M}_w$ 有上式关系，所以测定的流度实质反映了聚合物分子量的大小。分子量较高的聚合物比分子量较低的聚合物更易于缠结，分子体积更大，故有较大的流动阻力，表现出较高的粘度和低的流动度，亦即熔融指

数〔MI〕低；反之，分子量低流动度高的聚合物〔MI〕值较大。所以〔MI〕是与一定条件下熔体流度 ø 成比例的一个量。

熔融指数测定仪具有结构简单，方法简便的优点。但在荷重 2.16 公斤（重锤与柱塞的重量）和出料孔直径为 2.095 毫米的条件下，熔体中的剪切速率 $\dot{\gamma}$ 值仅约 $10^{-2} \sim 10$ 秒$^{-1}$ 范围，属于低剪切速率下的流动，远比注射或挤出成型加工中通常的剪切速率（$10^2 \sim 10^4$ 秒$^{-1}$）要低，因此通常测定的〔MI〕不能说明注射或挤出成型时聚合物的实际流动性能。但用〔MI〕能方便的表示聚合物流动性的高低，对于成型加工中材料的选择和适用性有参考的实用价值（图 1-4）。

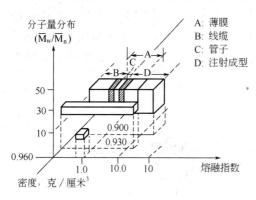

图 1-4 聚乙烯密度、分子量分布和熔融指数与使用范围的关系

熔融指数测定仪主要用于测定在给定温度下一些线型聚合物的〔MI〕，如聚乙烯（190℃），聚丙烯（230℃或 250℃），此外还用于聚苯乙烯、ABS 共聚物、聚丙烯酸酯类、聚酰胺和聚甲醛等。表 1-1 列出了某些加工方法与熔融指数关系的数据。熔融指数为 1.0 时，相当于熔体粘度约为 $1.5 \times 10^4 \mathrm{N} \cdot \mathrm{S/m^2}$（即 1.5×10^5 泊）。

表 1-1　某些加工方法适宜的熔融指数值

加工方法	产品	所需材料的〔MI〕	加工方法	产品	所需材料的〔MI〕
挤出成型	管材	<0.1		瓶（玻璃状物）	1～2
	片材、瓶			胶片（流涎薄膜）	9～15
	薄壁管	0.1～0.5	注射成型	模压制件	1～2
	电线电缆	0.1～1		薄壁制件	3～6
	薄片		涂布	涂敷纸	9～15
	单丝（绳）	0.5～1	真空成型	制件	0.2～0.5
	多股丝或纤维	≈1			

二、聚合物的可模塑性

可模塑性是指材料在温度和压力作用下形变和在模具中模制成型的能力。具有可模塑性的材料可通过注射、模压和挤出等成型方法制成各种形状的模塑制品。

可模塑性主要取决于材料的流变性，热性质和其它物理力学性质等，在热固性聚合物的情况下还与聚合物的化学反应性有关。从图 1-5 可以看出，过高的温度，虽然熔体的流动性大，易于成型，但会引起分解，制品收缩率大；温度过低时熔体粘度大，流动困难，成型性差；且因弹性发展，明显地使制品形状稳定性差。适当增加压力，通常能改善聚合物的流动性，但过高的压力将引起溢料（熔体充满膜腔后溢至模具分型面之间）和增大制品内应力；压力过低时则造成缺料（制品成型不全）。所以图 1-5 中四条线所构成的面积（有交叉线的部分）才是模塑的最佳区域。模塑条件不仅影响聚合物的可模塑性，且对制品的力学性能、外观、收缩以及制品中的结晶和取向等都有广泛影响。聚合物的热性能（如导热系数 λ、热熔 ΔH、比热 C_p 等）影响它加热与冷却的过程，从而影响熔体的流动性和硬化速度，因此也会影响聚合物制品的性质（如结晶、内应力、收缩、畸变等）。模具的结构尺寸也影响聚合物的模塑性，不良的模具结构甚至会使成型失败。

除了测定聚合物流变性之外，加工过程广泛用来判断聚合物可模塑性的方法是螺旋流动试验。它是通过一个有阿基米德螺旋形槽的模具来实现的。模具结构如图1-6所示。聚合物熔体在注射压力推动下，由中部注入模具中，伴随流动过程熔体逐渐冷却并硬化为螺线。螺线的长度反映不同种类或不同级别聚合物流动性的差异。

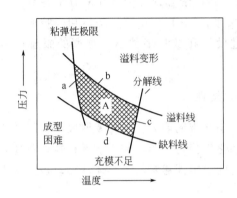

图1-5　模塑面积图
A—成型区域；a—表面不良线；b—溢料线；
c—分解线；d—缺料线

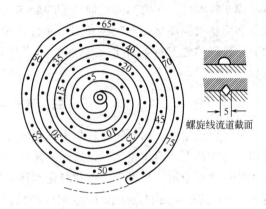

图1-6　螺旋流动试验模具示意（入口处在螺旋中央）

Holmes等人认为在高剪切速率（通常注塑条件）下，螺线的极限长度是加工条件（$\Delta pd^2/\Delta T$）和聚合物流变性与热性能（$\rho\Delta H/\lambda\eta$）两组变数的函数，并将螺线长度L与这两组变数的参数相联系得到以下关系：

$$\left(\frac{L}{d}\right)^2 = C\left(\frac{\Delta Pd^2}{\Delta T}\right)\left(\frac{\rho\Delta H}{\lambda\eta}\right) = C\left(\frac{\Delta Pd}{\eta v}\right)\left(\frac{\Delta H}{\Delta T}\frac{\rho v d}{\lambda}\right) \tag{1-2}$$

式中 d 为螺槽横截面的有效直径；ΔT 为熔体与螺槽壁间的温度差（$T-T_0$）；ΔP 为压力降；ρ 为固体聚合物的密度；ΔH 为熔体和固体之间的热焓差；λ 为固体聚合物的导热系数；η 为熔体粘度；v 为溶体平均线速度。常数 C 由螺线横截面的几何形状决定。

模具的热传导对螺旋线长度的影响可用图1-7说明。当熔体进入模具并与模槽壁接触

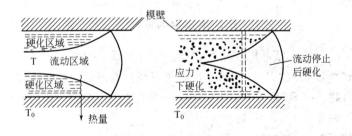

图1-7　模槽中熔体的流动与硬化作用

时，由于模壁温度（T_0）低于熔体温度（T），模壁的热传导作用会使熔体很快冷却和硬化，所以能进入螺槽的聚合物是随冷却速率（亦即熔体与螺槽壁间的温差 ΔT）增加而减少的。

当模壁四周硬化的熔体厚度增加到槽的中心部位时，熔体的流动被阻断并硬化形成表征流动性的螺线。螺线愈长，聚合物的流动性愈好。螺线长度还与熔体流动压力有关，随挤压熔体压力增大（ΔP 增大）而增加。如果较早的停止挤压作用（如退回料筒的柱塞）螺线长度降低，所以挤压时间即注射时间对螺线长度也有影响。从式（1-2）还可看出随聚合物粘度增加，导热性增大和热熔量减小，螺线长度减少。增大螺槽的几何尺寸也能增大螺线长度。

通过螺旋流动试验可以了解：（i）聚合物在宽广的剪切应力和温度范围内的流变性质；（ii）模塑时温度、压力和模塑周期等的最佳条件；（iii）聚合物分子量和配方中各种添加剂成分和用量对模塑材料流动性和加工条件的影响关系；（iv）成型模具浇口和模腔形状与尺寸对材料流动性和模塑条件的影响。后者可通过设计和试验多种不同类型的螺旋模具来实现。

三、聚合物的可纺性

可纺性是指聚合物材料通过加工形成连续的固态纤维的能力。它主要取决于材料的流变性质，熔体粘度、熔体强度以及熔体的热稳定性和化学稳定性等。作为纺丝材料，首先要求熔体从喷丝板毛细孔流出后能形成稳定细流。细流的稳定性通常与由熔体从喷丝板的流出速度 v，熔体的粘度 η 和表面张力 γ_F 组成的数群 $v\eta/\gamma_F$ 有关。

在很多情况下，熔体细流的稳定性可简单表示为

$$\frac{L_{max}}{d} = 36\frac{v\eta}{\gamma_F} \tag{1-3}$$

式中 L_{max} 为熔体细流最大稳定长度；d 为喷丝板毛细孔直径。可以看出增大纺丝速度（相应于熔体细流直径减小）有利于提高细流的稳定性。由于聚合物的熔体粘度较大（通常约 $10^4 N\cdot s/m^2$）表面张力较小（一般约 $0.025N/m$），故 η/γ_F 的比值很大，这种关系是聚合物具有可纺性的重要条件。纺丝过程由于拉伸和冷却的作用都使纺丝熔体粘度增大，也有利于增大纺丝细流的稳定性。但随纺丝速度增大，熔体细流受到的拉应力增加，拉伸形变增大，如果熔体的强度低将出现细流断裂。所以具有可纺性的聚合物还必须有较高的熔体强度。纺丝细流的熔体强度与纺丝时拉伸速度的稳定性和材料的凝聚能密度有关。不稳定的拉伸速度容易造成纺丝细流断裂。当材料的凝聚能较小时也容易出现凝聚性断裂。对一定聚合物，熔体强度随熔体粘度增大而增加。

作为纺丝材料还要求在纺丝条件下，聚合物有良好的热和化学稳定性，因为聚合物在高温下要停留较长的时间并要经受在设备和毛细孔中流动时的剪切作用。

四、聚合物的可延性

可延性表示无定形或半结晶固体聚合物在一个方向或二个方向上受到压延或拉伸时变形的能力。材料的这种性质为生产长径比（长度对直径，有时是长度对厚度）很大的产品提供了可能，利用聚合物的可延性，可通过压延或拉伸工艺生产薄膜、片材和纤维。但工业生产上仍以拉伸法用得最多。

线型聚合物的可延性来自于大分子的长链结构和柔性。当固体材料在 $T_g \sim T_m$（或 T_f）温度区间受到大于屈服强度的拉力作用时，就产生宏观的塑性延伸形变。在形变过程中在拉伸的同时变细或变薄、变窄。材料延伸过程的应力-应变关系如图1-8所示，直线 0—a 线段说明材料初期的形变为普弹形变，杨氏模量高，延伸形变值很小。ab 处的弯曲说明材料抵

抗形变的能力开始降低，出现形变加速的倾向，并由普弹形变转变为高弹形变。b 点称为屈服点，对应于 b 点的应力称为屈服应力 σ_y。从 b 点开始，近水平的曲线说明在屈服应力作用下，通过链段的逐渐形变和位移，聚合物逐渐延伸应变增大。在 σ_y 的持续作用下，材料形变的性质也逐渐由弹性形变发展为以大分子链的解缠和滑移为主的塑性形变。由于材料在拉伸时发热（外力所作的功转化为分子运动的能量，使材料出现宏观的放热效应），温度升高，以致形变明显加速，并出现形变的"细颈"现象。这种因形变引起发热，使材料变软形变加速的作用称为"应变软化"。所谓"细颈"，就是材

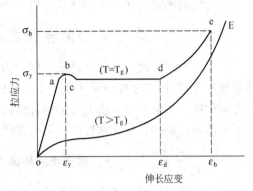

图 1-8　聚合物拉伸时典型的应力-应变图

料在拉应力作用下截面形状突然变细的一个很短的区域（图 1-9）。出现细颈以前材料基本是未拉伸的，细颈部分的材料则是拉伸的。细颈斜边与中心线间的夹角 α 称为细颈角，它与材料拉伸前后的直径有如下关系

$$\tan\alpha = \frac{R - r}{L} \tag{1-4}$$

细颈的出现说明在屈服应力下聚合物中结构单元（链段、大分子和微晶）因拉伸而开始取向。细颈区后（图 1-8 中 cd 线段）的材料在恒定应力下被拉长的倍数称为自然拉伸比 Λ。显然 Λ 愈大聚合物的延伸程度愈高，结构单元的取向程度也愈高。随着取向程度的提高，

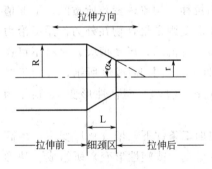

图 1-9　聚合物拉伸时的细颈现象

大分子间作用力增大，引起聚合物粘度升高，使聚合物表现出"硬化"倾向，形变也趋于稳定而不再发展。取向过程的这种现象称为"应力硬化"，它使材料的杨氏模量增加，抵抗形变的能力增大，引起形变的应力也就相应地升高。当应力达到 e 点，材料因不能承受应力的作用而破坏，这时的应力 σ_b 称为抗张强度或极限强度。形变的最大值 ε_b 称为断裂伸长率。显然 e 点的强度和模量较取向程度较低的 c 点要高得多。所以在一定温度下，材料在连续拉伸中拉细不会无限地进行下去，拉应力势必转移到模量较低的低取向部分，使那部分材料进一步取向，从而可获得全长范围都均匀拉伸的制品。这是聚合物通过拉伸能够生产纺丝纤维和拉幅薄膜等制品的原因。聚合物通过拉伸作用可以产生力学各向异性，从而可根据需要使材料在某一特定方向（即取向方向）具有比别的方向更高的强度。

　　聚合物的可延性取决于材料产生塑性形变的能力和应变硬化作用。形变能力与固体聚合物所处的温度有关，在 $T_g \sim T_m$（或 T_f）温度区间聚合物分子在一定拉应力作用下能产生塑性流动，以满足拉伸过程材料截面尺寸减小的要求。对半结晶聚合物拉伸在稍低于 T_m 以下的温度进行，非晶聚合物则在接近 T_g 的温度进行。适当地升高温度，材料的可延伸性能进一步提高，拉伸比可以更大，甚至一些延伸性较差的聚合物也能进行拉伸。通常把在室温至 T_g 附近的拉伸称为"冷拉伸"，在 T_g 以上的温度下的拉伸称为"热拉伸"。当拉伸过程聚合

物发生"应力硬化"后，它将限制聚合物分子的流动，从而阻止拉伸比的进一步提高。

可延性的测定常在小型牵伸试验机中进行。

第二节　聚合物在加工过程中的粘弹行为

聚合物在加工过程中通常是从固体变为液体（熔融和流动），再从液体变为固体（冷却和硬化），所以加工过程中聚合物于不同条件下会分别表现出固体和液体的性质，即表现出弹性和粘性。但由于聚合物大分子的长链结构和大分子运动的逐步性质，聚合物的形变和流动不可能是纯弹性和或纯粘性的，而是弹性和粘性的综合即粘弹性的。

一、聚合物的粘弹性形变与加工条件的关系

按照经典的粘弹性理论，加工过程线型聚合物的总形变 γ 可以看成是普弹形变 γ_E、推迟高弹形变 γ_H 和粘性形变 γ_V 三部分所组成，可用下式表示：

$$\gamma = \gamma_E + \gamma_H + \gamma_V = \frac{\sigma}{E_1} + \frac{\sigma}{E_2}(1 - e^{-\frac{E_2}{\eta_2}t}) + \frac{\sigma}{\eta_3}t \tag{1-5}$$

式（1-5）中 σ 为作用外力；t 为外力作用时间；E_1 和 E_2 分别表示聚合物的普弹形变模量和高弹形变模量；η_2 和 η_3 分别表示聚合物高弹形变和粘性形变时的粘度。

上述三种形变的性质可从聚合物在外力作用下的形变-时间曲线看出（图1-10）。在时间 t_1 时，聚合物受到外力作用产生的普弹形变如图中 ab 线段所示，γ_E 值很小，当外力于时间 t_2 解除时，普弹形变也就立刻恢复（图中 cd 线段）。它是外力使聚合物大分子键长和键角或聚合物晶体中处于平衡状态的粒子间发生形变和位移所引起。推迟高弹形变是外力较长时间作用于聚合物时，由处于无规热运动的大分子链段形变和位移（构象改变）所贡献，形变值大，具有可逆性，它使聚合物表现出特有的高弹性。粘性形变则是聚合物在外力作用下沿力作用方向发生的大分子链之间的解缠和相对滑移，表现为宏观流动，形变值大，具有不可逆性。在外力作用时间 t 内（$t = t_2 - t_1$），高弹形变和粘性形变如图中 bc 线段所示，外力于时间 t_2 解除后，经过一定时间高弹形变 γ_H 完全恢复（图中 de 线段），而粘性形变 γ_V 则作为永久形变存留于聚合物中。

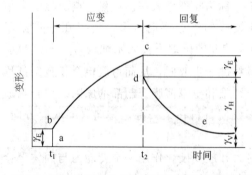

图 1-10　聚合物在外力作用下的形变-时间曲线

在通常的加工条件下，聚合物形变主要由高弹形变和粘性形变（或塑性形变）所组成。从形变性质来看包括可逆形变和不可逆形变两种成分，只是由于加工条件不同而存在着两种成分的相对差异。随着温度的升高，式（1-5）中 η_2 和 η_3 都降低，γ_H 和 γ_V 形变值都增加，但 γ_V 随温度升高成比例地增大，而 γ_H 随着温度的升高其增大的趋势逐渐减小。当加工温度高于 T_f（或 T_m）以致聚合物处于粘流态时，聚合物的形变发展则以粘性形变为主。此时，聚合物粘度低流动性大，易于成型；同时由于粘性形变的不可逆性，提高了制品的长期使用过程中的因次稳定性（形状和几何尺寸稳定性的总称），所以很多加工技术都是在聚合物的粘流状态下实现的，例如注射、挤出、薄膜吹塑和熔融纺丝等。但粘流态聚合物的形变并不是纯粘性的，也表现出一定程度的弹性，例如流动中大分子

因伸展而储藏了弹性能，当引起流动的外力消除后，伸展的大分子恢复蜷曲的过程就产生了高弹形变，它会使熔体流出管口时出现液流膨胀，严重时还引起熔体破裂现象。这种弹性能如果储存于制品中，还会引起制品的形状或尺寸的改变，降低制品的因次稳定性，有时还使制品出现内应力。因此即使在粘流态条件下加工聚合物，也应注意这种弹性效应的影响。

　　加工温度降低到 T_f 以下时，聚合物转变为高弹态，随温度降低，聚合物形变组成中的弹性成分增大，粘性成分减小，由于有效形变值减小，通常较少地在这一范围成型制品。但从式（1-5）中可看出，增大外力 σ 或延长外力作用时间 t，γ_v 能迅速增加，可见在这样的条件下可逆形变能部分地转变为不可逆形变。聚合物在 $T_g \sim T_f$ 温度范围以较大的外力和较长时间作用下产生的不可逆形变常称塑性形变，其实质是高弹态条件下大分子的强制性流动，增大外力相当于降低了聚合物的流动温度 T_f，迫使大分子间产生解缠和滑移，因而塑性形变和粘性形变有相似的性质，但习惯上认为前者发生于聚合物固体，后者发生于聚合物液体。因此在 $T_g \sim T_f$ 之间使聚合物产生塑性形变也是一种重要的加工技术。一些不希望材料有很大流动的加工技术如中空容器的吹塑、真空成型、压力成型以及纺丝纤维或薄膜的热拉伸等就是以适当的外力相配合使聚合物在 $T_g \sim T_f$ 温度范围内成型的。可见在 $T_g \sim T_f$（或 T_m）间，聚合物的形变主要表现为弹性的，但也表现出粘性的性质，调整应力和应力作用时间，并配合适当的温度就能使材料的形变由弹性向塑性转变。但当温度升高到 T_f（或 T_m）以上时，分子热运动加剧也会使塑性形变弹性回复，从而使制品收缩。例如收缩性包装薄膜就是在 T_g 以上适当温度加热预先经过塑性拉伸而含有可逆形变的薄膜，使其产生弹性回复作用而达到密封包装的目的；此外丙烯腈（腈纶）膨体纤维也是加热曾经在 T_g 以上温度进行过二次拉伸，并骤冷保持了可逆性形变的纤维，使其产生不同程度的收缩而制成的。

二、粘弹性形变的滞后效应

　　聚合物在加工过程中的形变都是在外力和温度共同作用下，大分子形变和进行重排的结果。由于聚合物大分子的长链结构和大分子运动的逐步性质，聚合物分子在外力作用时与应力相适应的任何形变都不可能在瞬间完成，通常将聚合物于一定温度下，从受外力作用开始，大分子的形变经过一系列的中间状态过渡到与外力相适应的平衡态的过程看成是一个松弛过程，过程所需的时间称为松弛时间。所以式（1-5）又可表示为：

$$\gamma = \frac{\sigma}{E_1} + \frac{\sigma}{E_2}(1 - e^{-\frac{t}{t^*}}) + \frac{\sigma}{\eta_3}t \tag{1-6}$$

式中 t^* 为推迟高弹形变松弛时间。$t^* = \eta_2/E_2$，其数值为应力松弛到最初应力值 $\frac{1}{e}$（即 36.79%）所需之时间。聚合物大分子松弛过程的速度（即松弛时间）与分子间相互作用能和热运动能的比值有关。提高温度则热运动能增加，分子间作用能减小，大分子改变构象和重排的速度加快，松弛过程缩短。反之，温度降低则延缓松弛速度，增长松弛时间。所以温度对聚合物的松弛过程有很大影响。聚合物成型加工正是利用松弛过程对温度的这种依赖性，辅以适当外力使聚合物在较高的温度下能以较快的速度，在较短的时间内经过形变并形成所需形状的制品。

　　由于松弛过程的存在，材料的形变必然落后于应力的变化，聚合物对外力响应的这种滞后现象称为"滞后效应"或"弹性滞后"。

　　滞后效应在聚合物加工成型过程中是普遍存在的，例如塑料注射成型制品的变形和收缩。当注射制件脱模时大分子的形变并非已经停止，在贮存和使用过程中，制件中大分子的进一步形变能使制件变形。制品收缩的原因主要是熔体成型时骤冷使大分子堆积得较松散（即存在"自由体积"）之故。在贮存或使用过程中，大分子的重排运动的发展，使堆积逐渐紧密，以致密度增加体积收缩。能结晶的聚合物则因逐渐形成结晶结构而使成型制品体积收缩。制品体积收缩的程度是随冷却速度增大而变得严重的，所以加工过程急冷（骤冷）对制件的质量通常是不利的。无论是变形或是体积收缩，都将降低制品的因次稳定性；严重的变形或收缩不匀还会在制品中形成内应力，甚至引起制品开裂；同时并降低制品的综合性能。

　　在 $T_g \sim T_f$ 温度范围对成型制品进行热处理，可以缩短大分子形变的松弛时间，加速结晶聚合物的结晶速度，使制品的形状能较快的稳定下来。某些制品在热处理过程辅以溶胀作用（在水或溶剂中热处理或将制品置于溶剂蒸气中热处理，更能缩短松弛时间）。例如在纤维拉伸定型的热处理中，若吹入瞬时水蒸气，有利于较快地消除纤维中的内应力，提高纤维使用的稳定性。通过热处理不仅可以使制品中内应力降低还能改善聚合物的物理机械性能，这对于那些链段的刚性较大，成型过程中容易冻结内应力的聚合物如聚碳酸酯，聚苯醚、聚苯乙烯等有很重要的意义。

主要参考文献

〔1〕 J. A. Brydson："Plastics Materials" 3nd. ed，Butter Worths，1975

〔2〕 J. M. Mckelvey："Polymer Processing" Wiley 1962

〔3〕〔美〕A. V. 托博尔斯基，H. F. 马克编，《聚合物科学与材料》编译组译：《聚合物科学与材料》，科学出版社，1977

〔4〕 B. A. 卡尔金，Г. Л. 斯洛尼姆斯基著，郝伯林等译：《聚合物物理学概论》科学出版社，1962

〔5〕 D. W. Vankrevelene："Properties of Polymers；Their Estiroation and Correlations With Chemical Structure"，Elevier Publishing Co，1976

〔6〕 小野木　重治："高分子材料科学"，诚文堂新光社，1973

第二章 聚合物的流变性质

如前所述，在大多数加工过程中，聚合物都要产生流动和形变。研究物质形变与流动的科学称为流变学（Rheology）。聚合物流变学的主要研究对象是认识应力作用下高分子材料产生弹性、塑性和粘性形变的行为以及研究这些行为与各种因素（聚合物结构与性质、温度、力的大小和作用方式、作用时间以及聚合物体系的组成等）之间的相互关系。由于流动与形变是聚合物加工过程最基本的工艺特征，所以，流变学研究对聚合物加工有非常重要的现实意义。

聚合物的流变行为十分复杂，例如聚合物熔体在粘性流动时不仅有弹性效应，而且还有热效应。所以，要准确测定聚合物熔体的流变行为就比较困难。迄今，关于聚合物流变行为的解释仍然有很多是定性的或经验性的，若干定量的描述还须附加一些条件，与真实情况比较还不完全符合。所以，聚合物流变学还是一门半经验的物理科学，有关的一些理论尚不十分完善，但流变学的概念已经成为聚合物成型加工理论的重要组成部分，它对材料的选择和使用、加工时最佳工艺条件的确定、加工设备和成型模具的设计以及提高产品质量等都有极重要的指导作用。

第一节 聚合物熔体的流变行为

聚合物在加工过程中的形变系由于外力作用的结果，材料受力后内部产生与外力相平衡的应力。随受力方式的不同应力通常有三种类型：剪切应力 τ、拉伸应力 σ 和流体静压力 P。材料受力后产生的形变和尺寸改变（即几何形状的改变）称为应变 γ。应变方式和应变速率与外力的性质和作用位置有关。在上述三种应力作用下的应变相应为简单的剪切、简单的拉伸和流体静压力的均匀压缩。

单位时间内的应变称为应变速率（或速度梯度），可以表示为

$$\dot{\gamma} = \frac{d\gamma}{dt}$$

聚合物加工时受到剪切力作用产生的流动称为剪切流动。例如聚合物在挤出机、口模、注塑机、喷嘴和流道以及纺丝喷丝板的毛细管孔道中的流动等主要是剪切流动。聚合物在加工过程中受到拉应力作用引起的流动称为拉伸流动，例如初生纤维离开喷丝板时和用吹塑法或拉幅法生产薄膜时都有这种拉伸流动。但是实际加工过程中材料的受力情况非常复杂，往往是三种简单应力的组合，因而材料中的实际应变也往往是二种或多种简单应变的叠加。但仍应指出，此时剪应力的作用和剪切应变更为重要，这是因为聚合物流体在大多数加工过程中剪切流动是主要的形式。拉伸应力和拉伸应变的重要性近几年来也逐渐为人们所认识。除了生产纤维、拉幅薄膜和吹塑薄膜中存在拉伸流动外，拉应力往往与剪应力结合在一起产生一些复杂的流动，如挤出成型和注射成型中物料进入口模、浇口和型腔时流道截面发生改变的条件下所出现的情况。加工中流体静压力对流体流动性质的影响相对地说不及前两者显著，但它对粘度有影响。

聚合物流体可以是处于粘流温度 T_f 或熔点 T_m 以上的熔融状聚合物（即熔体），亦可以

是在不高的温度下仍保持为流动液体的聚合物溶液或悬浮体（即分散体）。这些流体形式在聚合物加工过程中都有广泛的应用。但聚合物熔体的应用在大多数塑料、橡胶和某些纤维的加工成型中占有更重要的地位。因此，有关聚合物流体流动行为的讨论将以熔体的形式为主，在适当地方再结合溶液或悬浮体的流动行为加以比较。

加工过程中聚合物的流变性质主要表现为粘度的变化，所以聚合物流体的粘度及其变化是聚合物加工过程最为重要的参数。根据流动过程聚合物粘度与应力或应变速率的关系，可以将聚合物的流动行为分为两大类：（i）牛顿流体，其流动行为称为牛顿型流动；（ii）非牛顿流体，其流动行为称为非牛顿型流动。以下分别讨论。

一、牛顿流体及其流变方程

众所周知，低分子液体在圆管中流动时，当其雷诺准数（Reynolds number）Re 值小于 2100 时为层流流动，Re 值大于 2500 时液体就从层流逐渐转变为湍流流动，由层流到湍流的过渡区 Re 可达 2000～4000 或更多。聚合物熔体通常在加工过程中的流动基本上是层流流动。一般地，熔体的 Re≪1。

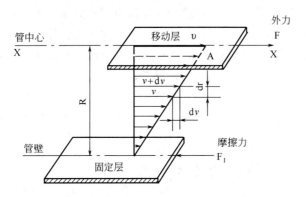

图 2-1 液体在管内流动时流动速度与管子半径的几何关系

为了研究流体流动的性质，可以把层流流动看成是一层层彼此相邻的薄层液体沿外力作用方向进行的相对滑移。液层有平直的平面，彼此之间完全平行。图 2-1 是流动液体中液层移动情况的示意。F 为外部作用于整个液体的恒定的剪切力，A 为向两端无限延伸的液层的面积。液层上的剪应力为

$$\tau = F/A \tag{2-1}$$

（单位：牛顿/米²，即 N/m²*）在恒定的应力作用下液体的应变表现为液层以均匀的速度 v 沿剪切力作用方向移动。但液层间的粘性阻力和管壁的摩擦力使相邻液层间在移动方向上存在速度差。管中心阻力最小，液层移动速度最大。管壁附近液层同时受到液体粘性阻力和管壁摩擦力作用，速度最小，在管壁上液层的移动速度为零（假定不产生滑动时）。当液层间的径向距离为 dr 的两液层的移动速度为 v 和 $v+dv$ 时，则液层间单位距离内的速度差就是速度梯度 $\dfrac{dv}{dr}$。但液层移动速度 v 等于单位时间 dt 内液层沿管轴 X—X 上移动的距离 dx，即 $v=\dfrac{dx}{dt}$。故速度梯度又可表示为

$$\frac{dv}{dr} = \frac{d(dx/dt)}{dr} = \frac{d(dx/dr)}{dt} \tag{2-2}$$

---

* N/m² 为国际单位制（SI）的应力和压强单位，称帕斯卡（Pa），简称帕　$1\text{Pa}=1\text{N/m}^2=\dfrac{1}{9.807}\text{kg/m}^2$
　　$=1.02\times10^{-5}\text{kg/cm}^2$

式（2-2）中（dx/dr）是一个液层相对于另一个液层移动的距离，它是剪切力作用下该层液体产生的剪切应变，即 $\gamma = \dfrac{\mathrm{d}x}{\mathrm{d}r}$。所以式（2-2）可改写为

$$\frac{\mathrm{d}v}{\mathrm{d}r} = \frac{\mathrm{d}\gamma}{\mathrm{d}t} = \dot{\gamma} \quad （单位：秒^{-1}） \tag{2-3}$$

式（2-3）中 $\dot{\gamma}$ 表示单位时间内的剪切应变，即剪切速率。这样，就可用剪切速率来代替速度梯度，且在数值上两者相等。

牛顿（Newton）在研究低分子液体的流动行为时，发现剪应力和剪切速率之间存在着一定的关系，可表示为

$$\tau = \mu\left(\frac{\mathrm{d}v}{\mathrm{d}r}\right) = \mu\,\frac{\mathrm{d}\gamma}{\mathrm{d}t} = \mu\dot{\gamma} \tag{2-4}$$

式（2-4）说明液层单位表面上所加之剪应力 τ 与液层间的速度梯度 $\left(\dfrac{\mathrm{d}v}{\mathrm{d}r}\right)$ 成正比，μ 为比例常数，称为牛顿粘度。μ 是液体自身所固有的性质，μ 的大小表征液体抵抗外力引起流动形变的能力，不同液体的 μ 值不同，与液体的分子结构和液体所处温度有关。其单位为帕斯卡秒*，符号为 PaS。方程式（2-4）称为牛顿流体流动定律，即牛顿流体的流变学方程。

牛顿流体流动过程中应力-应变关系的特点如图 2-2 所示。在应力作用的时间 $t_1 \sim t_2$ 内，应力引起的总应变可由式（2-5）求得

$$\gamma = \frac{\tau}{\mu}(t_2 - t_1) \tag{2-5}$$

可见（i）液体的应变随应力作用时间线性地增加（图 b），即应力-应变速率间成正比关系，因此牛顿液体的应变是剪应力和时间的函数，直线的斜率就是切变速率（或剪切速率）$\dot{\gamma}$。在以剪应力对剪切速率作图时，可以得到一通过坐标原点的直线（图 c），直线的斜率就是液体的牛顿粘度，它表明该液体的粘度值为一常数。牛顿粘度的这一特性还可从粘度对剪切速

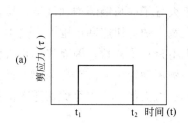

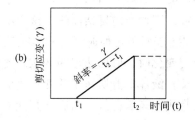

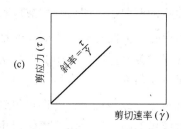

图 2-2　牛顿流体流动时的应力-应变关系和粘度对剪切速率的依赖性

*　* 帕斯卡秒为国际单位制（SI）中粘度的单位。与 CGS 制中粘度单位（泊）可按下式换算：

$1\mathrm{Pa}\cdot\mathrm{s}$（帕斯卡秒）$=1\mathrm{NS/m^2}$（牛顿秒/米^2）$=10\mathrm{P}$（泊）$=10^3\mathrm{cp}$（厘泊）$=0.1020\mathrm{kg}\cdot\mathrm{S/m^2}$（千克力・秒/米^2）

$=10\mathrm{dyn}\cdot\mathrm{S/cm^2}$（达因・秒/厘米^2）

率所作的图中看出（图 d），$\mu-\dot{\gamma}$ 关系为一水平直线，说明牛顿流体的粘度不随剪切速率而变化，始终为一常数；（ii）牛顿流体中的应变具有不可逆性质，应力解除后应变以永久形变保持下来，这是纯粘性流动的特点。

以不同温度下剪应力对剪切速率或粘度对剪切速率作图所得到的曲线，称为流体的流动曲线。它反映了流体的性质，因此，聚合物的流动曲线是确定加工工艺和条件不可缺少的依据。

二、非牛顿流体及其流变行为

由于大分子的长链结构和缠结，聚合物熔体、溶液和悬浮体的流动行为远比低分子液体复杂。在宽广的剪切速率范围内，这类液体流动时剪切力和剪切速率不再成比例关系，液体的粘度也不是一个常数，因而聚合物液体的流变行为不服从牛顿流动定律。通常把流动行为不服从牛顿流动定律的流动称为非牛顿型流动，具有这种流动行为的液体称为非牛顿液体。聚合物加工时大都处于中等剪切速率范围（$\dot{\gamma}=10\sim10^{4}$ 秒$^{-1}$）。此时，大多数聚合物都表现为非牛顿液体。

在以剪应力对剪切速率作图时，不同类型的非牛顿流体的流动曲线已不是简单直线，而是向上或向下弯曲的复杂曲线。这说明不同类型的非牛顿液体的粘度对剪切速率的依赖性不同。图 2-3 表示了几种典型的非牛顿液体的 $\tau-\dot{\gamma}$ 关系。可以看出，当作用于假塑性液体的剪切应力变化时，剪切速率的变化要比剪切应力的变化快得多，而膨胀性液体的流变行为则正好相反，液体中剪切速率的变化比应力的变化来得慢。宾汉液体的流动曲线是不通过坐标原点的直线，表明在低于屈服剪切应力 τ_{y} 的剪应力作用下，液体并不产生应变，只有当应力值大于 τ_{y} 时，液体才表现出和牛顿液体相似的流变行为，所以 τ_{y} 称为宾汉液体的屈服剪应力。曲线的弯曲还说明假塑性液体和膨胀性液体的粘度已不是一个常数，它随剪切速率或剪应力而变化。因此将非牛顿流体的粘度定义为表观粘度 η_{a}（即非牛顿粘度）。在剪应力-剪切速率的双对数坐标图（见图 2-7a）上，表观粘度就是通过曲线的非牛顿区域（即弯曲部分）某点所作斜率为 1 的直线与 $\log\dot{\gamma}=0$（即 $\dot{\gamma}=1$）的垂线交点所对应的数值。以表观粘度 η_{a} 对剪切速率（或剪应力）作图可得到如图 2-4 所示的几种典型的 $\eta_{a}-\dot{\gamma}$ 曲线，可明显看出不同类型液体的粘度对剪切速率的依赖性不同。

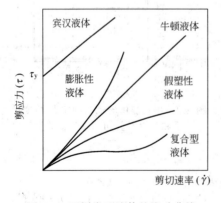
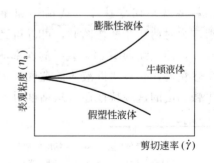

图 2-3　不同类型流体的流动曲线　　　　图 2-4　不同类型流体的粘度-剪切速率关系

非牛顿流体的应力-应变关系曲线示于图 2-5，根据应变中有无弹性效应和应变对时间的关系，通常可将非牛顿流体分为三种类型：

流体分类	I	II	III
	粘性液体	粘弹性液体	时间依赖性液体
流动行为函数表达式	$\dot{\gamma}=f(\tau)$	$\dot{\gamma}=(\tau、\gamma)$	$\dot{\gamma}=f(\tau、\gamma、t)$
应变特征	不可逆形变（即粘性流动）	不可逆形变（粘性流动）与可逆形变（弹性回复）的叠加	与粘弹性液体相同但应变还与应力作用时间有关

可以看出：粘性液体的应变只与应力的量值有关，应变具有永久性质，其应力-应变关系如图 2-5（a）所示。但聚合物熔体并非单纯的粘性液体；高聚物加工过程中能遇到各种假塑性液体、膨胀性液体和宾汉液体等粘弹性液体，它们在粘性流动中的弹性效应已不能忽视，其应变不仅与应力值有关，也与应变的力学平衡条件有关。图 2-5（b）表示了粘弹性液体的应力-应变关系，应变中包括了弹性应变成分。但目前对粘弹性液体弹性行为的认识尚不十分清楚，通常仍将其当成粘性液体处理，但将弹性效应考虑进去，对分析和计算进行必要的修正，这种处理对简化加工过程中聚合物流变性质的计算有着重要的意义；时间依赖性液体在加工过程中较为少见。

从以上讨论可见，非牛顿流体受到外力作用时，其流动行为有以下特征：（i）剪应力和剪切速率间通常不呈比例关系，因而剪切粘度对剪切作用有依赖性；（ii）非牛顿性是粘性和弹性行为的综合，流动过程中包含着不可逆形变和可逆形变两种成分。

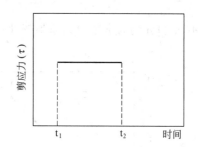

图 2-3 和图 2-4 所表示的 τ—$\dot{\gamma}$、η—$\dot{\gamma}$ 之间关系的流动曲线，对于了解聚合物液体的流动特性来说是很有用的。但要准确地从数学上定量地描述上述流动特性则要困难得多。迄今已经提出了很多这样的数学关系式，它们中的一些纯粹是经验性的，另一些则是在不同程度上将材料的流动行为与分子内在结构相联系而建立起来的。这些数学关系式能说明在一定剪切速率或剪应力条件下材料的非牛顿流动行为，但仍不能很正确地反映在所有情况下（即当剪应力或剪切速率数值范围很宽时）材料的实际流变行为，而且一些公式的计算过程非常繁杂，因而在流变学的实际计算中采用不多，工程上一般都是在不同剪应力或剪切速率下测定材料的流动数据，并绘成流动曲线，再从图上得到用于实际计算的基本数据，或以它来校正某些计算公式。在这些公式中，用于描述非牛顿流体流变行为的指数定律，则是较成功的一个。

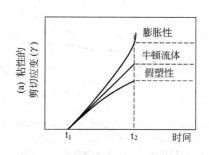

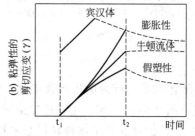

图 2-5 非牛顿流体的应力-应变关系

（一）粘性液体及指数定律

这里指的粘性液体包括假塑性液体、膨胀性液体和宾汉液体。在聚合物成型加工时，假塑性液体是最常见的一种，它包括大多数聚合物的熔体以及所有聚合物在其良性溶剂中的溶液。因而，研究粘性液体，特别是研究其中的假塑性液体的流变行为并分析各种参数对流变行为的影响，对成型加工具有非常实际的意义。

由 Ostwald-De Waele 提出的所谓指数定律方程是一种较能反映粘性液体流变性质的经验性数学关系式，它在有限的范围内（剪切速率通常在一个数量级的范围内）有相当好的准确性，且形式简单。对一定的成型加工过程来说，剪切速率总不可能很宽，因此，指数定律在分析液体的流变行为、加工能量的计算以及加工设备或模具的设计等方面都比较成功。该定律认为：聚合物粘性液体，在定温下于给定的剪切速率范围内流动时，剪切力和剪切速率具有指数函数的关系，其数学式为

$$\tau = K\left(\frac{dv}{dr}\right)^n = K\left(\frac{d\gamma}{dt}\right)^n = K\dot{\gamma}^n \tag{2-6}$$

或

$$\eta_a = \frac{\tau}{\dot{\gamma}} = \frac{K\dot{\gamma}^n}{\dot{\gamma}} = K\dot{\gamma}^{n-1} \tag{2-7}$$

式中 K 和 n 均为常数，系非牛顿性参数。式（2-6）就称为指数定律方程，它与牛顿流体的流动方程（2-4）具有相似的形式，K 相当于牛顿流体的流动粘度 μ，是液体粘稠性的一种量度，称粘度系数。液体愈粘稠 K 值愈高。n 称为流动行为特性指数（简称流动指数），用来表征液体偏离牛顿型流动的程度。当 n=1 时，式（2-6）即与牛顿流体流动方程完全相同，说明该液体具有牛顿流体的流动行为。n 大于 1 或小于 1 时，表明该种液体不是牛顿液体。n 值偏离 1 愈远，液体的非牛顿性愈强。因此指数 n 与表征固体材料性质的模量（E 或 G）或表征牛顿液体性质的粘度 μ 相似，是表征液体真实性质的无因次量。有时称它为结构粘度指数。

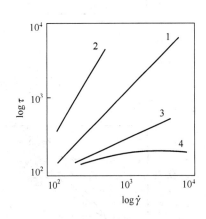

图 2-6　不同类型液体的 $\log\tau - \log\dot{\gamma}$ 关系
1—牛顿液体，斜率 n=1；2—膨胀性液体（服从指数定律），n>1；3—假塑性液体（服从指数定律），n<1；4—假塑性液体（不服从指数定律），n<1

如将指数定律方程式（2-6）用对数形式表示，能更好地了解 n 的意义；

$$\log\tau = \log K + n\log\dot{\gamma} \tag{2-8}$$

只要液体的流动行为服从指数定律，则以剪应力的对数对剪切速率的对数作图就能得到一些直线（图 2-6），指数 n 在双对数坐标图上就是直线的斜率。显而易见，斜率 n=1（即倾斜角为 45°）的直线表示该种材料是牛顿型的。这种情况下，指数定律方程就还原为牛顿定律方程（即式 2-4）。斜率大于 1（即 n>1）时是膨胀性液体，斜率小于 1（即 n<1）则为假塑

性液体。

如果将式（2-7）取对数形式，可得到

$$\log\eta_a = \log K + (n-1)\log\dot\gamma \tag{2-9}$$

以式（2-9）作图可得如图 2-7（b）所示的 $\eta_a - \dot\gamma$ 关系曲线。n＝1 时流体具有牛顿型流动行为，曲线为一平行于 $\log\dot\gamma$ 坐标轴的水平直线。n＜1 和 n＞1 时曲线是弯曲的，说明材料的流变行为具有非牛顿性。

当液体的流动行为不完全服从指数定律时，它们在 $\log\tau - \log\dot\gamma$ 图上表现为稍有弯曲的曲线（图 2-6 曲线 4）可以认为这种液体仍然是假塑性的或膨胀性的，但在流变性质上要比完全服从指数定律的流体有更为复杂的流动规律。

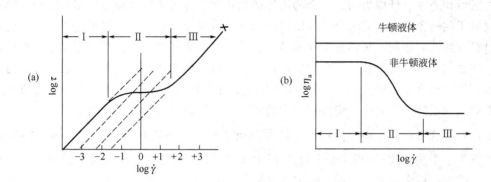

图 2-7　宽剪切速率范围聚合物熔体的 $\log\tau - \log\dot\gamma$ 曲线（a）和 $\log\eta_a - \log\dot\gamma$ 曲线（b）
Ⅰ 和 Ⅲ—牛顿流动区；Ⅱ—非牛顿流动区；Ⅹ—表示熔体破裂

表示假塑性液体或膨胀性液体流动行为的指数函数，还可以由 $\dot\gamma = f(\tau)$ 的函数式得到另一种表达形式：

$$\dot\gamma = k\tau^m \tag{2-10}$$

式中 k 和 m 也是常数。k 称为流动度或流动常数。k 值愈小表明液体愈粘稠，流动也愈困难。比较式（2-10）和式（2-6）可以得到 k 与 K 和 m 与 n 的关系：

$$\left(\frac{1}{k}\right)^n = K \quad 或 \quad k^n = \frac{1}{K} \tag{2-11}$$

$$m = \frac{1}{n} \tag{2-12}$$

m 和指数 n 的意义一样，均是表示液体非牛顿程度的常数。

K 与 k 都是温度的函数，故它们的数值随温度而变化。从式（2-11）可以看出，温度变化时 k 的变动幅度恒大于 K，所以文献上常用 k 而少用 K。

对于服从指数定律的液体，将 k 与 m 值代入式（2-7）可得表观粘度的另一种表达式：

$$\eta_a = K\dot\gamma^{n-1} = k^{-\frac{1}{m}}\gamma^{\frac{1-m}{m}} \tag{2-13}$$

用指数函数式（2-10）描述假塑性液体的流动行为时，m＞1，一般在 1.5～4 的范围，但当剪切速率增高时，某些聚合物的 m 值可达 5。对膨胀性液体则相反，m＜1。m＝1 时则为牛顿液体。

　　1. 假塑性液体和膨胀性液体的流变性质

以上关于聚合物液体流变行为和指数流动定律的讨论，都是局限于剪切速率范围不宽的情况下的。现在要进一步讨论在整个剪切速率范围内聚合物液体的流变性质。图 2-7 所示为假塑性液体在宽剪切速率范围的流动曲线。可看出，在图 2-7 (a) 和 (b) 中曲线均有一个弯曲部分和两个接近于直线的线段部分。因而通常可以将这种流动曲线分成三个区域：第一牛顿区、非牛顿区和第二牛顿区。

　　(1) 第一流动区　是聚合物液体在低剪切速率（或低应力）范围流动时表现为牛顿型流动的区域。某些聚合物的加工过程如流涎成型、塑料糊和胶乳的刮涂和浸渍以及涂料的涂刷等都是在这一剪切速率范围内进行的。在 $\log\tau - \log\dot{\gamma}$ 图中，斜率为 1 的直线说明剪应力与剪切速率成比例关系，液体具有恒定的粘度。解释这一现象的原因也不尽相同，一种看法认为：在低剪切速率或低应力时，聚合物液体的结构状态并未因流动而发生明显改变，流动过程中大分子的构象分布，或大分子线团尺寸的分布以及大分子束（网络结构）或晶粒的尺寸均与物料在静态时相同，长链分子的缠结和分子间的范德华力使大分子间形成了相当稳定的结合，因此粘度保持为常数。另一种看法认为：在较低的剪切速率范围，虽然大分子的构象变化和双重运动有足够时间使应变适应应力的作用，但由于熔体中大分子的热运动十分强烈，因而削弱或破坏了大分子应变对应力的依赖性，以致粘度不发生改变。

　　通常将聚合物流体在第一牛顿流动区所对应的粘度称为零切粘度 η_0（或称为零切变速率粘度或第一牛顿粘度）。在 $\log\tau - \log\dot{\gamma}$ 图上，η_0 可由直线的延伸线与 $\log\dot{\gamma}=0$（即 $\dot{\gamma}=1$ 秒$^{-1}$）处的垂线相交点所代表的 τ 确定（见图 2-7a）。不同聚合物出现第一牛顿区的剪切速率范围不同，故 η_0 也不同。表 2-1 列出了若干种聚合物的 η_0 值。对一定的聚合物来说，η_0 还与分子量、温度和液体的静压力有关。

表 2-1　某些聚合物在低剪切速率下的牛顿剪切粘度 η_0

聚　合　物	温度,K	重均分子量 $\overline{M}_w$	η_0,N·S/m^2	聚　合　物	温度,K	重均分子量 $\overline{M}_w$	η_0,N·S/m^2
高密度聚乙烯	463	10^5	2×10^4	聚甲基丙烯酸甲酯	473	10^5	5×10^4
低密度聚乙烯	443	10^5	3×10^2	聚丁二烯	373	2×10^5	4×10^4
聚丙烯	493	3×10^5	3×10^3	聚异戊二烯	373	2×10^5	10^4
聚异丁烯	373	10^5	10^4	聚对苯二甲酸乙二酯	543	3×10^4	3×10^2
聚苯乙烯	493	2.5×10^5	5×10^3	聚己内酰胺	543	3×10^4	10^2
聚氯乙烯	463	4×10^5	4×10^4	聚碳酸酯	573	3×10^4	10^3
聚醋酸乙烯	473	10^5	2×10^2				

　　(2) 第二流动区　是聚合物液体表现为非牛顿型流动的区域。曲线的弯曲表明，从 $\dot{\gamma}$ 或 τ 增大到某一数值时开始，液体的结构发生了变化。这种变化包括液体中大分子构象的变化、分子束与晶粒尺寸的改变等。液体结构的变化可以导致旧的结构破坏或新的结构形成，结构改变的同时粘度随之变化。但粘度的变化有两种趋势：如果因为剪切作用使液体原有结构破坏，液体的流动阻力减小，以致引起液体表观粘度随 $\dot{\gamma}$ 增大而降低，这种现象称为"切力变稀"；若因新结构形成而导致表观粘度随 $\dot{\gamma}$ 增大而增加的现象则称为"切力增稠"。聚合物液体流动时由于对剪切速率有这种依赖性而表现的粘度，通称为结构粘度。

　　"切力变稀"现象是很多聚合物熔体、溶液以及一些聚合物悬浮体流变行为的特征。从它们的 τ-$\dot{\gamma}$ 图或 η-$\dot{\gamma}$ 图中均可看到曲线偏离牛顿流动曲线而向下弯曲，熔体表观粘度随剪切速率增大而降低的特点。由于曲线在弯曲的起始阶段有类似塑性流动的行为，所以称这种流动为假塑性流动，具有假塑性流动行为（切力变稀）的流体称为假塑性液体。这种液体表观粘度的降低归因于大分子的长链性质。当剪切速率增大时，大分子逐渐从网络结构中解缠和滑移，熔体的结构出现明显的改变，高弹形变相对减小，分子间范德华力减弱，因此流动阻力减小，熔体粘度即随剪切速率增大而逐渐降低，所以增加剪应力就能使剪切速率迅速增大；对具有假塑性行为的聚合物溶液或分散体来说，增大的应力或剪切速率会迫使低分子物质（溶剂）从原来稳定体系中分离出来。这些溶剂原来已经渗透到聚合物大分子线团或粒子内部，并使聚合物大分子溶剂化形成均匀的稳定体系。溶剂的被挤出导致体系的破坏，并使无规线团或粒子的尺寸缩小。由于在这些线团和粒子之间分布了更多的溶液，从而使整个体系的流动阻力大大减小，因此，液体的表观粘度降低。"切力变稀"现象尤以分子链刚性较大和大分子形状不对称的聚合物表现最为显著。

"切力增稠"现象起因于剪切速率或剪应力增加到某一数值时液体中有新的结构形成，引起阻力增加，以致液体的表观粘度随 $\dot{\gamma}$ 或 τ 的增加而增大，这一过程并伴有体积的胀大，因此称这种流体为膨胀性液体。大多数固体含量较大的悬浮液都属于这一类。这种悬浮液在静止时，液体中的固体粒子处于堆砌得很紧密的状态，粒子间空隙很小并充满了液体。如果作用于悬浮液上的剪应力不大或剪切速率很低时，固体粒子在液体的润滑作用下会产生相对滑动，并能在大致保持原有紧密堆砌的情况下使整个悬浮液体系沿受力方向移动，故悬浮液有恒定的表观粘度，因而在低剪切速率范围，膨胀性液体也表现出牛顿型流动行为。当 $\dot{\gamma}$ 和 τ 进一步增加时，粒子的移动速度较快，粒子之间碰撞机会增多，流动阻力增大；同时粒子也不能再保持静止状态时的紧密堆砌，粒子间的空隙增大，悬浮体系的总体积增加，原来那些勉强充满粒子间空隙的液体已不能再充满增大了的空隙，粒子间移动时的润滑作用减小，阻力增大，引起悬浮液表观粘度增加。这些原因使悬浮液在流动过程中能量消耗增大，以致增加剪切力并不能成比例地增大剪切速率。因此，为产生所需剪切速率而需要的剪应力将以非线性方式更快地增长。这种情况正好与假塑性液体的流动性质相反。膨胀性液体一般比较少见，聚氯乙烯糊以及少数含有固体物质的聚合物熔体（包括流动中发生结晶的熔体）等属于这类液体。

（3）第三流动区　和第一流动区一样都是牛顿流动区，但它出现在比第二流动区更高剪切速率或剪应力的范围。这一区域，流体的 $\log\tau - \log\dot{\gamma}$ 曲线恢复成斜率等于1的直线，表明在剪应力或剪切速率很高时，液体的粘度再次表现出不依赖于 τ 和 $\dot{\gamma}$ 而保持为常数。产生这一现象的原因也有不同的解释。一种看法认为剪切速率很高时，聚合物中网络结构的破坏和高弹形变已达极限状态，继续增大 τ 或 $\dot{\gamma}$ 对聚合物液体的结构已不再产生影响，液体的粘度已下降到最低值；另一种看法认为剪切速率很高时，熔体中大分子构象和双重运动的应变来不及适应 τ 或 $\dot{\gamma}$ 的改变，以致液体的流动行

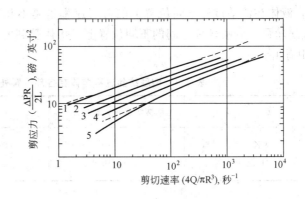

图 2-8　聚乙烯的流动曲线

1—121.1℃；2—148.9℃；3—176.5℃；4—204.2℃；5—234.3℃

为表现出牛顿型流动的特征，粘度保持为常数。在高剪切速率范围，这种不依赖于剪切速率的粘度称为极限粘度（有时又称为第二牛顿粘度），以 η_∞ 表示（见图 2-7a）。

聚合物在非牛顿区（即中等剪切速率范围）的流动行为对成型加工有特别重要的意义，因为大多数聚合物的成型加工都是在这一剪切速率范围内进行的。虽然聚合物的流动曲线在非牛顿区域是弯曲的，但在剪切速率范围很窄的有限区域内，例如对聚合物熔体来说，在剪切速率为 1.5～2 个数量级范围或相当于剪应力约在 1 个数量级范围时流动曲线接近于直线（图 2-8），直线的斜率 $n = d\log\tau/d\log\dot\gamma$。这种处理方法就是将粘弹性液体简化为粘性液体，使聚合物液体粘度和其它流动参数的计算更为方便，因为实际加工过程中剪切速率范围很窄，所以引起的偏差很小。几种聚合物的 n 值对剪切速率的依赖性，列于表 2-2 中。主要成型加工方法的剪切速率范围示于表 2-3 中。

表 2-2   六种热塑性聚合物用于指数定律时 n 的数值

聚合物 剪切速率 秒$^{-1}$	聚甲基丙烯酸甲酯 230℃	共聚甲醛 200℃	聚酰胺-66 285℃	乙丙共聚物 230℃	低密度聚乙烯 170℃	未增塑聚氯乙烯 150℃
10^{-1}	—	—	—	0.93	0.7	—
1	1.00	1.00	—	0.66	0.44	—
10	0.82	1.00	0.96	0.46	0.32	0.62
10^2	0.46	0.80	0.91	0.34	0.26	0.55
10^3	0.22	0.42	0.71	0.19	—	0.47
10^4	0.18	0.18	0.40	0.15	—	—
10^5	—	—	0.28	—	—	—

表 2-3   主要成型加工方法的剪切速率范围

加 工 方 法	剪切速率, 秒$^{-1}$	加 工 方 法	剪切速率, 秒$^{-1}$
模 压	1～10	纤维纺丝	10^3～10^5
混炼与压延	10～10^2	注 射	10^3～10^4（可高至 10^5）
挤 出	10^2～10^3（可低至 10）		

表中所列剪切速率数值是指在成型设备流道或型腔中的一般情况。就同一加工设备来看，液体在流动过程不同位置上的剪切速率也是不相同的。例如熔融纺丝过程从挤出机头（或纺丝泵）到喷丝板之间的不同位置上，熔体受到的剪切速率就有很大的差别，可从表 2-4 中看出。

表 2-4   熔融纺丝过程熔体在各部位置处的最大剪切速率范围

位 置	剪切速率 $\dot\gamma$, 秒$^{-1}$	位 置	剪切速率 $\dot\gamma$, 秒$^{-1}$
VK 管	10^{-3}～10^{-2}	纺丝板孔道	10^2～10^4
分配板	10^{-2}～10^{-1}	纺丝泵	10^4～10^5

与剪切速率相对应的聚合物液体表观粘度 η_a 的数值，一般情况下注射和挤出约为 10～10^4 N·s/m^2（$\dot\gamma = 10^2$～10^4 时），超过 10^4～10^5 N·s/m^2 时挤出就变得非常困难。众所周知，

热塑性塑料的熔体粘度约在 $10\sim10^7\mathrm{N}\cdot\mathrm{s/m^2}$ 范围。对于那些粘度很高（超过 $10^4\sim10^5\mathrm{N}\cdot\mathrm{s/m^2}$）的聚合物，可采用某些特殊方法成型；而表观粘度低于 $10\mathrm{N}\cdot\mathrm{s/m^2}$ 以下的聚合物，则可用压延、模压方法成型；比 $10\mathrm{N}\cdot\mathrm{s/m^2}$ 更低粘度的聚合物可用铸塑、浸渍或刮涂技术，例如粘度约为 $1\mathrm{N}\cdot\mathrm{s/m^2}$ 的塑料溶胶，由于粘度很低，可用搪塑或刮涂等方法生产模制品或涂层制品。

2. 宾汉液体的流变性质

在图 2-4 中还表示了一种与牛顿流体的流动曲线极为相似的称为宾汉液体的曲线。当作用于宾汉液体的应力小于临界值时，液体并不产生流动而类似于固体。当所施应力超过这一临界值时，则能像牛顿液体那样流动。宾汉液体流动应力的这一临界值称为屈服应力。因此，在式（2-6）中引入屈服应力 τ_y 时，则可得到适用于塑性流动的 $\tau\text{-}\dot\gamma$ 关系式：

$$(\tau-\tau_y)=\eta\dot\gamma^n \tag{2-14}$$

可以看出：当 $\tau_y=0$ 和 $n=1$ 时，式（2-14）还原为式（2-4），即材料为牛顿液体；当 $\tau_y=0$ 和 $n\neq1$ 时，式（2-14）则与式（2-6）相同，表明材料是假塑性液体或膨胀性液体；当 $\tau_y\neq0$ 而 $n=1$ 时，式（2-14）变为

$$(\tau-\tau_y)=\eta_p\dot\gamma \tag{2-15}$$

式（2-15）为宾汉液体的流变方程式。式中 η_p 称为宾汉粘度或塑性粘度。宾汉液体流动过程的应变为不可逆的。

宾汉液体流动中屈服应力的存在，表明这种液体具有某种结构。当应力值小于 τ_y 时，这种结构能承受有限应力的作用而不引起任何连续的应变。通常认为，引起这种行为的原因是宾汉液体在静止时内部具有凝胶结构所致。只有当外力大于 τ_y 时，凝胶结构破坏，流体开始流动。但一当宾汉液体流动时，作用于液体上的应力就能引起应变按比例关系发展，因而表现出牛顿型流动的特征。其应力-应变关系如图 2-9 所示。可以看出，在 $t_0\sim t_1$ 时间内，应力值都小于 τ_y，所以液体中没有应变产生，直到 t_1 时应力达到 τ_y 值，液体才开始产生应变。在时间 t_2 时应力除去后，液体中的应变作为永久形变保持下来。

（二）时间依赖性液体

时间依赖性液体是与假塑性或膨胀性液体有相似性质的另一类聚合物液体，这种液体在流动时的应变和粘度不仅与剪应力或剪切速率的大小有关，而且还与应力作用的时间有关。

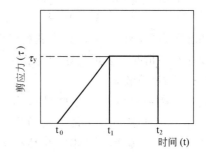

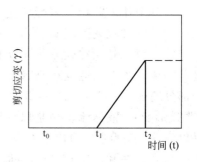

图 2-9 宾汉液体流动时应力-应变关系曲线

图 2-10 表示了应变和粘度对时间的这种依赖性。比较曲线 B 和 C 可知：同样剪切条件（剪应力值相同）下，液体中的应变随剪切时间（即应力作用时间）而增大（C＞B）；从另一方面还可看出时间对液体应变的作用，即对给定应变来说，较低应力较长作用时间与较大应力

较短时间的作用有同样的效果。此外应力在时间依赖性液体中引起的应变还表现出滞后效应，因而在液体中增加应力与降低应力这两个过程的应变曲线不能重合（曲线 B、C 有滞后环，而对照曲线 A 则能完全重合），说明时间依赖性液体的应变与剪切历史有关，液体表现出粘弹性。

液体表观粘度对时间的依赖性也有两种情况；定温下表观粘度随剪切持续时间而降低的液体称为触变性液体；相反，表观粘度随剪切持续时间而增大的液体为震凝性液体，但这种液体不及触变性液体重要。产生触变行为的原因是某些液体静置时聚合物粒子间能形成一种非永久性的次价交联点（缔合现象），因而表现出很大的粘度，类似凝胶。当外部剪切力作用而破坏暂时交联点时，粘度即随剪切速率和剪切时间增加而降低；产生震凝性行为的原因是溶液中不对称的粒子（椭球形线团）在剪切力场的速度作用下取向排列形成暂时次价交联点所致，这种缔合使粘度不断增加，最后形成凝胶状，只要外力作用一停止，暂时交联点就消失，粘度重新降低。解变性和震凝性液体中的粘度变化都是可逆的，因为液体中的粒子或分子并没有发生永久性的变化。

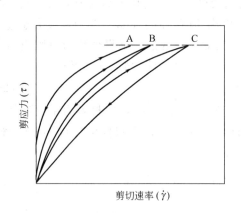

图 2-10　时间依赖性液体的剪应力和剪切速率关系曲线
A—非时间依赖性液体；B、C—时间依赖性液体
应力作用时间 C＞B

聚合物加工常用的材料中，只有少数聚合物的溶液或悬浮体呈时间依赖性，例如聚氯乙烯树脂溶胶在有些情况下表现为触变性液体。

（三）粘弹性液体

这是一类在粘性流动中弹性行为已不能忽视的液体，例如聚乙烯、聚甲基丙烯酸甲酯以及聚苯乙烯的熔体等。液体中弹性行为是流动过程中聚合物大分子构象改变（蜷曲变为伸展）所引起，大分子伸展贮存了弹性能大分子恢复原来蜷曲构象的过程就引起高弹形变并释放弹性能。如第一章所述，在通常加工条件下，聚合物在剪切流动中总的应变由高弹形变和粘性流动两部分组成，如式（1-5）或式（1-6）所示（忽略普弹形变）。液体流动中是以粘性形变为主还是以弹性形变为主，取决于外力作用时间 t 与松弛时间 t^* 的关系。当 $t \gg t^*$ 时，即外力作用时间比松弛时间长得多时，液体的总形变中以粘性形变为主。反之将以弹性形变为主。对粘度很低的简单液体，$t^* \approx 10^{-11}$ 秒；对基本上表现为固体的物质，$t^* \textgreater 10^4$ 秒；一般粘弹性聚合物液体的松弛时间在 $10^{-4} \sim 10^4$ 秒之间。

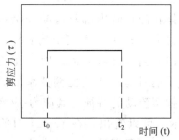

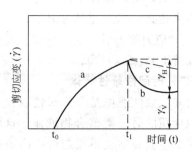

图 2-11　粘弹性液体的应力-应变关系曲线
a—成型加工时的形变（T＞T_g）；b—成型后可逆形变回复（T＞T_g）；c—成型后可逆形变回复（T＝室温或 T＜T_g）

流动液体中弹性形变与聚合物的分子量，外力作用的速度或时间以及熔体的温度等有关。一般，随分子量增大，外力作用时间缩短（或作用速度加快）以及当熔体的温度稍高于材料熔点时，弹性现象表现特别显著。聚合物挤出过程的出口膨胀就是一种典型的弹性效应。

粘弹性液体的应力-应变关系如图 2-11 所示。可以看出，γ_H 是总形变的可逆部分，γ_v 则是不可逆部分，并以永久形变存在于液体中。

三、热塑性和热固性聚合物流变行为的比较

在通常加工条件下，对热塑性聚合物加热乃是一种物理作用，其目的是使聚合物达到粘流态（或软化）以便于成型，材料在加工过程所获得的形状必须通过冷却来定型（硬化）。虽然，由于多次加热和受到加工设备的作用会引起材料内在性质发生一定变化（如聚合物降解或局部交联等），但并未改变材料整体可塑性的基本特性，特别是材料的粘度在加工条件下基本没有发生不可逆的改变。

但热固性聚合物则不同，加热不仅可使材料熔融，能在压力下产生流动、变形和获得所需形状等物理作用；并且还能使具有活性基团的组分在足够高的温度下产生交联反应，并最终完成硬化等化学作用。一旦热固性材料硬化后，粘度变为无限大，并失去了再次软化、流动和通过加热而改变形状的能力。可见热固性聚合物加工过程中粘度的这种变化规律与热塑性聚合物有着本质的差别。

热固性聚合物的粘度也受剪切速率的影响，但化学反应　硬化速度的影响更为重要。剪切作用增加了活性分子间的碰撞机会，降低了反应活化能，交联反应速度增加，熔体粘度随之增大。同时由于大多数交联反应是放热反应，系统温度的升高加速了交联固化过程，从而导致粘度更迅速增大。因此，热固性聚合物熔体的剪切粘度可以用剪切速率 $\dot{\gamma}$、温度 T 和硬化程度 α 的函数式表示，即

$$\eta = f(\dot{\gamma},\ T,\ \alpha) \tag{2-16}$$

但上式仅是一种定性的表达式，由于热固性聚合物加工过程中化学反应的复杂性，以及由于这种反应所引起的一系列复杂的物理和化学变化，使得要用定量的关系来描述热固性聚合物熔体的流变行为变得非常困难，至今仍只能定性地了解这些过程。

Gibson 认为，由于热聚合反应的影响，热固性聚合物组分在某一温度范围的流度 ϕ（粘度的倒数）随时间增长而降低的关系可用下式表示：

$$\phi = \frac{1}{\eta} = Ae^{-at} \tag{2-17}$$

式中 A、a 均为常数；t 为加热时间，流度随 t 增加而降低，即 η 增大时，流动速度相应降低。这种关系可由图 2-12（1）和（2）中看出。显然，加热初期流动性的增大（粘度降低）是由于热松弛作用的结果，在达到硬化之前的一段时间，体系粘度随时间的变化不大，过此之后，聚合与交联反应进一步进行，聚合物分子量很快增大而导致流动性迅速减小。

热固性聚合物的加工温度对熔体流动性的影响可以用硬化时间 H 来表征。使流动度降低到某一定值时所需之时间 H 与温度的关系可表示为

$$H = A'e^{-bT} \tag{2-18}$$

式中 A'、b 均为常数；T 为加工时的温度。可以看出，随加工温度升高固化时间会缩短，表明固化速度随温度升高而加快，而聚合物的流动性则随温升高而很快地降低。这种关系

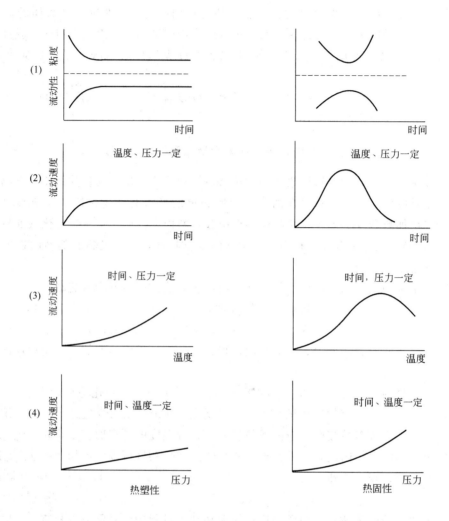

图 2-12　热塑性聚合物和热固性聚合物流动行为的比较

可从图 2-12（3）中看出。温度对流动性的影响是由粘度和固化速度两种互相矛盾的因素决定的，这种关系可进一步用图 2-13 来说明。可以看出，在较低温度范围内温度对粘度的影响起主导作用，在 T_{max} 以下，粘度随温度升高而降低，所以交联之前总的流动随温度上升而增加；而在较高的温度范围（即 T_{max} 以上），则对化学交联反应起主导作用，随温度升高，交联反应速度加快，熔体的流动性迅速降低。所以热固性聚合物的交联速度可以通过温度来控制。温度的这种特性正是热固性塑料注射成型中注塑机与模具分别采用不同温度的原因，例如，注射的最佳温度应是产生最低粘度而又不引起迅速交联的温度，浇口和模具的温度则应是有利于迅速硬化的温度。因此，对热固性聚合物来说，正确的加工工艺的关键是使聚合物组分在交联之前完成流动过程。

考虑到时间和温度因素的影响，对很多热固性聚合物来说，在一定温度 T 和时间 t 时其硬化速度 v_c 可用如下经验式表示：

$$v_c = Ae^{at+bT} \tag{2-19}$$

式（2-19）仍然是一种定性的表达式。考虑到材料本身的热传导性以及熔体流动过程存在着压力梯度和温度梯度，故熔体的粘度或固化速度都会随时间和位置而不同。因此，对于热固

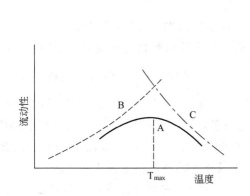

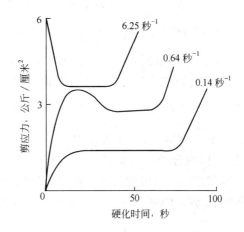

图 2-13 温度对热固性聚合物流
动性的影响

A—总的流动曲线；B—粘度对流动性的影响曲线；
C—硬化速度对流动性的影响曲线

图 2-14 热固性聚合物加工过程中时间对剪应力
和剪切速率的关系

性聚合物流动行为的分析还要采用若干经验的方法来处理。

　　热固性聚合物加工过程中剪应力或剪切速率对熔体粘度的影响是非常复杂的，目前也只有定性的研究。从图 2-14 中可以看出，对一种酚醛模塑物料，提高剪切应力会引起熔体的剪切速率增加，应力活化作用使交联反应活化能降低，同时熔体的摩擦热增大，这些都会加速交联硬化速度。

　　还应指出，在热固性聚合物成型加工中，像线型聚合物所特有的流动取向，结晶作用和熔体破裂等现象则较轻微，所以成型时这些方面的困难就较少。

第二节　影响聚合物流变行为的主要因素

　　聚合物熔体在任何给定剪切速率下的粘度主要由两个方面的因素来决定：聚合物熔体内的自由体积和大分子长链之间的缠结。自由体积是聚合物中未被聚合物占领的空隙，它是大分子链段进行扩散运动的场所。凡会引起自由体积增加的因素都能活跃大分子的运动，并导致聚合物熔体粘度的降低。另一方面大分子之间的缠结使得分子链的运动变得非常困难，凡能减少这种缠结作用的因素，都能加速分子的运动并导致熔体粘度的降低。另外各种环境因素如温度、应力、应变速率、低分子物质（如溶剂）等以及聚合物自身的分子量，支链结构对粘度的影响，大都能用这两种因素来解释。以下分别讨论这些环境因素和分子结构特征对聚合物熔体粘度的影响。

一、温度对粘度的影响

　　对于处于粘流温度以上的聚合物，很多研究结果证明，热塑性聚合物熔体的粘度随温度升高而呈指数函数的方式降低。由于过高的温度会使聚合物出现热降解，故熔体所处的温度范围不可能很宽。因此，粘度对温度的依赖关系可用 Andrade 公式表示：

$$\ln\eta = \ln A + E_\eta/RT \tag{2-20}$$

式中 A 为相当于温度 T→∞ 时的粘度常数，R 为气体常数（1.987 卡/克分子·K），E_η 为聚合物的粘流活化能（千卡/克分子）。

式（2-20）与 Arrhenius 公式有相似的形式。在给定条件下，由于 A、R 和 E_η 均为常数，故粘度 η 仅与温度$\left(T \text{ 或 } \dfrac{1}{T}\right)$有关。如以 $\log\eta$ 对 $\dfrac{1}{T}$（或 T）作图可得一微弯曲的曲线，但在不宽的温度范围内它可被视为一直线，这一温度范围大约有 37.8℃ 的区间。直线的斜率即为粘流活化能 E。（它由实验数据确定），E_η 的大小反映出聚合物粘度对温度的依赖性，E_η 愈大，熔体对温度愈敏感。图 2-15 表示了若干种聚合物的 $\eta - \dfrac{1}{T}$（或 T）关系。可以看出 PS、PC、PMMA 和 CA 比 PE、PP 和 POM 等对温度更为敏感。例如 HDPE 的 E_η 约为 29 千焦耳/克分子，而 PS 的 E_η 则为 94 千焦耳/克分子，因此当两种聚合物都同时从 200℃ 升高到 210℃ 时，PS 的流度（粘度的倒数）提高了 66%，而 HDPE 只提高了 17%。据此，对那些 E_η 较大的聚合物，只要不超过分解温度，提高加工温度都会增大流动性。

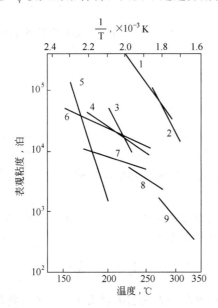

图 2-15 聚合物熔体粘度对温度的依赖性
1—聚苯乙烯（PS）；2—聚碳酸酯（PC）40 公斤/厘米^2；3—聚甲基丙烯酸甲酯（PMMA）；4—聚丙烯（PP）；5—醋酸纤维（CA）；6—高密度聚乙烯（HDPE）40 公斤/厘米^2；7—聚甲醛（POM）；8—聚酰胺(PA)10 公斤/厘米^2；9—聚对苯二甲酸乙二酯（PETD）

聚合物粘度对温度的依赖性还可以用所谓温度敏感性指标——即给定剪切速率下相差 40℃ 的两个温度 T_1 和 T_2 的粘度比 $\eta(T_1)/\eta(T_2)$ 来表示。若干种聚合物的温度敏感性指标列于表 2-5 中。

只有当聚合物处于粘流温度以上不宽的温度范围内，Andrade 公式才适用。当温度包括从玻璃化温度到熔点（或粘流温度）这样很宽的范围时，聚合物的粘流活化能已不为一常数。Williams 等人发现在玻璃化温度 T_g 以上至 $T_g + 100℃$ 温度区间，非晶态聚合物粘度的对数与其处于温度 T（$T > T_g$）时的自由体积分数成反比。由此出发，他们推得了能相当精确地描述这一温度区间聚合物粘度-温度关系的半经验的 W.L.F. 方程。由它可计算温度 T 时的粘度：

$$\log\eta_T = \log\eta_g - \frac{C_1(T - T_g)}{C_2 + (T - T_g)} \tag{2-21}$$

式中 C_1 和 C_2 为对应于 T_g 时的常数，$C_1 = \dfrac{1}{2.303\phi_g} = 17.44$，$C_2 = \phi_g/\alpha = 51.6$。$\phi_g$ 为聚合物在玻璃化温度时的自由体积分率，α 为聚合物的热膨胀系数，对很多聚合物 ϕ_g 和 α 均是常数：$\phi_g = 0.025$，$\alpha = 4.8 \times 10^{-4}/℃$，它说明 T_g 时聚合物中的自由体积分率为 2.5%。聚合物在 T_g 时的粘度 η_g 约为 10^{13} 泊，随温度升高，自由体积增大，聚合物粘度降低。将 η_g 值代入式（2-21）中，则可计算 $T_g + 100℃$ 内任意温度下聚合物的粘度 η_T。

如果不用 T_g 而选择 T_s（$T_s > T_g$）作基准温度，则常数 C_1 和 C_2 的数值相应为 8.86 和 101.6。所以，对一般非晶态聚合物来说，W.L.F. 方程的一般式为：

$$\log\eta_T = \log\eta_s - \frac{8.86(T - T_s)}{101.6 + (T - T_s)} \tag{2-22}$$

表 2-5　若干种聚合物熔体粘度对剪切和温度的敏感性指标

聚 合 物	熔融指数 克/10分	熔体温度 T_1,℃	在T_1℃和给定剪切速率下的粘度 $\eta\cdot10^{-2}$ Ns/m²		熔体温度 T_2,℃	在T_2℃和给定剪切速率下的粘度 $\eta\cdot10^{-2}$ Ns/m²		粘度对剪切的敏感性指标 $\dfrac{\eta(10^2\text{秒}^{-1})}{\eta(10^3\text{秒}^{-1})}$		粘度对温度的敏感性指标 $\dfrac{\eta(T_1)}{\eta(T_2)}$	
			10^2 秒$^{-1}$	10^3 秒$^{-1}$		10^2 秒$^{-1}$	10^3 秒$^{-1}$	T_1℃时	T_2℃时	10^2 秒$^{-1}$	10^3 秒$^{-1}$
共聚甲醛(注射级)	9	180	8	3	220	5.1	2.4	2.4	2.1	1.55	1.35
聚酰胺-6(注射级)	—	240	2.9	1.75	280	1.1	0.8	1.6	1.4	2.5	2.4
聚酰胺-66(注射级)	—	270	2.6	1.7	310	0.55	0.47	1.5	1.2	4.7	3.5
聚酰胺-610(注射级)	—	240	3.1	1.6	280	1.3	0.8	1.9	1.6	2.4	2.0
聚酰胺-11(注射级)	—	210	5.0	2.4	250	1.8	1.0	2.0	1.8	2.8	2.4
高密度聚乙烯　　挤出级	0.2	150	38.0	5.0	190	27	4.0	7.6	6.8	1.4	1.25
注射级	4.0	150	11	3.1	190	8.2	2.4	3.5	3.4	1.35	1.3
低密度聚乙烯　　挤出级	0.3	150	34	6.6	190	21	5.1	5.1	4.2	1.6	1.3
	2.0	150	18	4.0	190	9.0	2.3	4.5	3.9	2.0	1.7
注射级	2.0	150	5.8	2.0	190	2.0	0.75	2.9	2.6	2.9	2.7
聚丙烯	1	190	21	3.8	230	14	3.0	5.5	4.7	1.5	1.3
	40	190	8	1.8	230	4.3	1.2	4.4	3.6	1.8	1.5
抗冲聚苯乙烯 (stryon 451)		200	9	1.8	240			5.0	3.9	2.1	1.6
聚碳酸酯 (Makrolons)		230	80	21	270	17	6.2	3.8	2.7	4.7	3.0
聚氯乙烯　　　　软　质		150	62	9	190	31	6.2	6.8	5.0	2.0	145
硬　质		150	170	20	190	60	10	8.5	6.0	2.8	2.0
聚苯醚	—	315	25.5	7.8	344	9.4	3.0	3.2	3.1		

　　不同聚合物选择的 T_s 不同，对大多数聚合物，通常将 T_s 选择在比 T_g 高 40～50℃的范围，一般 (T_s-T_g) 之差平均约为 43℃。

　　W. L. F. 方程是用一定温度（T_s 或 T_g）下所测定的粘度数据来计算非晶态聚合物在其它温度时的粘度的方法，也可在粘度已确定的情况下用来计算所需之温度。但它只适合于在 $T_g\sim T_g+100$℃的温度范围使用。而且当$(T_s-T_g)>50$℃时容易引起偏差。

　　图 2-16 表示采用参考温度作基准时，几种聚合物粘度对温度的依赖性。显然在降低同样温度的情况下，聚甲基丙烯酸甲酯、尼龙和低密度聚乙烯对温度的变化更为敏感，而且这种敏感性随温度差的增加表现得愈为明显。

　　以上在讨论温度对粘度的影响时均未考

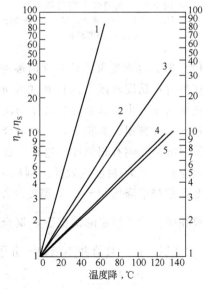

图 2-16　恒应力和压力下粘度对温度的函数关系
1—聚甲基丙烯酸甲酯；2—聚酰胺-66；3—低密度聚乙烯；
4—共聚甲醛；5—聚丙烯

虑时间因素。实际上，任何聚合物在加工温度下长期受热都会有不同程度的降解，并引起粘度降低，高温区域停留时间愈长粘度降低愈严重。所以任何加工中都必须考虑加热时间对聚合物粘度的影响。

二、压力对粘度的影响

在讨论聚合物的流动行为时，曾假设聚合物是不可压缩的，但实际上并非如此。聚合物的聚集态并不如想像中那么紧密，实际上存在很多微小空穴，即所谓"自由体积"，从而使聚合物液体有了可压缩性。在加工过程中，聚合物通常要受到自身的流体静压力和外部压力的双重作用，特别是外部压力的作用（一般可达 $100\sim3000$ 公斤/厘米^2）能使聚合物受到压缩而减小体积。在受到 100 大气压作用时，各种聚合物体积减小不超过 1%，随压力增大体积减小增加，例如压力增加到 700 大气压时，聚酰胺和聚甲基丙烯酸甲酯体积减小 3.5% 左右，而聚苯乙烯和低密度聚乙烯减小得更多，分别达到 5.1% 和 5.5%。体积减小用体积变化的分数 $\frac{\Delta V}{V}\%$ 表示称为压缩率，它是聚合物在加热加压时减少的体积 ΔV 与压缩前原有体积 V 之比。图 2-17 表示了四种热塑性聚合物在 177℃时压缩率与压力的相互关系。

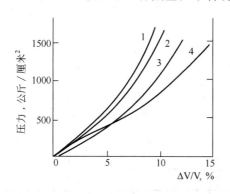

图 2-17　几种聚合物的压缩性
1—聚甲基丙烯酸甲酯；2—聚苯乙烯；3—高密度聚乙烯；4—醋酸纤维素

既然聚合物有可压缩性，当压力作用使得聚合物自由体积减小时，大分子间的距离缩小，链段跃动范围减小，分子间的作用力增加，以致液体的粘度也随之增大。图 2-18 表示了低密度聚乙烯表观粘度对压力的这种依赖性。可以看出，当聚乙烯中压力由 $100KN/m^2$（千帕，即大气压）升高到 $100MN/m^2$ 时（兆帕，这是通常注射成型的压力），就会使聚乙烯的表观粘度增加 2.5 倍。由于聚合物的压缩率不同，故粘度对压力的敏感性也不同。例如，在压力从 138 公斤/厘米^2 升至 173 公斤/厘米^2 时，高密度聚乙烯和聚丙烯的粘度要增加 $4\sim7$ 倍，而聚苯乙烯甚至可增加 100 倍。某些聚合物粘度对压力的依赖关系示于图 2-19 中。增压引起粘度增加这一事实说明，单纯通过增大压力来提高聚合物液体的流量是不恰当的，过大的压力还会造成功率的过大消耗和设备的更大磨损。事实上，一种聚合物在正常的加工温度范围内、增加压力对粘度的影响和降低温度的影响有相似性。这种在加工过程中通过改变压力或温度，都能获得同样的粘度变化效应称为压力-温度等效性。例如，对很多聚合物，压力增加到 1000 大气压时，熔体粘度的变化相当于降低 $30\sim50$℃温度的作用。几种聚合物的温度-压力等效关系示于图 2-20 中。一般在维持粘度恒定的情况下，聚合物温度与压力的等效值——$\left(\frac{\Delta T}{\Delta P}\right)_\eta$ 约为 $(3\sim9)\times10^{-2}$℃/大气压。这一数值并不依赖于分子量。

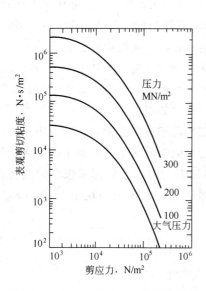

图 2-18　低密度聚乙烯表观剪切粘度对压
力的依赖性

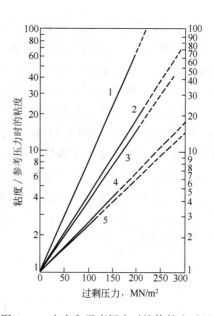

图 2-19　应力和温度恒定时熔体粘度对压
力的依赖性

1—聚甲基丙烯酸甲酯；2—聚丙烯（210℃以上）；3—低密度聚
乙烯；4—聚酰胺-66；5—共聚甲醛

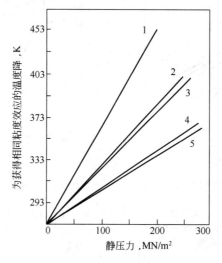

图 2-20　粘度恒定时的温度-压力等效值

1—聚丙烯；2—低密度聚乙烯；3—共聚甲醛；4—聚甲基丙烯酸甲酯；5—聚酰胺-66

三、粘度对剪切速率或剪应力的依赖性

如前所述，在通常的加工条件下，大多数聚合物熔体都表现为非牛顿型流动，其粘度对剪切速率有依赖性。在非牛顿型流动区的剪切速率低值范围，聚合物熔体的粘度约为 $10^3 \sim 10^9$ 泊，随分子量的增大而增加。当剪切速率增加时，大多数聚合物熔体的粘度下降。但不同种类的聚合物对剪切速率的敏感性有差别，五种聚合物的熔体表观粘度随剪切速率变化的关系示于图 2-21 中。可以看出，虽然在 $\dot{\gamma}=10^2$ 秒$^{-1}$ 时醋酸纤维素的粘度比聚酰胺-6 大，但在 $\dot{\gamma}$ 增大时前者的粘度反而比后者要低。

聚合物粘度对剪切速率的敏感性还可用在 100 秒$^{-1}$ 和 1000 秒$^{-1}$ 的粘度比 $\eta(100 秒^{-1})/\eta$ (1000 秒$^{-1}$) 来表示。该比值用作聚合物粘度对 $\dot{\gamma}$ 的敏感性指标（见表 2-5）。除了聚苯乙烯外，聚乙烯、聚丙烯、聚氯乙烯等都属于对 $\dot{\gamma}$ 敏感的聚合物，而聚甲醛、聚碳酸酯，聚对苯二甲酸乙二酯等和聚酰胺一样，属于对 $\dot{\gamma}$ 不敏感的聚合物。在聚合物加工中，如通过调整剪切速率（或剪应力）来改变熔体粘度，显然只有粘度对 $\dot{\gamma}$ 敏感的一类聚合物才会有较好的效果。对另一类聚合物则可利用对其粘度更为敏感的因素（如温度）。

对加工过程来说，如果聚合物熔体的粘度在很宽的剪切速率范围内都是可用的，那宁可选择在粘度对 $\dot{\gamma}$ 较不敏感的剪切速率下操作更为合适。因为此时 $\dot{\gamma}$ 的波动不会造成制品质量的显著差别。例如在图 2-22 中当剪切速率为 $100\sim400$ 秒$^{-1}$ 时，剪切速率很小的波动都会使聚合物的粘度大幅度的变化，使产品质量的均一性难于保证，若选择在 $400\sim600$ 秒$^{-1}$ 以上剪切速率范围进行加工则较适当。

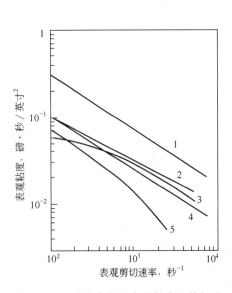

图 2-21　几种聚合物的表观粘度和剪切速率的关系

1—聚丙烯酸酯（200℃）；2—高密度聚乙烯（190℃）；3—聚酰胺-6（260℃）；4—醋酸纤维素（190℃）；5—聚苯乙烯（204℃）

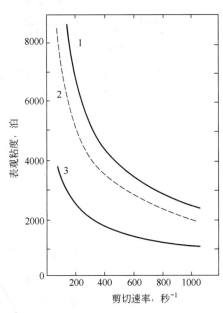

图 2-22　两种聚合物的粘度-剪切速率关系曲线

1—聚乙烯（MI0.7）220℃；2—聚乙烯（MI0.7）287℃；3—醋酸纤维素 220℃

四、聚合物结构因素和组成对粘度的影响

聚合物的结构因素即链结构和链的极性、分子量、分子量分布以及聚合物的组成等对聚合物液体的粘度有明显影响，此处简述如下。

聚合物链的柔性愈大，缠结点愈多，链的解缠和滑移愈困难，聚合物流动时非牛顿性愈强。链的刚硬性增加和分子间吸引力愈大（如极性聚合物和结晶聚合物）时，熔体粘度对温度的敏感性增加，提高这类聚合物的加工温度有利于增大流动性，聚碳酸酯、聚苯乙烯、聚对苯二甲酸乙二酯和聚酰胺等属于这种情况。聚合物分子中支链结构的存在对粘度也有影响，尤以长支链对熔体粘度的影响最大，聚合物分子中的长支链能增加与其邻近分子的缠结，因此长支链对熔体或溶液流动性的影响比短支链重要。一般，在相同特性粘度〔η〕时，长支链支化使熔体粘度显著增高，支化程度愈大，粘度升高愈多，并导致流动性显著降低。长支链的存在也增大了聚合物粘度对剪切速率的敏感性。当零切粘度 η_0 值相同时，有支链的聚合物比无支链的同一聚合物开始出现非牛顿流动的临界剪切速率值 $\dot{\gamma}$ 要低。不过，对有些聚合物，支化对粘度的影响要比上述情况复杂得多。链结构中含有大的侧基时，聚合物中自由体积增大，熔体粘度对压力和温度的敏感性增加，所以聚甲基丙烯酸甲酯和聚苯乙烯等通过升高加工温度和压力能显著改变流动性。

聚合物分子量增大，不同链段偶然位移相互抵消的机会愈多，因而分子链重心移动愈慢，要完成流动过程就需要更长的时间和更多的能量，所以聚合物的粘度随分子量增加而增大。Flory 等研究了聚合物分子量和熔体粘度之间的关系，发现在分子量低于 5000～15000 的范围时，熔体的粘度与其重均分子量 $\overline{M}_w$ 成直线关系；当分子量大于 5000～15000 以上时，在一定温度下，熔体粘度则随分子量增大而呈指数函数关系升高。5000～15000 这个数量级的分子量就称为临界分子量（或缠结分子量）M_c。因此聚合物熔体的零切粘度 η_0 与重均分子量之间的关系可用 Fox-Flory 公式表示

$$\eta_0 = K\overline{M}_w^{\alpha} \tag{2-23}$$

或

$$\log\eta_0 = \log K + \alpha\log\overline{M}_w \tag{2-24}$$

式中 K 为取决于聚合物性质和温度的实验常数，α 为与聚合物有关的指数。当 $\overline{M}_w > M_c$ 时，对大多数聚合物 $\alpha = 3.4 \sim 3.5$；$\overline{M}_w < M_c$ 时，$1 < \alpha < 1.8$。因此，$\overline{M}_w > M_c$ 时，$\eta_0 \infty \overline{M}_w^{3.4 \sim 3.5}$，即粘度随重均分子量的 3.4～3.5 次方关系增加，分子量愈高非牛顿流动行为愈强烈；$\overline{M}_w < M_c$ 时，$\eta_0 \infty \overline{M}_w^{1 \sim 1.8}$，说明分子量较低时缠结对流动的影响不明显，在 M_c 以下聚合物熔体表现为牛顿型流动。

将粘度对分子量和温度的依赖性联系起来考虑，聚合物熔体的粘度可以下列近似方程表示：

$$\log\eta = 3.4\log\overline{M}_w - \frac{17.44(T-T_g)}{51.6+(T-T_g)} + C \tag{2-25}$$

常数 C 因聚合物不同而不同。

在 $\overline{M}_w > M_c$ 以上，聚合物熔体粘度随分子量的 3.4～3.5 次方关系急剧升高的事实说明，采用过高分子量的聚合物进行加工时，由于流动温度过高，以致使加工变得十分困难，为了降低粘度需要提高温度，但又受到聚合物热稳定性的限制。所以，虽然提高聚合物的分子量能在一定程度上提高加工制品的物理机械性能，但不适宜的加工条件又反而会导致制品质量的降低。因此，针对制品不同用途和不同加工方法，选择适当分子量的聚合物对成型加工来说是十分重要的。实际上，常用加入低分子物质（溶剂或增塑剂）和降低聚合物分子量的方法以减小聚合物的粘度，改善其加工性能。

熔体粘度对分子量的依赖性也随剪切速率而变化。从图 2-23 可看出，当聚合物的 $\overline{M}_w < M_c$ 时，η_0 与 $\overline{M}_w$ 的 1～1.8 次方成比例，在这一分子量范围内，熔体粘度几乎不随 $\dot{\gamma}$ 变化，聚合物具有牛顿液体的性质。当 $\overline{M}_w > M_c$ 时，随 $\dot{\gamma}$（或 τ）增加 η_0 降低，且分子量愈高粘度降低愈甚。同时出现非牛顿流动的临界剪切速率 $\dot{\gamma}_c$ 也随分子量增大而向低值方面移动（图 2-24）。随 $\dot{\gamma}$（或 τ）增加，分子量较高的材料，通常比分子量较低的同一材料表现出更明显的假塑性。这表明聚合物流动时的非牛顿行为是随分子量增加而加强的。

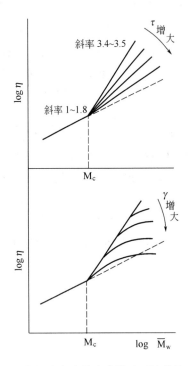

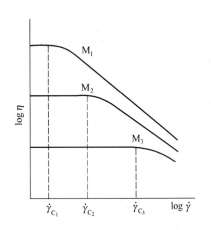

图 2-23 剪切速率或剪应力影响下熔体粘度对分
子量的依赖性

图 2-24 分子量对粘度的影响
（$M_1 > M_2 > M_3$）

熔体的粘度也与分子量分布有关。分子量分布按重均分子量 $\overline{M}_w$ 与数均分子量 $\overline{M}_n$ 之比 $\overline{M}_w / \overline{M}_n$ 确定。一般，在平均分子量相同时，熔体的粘度随分子量分布增宽而迅速下降，其流动行为表现出更多的非牛顿性。例如，在剪应力为 $10^5 N/m^2$ 注射聚苯乙烯时，分散性 $\overline{M}_w / \overline{M}_n = 4$ 的就比平均分子量相同的单分散聚合物的粘度要小 $\frac{7}{8}$。分子量分布窄的聚合物，在较宽剪切速率范围流动时，则表现出更多的牛顿性特征（图 2-25），其熔体粘度对温度变化的敏感性要比分子量分布宽的聚合物为大。分子量分布宽的聚合物，对剪切敏感性较大，即使在较低的剪切速率或剪应力下流动时，也比窄分布的同样材料更具有假塑性。

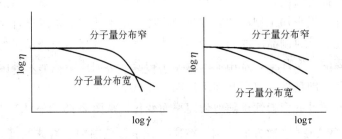

图 2-25 分子量分布对聚合物熔体粘度的影响

由于使用和加工过程的需要，大多数聚合物在使用情况下都是一种以聚合物为主的多组分材料。例如往往要加入各种填充料、色料、润滑剂、溶剂、增塑剂、稀释剂、热稳定剂或防老剂等多种其它材料。这些添加剂都会在不同程度上影响聚合物的流变行为。可以根据性质将上述这些添加剂分为两类，即粉末或纤维状的固体物质和能与聚合物相溶或混溶的液体物质（有些物质室温下不与聚合物相溶或混溶，但在聚合物的熔化温度下能相溶或混溶）。

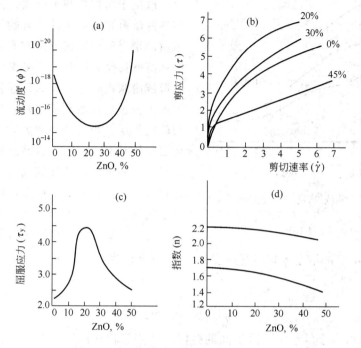

图 2-26　固体填料对聚合物流动性的影响
填料　ZnO；聚合物　聚乙烯醇缩丁醛

　　固体物质加到聚合物中有时起增强或补强的作用，有时也为了降低聚合物的成本或为改善其它性质，最常见的是橡胶中加入炭黑和塑料中加入粉状或纤维状的有机或无机填料，用量一般可达 10%～50% 或更多。一般地说，固体物质的加入都会增大体系的粘度，使流动性降低。例如以氧化锌 ZnO 为填料加入聚合度为 560 的聚乙烯醇缩丁醛中，ZnO 用量对体系粘度的影响示于图 2-26 中。可以看出，ZnO 用量达到 20%～25% 时，聚合物体系粘度最大，流度 $\phi\left(=\dfrac{1}{\eta}\right)$ 下降到最低值，但用量超过 30% 后，流度随 ZnO 用量增加而迅速增大，同时流动曲线的斜率减小，表明聚合物组分的粘度急剧减小，甚至比纯聚合物还低，其流动行为可以式（2-14）表示：

$$\dot{\gamma}^n = \frac{1}{\eta_p}(\tau - \tau_y) \tag{2-14}$$

式中 τ_y 为聚合物组分流动时所需克服之屈服应力，其数值随 ZnO 用量增加而增大。当 ZnO 用量达到 20%～25% 时 τ_y 最大，表明聚合物组分所对应的结构对流动有最大的阻力（图 c）。但进一步增大 ZnO 用量时，流动阻力反而减小 τ_y 也很快下降。式（2-14）中的指数 n 值在 ZnO 用量为 20%～25% 以下时，近似为一常数，这时材料有假塑性的流动行为（图 d），用量超过 30% 后，n 值减小并逐渐接近于 1，材料逐渐转变为宾汉液体的流动。随着 ZnO 用量的增大，聚合物从粘弹性流动转变为塑性流动。

　　在聚合物中加入有限的溶剂或增塑剂等液体添加剂时，可形成聚合物的浓溶液或悬浮液，通常体系中液体添加剂的含量可达 10%～80%。溶剂或增塑剂的存在能削弱聚合物分子间的作用力，使分子距离增大，缠结减少，所以体系的粘度降低，流动性增大，且出现非牛顿流动的临界剪切速率随体系中溶剂含量的增加而移向高的数值（图 2-27）。

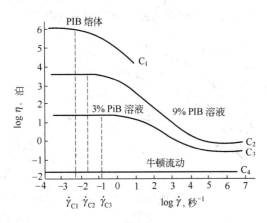

图 2-27　聚合物溶液浓度对粘度影响关系
浓度　$C_1 > C_2 > C_3 > C_4$
PIB　聚异丁烯

增塑剂对聚合物发生溶解或溶胀作用与否，取决于增塑剂与聚合物之间的相溶性。相溶性好就有相当数量的聚合物被溶解，未完全溶解的聚合物也能很好地溶胀；相溶性差，溶解和溶胀都受到限制。如果聚合物在增塑剂中溶解或溶胀得好，溶液的粘度就会随浓度的增大而上升。这种溶胀得很好的聚合物粒子具有很软的外层，当剪切力增大时，容易变形，彼此之间较易滑过，所以其粘度随剪切速率增大而降低，表现出假塑性流动行为。相反，当聚合物与增塑剂之间相溶性差，则剪应力作用时粒子间相互滑移较困难，从而出现膨胀性的流动行为。当聚合物完全溶于溶剂中则形成浓溶液。Einstein 指出溶液粘度 η 与溶剂粘度 η_s 之比与聚合物（即溶质）体积分数 ϕ_v 之间呈线性函数的关系：

$$\frac{\eta}{\eta_s} = \eta_r = 1 + 2.5\phi_v \tag{2-26}$$

对浓度高的聚合物溶液，考虑到溶质间的碰撞、摩擦等相互作用，可用 Cuth 和 Simaha 提出的公式计算溶液的粘度：

$$\frac{\eta}{\eta_s} = \eta_r = 1 + 2.5\phi_v + 14.1\phi_v^2 \tag{2-27}$$

式（2-27）可推广至增塑溶胶或悬浮液。

以上关于温度、压力、剪切速率（或剪应力）、分子量、分子量分布以及各种添加剂等因素对聚合物体系粘度的综合影响，可以简单地用示意图表示。图 2-28 以假塑性液体为例说明温度、压力、分子量、填充料和增塑剂（或溶剂）增加时，粘度变化的趋势（以箭头所示方向表示）。

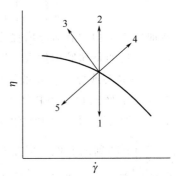

图 2-28　各种因素对聚合物体系粘度的影响关系
1—温度；2—压力；3—分子量；4—填充料；
5—增塑剂或溶剂

主要参考文献

[1] J. A. Brydson：“Plastics Materials”，3nd. ed，Butter Worths，1975

[2] D. W. Vankrevelene：“Properties of Polymers；Their Estimation and Correlations with Chemical Structure”，Elevier Pubishing Co，1976

[3] R. M. Ogorkiewicz：“Thermoplastics Properties and Design”，London Wiley，1974

[4] E. C. Bernhardt：“Processing of thermoplastic Materials”，New York，Reinhold，1959

[5] J. M. Mckelvey：“Polymer Processing” New York；Wiley，1962

[6] J. R. A. Pearson：“Mechanical Principles of Polymer Melt Processing”，Oxford Pergamon，1966

[7] 成都工学院塑料加工专业：“塑料成型工艺学”（讲义），1975

〔8〕 小野木　重治："高分子材料科学"，诚文堂新光社 1973

〔9〕 金丸竞等："プラスチック成型材料"，地人书馆，1966

〔10〕 金丸竞："高分子材料概说" 日刊工业新闻社，1969

〔11〕 Hau. Chan Dae："Rheologyin Polymer Processing"，Academic Press，1976

〔12〕 I. I. Rubin："Injection Molding Theory and Practrice，" Wiley，1972

第三章　聚合物液体在管和槽中的流动

根据聚合物材料性能的特点和用途，可以采用各种不同方法如注射、挤出、吹塑、模压或压延等使聚合物成型。由于加工成型设备的型式、结构和性能很不相同，所以聚合物液体在这些设备中会有很不相同而且往往是很复杂的流变行为，除了设备的型式、结构和尺寸因素外，设备的加工精度和操作条件等也对液体的流变行为有影响。

尽管加工与成型设备种类繁多，结构复杂，但这些设备的流道，口模或模具的形状仍是由一些截面形状简单（如圆形、环形、狭缝、矩形、梯形及椭圆形等）的管道所构成。聚合物加工与成型过程有时只在一种简单形状的管道中通过，有时则是在一种复合形状管道中通过。圆形与狭缝形管道是两种极端的情况，其它形状的管道实际上都可看作是这两种极端情况的各种过渡组合。

由于液体粘滞阻力和管道摩擦阻力的作用，聚合物流体沿管道流动过程会出现压力降和速度变化。流道的截面形状和尺寸改变也会引起流体中压力、流速分布和流率（单位时间内的体积流量）的变化，这对于设备所需功率、设备的生产能力以及聚合物的成型性能等都会产生影响。聚合物液体在简单形状管道中的流动计算已经有了较为满意的方法，但在复杂形状管道中的流动计算，目前仍采用一些半经验的方法，其计算方法实际上都是以圆形，狭缝形等简单形状管道的计算为基础经修正发展而来的。因此本书只着重分析和讨论这两种管道中的流动。

聚合物液体在圆形等简单形状管道中因受压力作用而产生的流动称为压力流动，流动中液体只受到剪切作用，并且由于粘度很高，通常情况下都是稳态流动；另一种流动形式是聚合物在具有截面尺寸逐渐变小的锥形管或其它形状管道中的收敛流动。这种流动不仅有剪切作用，而且还有拉伸作用。如果液体流动的管道或口模的一部分能以一定速度和规律进行运动时（相对于静止的部分），则聚合物还将随管道或口模的运动部分产生拖曳流动，它也是一种剪切流动，但液体在管道中的压力降及流速分布将受运动部分的影响。聚合物在挤出机螺槽中的流动以及在生产线缆包覆物等口模中的流动都是拖曳流动。

在压力流动、收敛流动和拖曳流动中，液体的流速分布具有不同的特征。即使加工设备或模具中流动管道的壁面均平行于液体的流动方向，液体中的流速分布也会出现不同的情况，其中较简单的一种为一维流动（one-dimensional flow）。在一维流动中，流体速度仅在一个方向内变动，亦即在管道断面上任何点的速度完全可以用一个垂直于流动方向的坐标来表示，例如聚合物液体在圆管、很宽的平行板狭缝口模和间隙很小的圆环形口模中的流动即是；较复杂的一种为二维流动（two-dimensional flow）。在二维流动中，管道断面上各点的流体速度需要用两个均垂直于流动方向的坐标来表示，液体在矩形口模或椭圆形口模中的流动属于这种情况；液体在锥形或收缩形管道中的流动，其速度不仅沿断面纵横两向变化，而且也沿流动方向变化，即流体速度要用三个相互垂直坐标来表示的称为三维流动（three-dimansional flow），所以收敛流动是一种三维流动。

第一节　在简单几何形状管道内聚合物液体的流动

在分析讨论聚合物在管道中的流动行为并进行各种参数的计算时，还要假定若干条件，否则由于变化因素很多，将使分析与计算变得非常复杂。由于聚合物液体中存在自由体积，实际上有百分之几的压缩率；同时由于高剪切速率下液体在管壁上会产生滑动（有时这种滑动可能使流动速率增加达 5%）；此外由于流道各部分可能存在的温度不均匀性，因而聚合物液体在流过管道的不同位置上可能具有不同的密度、粘度、流动速度和体积流率，这些变化因素会使流动分析和计算变得十分复杂。但是由于大多数聚合物液体粘度很高（一般达 $10^2 \sim 10^6$ 泊），正常加工过程中很少出现扰动，为了简化分析和计算过程，对服从指数定律并在通常情况下为稳态层流流动的聚合物液体，假设它的流动符合以下条件：（1）液体为不可压缩的；（2）流动是等温过程；（3）液体在管道壁面不产生滑动（即壁面速度等于零）；（4）液体的粘度不随时间而变化，并在沿管道流动的全过程中其它性质也不发生变化。显然，聚合物液体在流动过程中，由于除了分子链的滑移外，实际上长链分子或无规线团在剪切力场中还会产生舒展和旋转运动，所以流动过程也并非严格的层流，但以上假设对分析和计算结果并不引起大的偏差，实践证明这些假设是可行的。但毕竟聚合物液体在管道中的流动行为非常复杂，要准确和定量地描述它们在设备中的流变特性是极其困难的，特别是对液体在一些复杂形状管道中流动行为的认识，至今在很大程度上仅能做定性的描述。

一、聚合物液体在圆管中的流动

具有均匀圆形截面且沿管轴方向半径均保持恒定的简单圆形管道，是很多加工和成型设备中最常采用的通道形式，例如注射设备的喷嘴、浇口或流道，挤出机的机头通道或口模以及纤维纺丝的喷丝板孔道等大多采用圆形截面。和其它形状的通道比较，圆形管道形状简单，容易制造加工。在简单圆管中液体通常在压力作用下只产生一维剪切流动。

（一）牛顿液体在简单圆管中的流动

如图 3-1 所示，当聚合物液体由于受到外力 P 作用而在半径为 R 和长度为 L 的水平横放圆管中作稳态流动时，作用在管中半径为 r 和长度为 dl 的圆柱形液体单元上的力可分别用 F_1、F_2 和 F_3 表示。F_1 是推动液柱单元由 A 向 B 端移动的力，F_2 是和 F_1 方向相反作用

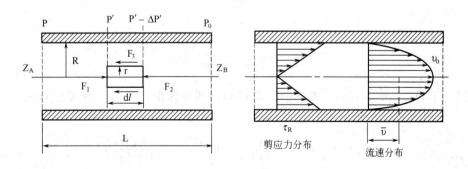

图 3-1　简单圆管中流动液体的受力分析

于液柱单元另一端上的阻力（它来自于液体的粘滞性），F_3 是液柱外侧表面上由于剪切作用而产生的阻力。显然，液体中妨碍液体流动的阻力是沿管轴 Z_A-Z_B 方向而增加的，所以，克

服这种流动阻力后，推动流动液体的压力也沿 Z_A-Z_B 方向由 P 降低到 P_0，相应于液柱单元上两端的压力也由 P' 降低到 $P'-\Delta P'$。在稳态层流时，作用于液柱单元上的力都处于平衡状态，所以

$$\sum F = F_1 + F_2 + F_3 = 0$$

即

$$\pi r^2 P' - \pi r^2 (P' - \Delta P') - 2\pi r \tau_r dl = 0 \tag{3-1}$$

式（3-1）中 τ_r 为液柱表面上的剪应力。将上式移项并整理得到：

$$\tau_r = \frac{r}{2}\left(\frac{\Delta P'}{dl}\right) \tag{3-2}$$

$\left(\dfrac{\Delta P'}{dl}\right)$ 称为压力梯度，表示沿 dl 长度液柱上压力的变化。在管子的全长范围，压力降为 $\Delta P = P - P_0$，所以管子全长的压力梯度为 $\left(\dfrac{P-P_0}{L}\right) = \left(\dfrac{\Delta P}{L}\right)$。如用 $\left(\dfrac{\Delta P}{L}\right)$ 代替式（3-2）中的 $\left(\dfrac{\Delta P'}{dl}\right)$，则可计算距管轴 Z_A-Z_B 任意半径 r 处的剪应力：

$$\tau_r = \frac{r\Delta P}{2L} \tag{3-3}$$

式（3-3）说明，液体中的剪应力是半径距离 γ 的线性函数。在管轴处（$\gamma=0$），$\tau=0$；在管壁处（r＝R），τ 为最大值，即：

$$\tau_R = \frac{R\Delta P}{2L} \tag{3-4}$$

在距管心任意半径 r 处的剪应力 τ_r 与管壁处最大剪应力 τ_R 的关系为

$$\tau_r = \tau_R\left(\frac{r}{R}\right) \tag{3-5}$$

式（3-5）说明，剪应力在液体中的分布与半径距离成正比，并呈直线关系，如图 3-1 所示。

由第二章式（2-4）并考虑液体流动的方向可得

$$\dot{\gamma} = -\frac{dv}{dr} = -\frac{\tau}{\mu}$$

则

$$dv = -\frac{\tau}{\mu}dr \tag{3-6}$$

将式（3-3）代入式（3-6）并积分，可得到描述流体沿管轴方向速度分布的 Poiseuille 方程：

$$v = \int_0^v dv = -\frac{\Delta P}{2\mu L}\int_R^r rdr = \frac{\Delta P(R^2 - r^2)}{4\mu L} \tag{3-7}$$

当 r＝0 时，管中心液体的流速为

$$v_0 = -\frac{R^2\Delta P}{4\mu L} \tag{3-8}$$

因而式（3-7）又可用 v_0 来表示，则任意半径 r 处液体的流速为

$$v_r = v_0 \left[1 - \left(\frac{r}{R} \right)^2 \right] \tag{3-9}$$

上式表明，牛顿液体在圆形管道中流动时具有抛物线形的速度分布，管中心处的速度最大，管壁处速度为零，圆管中的等速线为一些同心圆（图 3-1）。平均速度是中心速度的 $\frac{1}{2}$，即

$$\bar{v} = \frac{v_0}{2} = \frac{R^2 \Delta P}{8\mu L} \tag{3-10}$$

液体在管中流动时的容积流动速率（简称流率）为

$$Q = \int_0^R 2\pi r v dr = \frac{\pi \Delta P}{2\mu L} \int_0^R (R^2 - r^2) r dr = \frac{\pi R^4 \Delta P}{8\mu L} \tag{3-11}$$

整理式（3-11）可得

$$\mu = \frac{R\Delta P}{2L} \cdot \frac{\pi R^3}{4Q} = \frac{R\Delta P}{2L} \Big/ \frac{4Q}{\pi R^3}$$

将上式与式（2-4）比较，可见管壁处的剪切速率为

$$\dot{\gamma}_w = \frac{4Q}{\pi R^3} \tag{3-12}$$

任意半径上的剪切速率可由式（3-5）得到：

$$\dot{\gamma}_r = \frac{\tau_r}{\mu} = \frac{R\Delta P}{2\mu L} \cdot \frac{r}{R} = \left(\frac{2v_0}{R} \right) \left(\frac{r}{R} \right) \tag{3-13}$$

（二）非牛顿液体在简单圆管中的流动

由于通常的加工条件下大多数聚合物液体都是典型的非牛顿液体，它们在圆管中的流动行为，显然不能用上述式(3-7)～式(3-13)的公式来计算。但在通常加工条件下，非牛顿液体的粘度很高，剪切速率一般都小于 10^4 秒$^{-1}$，雷诺数也很小（$N_{Re} \ll 1$），故在管中流动时仍为层流。和推导牛顿液体有关公式的方法相类似，并考虑到大多数聚合物液体的非牛顿性，如在公式中引入描述液体非牛顿性的指数 n，就可推导出用于计算非牛顿液体在圆管中流动行为的有关公式。在这种基础上所得到的计算公式仍是经验性的。

对非牛顿液体在圆管中任意半径 r 位置上和管壁上的剪应力及其分布，仍可由液体单元上力的平衡关系推得：

$$\tau_r = \frac{r\Delta P}{2L} \tag{3-14}$$

$$\tau_R = \frac{R\Delta P}{2L} \tag{3-15}$$

$$\tau_r = \tau_R \left(\frac{r}{R} \right) \tag{3-16}$$

可以看出，以上三式均与牛顿液体相应的公式（3-3）～式（3-5）相同。计算非牛顿流体在圆管中的速度分布，流率和剪切速率的有关公式如下：

任意半径处的流速

$$v_r = \left(\frac{n}{n+1} \right) \left(\frac{\Delta P}{2\eta L} \right)^{\frac{1}{n}} \left(R^{\frac{n+1}{n}} - r^{\frac{n+1}{n}} \right) \tag{3-17}$$

或

$$v_r = v_0 \left[1 - \left(\frac{r}{R} \right)^{\frac{n+1}{n}} \right] \tag{3-18}$$

v_0 为圆管中心处的速度，其值为

$$v_0 = \left(\frac{nR}{n+1} \right) \left(\frac{R\Delta P}{2\eta L} \right)^{\frac{1}{n}} \tag{3-19}$$

平均流速

$$\bar{v} = \left(\frac{n+1}{3n+1} \right) v_0 = \frac{Q}{\pi R^2} \tag{3-20}$$

通过圆管的容积流率

$$Q = \left(\frac{n+1}{3n+1} \right) \pi R^2 v_0 = \left(\frac{n\pi R^3}{3n+1} \right) \left(\frac{R\Delta P}{2\eta L} \right)^{\frac{1}{n}} \tag{3-21}$$

管壁处的剪切速率

$$\dot{\gamma}_w = \left(\frac{3n+1}{n} \right) \frac{Q}{\pi R^3} \tag{3-22}$$

任意半径处的剪切速率

$$\dot{\gamma}_r = \left[\frac{R\Delta P}{2\eta L} \right]^{\frac{1}{n}} \left(\frac{r}{R} \right)^{\frac{1}{n}} = \left(\frac{n+1}{n} \right) \left(\frac{v_0}{R} \right) \left(\frac{r}{R} \right)^{\frac{1}{n}} \tag{3-23}$$

当 n＝1 时，式(3-17)～式(3-23)还原为牛顿液体的计算方程，即与式(3-7)～式(3-13)相同。

由式（3-18）和式（3-20）可推导出圆管中某一半径处的速度与平均速度的关系：

$$\frac{v_r}{\bar{v}_r} = \left(\frac{3n+1}{n+1} \right) \left[1 - \left(\frac{r}{R} \right)^{\frac{n+1}{n}} \right] \tag{3-24}$$

根据式（3-24），取不同的 n 值，以 $\left(\frac{v_r}{\bar{v}} \right)$ 对 $\frac{r}{R}$ 作图可得如图 3-2 所示的流动速度分布曲线。对于牛顿液体（n＝1），速度分布曲线为抛物线形；对于膨胀性非牛顿液体（n＞1），速度分布曲线变得较为陡峭，n 值愈大，愈接近于锥形；对假塑性非牛顿液体（n＜1），分布曲线则较抛物线平坦。n 愈小，管中心部分的速度分布愈平坦，曲线形状类似于柱塞，故称这种流动为"柱塞流动"（Plug flow）。

从图 3-3 中看出，宾汉液体在管中流动时的速度分布曲线更具有明显的"柱塞"流动特征，可以将柱塞流动看成是由两种流动成分组成。如果 r 为距管轴心的某一半径，r^* 为柱塞流动区域半径，R 为管子半径，则在 $r＞r^*$ 区域为剪切流动。这一区域中液体中的剪应力大于液体流动的屈服应力，即 $\tau＞\tau_y$；在管子中心部分，即 $r＜r^*$ 区域，$\tau＜\tau_y$，因此这部分液体具有类似固体的行为，能像一个塞子一样在管中沿受力方向移动；在 $r＝r^*$ 处，$\tau＝\tau_y$，是由一种流动转变为另一种流动的过渡区域。

由于柱塞流动中液体受到的剪切很小，故聚合物在流动过程中不易得到良好的混合，均匀性差，制品性能降低。这对于多组分聚合物（聚合物的共混物或加有其它添加剂的聚合物）的加工尤为不利。聚氯乙烯和聚丙烯流动时是典型的柱塞流动。因此若要通过挤出方法对聚合物染色时，聚乙烯比聚丙烯容易。抛物线型流动不仅能使液体受到较大的剪切作用，而且在液体进入小管处因有旋涡流动存在，增大了扰动，它能提高混合的均匀程度，这两种流动型式的差别如图 3-4 所示。

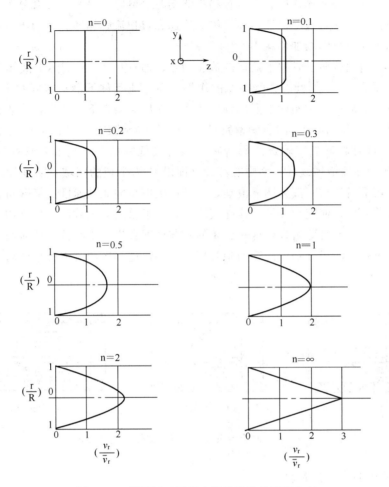

图 3-2　n 值不同时圆管中流动液体的速度分布

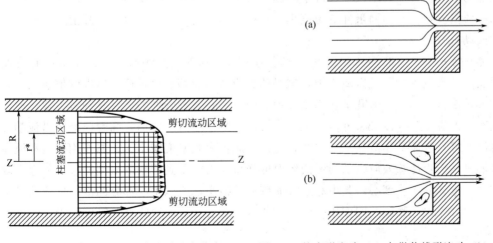

图 3-3　圆形管中的柱塞流动速度分布　　图 3-4　柱塞形流动（a）与抛物线形流动（b）的比较

可以看出，非牛顿液体在圆管中进行稳态流动时，剪应力呈线性关系分布，且最大剪应力和剪切速率都集中在管壁上。液体在管中的流速和容积流率均随管径和压力降的增大而增加，随液体粘度和管长的增加而减小。

应该注意，前面曾假设管壁上液体的流速为零，即 $v_R＝0$，但实际上液体在管壁上可能产生滑移，因而 $v_R\neq0$。尽管因为摩擦力的作用，在层流条件下滑动速度并不大，[*] 但滑动的存在，使液体的流动速率实际上要比计算的大，在层流条件下，非牛顿液体在圆管中实际流速分布如图 3-5（b）所示。加有润滑剂的硬聚氯乙烯和聚合物悬浮液还会出现分层流动〔图 3-5（c）〕。这时靠近管壁附近的聚合物液体有较低的粘度，它沿着管壁形成一厚度为 f(f＝R－R′)的低粘度液体圆环，而中心部分（即以 R′为半径的区域）粘度较高的聚合物液体在剪应力作用下沿着这一液体圆环滑动，从而产生更高的流动速度。管壁与管中心两部分剪切速率的显著差别，使流动过程还伴随着聚合物分子量的分级效应，聚合物中分子量较低的级分在流动中渐趋于管壁附近，这一区域的液体粘度会进一步降低、从而使流速更进一步增加；而分子量较大的级分则趋向管的中心部分，并使这一区域流体的粘度增加。

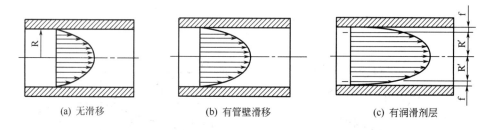

(a) 无滑移　　　　　　　(b) 有管壁滑移　　　　　　　(c) 有润滑剂层

图 3-5　不同边界条件下圆管中流体的流速分布

（三）圆管中的非等温流动

实际上，聚合物液体在设备管道中的流动很少是等温的。一方面，从加工工艺的角度来看，为适应材料性能的变化以及避免聚合物因长时间高温加热引起分解，所以通常必须把加工设备的各区域控制在不同的温度；另一方面，聚合物液体在流动过程中以粘滞方式形变时能量消散为热，以致流动中液体出现平均温度升高的现象；同时设备又能向外部传导热量，使流动液体温度降低，因而液体的温度也是不稳定的。所以，等温流动实际上是一种理想状态下的流动。

液体在流动中产生摩擦热的速率与剪应力和剪切速率的大小有关。由于管中心流速最大，但速度分布较管壁附近区域平坦，这里的剪应力和剪切速率较低，所以摩擦热较小。随半径增大，液体中的剪应力和剪切速率增加，摩擦热在靠近管壁的区域达到最大值。所以由摩擦热产生的温度升高以管壁处为最大，中心部分最小。另一方面，圆管内液体沿流动方向存在着压力降，因而液体沿流动方向体积逐渐膨胀，表观密度减小。膨胀作用因消耗液体中的部分能量而产生冷却效应，从而使液体温度降低。由于受到管壁的限制和管壁处存在较大的摩擦力，液体的膨胀率必然是中心最大而管壁处最小，所以中心部分的冷却效应比管壁附近区域要大。摩擦和膨胀共同作用的结果都使液体中心区域温度降低，管壁附近区域温度升

---

[*] 聚合物液体包括熔体，以下同。

高。温度在管子中的分布可用 Toor 所推导之半经验公式表示：

$$\frac{(T-T_w)}{(T_0-T_w)}=\left[1+\left(\frac{2n}{n+1}\right)\overline{\alpha T}\right]\left[1-\left(\frac{r}{R}\right)^{\frac{3n+1}{n}}\right]$$

$$-\left[\frac{(3n+1)^2}{2n(n+1)}\overline{\alpha T}\right]\left[1-\left(\frac{r}{R}\right)^2\right] \tag{3-25}$$

式中 T 表示距管心任意半径为 r 处的温度，T_w 为管壁温度，T_0 为管中心温度，(T_0-T_w) 为热膨胀系数 $\alpha=0$ 时，液体中心温度与管壁温度之差，$\overline{\alpha T}$ 表示管子横断面上温度与热膨胀系数乘积 $\alpha \cdot T$ 的平均值，R 为管子的内半径。

由式（3-25）所确定的无因次温度比 $\frac{T-T_w}{(T_0-T_w)}$ 与 $\frac{r}{R}$ 的关系可用图 3-6 表示。从图中可以看出，假塑性愈强的聚合物液体，冷却效应使中心区域温度更显著地降低，而在 $r=0.6\sim0.8R$ 的管壁区域，温度最高。

还应指出，虽然管壁附近摩擦热量较大温度较高，但通过对壁面的短程热传导仍能排除部分热量，不过这种热传导仍不能完全克服由于摩擦而引起的温度上升。

除了在管子的径向存在不等温的现象外，在管子的轴向也是非等温的。因而聚合物液体在管道中流动时不可能达到理想的等温条件。但实践证明，在管道的有限长度范围内将液体当成等温流动来处理并不引起过大的偏差，却可简化计算过程。

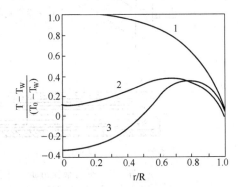

图 3-6　不同 $\overline{\alpha T}$ 值的指数定律流体沿管子半径
方向上的温度分布
1. $n=1$　　$\overline{\alpha T}=0$；
2. $n=1$　　$\overline{\alpha T}=0.3$；
3. $n=0.25$　$\overline{\alpha T}=0.3$

二、聚合物液体在狭缝通道中的等温流动

所谓狭缝通道是指那些厚度远比宽度小得多的通道。最典型的代表是挤出板材或薄片的平直口模。当圆形环口的圆周长比口模间隙（即厚度）尺寸大得多的情况，亦即构成环形口模的外径 R_0 与内径 R_i 很接近时，也可以当成狭缝通道来处理，吹塑管形薄膜和挤出大尺寸圆管的口模属于这种情况。生产流涎薄膜的口模也是一种狭缝通道。

图 3-7 表示一种生产板材的平直口模和液体流过通道时的受力和速度分布情况。液体单元上受到的力 F_1、F_2 和 F_3 的意义与圆管中作用力相同。显然，在层流流动的条件下，液体受到压力 P 的作用只产生由 Z_A 向 Z_B 方向的一维流动。和圆管中推导有关公式的方法相似，由窄缝中液体单元的力学平衡条件可以推得平行板狭缝间剪应力，剪切速率，流速分布和流率的各种计算公式。

液体中剪应力在中平面（即 $H=0$ 和 $h=0$ 处的 Z_A-Z_B 水平面）上为零，在壁上（即 $\pm H$ 处）为最大：

$$\tau_H=H\left(\frac{\Delta P}{L}\right) \tag{3-26}$$

距中平面任意位置 h 处的剪应力为

$$\tau_h = h\left(\frac{\Delta P}{L}\right) \tag{3-27}$$

可见应力分布与中平面到壁面之间的距离（H－h）呈线性关系。

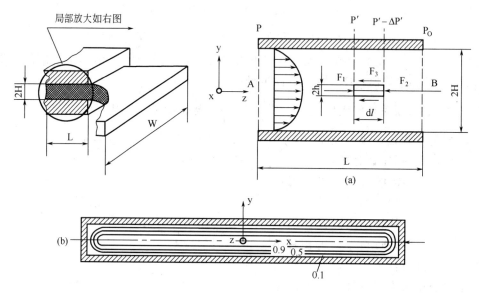

图 3-7　平行板狭缝通道中聚合物流体的受力分析（a）
和速度分布（b）（W/2H＞10）

液体的流速在壁面为零，在中平面处最大：

$$v_0 = -H\left(\frac{n}{n+1}\right)\left[\frac{H\Delta P}{\eta L}\right]^{\frac{1}{n}} \tag{3-28}$$

在距中平面任意位置 h 处 Z 方向的流速为

$$v_h = \left(\frac{n}{n+1}\right)\left(\frac{\Delta P}{\eta L}\right)^{\frac{1}{n}}\left[H^{\left(\frac{n+1}{n}\right)} - h^{\left(\frac{n+1}{n}\right)}\right]$$

$$= v_0\left[1 - \left(\frac{h}{H}\right)^{\frac{n+1}{n}}\right] \tag{3-29}$$

可见沿流动方向的流速分布曲线有抛物线形特征。按 $v/v_{最大}$ 所绘之等速线平行于长边，并且沿断面宽度 W 的大部分彼此平行，这一部分实际上是一维流动。但在狭缝的两个边缘区域等速线呈对称的弯曲形，这两个区域流体的速度不仅沿 y 轴变化，而且亦沿 x 轴变化，因此是二维流动。这种速度分布如图 3-7（b）所示。平均流速可表示为

$$\overline{v_h} = \frac{Q}{2WH} = \left(\frac{n+1}{2n+1}\right)v_0 \tag{3-30}$$

聚合物液体的容积流率为

$$Q = 2\left(\frac{n+1}{2n+1}\right)v_0 WH = \left(\frac{2n}{2n+1}\right)H^2 W\left(\frac{H\Delta P}{\eta L}\right)^{\frac{1}{n}} \tag{3-31}$$

式（3-31）说明容积流率随通道尺寸、流体流速和压力降增大而增加。

液体中的剪切速率在壁面处（h＝H）最大：

$$\dot{\gamma}_{\mathrm{H}}=\left(\frac{2n+1}{2n}\right)\left(\frac{Q}{WH^2}\right)=\left(\frac{n+1}{n}\right)\left(\frac{v_0}{H}\right) \tag{3-32}$$

式(3-26)~式(3-32)与式(3-14)~式(3-23)中相应的公式是相似的，说明非牛顿流体在狭缝间进行稳态流动时，其流动行为与圆管中的流动行为相似。

聚合物液体在两个圆筒构成的环形空间沿轴向流动时，如果外筒内径 R_0 与内筒外径 R_i 接近相等时，表明圆环的圆周长比两圆筒间的间隙大得多，也可以将液体在这种同心圆筒中的流动当成狭缝通道中的流动处理，液体在圆环狭缝中也是一维流动。图 3-8 表示了同心圆环通道中流动液体的受力情况。在图中，狭缝的厚度为 (R_0-R_i)，狭缝宽度为 $2\pi R_i$。当 $2\pi R_i\gg(R_0-R_i)$ 时，仍可用式(3-26)~式(3-32)进行流动计算。

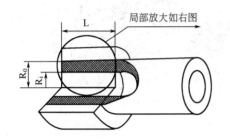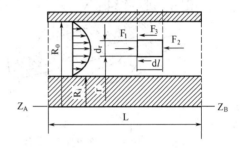

图 3-8 同心圆环形通道中流动液体单元受力示意图

但当 $R_0\gg R_i$，例如 $R_0=3R_i$ 时，亦即两同心圆筒间的间隙 (R_0-R_i) 已变得很大，以致圆环的圆周长与间隙之比已大为减小时，应按同心圆筒间的流动进行计算。厚壁管口模属于这种情况。

当平行板狭缝通道宽度变得与厚度 2H 接近相同时，这种情况下通道就变成矩形，液体产生了二维流动，应按矩形通道进行计算。

当 $R_i=0$，亦即不存在内圆筒时，环形通道则变为圆形通道。

有关同心圆筒和矩形通道中液体的流动计算这里不再叙述，读者可参阅有关著作。

三、聚合物的拖曳流动和收敛流动

以上所讨论的都是限于聚合物液体因受压力作用在管道中引起的一维流动。这类流动称为压力流动。显然，液体在管道中的流速分布、流率、剪应力和剪切速率的分布和量值均与管道中的压力降有关。这是一类简单的流动。但聚合物加工过程中还常常出现一类复杂的流动。例如二维或三维的流动，同时流动中的液体除受到剪切作用以外还受到拉伸作用。拖曳流动和收敛流动就是这种复杂流动的例子。

（一）拖曳流动

已如前述，在压力流动的情况下，加工设备中流动管道各部分的位置和相互关系均是不变的。但在拖曳流动的情况下，构成管道的各部分其位置和相互关系却是不断变化的。管道结构中的一部分能以一定速度和规律相对于其它部分进行运动。因此，聚合物液体的流动行为除受压力因素的影响外，还要受到管道运动部分的影响。这种影响表现在粘滞性很大的聚合物液体能随管道的运动部分移动，所以称这种流动为拖曳流动。因此液体的总流动是拖曳流动和压力流动的总和。聚合物液体在挤出机螺杆槽与料筒壁所构成的矩形通道中的流动或在挤出线缆包覆物环形口模中的流动就是典型的拖曳流动。

在挤出线缆包覆物时（图 3-9），聚合物液体在螺杆压力的推动下从口模挤出，并包覆于线缆芯上，口模是静止的，而线缆芯则以一定速度 v_z 连续沿 z 方向移动。在这种情况下，液体并不发生沿 x 或 y 方向的移动，所以 $v_x = v_y = 0$，而液体在 $x = y = R_0$ 处（即口模壁面）的流速 $v_{R_0} = 0$，而液体在 $x = y = R_i$ 处（即线缆芯外壁）的流动速度等于线缆芯的移动速度 v_z。由于不存在 x 和 y 方向的流动，所以挤出线缆包覆物时是一维流动。

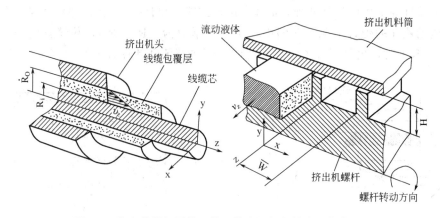

图 3-9　挤出线缆包覆物口模和挤出机螺杆槽中的拖曳流动

但液体在挤出机螺杆槽中的流动要复杂得多，螺杆槽与料筒壁构成了高度为 H 和宽度为 W 的矩形通道。当螺杆进行旋转运动时，螺杆槽的三个壁面处于相对静止的状态，而料筒壁则沿一定方向相对于螺杆槽进行运动。这种情况下，聚合物液体在通道中的流动可用如图 3-9 所示的三向直角坐标表示。在螺杆槽中流动的液体，其流速在 x=0、x=W 和 y=0 处（即螺杆槽的三个壁面）为零，而在 y=H 处（即料筒壁面）液体的流速与料筒沿 z 方向移动的速度 v_z 相同。在这种由螺杆转动引起的拖曳流动中，沿 y 轴的速度分布如图 3-10 (a) 所示。可见拖曳流动的最大速度在料筒壁上。但挤出机中压力沿 z 轴向机头方向是逐渐增加的，因此机头处反压最大，这种压力将使液体产生逆流，其速度分布为抛物线形，可见拖曳流动与压力流动方向是相反的。液体的总速度和速度分布则是两种流动的叠加；挤出机中聚合物熔体的流率则是叠加速度对螺杆槽截面的乘积。图 3-10 (b) 表示了拖曳流动与压力流动叠加的几种情况。q 为压力流动流率 Q_p 与拖曳流动流率 Q_D 之比，表示为 $q = Q_p/Q_D$。如果挤出机头是开放的，即不产生任何妨碍液体流动的阻力时，则反压消失无逆流出现，液体仅表现为拖电流动（q=0），这时聚合物液体的流率 Q 最大。如果机头对液体流动的阻力增大，则反压上升、逆流增多，液体的流率随逆流增加而减小。此时在螺槽的不同深度（即不同 y 值）出现流动速度由正值向负值的过渡，正反流速相等处的位置随两种流动成分的组成而变化，当 $Q_p = Q_D$ 时，在螺槽深度为 y/H=2/3 处流速为零。当机头完全封闭时，反压和逆流达最大值，则流率 Q=0。如以 Q_L 表示漏流流率，则螺杆槽的总流率 $Q = Q_D - Q_p - Q_L$。

不仅在螺槽的 z 轴方向上具有上述流动特征，在垂直于螺槽的横断面上，即 x 轴方向上还形成封闭的环形流动，其流动情况如图 3-11 所示。这种环流是螺杆旋转时螺纹斜棱液体的推挤作用和料筒表面对液体的拖曳作用共同引起的，因此环流速度分布仅与螺杆的转速和螺纹的螺旋角有关，在螺杆根径处（y=0）流速 v_x 为负值，而在料筒表面（y=H）为正

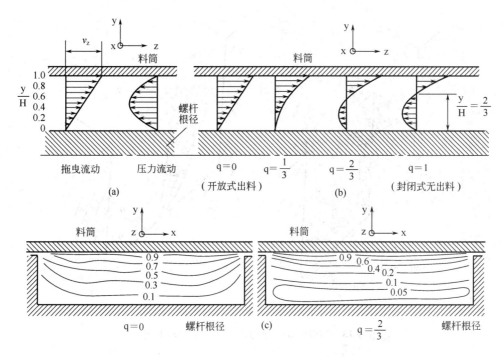

图 3-10 螺槽中的压力流动和拖曳流动（a）和流动叠加后的
速度分布（b）、（c）

值，在螺槽深度为 $y/H=2/3$ 处流速 v_x 为零。环形流动不影响流率的变化，但对聚合物的混合，塑化和热交换有促进作用。

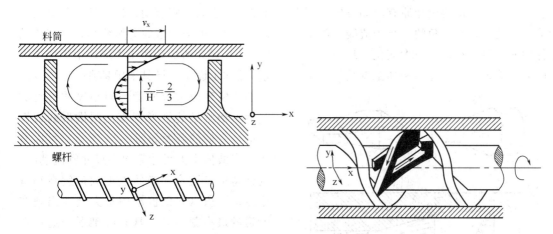

图 3-11　螺槽中沿 x 方向的环形流动及速度分布　图 3-12　聚合物液体在螺槽中流动情况示意图

　　从以上讨论中可以看出，螺槽中液体同时在 z 轴和 x 轴方向进行着流动，并存在着两个速度 v_z 和 v_x，所以液体在螺槽中有如图 3-12 所示的螺旋形流动路径，液体正是在拖曳流动，压力流动和环形流动的共同作用下移向机头。液体的总流速则是 v_z 与 v_x 的叠加，总速度 v 及其分布如图 3-13 所示。可以看出，液体在螺槽中的流动已经不是一维流动，而属于二维和三维流动了。

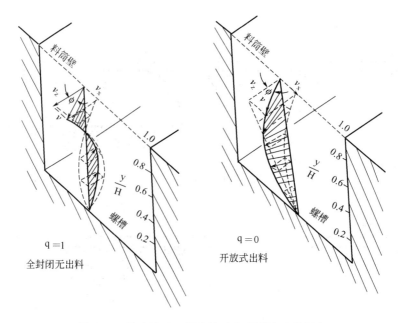

图 3-13　拖曳流动、压力流动和环形流动的组合

（二）收敛流动

当液体在具有恒定截面形状的管道中流动时，尽管液体中各部分随位置不同而有速度上的差异，但在流动方向上，它们的流线都是相互平行的。但当聚合物液体沿流动方向在截面尺寸变小的管道中流动时或粘弹性液体从管道中流出时，液体中各部分流线就不能再保持相互平行的关系。例如在层流条件下当聚合物液体从一大直径圆管流入一小直径圆管时，大管中各位置上的液体将改变原有流动方向，而以一自然的角度向小管流动，这时液体的流线将形成一锥角，称此锥角的一半为流线收敛角，并以 α 表示。由于管道的突然缩小，会使流动液体中的速度分布发生很大变化，从而使流动液体中产生很大的扰动和压力降，增大加工设备的功率消耗，并可能影响加工制品的质量。因此多数加工设备或模具采用具有一定锥度的管道来实现由大尺寸管道向小尺寸管道的过渡。最常见的锥形管道是圆锥形的或楔形的，它们的截面如图 3-14 所示。可以看出，当液体由大尺寸管向小尺寸管流动时，为保持恒定流率，必然以更大速度在小管中流动，所以收敛流动中最大流速出现在管道的最小截面处。具有圆锥形的通道在挤出机口模和注射设备中有广泛的应用，楔形通道主要用于挤出板材、薄片和流涎薄膜的口模。尺寸变化的管道采用一段有收敛角的管道来连接，优点是能避免任何死角的存在，减少聚合物因过久停留而引起的分解，同时有利于降低流动过程因强烈扰动带来的总压力降，减少流动缺陷，

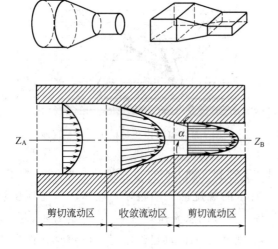

图 3-14　锥形或楔形管道中的收敛流动

提高产品质量和设备生产能力。

当粘弹性聚合物熔体从任何形式的管道中流出并受外力拉伸时也能产生收敛流动，此时熔体被拉长变细，所以又称收敛流动为拉伸流动。但为区别由于管子变小对聚合物液体的抑制性拉伸作用和聚合物液体因拉应力而产生的非抑制性拉伸作用，习惯上仍将前者称为收敛流动，后者称为拉伸流动，而在液体的流动性质上则是相同的。图 3-15 为纺丝过程丝条离开喷丝板后拉伸流动的示意。聚合物液体纺丝后的拉伸以及生产拉伸薄膜的过程都有典型的拉伸流动。在吹塑薄膜、挤出单丝、管子或型材时，在离开口模的一定距离内，材料中也有不同程度的拉伸流动。不过，在拉力场中液体流动的收敛有角远比在锥形管道中要小得多。

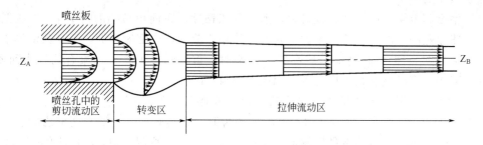

图 3-15　纺丝过程的剪切流动与拉伸流动

收敛流动或拉伸流动中，聚合物液体会产生很大的拉伸应变，它表现为柔性分子链流动中逐渐伸展和取向。伸展与取向的程度与液体中的速度梯度和流动的收敛角有关，随着速度梯度和收敛角的增大，都会使拉伸应变增加，大分子能更快地伸展和取向。对大多数聚合物，锥形管道的收敛角不应过大，否则拉伸应变的增加会导致大量弹性能的贮存，它可能引起成型制品变形和扭曲，甚致引起熔体破裂现象的出现，所以通常都使收敛角 $\alpha < 10°$ 以下。在一定收敛角时，液体中的拉伸应变沿流动过程而增加，在锥角的窄端达到最大值。

经过拉伸的聚合物，其伸长应变表现为最终长度 L 与最初长度 L_0 之差，即 $\Delta L = L - L_0$，因此聚合物的应变可表示为

$$\varepsilon = \ln(L/L_0) \tag{3-33}$$

单位时间 dt 内的应变则为拉伸应变速率（即拉伸速度梯度）：

$$\dot{\varepsilon} = \frac{d\varepsilon}{dt} = \frac{1}{L} \frac{dL}{dt} \tag{3-34}$$

和联系剪应力和剪切速率的方程式（2-4）相似，联系拉应力 σ 与拉伸应变速率 $\dot{\varepsilon}$ 的方程式可表示为

$$\sigma = \lambda \dot{\varepsilon} = \frac{\lambda}{L} \frac{dL}{dt} \tag{3-35}$$

式（3-35）中，σ 为垂直于流动方向上聚合物横断面积上所承受之拉力，λ 称为拉伸粘度。

拉伸应变速率也可用液体流动方向单位距离 dz 上的速度变化 dv_z 来表示

$$\dot{\varepsilon} = \frac{dv_z}{dz}$$

所以式（3-35）又可写成

$$\sigma = \lambda \dot{\varepsilon} = \lambda \frac{\mathrm{d}v_z}{\mathrm{d}z} \tag{3-36}$$

Cogsewell 推导出拉伸粘度与收敛角的如下关系式：

对圆锥-圆柱通道

$$\tan\alpha = (2\eta_a/\lambda)^{\frac{1}{2}} \tag{3-37}$$

对楔形通道

$$\tan\alpha = \frac{3}{2}(\eta_a/\lambda)^{\frac{1}{2}} \tag{3-38}$$

式（3-37）和式（3-38）中，η 为对应于通道入口处剪切速率的表观粘度。在上述情况下，α 是自然收敛角的一半。

拉伸粘度和剪切粘度一样，也对剪切速率有依赖性。在简单拉伸的情况下，λ 在低应力或低应变速率范围（即牛顿流动条件下）是不依赖于应力或应变速率的，且其数值等于剪切粘度的三倍（图 3-16）。在高应力或高应变速率时，拉伸粘度的变化随聚合物种类而不同。聚丙烯酸酯类、聚酰胺、共聚甲醛以及 ABS 聚合物等甚至在拉应力高达 $1\mathrm{MN/m^2}$ 时 λ 也不随拉应力变化。但聚丙烯和聚乙烯等则有"拉伸变稀"现象，即当拉应力达到某一数值开始，λ 随应力增加而降低，然后又达到一新的平衡值。而具有支链的低密度聚乙烯、聚异丁烯及聚苯乙烯等则有"拉伸变硬"倾向，即拉应力达到某一数值开始，λ 随应力继续增大而

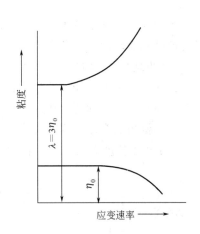

图 3-16 拉伸粘度 λ 和剪切粘度 η 对应变速率的关系

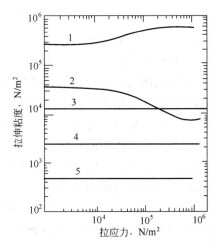

图 3-17 五种聚合物拉伸粘度与拉应力的关系

1—低密度聚乙烯（170℃）；2—乙丙共聚物（230℃）；
3—聚丙烯酸酯类（230℃）；4—共聚甲醛（200℃）；
5—聚酰胺-66（285℃）

增加，并在某一应力数值时又达到新的平衡值。（图 3-17）上述情况说明，λ 对 σ 或 $\dot{\varepsilon}$ 的依赖性比 η 对 τ 或 $\dot{\gamma}$ 的依赖性更为多样化。对大多数聚合物来说，η 随 τ 或 $\dot{\gamma}$ 增加而降低，相反，对大多数聚合物来说 λ 随 σ 或 $\dot{\varepsilon}$ 增加而增大。在高应变速率范围，λ 甚至比 η 的 3 倍还要大 1～2 个数量级。拉伸粘度对拉应力或拉伸应变速率的这一特性，对纤维纺丝、吹塑薄膜、拉伸或流涎薄膜以及进行聚合物片材的热成型等十分有利。如果拉伸粘度随应力或应变速率而增大，则增大的粘度将使成型中制品的薄弱部分或应力集中区域不致在张应力作用下产生破坏，从而能获得形变均匀的产品。由此可见，聚合物拉伸流动过程粘度增大的这一特性，在很大程度上决定了聚合物能在恒温条件下纺丝或成膜。

关于 λ 对温度和对流体静压力的依赖性，由于实验上的困难，至今还未见到适用范围广的定量关系式，但在给定压力下，拉伸粘度 λ 对温度和流体静压力的依赖性与剪切粘度 η 对温度和流体静压力的依赖性相似。

方程式（3-34）或式（3-36）是指单轴拉伸时的情况，这时 $\lambda=3\eta$。如果聚合物在同一平面的两个相互垂直的方向上受到拉伸时，则称为双轴拉伸。当两个方向的拉应力相等，则平面在两个方向的伸长应变是均匀和相等的：

$$\varepsilon_x=\varepsilon_y=\dot\varepsilon$$

对牛顿液体，双轴拉伸时的粘度 $\lambda_\perp$ 是单轴拉伸时粘度 λ 的两倍，所以

$$\lambda_\perp=2\lambda=6\eta$$

比较图 3-14 和图 3-15 可以看出，液体在锥形管道中流动时，在径向和轴向都有速度梯度，在径向方向最大速度在锥管中心，在锥管壁面流速为零，而轴向的最大速度在锥管的最小截面处，最小速度则在锥管的入口处。两种速度梯度的存在说明锥管中液体除产生收敛流动外，同时还伴随有剪切流动。锥管中两种流动成分的大小取决于收敛角，随收敛角的减小，轴向速度差降低，收敛流动成分减少而剪切流动成分增多，当收敛角 $\alpha=0$ 时，则完全转变为剪切流动。和在锥管中的收敛流动不同，聚合物在单轴拉伸时速度梯度在拉力方向（即流动方向）上，聚合物被拉得愈细的部分流动速度愈快，所以单轴拉伸时速度梯度就等于拉应力方向上的形变速率：$dv_z/dz=\dot\varepsilon$。在拉伸流动区，聚合物细流在径向不存在速度梯度，在流动方向的每一位置上，细流截面上各点的液体均有相同的速度。

第二节 聚合物液体流动过程的弹性行为

大多数聚合物在流动中除表现出粘性行为外，还不同程度地表现出弹性行为。这种弹性对聚合物加工与成型有很大的影响。聚合物流动过程最常见的弹性行为是端末效应和不稳定流动。

一、端 末 效 应

聚合物液体在管道中进行剪切流动时要消耗施于液体上的一部分压力，表现为沿流动方向所出现的压力降；同时液体在进入管子进口端一定区域内的收敛流动中也会产生压力降。这两项压力降除消耗于粘性液体流动时的摩擦外，还消耗于聚合物大分子流动过程的高弹形变，在聚合物流出管子的出口端时，高弹形变的回复又引起液流出现膨胀，特别是聚合物溶体更为明显，管子进口端与出口端这种与聚合物液体弹性行为有紧密联系的现象就称为端末效应，亦可分别称为入口效应和模口膨化效应（离模膨胀 die swelling）即巴拉斯（Barus）效应。

聚合物液体在管子进口端产生入口效应的区域压力降很大，对不同聚合物和不同直径的管子入口效应区域也不相同。常用入口效应区域长度 L_e 与管子直径 D 的比值 L_e/D 来表示产生入口效应区域的范围。实验测定，在层流条件下对牛顿液体 L_e 约为 $0.05D\cdot Re$；对非牛顿假塑性液体 L_e 则为 $0.03\sim0.05D\cdot Re$。L_e 的范围如图 3-18 所示。

入口端产生压力降的主要原因主要有两个方面。首先，当聚合物液体以收敛流动方式进入小管时，为保持恒定流率，只有调整流体中各部分的流速才能适应管口突然减小的情况，这时除管子中心部分流速增大外，还需要靠近管壁的液体能以比正常流速更高的速度移动，如果管壁上的流速仍然为零，则只有增大液体中的剪切速率才能满足速度调整的要求。为此

只有消耗适当的能量才能相应提高剪应力和压力梯度，同时随流速增大液体动能增加，也使能量消耗增多。其次，液体中增大的剪切速率将迫使聚合物大分子产生更大和更快的形变，使它沿流动方向伸展取向，分子形变过程从入口端开始一直要继续到一定距离以内，分子的这种高弹形变由于要克服分子内和分子间的作用力也要消耗一定能量。这些原因都使液体进入小管时能量消耗增多，从而使液体在入口端的一定区域 L_e 内产生较大程度的压力降。也就是说，聚合物液体沿整个管子的全长范围流动过程的总压力降中，入口端的压力降在很短范围内就会达到较大的数值。

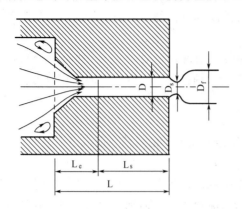

图 3-18　聚合物液体在管子入口区域和出口
区域的流动

按照流率-压力降方程计算压力降时，如果不考虑入口效应，实际所得结果往往偏低，因此应将入口端的压力降也包括在流动的计算中才能得到符合实际的压力降，所以这就需要对流率-压力降方程进行修正。一种简单可行的方法是将入口端的压力降看成是与某一"相当长度"管子所引起的压力降相等，实践证明，这一"相当长度"一般约为管子直径的 1～5 倍，并随具体条件而变化。在没有确实数据的情况下，取 3 倍管径作为相当的长度是可行的。因此以 (L+6R) 或 (L+3D) 来代替流率-压力降公式中的 L 可计算包括入口效应在内的管子全长范围内的压力降。

聚合物溶体离开管口后产生的出口膨化效应（即离模膨胀）如图 3-18 所示，液体流出管口时，液流的直径并不等于管子出口端的直径，出现两种相反的情况：对低粘度牛顿液体通常液流缩小变细；对粘弹性聚合物熔体，液流直径增大膨胀。后一种现象常称为挤出物胀大。

对大多数聚合物，膨胀的程度用液流离开管口后自然流动（即无拉伸）时膨胀的最大直径 D_f 对管子出口端直径 D 之比 D_f/D 表示，通常又称 D_f/D 为膨胀比。

引起离模膨胀效应的机理曾有若干种解释。由于大多数聚合物都是粘弹性的，因而现在更多的解释认为：膨化效应乃是液体流动过程中弹性行为的反映。这种弹性行为除与大分子流动过程中的伸展取向有关外，还与液流中的正应力（即法向应力，以下同）有关。当纯粘性液体处于一维流动时，液体中与剪切应力相垂直的两直角坐标上的正应力相等（即 $P_{11}-P_{22}=0$)，故液流在单纯剪切应力作用下并不表现出明显的弹性行为；但粘弹性液体处于一维流动时，与剪应力相垂直的两直角坐标上的正应力间存在差值（即 $P_{11}-P_{22}>0$)，正应力差将使液体流出管口后发生垂直于流动方向的膨胀。正应力差愈大，液体的膨胀现象愈严重。如前所述，聚合物液体在流入管子进口区 L_e 段的收敛流动和流过管子 L_s 段的剪切流动中，大分子沿流动方向伸展与取向，前者引起大分子产生拉伸弹性应变，后者引起剪切弹性应变。聚合物分子的这种高弹性形变具有可逆性，只要引起速度梯度的应力一消除，伸展和取向的大分子恢复蜷曲构象，产生弹性回复。可逆应变的回复与液体继续受力的情况以及应变松弛时间有关。当液体由入口区域 L_e 段进入剪切流动区域 L_s 段时，如果 L_s 段很长，即 L/D 很大（如 L/D>16 时），则入口效应引起的应变在液体流经 L_s 段时有足够的时间得到松弛，也就是弹性松弛（应变回复）时间短于流过管子 L_s 段所需时间时，贮存于液体中的弹性能大部分能在流动中消散。在这种情况下，L$_s$ 段中液体因正应力差和剪切流动中贮存的弹性能是引起出口膨胀的主要原因。相反，如果 L$_s$ 很短（即 L/D 很小）意味着液体流过 L$_s$ 段所用时间比弹性松弛时间还短时，则入口效应所贮存的可逆应变成分在到达管子出口之前还来不及完全松弛，液体流出管口后在无应力约束下，伸展分子将很快回复蜷曲构象，从而使液流产生轴向收缩和显著的径向膨胀。这种情况下入口效应中剪切和拉伸作用所贮存的弹性能则是引起膨胀的主要原因。

影响入口效应和离模膨胀效应的因素是相似的并且是相关的，例如入口效应中弹性应变的量值也影响离模膨胀效应中液流膨胀的程度和膨胀的位置。这些因素主要是聚合物的性质，液体中应力或应变速率的大小，液体的温度以及管道的几何形状等。总之，凡是导致流动中弹性成分增加的因素都使入口效应和离模膨胀效应变得严重。一般情况下，粘度大（即分子量高）、分子量分布窄和非牛顿性强的聚合物，流动中会贮存更多的可逆弹性成分，同时又因松弛过程缓慢，液体流出管口时膨胀现象就愈显著。通常高弹性模量的聚合物（图 3-19），流动中可逆弹性应变

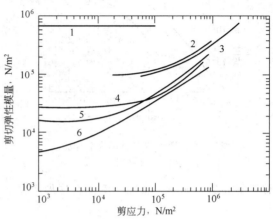

图 3-19　六种热塑性聚合物大气压力下剪切弹性模量和剪应力的关系
1—聚酰胺 66（285℃）；2—聚酰胺 11（220℃）；3—共聚甲醛（200℃）；4—低密度聚乙烯（190℃）；5—丙烯酸类聚合物（230℃）；6—乙丙共聚物（230℃）

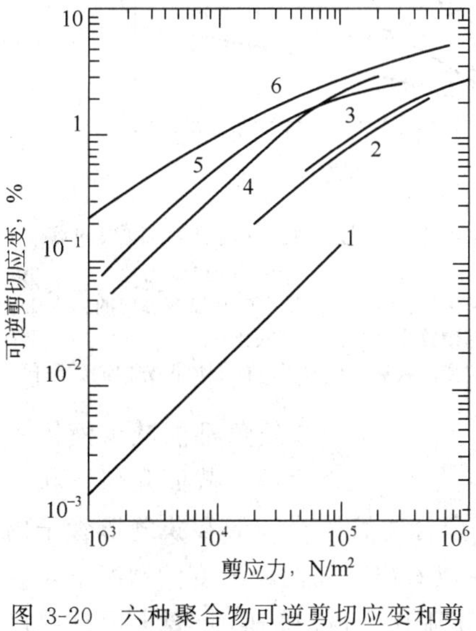

少，离模膨胀程度降低（图 3-20）。拉伸模量 E 与可逆拉伸应变也具有相似的性质，但拉伸模量值约为剪切模量的 3 倍，因此拉伸弹性应变比剪切弹性应变低，只约为后者的 1/3。从图中可以看出弹性模量较高的聚酰胺和共聚甲醛在同样剪应力下比乙丙共聚物和聚丙烯酸酯类有较低的可逆剪切应变，可见后者的入口效应和离模膨胀效应均会比前者大。一般情况下，聚酰胺、聚对苯二甲酸乙二酯等聚合物膨胀比仅约 1.5 左右，而聚丙烯、聚苯乙烯和聚乙烯等则可达 1.5～2.8 甚至 3～4.5 范围。从图（3-20）和图（3-21）中还可看出，应力或应变速率的提高（但不超过临界值），均会使流动中可逆弹性应变增加，液体中法向应力差也随剪切速率而增大，因而出口膨胀更加严重。液体中大分子为完成与应力或应变速率相适应的形变就需要更长的时间，以致入口效应区域 L$_e$ 的长度和膨胀直径 D$_f$ 最大区域距管子出口的距离也都增大。

图 3-20　六种聚合物可逆剪切应变和剪应力的关系
（标号意义与图 3-19 相同）

聚合物熔体温度的降低，将使其流动变得困难。从图 3-22 可以看出，在低剪切速率范围，降低液体的温度不仅使入口区域弹性应变成分显著增加，而且也使松弛时间大大延长，从而使离模膨胀效应加剧，但当剪切速率增加并超过某一数值时，膨胀比反而降低。这一数

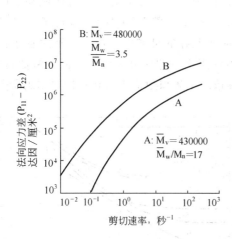

图 3-21 聚乙烯熔体中剪切速率对法向
应力差的影响

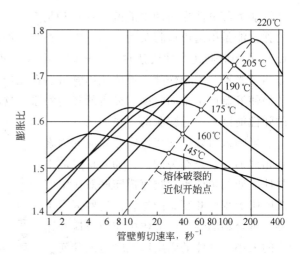

图 3-22 低密度聚乙烯于 6 种温度下的膨胀
比与剪切速率的关系

值称为临界剪切速率。实际上液体在这种情况下将转入不稳定流动状态。

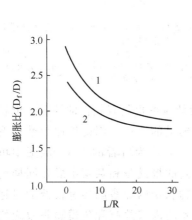

图 3-23 聚乙烯（$M_1=2.0$）流过圆形管
道时，L/R 与膨胀比的关系
1—$\dot\gamma=200$ 秒$^{-1}$；2—$\dot\gamma=500$ 秒$^{-1}$

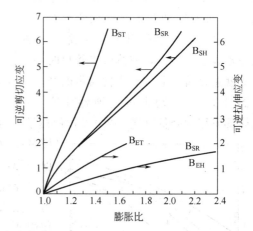

图 3-24 聚合物熔体流过毛细管和狭缝形口模时膨
胀比与熔体可逆应变的关系
B_{ST} 和 B_{SH}—剪切应变时狭缝口模水平方向和厚度方向的膨胀比；
B_{SR}—剪切应变时毛细管半径方向的膨胀比；
B_{ET} 和 B_{EH}—拉伸应变时狭缝口模水平方向和厚度方向的膨胀比

　　增大管子的直径和提高管子的长径比 L/D 以及减小入口端的收敛角都能减少液体中的可逆应变成分，从而降低膨胀比，L/D 对膨胀比的影响如图 3-23 所示。截面几何形状不同的管道在不同方向上的膨胀也有差异。图 3-24 表示了聚合物熔体在圆形和狭缝形管子内流动时膨胀比与可逆剪切应变或可逆拉伸应变的关系。可以看出，在两种形变的情况下，狭缝口模厚度方向的膨胀比（B_{SH} 和 B_{EH}）均比水平方向的膨胀比（B_{ST} 和 B_{ET}）要大，且厚度方向的膨胀比为水平方向的膨胀比的平方倍。而在剪切应变的情况下，圆形口模在半径方向的膨胀比（B_{SR}）则介于狭缝口模两个方向的膨胀比之间，在拉伸应变时则和狭缝口模厚度方向的膨胀比相同（$B_{ER}=B_{EH}$）。

　　入口效应和离膜膨胀效应通常对聚合物加工来说都是不利的，特别是在注射、挤出和纤维纺丝过程中，可能导制产品变形和扭曲，降低制品尺寸稳定性，并可能在制品内引入内应力，降低产品机械性能。增加管子或口模平直部分的长度（即增大管子的长径比 L/D）适当降低加工时的应力和提高加工温度，并对挤出物加以适当速度的牵引或拉伸等均有利于减小或消除可逆弹性应变的不利影响。

二、不稳定流动和熔体破裂现象

在采用挤出或注射方法加工聚合物时，常常会看到这种现象：在低剪切速率或低应力范围时，挤出的液流具有光滑的表面和均匀的形状，但当剪切速率或剪应力增加到某一数值时，挤出的液流变得表面粗糙，失去光泽，粗细不匀和出现扭曲等，严重时会得到波浪形、竹节形或周期性螺旋形的挤出物，在极端严重的情况下，甚至会得到断裂的、形状不规则的碎片或圆柱（图 3-25）这些挤出物通常都具有粗糙的呈鲨鱼皮状的表面。这些现象说明，在低应力或低剪切速率的牛顿流动条件下，各种因素引起的小的扰动容易受到抑制，而在高应力或高剪切速率时，液体中的扰动难以抑制并易发展成不稳定流动，引起液流破坏，这种现象称为"熔体破裂"。出现"熔体破裂"时的应力或剪切速率称为临界应力和临界剪切速率。

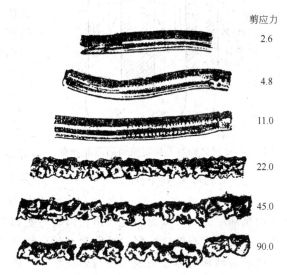

剪应力
2.6
4.8
11.0
22.0
45.0
90.0

图 3-25 聚甲基丙烯酸甲酯于 170℃不同应力下发生不稳定流动时挤出物试样

熔体破裂是液体不稳定流动的一种现象。产生熔体破裂的原因目前还不十分清楚，看来主要是由于液体流动时在管壁上出现滑移和液体中的弹性回复所引起。已如前述，液体在管道中流动时管壁附近剪切速率最大，由于粘度对剪切速率的依赖性，所以管壁附近的液体必然有较低的粘度，同时流动过程的分级效应又使聚合物中低分子量级分较多地集中到管壁附近，这两种作用都使管壁附近的液体粘滞性降低，从而容易引起液体在管壁上滑移，使液体流速增大。这种剪切速率分布的不均匀性还使液体中弹性能的分布沿径向方向存在差异，剪切速率大的区域聚合物分子的弹性形变和弹性能的贮存较多，液体中的弹性能的不均匀分布导致在大致平行于速度梯度的方向上产生弹性应力。当液体中产生的弹性应力一旦增加到与粘滞流动阻力相当时，粘滞阻力就不能再平衡弹性应力的作用，液体中弹性应力间的平衡即遭破坏，随即发生弹性回复作用。既然管壁附近的液体粘度最低，弹性回复作用在这里受到的粘滞阻力也最小，所以弹性回复较容易在管壁附近发生。可见，液体通过自身的滑移就使液体中弹性得到回复，从而使该区域液体中的弹性应力降低。滑移与弹性回复的作用可用图 3-26 说明。当液体处于稳定流动的情况时，具有正常的沿管轴对称的速度分布，并得到直线形表面光滑的挤出物（图 a）。当管壁的某一区域形成低粘度层时，伴随弹性回复滑移作用使管子中流速分布发生改变，产生滑移区域的液体流速增加，压力降减小，层流流动被破坏，一定时间内通过滑移区域的液体增多，总流率增大（图 b）。当新的弹性形变发生并建立起新的弹性应力平衡后，这一区域的流速分布又恢复到如图 a 的正常状态，然后液体中的压力降重新升高。在这同时，管子中另外的区域又会出现上述类似的滑移-流速增大-应力平衡破坏的过程（图 c）。液体流速在某一位置上的瞬时增大并非雷诺数增大引起，而是弹性效应所致，所以又称这种流动为"弹性湍流"，有时又称为"应力破碎"现象。在圆管中，如果产生弹性湍流的不稳定点沿着管的周围移动，则挤出物将呈螺旋状，如果不稳定点在整个圆周上产生，就得到竹节状的粗糙挤出物。

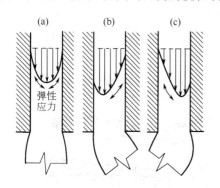

图 3-26　稳定流动与不稳定流动的速度分布
(a)—稳定流动，有正常挤出物；(b)、(c)—不稳定流动，有弯曲状挤出物

产生不稳定流动和熔体破裂现象的另一个原因是液体剪切历史的差异引起的。已如前述，液体在入口区域和管内流动时，受到的剪切作用不一样，因而能引起液流中产生不均匀的弹性回复。另一方面，在入口端收敛角以外的区域（常称死角）存在着旋涡流动（图 3-18），这部分液体与其它区域的液体比较，受到不同的剪切作用。当旋涡中的液体周期性进入管道中时，这种剪切历史不同的液体能引起流线的中断，当它们流过管子并流出管口时，就可能引起极不一致的弹性回复，如果这种弹性回复力很大，以致能克服液体的粘滞阻力时，就能引起挤出物出现畸变和断裂。可以看出，熔体破裂现象是聚合物液体产生弹性应变与弹性回复的总结果，是一种整体现象。

不稳定流动和熔体破裂现象还与聚合物的性质、剪应力和剪切速率的大小、液体流动管道的几何形状等因素有关。

非牛顿性愈强的线形聚合物（聚丙烯、高密度聚乙烯、聚氯乙烯等），由于流速分布曲线呈柱塞形（图 3-4），液体在入口区域和管子中流动时的剪切作用是引起不稳定流动的主要原因。非牛顿性较弱的聚合物（聚酯和低密度聚乙烯等），流速分布曲线是近抛物线型，因而入口端容易产生旋涡流动，流动历史的差异是这类聚合物产生不稳定流动的主要原因。如前所述，在临界剪应力下，随剪应力和剪切速率的增大，液体流动中的弹性应变增加。对各种聚合物，出现不稳定流动的临界剪切应力 τ_c 约在 $10^6 \sim 10^8$ 达因/厘米^2 数量级，一般为 $[(0.4 \sim 3.7) \times 10^6$ 达因/厘米$^2]$，平均值为 $1.25 \times 10^5 \mathrm{N/m^2}$。由于各种聚合物熔体粘度相差颇多，因而它们出现熔体破裂的难易和严重程度很不一致。例如聚酰胺 66 熔体的牛顿性较强，要在高达 10^5 秒$^{-1}$ 的剪切速率下（275℃）才出现熔体破裂，而聚乙烯熔体这样的非牛顿液体在剪切速率为 $10^2 \sim 10^3$ 秒$^{-1}$（250℃）时便产生熔体破裂。某些聚合物产生不稳定流动时的 τ_c 和 $\dot{\gamma}_c$ 值列于表 3-1 中。随聚合物分子量增加和分子量分布变窄，出现不稳定流动的 τ_c 值降低

表 3-1　某些聚合物产生不稳定流动时的临界剪应力 τ_c 和临界剪切速率 $\dot{\gamma}_c$

聚合物	T,℃	τ_c,$\times 10^{-5}\mathrm{N/m^2}$	$\dot{\gamma}_c$,$\mathrm{S^{-1}}$	聚合物	T,℃	τ_c,$\times 10^{-5}\mathrm{N/m^2}$	$\dot{\gamma}_c$,$\mathrm{S^{-1}}$
低密度聚乙烯	158	0.57	140		210	1.0	1000
	190	0.70	405	聚 丙 烯	180	1.0	250
	210	0.80	841		200	1.0	350
高密度聚乙烯	190	3.6	1000		240	1.0	1000
聚 苯 乙 烯	170	0.8	50		260	1.0	1200
	190	0.9	300				

（图 3-27）。分子量相差悬殊的聚合物，出现不稳定流动的 $\dot{\gamma}_c$ 可相差几个数量级。所以，聚合物熔体的非牛顿性愈强，弹性行为愈突出，τ_c 值愈低时，熔体破裂现象愈严重。另一方面，提高聚合物熔体的温度则使出现不稳定流动的 $\dot{\gamma}_c$ 和 τ_c 值增加。以聚乙烯为例温度对 $\dot{\gamma}$ 和 τ_c 的关系示于图 3-28 中。可以看出，$\dot{\gamma}$ 比 τ 对温度更为敏感。因此，对聚合物进行注射成型时，可用的温度下限不是流动温度，而是产生不稳定流动的温度，但是不考虑液体流动管道的几何形状，仅以剪应力或剪切速率的标准来判断产生不稳定流动的条件是不够的。如果减小流道的收敛角，适当增大流道的长径比 L/D，并使流道表面流线型化，可使 $\dot{\gamma}_c$ 提高（图 3-29）。挤出金属线缆包覆物的口模正是根据这一原理设计的。通常收敛角均小于 $10°$，常在 $4°$ 左右。

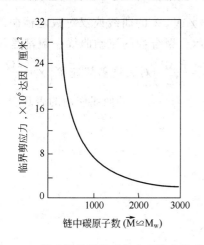

图 3-27　聚乙烯分子量对发生不稳定流动时临界剪应力的影响

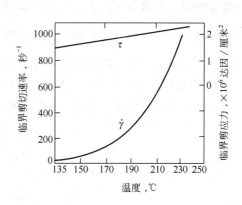

图 3-28　聚乙烯熔体温度对出现不稳定流动时 $\dot{\gamma}_c$ 和 τ_c 的影响

　　显然，不稳定流动现象的存在将限制流率的进一步提高，所以过分提高挤出速度会使制品外观和内在质量受到不良的影响。

　　不稳定流动的另一种现象是发生在挤出物表面上的"鲨鱼皮症"。其特点是在挤出物表面上形成很多细微的皱纹，类似于鲨鱼皮。随不稳定流动程度的差异，这些皱纹从人字形、鱼鳞状到鲨鱼皮状不等，或密或疏。看来，引起这种现象的原因主要是熔体在管壁上滑移和熔体挤出管口时口模对挤出物产生的拉伸作用。已知弹性液体在管子中流动时速度梯度在管壁附近最大，因而管

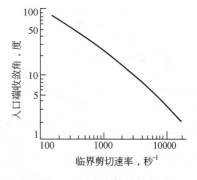

图 3-29　入口端收敛角对临界剪切速率的影响

壁附近聚合物分子的形变程度较之管子中心部分为大。如果熔体中弹性形变发生松弛时，就必然引起熔体在管壁上产生周期性的滑移。另一方面口模对挤出物的拉伸作用时大时小，随着这种周期性的张力变化，挤出物表层的移动速度也时快时慢，从而形成了各种形状的皱纹。可以看出，与引起竹节形、螺旋形等严重不稳定流动的整体现象比较起来，由在管壁和口模内周期性的滑移和拉伸作用引起的乃是一种较轻微的表层的不稳定流动。

第三节　聚合物液体流动性测量方法简介

前已述及，虽然已有很多定量描述聚合物液体流动行为的数学公式，但能用于实际流动

计算的公式并不多，其原因是液体的粘弹性、流动的非等温过程、液体的可压缩性以及液体流动过程在管壁上的滑移等都使流体流变行为的准确测量和计算变得十分困难，以至计算结果往往与实际情况存在着较大的差异。

但是对成型加工来说，在涉及材料的选择、加工工艺的确定、加工设备及模具的设计、加工设备功率的计算等方面又往往需要进行液体的流动计算。为了使这种计算比较简单和符合实际、常将各种聚合物材料置于不同仪器中，测定它们在不同温度和压力下的剪应力 τ、剪切速率 $\dot{\gamma}$ 和表观剪切粘度 η_a 之间的关系，有时还包括拉伸应力 σ 和拉伸粘度 λ 和温度之间的关系等。

根据流动行为的实测值，常常分别作出 τ-$\dot{\gamma}$、η_a-$\dot{\gamma}$ 或 $\sigma\lambda$ 的曲线或双对数坐标曲线，这两种类型的流动曲线如图 2-8、图 2-21 和图 3-17 所示。聚合物的流动曲线一般都是用毛细管粘度计测定的，并以毛细管壁上的最大剪应力 $\left(\tau_R = \dfrac{R\Delta P}{2L}\right)$ 对表观剪切速率 $\left(\dot{\gamma} = \dfrac{4Q}{\pi R^3}\right)$ 作图而得。然而实际上聚合物液体在管中流动时的剪切速率与一般流动曲线使用的表观剪切速率不同，两者的区别可从式（2-6）和式（3-12）看出。

对真实的非牛顿液体，由式（2-10）可知

$$\dot{\gamma} = -\left(\frac{\mathrm{d}v}{\mathrm{d}r}\right) = k\tau^m$$

所以

$$-\frac{\mathrm{d}v}{\mathrm{d}r} = k\left(\frac{r\Delta P}{2L}\right)^m \tag{3-39}$$

以壁面的最大剪应力 τ_R 对表观剪切速率 $\dot{\gamma}$ 所作的流动曲线方程为

$$\frac{4Q}{\pi R^3} = k_0\left(\frac{R\Delta P}{2L}\right)^m \tag{3-40}$$

比较式（3-39）与式（3-40），可见 k 和 k_0 不同，k_0 是由表观剪切速率 $\dfrac{4Q}{\pi R^3}$ 确定，而 k 则由实际的剪切速率 $\dfrac{\mathrm{d}v}{\mathrm{d}r}$ 确定。因此，欲从流动曲线计算聚合物在管道中的速度分布，流速或压力降时，应从曲线上对应的 $\left(\dfrac{4Q}{\pi R^3}\right)$ 与 $\left(\dfrac{R\Delta P}{2L}\right)^m$ 关系来计算出 k_0，再将 k_0 换算为 k。然后再以式（3-41）计算。k_0 与 k 的关系可由以下关系求出。

由式（3-39）积分，可得到液体在管中的速度分布：

$$v = \int_0^v \mathrm{d}v = -k\int_R^0 \left(\frac{r\Delta P}{2L}\right)^m \mathrm{d}r = k\left(\frac{\Delta P}{2L}\right)\left(\frac{R^{m+1} - r^{m+1}}{m+1}\right) \tag{3-41}$$

液体在管中的流率可将速度方程式（3-41）代入式（3-11）积分而得

$$Q = \int_0^R 2\pi r v \mathrm{d}r = \frac{\pi k R^{m+3}}{2^m(m+3)}\left(\frac{\Delta P}{L}\right)^m \tag{3-42}$$

移项和整理式（3-40），可得到按流动曲线计算的流率

$$Q = \frac{\pi R^3 k_0}{4}\left(\frac{R\Delta P}{2L}\right)^m = \frac{\pi k_0 R^{m+3}}{2^{m+2}}\left(\frac{\Delta P}{L}\right)^m \tag{3-43}$$

比较式（3-42）和式（3-43），当流率相等时，k_0 与 k 的关系为

$$k_0/k = 4/m+3 \quad \text{或} \quad k = \left(\frac{m+3}{4}\right)k_0 \tag{3-44}$$

同时由式（2-12）可知，m 与非牛顿性指数 n 的关系为 $m = \frac{1}{n}$。当 m＝1 时，式（3-44）中 $k = k_0$，表明聚合物液体属于牛顿流体。随 m 增大（即 n 减小），k/k_0 值增大。

不同的聚合物熔体有各自的流动曲线，根据加工条件找到曲线上的有关数据计算 k_0 与 m，然后再从式（3-44）求出 k，于是可用式（3-41）和式（3-42）计算实际液体在设备和模具中的速度分布或流率。通过上述计算和对流动曲线的分析，还可用来研究成型制品内在质量的均匀性，成型过程需要加热的温度，设备所需功率以及研究加工过程液体的端末效应和不稳定流动等。近年来流变学的测量和计算还发展成为研究聚合物分子量，分子量分布和链结构等聚合物微观结构的一种方法。

用于测定聚合物流变性质的仪器一般称为流变仪或粘度计。目前用得最广泛的主要有毛细管粘度计，旋转粘度计，落球粘度计和锥板粘度计等几种，而以毛细管粘度计和旋转粘度计又最为常用。这些仪器可以测量 $10^{-2} \sim 10^{12}$ 泊（$10^{-3} \sim 10^{11} \, N \cdot S/m^2$）的粘度。主要几种粘度计及其适用范围如表 3-2 所示。

表 3-2　主要粘度计及其适用范围

粘　度　计	适用粘度范围 $N \cdot S/m$	粘　度　计	适用粘度范围 $N \cdot S/m$	粘　度　计	适用粘度范围 $N \cdot S/m$
吸液式毛细管粘度计	$10^{-3} \sim 10^2$	平板粘度计	$10^3 \sim 10^8$	锥板粘度计	$10^2 \sim 10^{11}$
挤出式毛细管粘度计	$10^{-1} \sim 10^7$	旋转粘度计	$10^{-1} \sim 10^{11}$	落球粘度计	$10^{-5} \sim 10^3$

各种方法所适应的剪切速率范围也不相同。挤出式毛细管粘度计通常可在 $10^{-1} \sim 10^6$ 秒$^{-1}$ 与实际加工条件非常接近的剪切速率范围使用，转动式粘度计（包括旋转粘度计和锥板粘度计）可用于剪切速率在 $10^{-3} \sim 10$ 秒$^{-1}$ 的范围，而落球式粘度计只能在很低的剪切速率范围内使用。

由于聚合物液体的粘度对剪切速率或剪应力有依赖性，所以选用粘度计时应根据实际加工条件和材料的性状来决定。例如塑料注射成型时实际剪切速率约为 $(3 \sim 6) \times 10^3$ 秒$^{-1}$，所以测定用于注射成型材料的流变性应选用毛细管粘度计，压延成型用材料则可用旋转粘度计、锥板粘度计或平板粘度计测定，但也可用毛细管粘度计测定。以下简要介绍常用的几种粘度计。

一、毛细管粘度计

常用的毛细管粘度计是挤压式毛细管流变仪，其结构和工作原理示于图 3-30。它的主体为一直径为 9.525 毫米（3/8 英寸）的钢质圆筒，长为 361.95 毫米（14¼ 英寸）。筒内可装欲测之聚合物。筒外有加热装置，一般可在 10～350℃ 工作，温度变化可精确控制在 0.5℃ 以内，上下部的温度差控制在 1℃ 以内，因而聚合物熔体能处于恒温的状态下。料筒下端装有一开有毛细管之喷嘴，外部也可精确控制温度。喷嘴有若干件，可以互换以适应对不同直径和长度的毛细管的需要。一般毛细管的直径在 0.508～1.523 毫米（0.02～0.06 英寸）之间，毛细管长度 12.7～100.16 毫米（1/2～4 英寸），因而可提供很宽范围的长径比

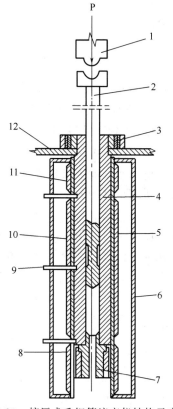

图 3-30 挤压式毛细管流变仪结构示意图
1—负荷头；2—柱塞；3—环形加热器；4—料筒；
5—料筒夹套；6—加热器外壳；7—毛细管；
8—底部加热器；9—热电偶测温计；10—
中部加热器；11—顶部加热器；12—
仪器支架

L_c/D_c。料筒内有一配合严密可上下移动的柱塞，通过一移动式负荷头在柱塞顶部施加一恒定负荷（砝码）后，柱塞受力 P 作用而下降，使熔融聚合物从毛细管喷嘴中挤出。施于柱塞上的负荷可以调整，最大负荷一般不高于 908 公斤；柱塞移动速度可以控制，最小速度为 0.508 毫米/分。

施于柱塞上的力除用荷重方式外，也可用压缩气体或特种拉力试验机加荷。试验过程记录负荷大小、熔体挤出时的流率。毛细管和料筒中各部的剪应力和剪切速率是不相同的，在数值的分布上有不均一性，但可以计算出管壁处的 τ_R 和 $\dot{\gamma}_R$，并根据计算值绘出流动曲线。剪应力由施于熔体上的负荷计算：

$$\tau = \frac{PD_c}{\pi L_c D^2} = \frac{PD_c}{4SL_c} \quad (\text{公斤/厘米}^2) \quad (3\text{-}45)$$

剪切速率由熔体单位时间的流率计算：

$$\dot{\gamma} = \frac{2}{15} \cdot \frac{vD^2}{D_c^3} \quad (\text{秒}^{-1}) \quad (3\text{-}46)$$

式（3-45）和式（3-46）中 P 为施加于柱塞上的力（公斤）；D 为柱塞直径（厘米）；S 为柱塞断面积（厘米²）；D_c 为毛细管直径（厘米）；L_c 为毛细管长度（厘米）；v 为柱塞下移速度（厘米/分）。由式（3-45）和式（3-46）可计算该剪切速率下的表观粘度：

$$\eta_a = \frac{\tau}{\gamma} = \frac{15}{2\pi} \cdot \frac{PD_c^4}{vLD^4} \text{公斤·秒/厘米}^2 \quad (3\text{-}47)$$

如果在相同温度和不同负荷下使柱塞以不同速度挤出聚合物时，即以液体的流速 Q 作为负荷 P 的函数进行测定，因而可绘得不同 $\dot{\gamma}$ 值的 τ-$\dot{\gamma}$ 曲线。

改变柱塞移动速度和毛细管的长径比，即使用一系列直径不同的毛细管（L/D=10），可以使毛细管粘度计适于作剪切速率介于 $10^{-1} \sim 10^6$ 秒$^{-1}$ 和剪应力从 $10 \sim 10^7$ 达因/厘米² 范围的测量。可以看出，在聚合物通常加工的条件下，如在压力 P 为 $10 \sim 100$ 公斤/厘米²、$\dot{\gamma}$ 约 $10 \sim 10^3$ 秒$^{-1}$ 时的挤出以及在 P 为 10^3 公斤/厘米²、$\dot{\gamma}$ 约为 $10^3 \sim 10^4$ 秒$^{-1}$ 时的注射成型中，从挤出式毛细管流变仪得到的流动数据更接近于实际的加工条件。

但熔体挤出时的流动过程中存在的弹性效应、热效应、壁面滑移以及流动过程的压力降等因素都将使实验结果与理论值发生偏差，以至 η_a 不成直线而呈现如图 3-31 所示的各种弯曲。因此应对计算结果进行必要的校正。这些效应同样存在于其它粘度计和流变仪中，所以都需要校正，但不同的测试方法和条件有不同的偏差。

1. 压力降影响的校正

如前所述，熔体由大直径料筒进入直径小的毛细管时要产生大的压力降，此压力降将大于熔体在毛细管中作稳定流动时的压力降。在毛细管直径相同的情况下，L_c 愈短影响愈大。因此增大毛细管的 L_c/D_c 比可以减小压力降影响的程度，当 L_c/D_c 比值大于 20 时，这种影响可以忽略不计，从图 3-32 中可看出。

2. 热效应影响的校正

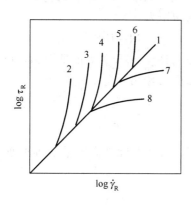

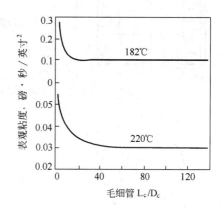

图 3-31 各种效应对 $\tau_R\text{-}\dot\gamma_R$ 的影响示意图

1—理想流动；2—动能损耗；3—端末效应；4—弹性能；5—湍流；6—入口压力损失；7—热效应；8—壁面滑移

图 3-32 毛细管 L_c/D_c 比值对聚苯乙烯表观粘度的影响

在高剪切速率下，熔体粘滞流动中能量会消散为热，由于聚合物熔体导热性差，热量不易及时排除而导致熔体温度升高、粘度降低。在毛细管很细时，由于物料排除速度很快，热量易于带出，多数情况下可以忽略这种影响。

3. 熔体压缩性影响的校正

物料在料筒或毛细管中因受压力作用而被压缩。但沿毛细管出口方向压力降增加的过程中，熔体的膨胀增加、密度降低，导致流速和剪切速率增大，因此应根据聚合物 P-V-T 状态方程加以校正。

二、旋转粘度计

这种类型的粘度计（流变仪）不仅用于研究和测定聚合物液体在狭缝间的粘性和流动行为，而且还可用于研究聚合物熔体的弹性行为和松弛特性等。它可在 τ 为 $10^{-4}\sim10^{7}$ 达因/厘米^2 和 $\dot\gamma$ 为 $10^{-3}\sim10^{5}$ 秒$^{-1}$ 的范围应用，特别适用于粘性与高粘性聚合物熔体或浓溶液流动性能的测量。它主要包括转筒式，锥板式和平行板式粘度计几种形式。转筒式粘度计更适合于浓溶液，后两者主要用于研究聚合物熔体。

（一）转筒式粘度计

图 3-33 为一种转筒粘度计结构和工作原理的示意图。粘度计外部为一平底圆筒，与它同轴的中心有一圆柱体。在圆筒与圆柱的环形空间两个相平行的表面构成一狭缝，聚合物液体盛于此狭缝中。圆筒由精确的无级调速机构带动作旋转运动。圆柱则悬挂于一测力装置上，并通过弹簧和仪器相连。当圆筒旋转时，盛于狭缝空间中的液体受到剪切作用而流动，液体的粘滞性带动圆柱旋转，当圆柱的转矩与弹簧力相平衡时就停止转动，这时圆柱已旋转

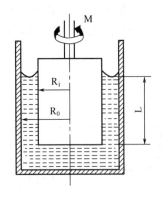

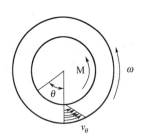

图 3-33　转筒式粘度计结构和速度分布

了一定角度（称旋转角 θ）。在平衡条件下，液体的剪切作用也达到了稳定状态。测定平衡状态时圆柱的转矩和圆筒的转速就可以分别计算环形缝中各位置上的剪应力和剪切速率。另一种相似的转筒式粘度计是圆筒固定而圆柱转动。

如果圆筒的角速度为 ω，弹簧的扭转常数为 K，则圆柱表面上的转矩为

$$M＝K\theta \tag{3-48}$$

距圆筒轴心 $r(R_i < r < R_0)$ 处的剪应力 τ 可由圆柱浸入液体中的深度 L 给出：

$$\tau＝\frac{M}{2\pi r^2 L} \tag{3-49}$$

当 $r＝R_i$ 和 $r＝R_0$ 时，在圆柱和圆筒表面的剪应力分别为：

$$\tau_{R_i}＝\frac{M}{2\pi R_i^2 L} \tag{3-50}$$

$$\tau_{R_0}＝\frac{M}{2\pi R_0^2 L} \tag{3-51}$$

在 r 处圆面上的剪切速率 $\dot{\gamma}$ 可用角速度 ω 表示：

$$\dot{\gamma}＝\frac{dv}{dr}＝\frac{rd\omega}{dr} \tag{3-52}$$

所以聚合物液体的粘度为

$$\eta_a＝\frac{M}{4\pi\omega L}\left(\frac{1}{R_i^2}-\frac{1}{R_0^2}\right) \tag{3-53}$$

因此测定平衡状态下圆柱与圆筒的转矩 M 和角速度 ω 就可计算表观粘度。在同样的温度下改变圆筒的角速度 ω 时，圆柱上的转矩 M 也产生相应变化，因而可得到一系列的 ω-M 值，而 M 与 ω 分别与 τ 和 $\dot{\gamma}$ 相联系，故可绘得液体的流动曲线。

（二）锥-板粘度计

如图 3-34 所示，锥-板粘度计是由一在上部的圆锥体和一在下部的圆板组成，圆锥与圆板的中心均处于同一轴线上，锥顶与圆板相接触，和转筒式粘度计相似，转动部分可以是圆板或圆锥，聚合物熔体处于圆锥与圆板构成的夹角为 θ 的狭缝中。转动圆板，则粘性液体将带动圆锥转动，在剪切平衡条件下，圆锥在转动一定角度 ϕ 后停止进一步的旋转。

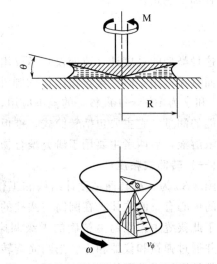

图 3-34　锥板粘度计结构示意及速度分布

如果圆板旋转的角速度为 ω，圆锥上产生的转矩为 M，则距圆板旋转中心 r 处的线速度为 $r\omega$，而液体在这里的厚度为 $r\tan\theta$。在 θ 角很小的情况下，$r\tan\theta \approx r\theta$。所以，r 处的剪切速率为

$$\dot{\gamma} = \frac{r\omega}{r\tan\theta} = \frac{\omega}{\theta} \tag{3-54}$$

式（3-54）表明 $\dot{\gamma}$ 与 r 无关。在 $\theta < 4°$ 的情况下，可以认为锥-板粘度计中液体各个部分均具有相同的剪切速率。这是锥-板粘度计的特点之一。

在 r 处，液体中的剪应力为

$$\tau_r = \frac{3M}{2\pi r^3} \tag{3-55}$$

当 θ 角很小时（即 $\theta < 4°$），可以把圆锥和圆板间的空间视为一狭缝，这时对牛顿液体或非牛顿液体，以下公式都同样成立：

$$\eta_a = \frac{\tau}{\gamma} = \frac{3\theta M}{2\pi\omega R^3} = \frac{1}{b}\frac{M}{\omega} \tag{3-56}$$

式（3-56）中 b 是由 θ 和 R 决定的仪器常数，其值为

$$b = \frac{2\pi R^3}{3\theta} \tag{3-57}$$

从式（3-56）中可以看出，只要测定试验时的转矩 M 和角速度 ω 就很容易计算 η_a，且不需要再进行复杂的修正，这是锥板粘度计的另一特点。但当剪切速率超过 100 秒$^{-1}$ 时，熔体容易从粘度计狭缝中上升（所谓 Weissenberg 效应），故仪器不宜在高于这个剪切速率的范围使用。所以，锥-板粘度计通常只用于 $\dot{\gamma}$ 在 $10^{-3} \sim 10$ 秒$^{-1}$ 范围聚合物液体流动行为的研究。

平行板粘度计（图 3-35）也是一种旋转式粘度计，可以将它看作是转筒粘度计在 R_i 和 R_0 无穷大时的情况。平行板粘度计只适用于粘度很高的聚合物塑性行为的研究，此处从略。

旋转粘度计在突然停止转动时，可以观察到在恒定形变下的应力松弛过程。所以旋转式粘度计也用于研究聚合物体系的松弛特性。

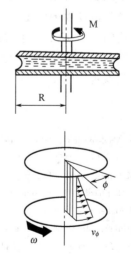

图 3-35 平行板粘度计结构及液体中的速度分布

三、落球粘度计

落球粘度计是测定聚合物溶液粘度常用的方法之一，很少用来测定熔体的粘度。此法不易得到剪应力和剪切速率等基本流变数据，而且由于在球的运动过程中，液体中各部分 $\dot{\gamma}$ 值并不均匀，故数据处理较为困难。因此对于非牛顿液体难于作全面分析，但对于牛顿液体，可以估计球附近的最大剪切速率，其值为 $\frac{3v}{2R}$（v 为球下降的速度。R 为球的半径）。测定时液体中的剪切速率通常在 10^{-2} 秒$^{-1}$ 以

66

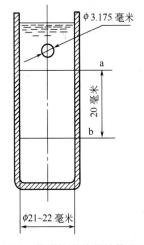

φ3.175 毫米

a

20 毫米

b

φ21~22 毫米

图 3-36 落球粘度计的结构和工作原理示意图

下。聚合物熔体在这样的速率下一般都可认为是牛顿液体，因此测得的粘度是零切粘度 η_0。此法不能研究粘度的剪切速率依赖性，但可作为毛细管粘度计及旋转式粘度计测量流动曲线时在低剪切速率区域的补充。

落球粘度计的结构示于图 3-36 中。测试时先在一内径为 21~22 毫米的玻璃管中盛入欲测定的液体，待液体和玻管恒温一定时间后，将一和液体温度相同的直径为 $\frac{1}{8}$ 英寸（3.175 毫米）的小钢球从玻管口放入。小球凭重力下落，越过 a 线至 b 线的时间是液体粘度的函数。聚合物溶液的粘度按下式计算：

$$\eta_a = \frac{2gr^2(\rho_r - \rho)}{9S}\left[1 - 2.104\left(\frac{d}{D}\right) + 2.09\left(\frac{d}{D}\right)^3 - 0.95\left(\frac{d}{D}\right)^5\right]t$$

$$= \frac{gd^2(\rho_r - \rho)}{18S}\left[1 - 2.104\left(\frac{d}{D}\right) + 2.09\left(\frac{d}{D}\right)^3 - 0.95\left(\frac{d}{D}\right)^5\right]t \qquad (3-58)$$

式中 r 为钢球半径；d 为钢球的直径；ρ_r 为钢球的密度；ρ 为液体的密度；D 为玻管内径；S 为玻管上 a 线至 b 线的距离，通常为 20 毫米；t 为钢球在玻管内从 a 线移动到 b 线时所需之时间。显然，在 d、D 和 S 一定的情况下，式（3-58）可简化为

$$\eta = \frac{2gr^2(\rho_r - \rho)}{9v} = \frac{2gr^2(\rho_r - \rho)}{180} \qquad (3-59)$$

除了以上几种聚合物流动性的测定方法外，还有两种实用性的测定方法，即熔融指数的测定和螺旋流动度的测定。关于这两种方法第一章已作了介绍。但应指出：这两种方法都不存在广泛的应力-应变速率关系，所以不能用来测定聚合物液体的粘度和用来研究聚合物液体的流变性能，但由它们得到的实验数据可为加工过程的材料选择和加工工艺条件的确定提供重要的参考。

主要参考文献

〔1〕 D. W. Vankrevelene：“Properties of Polymers；Their Estimation and Correlations，With Chemical Structure，” Elevier Publishing Co.，1976

〔2〕 R. M. Ogorkiewicz：“Thermoplastics Properties and Design” Wiley，1974

〔3〕 E. C. Bernhardt：“Processing of Thermoplastic Materials” Reinhold，1969

〔4〕 J. M. Mckelvey：“Polymer Processing” New York Wiley，1962

〔5〕 I. I. Rubin：“Injection Molding Theory and Practrice” New York Wiley，1972

〔6〕 成都工学院塑料加工专业：“塑料成型工艺学”，（讲义），1975

〔7〕 小野木　重治：“高分子材料科学”，诚文堂新光社，1973

〔8〕 金丸竞等：“プラスチック成型材料”，地人书馆，1966

〔9〕 金丸竞等：“プラスチック加工成型”，地人书馆，1966

〔10〕 金丸竞 “高分子材料概说”，日刊工业新闻社，1969

〔11〕 Hau Chan Dae：“Rheology in Polgmer Processing”，Academic Press，1976

第四章　聚合物加工过程的物理和化学变化

在成型加工过程中，聚合物会发生一些物理和化学变化，例如在某些条件下，聚合物能够结晶或改变结晶度，能借外力作用产生分子取向；当聚合物分子链中存在薄弱环节或有活性反应基团（活性点）时，还能发生降解或交联反应。加工过程出现的这些物理和化学变化，不仅能引起聚合物出现如力学、光学、热性质以及其它性质的变化，而且对加工过程本身也有影响。这些物理和化学变化，有些对制品质量是有利的，有些则是有害的。例如为生产透明和有良好韧性的制品，应避免制品结晶或形成过大的晶粒，但有时为了提高制品使用过程中的因次稳定性，对结晶聚合物进行热处理能加快结晶速度，有利于避免在使用中发生缓慢的后结晶，引起制品尺寸和形状持续变化。又如利用拉伸方法使聚合物薄膜中分子形成取向结构，能获得具有多种特殊性能的各向异性材料，扩展了聚合物的应用领域；加工过程利用化学交联作用能生产硫化橡胶和热固性塑料，提高了聚合物的力学强度和热性能；利用塑炼降解则能提高橡胶的流动性，改善橡胶的加工性质；但加工过程有时出现的降解与交联反应都会使聚合物的性质劣化，可加工性降低和使用效果变坏。所以，了解聚合物加工过程产生结晶、取向、降解和交联等物理和化学变化的特点以及加工条件对它们的影响，并根据产品性能和用途的需要，对这些物理和化学变化进行控制，这在聚合物的加工和应用上有很大的实际意义。

第一节　成型加工过程中聚合物的结晶

塑料成型、薄膜拉伸及纤维纺丝过程中常出现聚合物结晶现象，但结晶速度慢、结晶具有不完全性和结晶聚合物没有清晰的熔点是大多数聚合物结晶的基本特点，对聚合物结晶的结构至今仍有一些不同的看法，也曾提出过多种结晶模型，一般的看法认为：聚合物加工过

图 4-1　等规聚丙烯的球晶

图 4-2　聚丙烯薄膜中的纤维状结构

程，熔体冷却结晶时，通常生成球晶（图 4-1）。在高应力作用下的熔体还能生成纤维状晶体（图 4-2）。

一、聚合物球晶的形成和结晶速度

当聚合物熔体或浓溶液冷却时，熔体中的某些有序区域（链束）开始形成尺寸很小的晶胚（或称"结晶团簇"），晶胚长大到某一临界尺寸时转变为初始晶核；然后大分子链通过热运动在晶核上进行重排而生成最初的晶片。初期晶片沿晶轴方向生长（此时晶轴与球晶半径相同），稍后出现偏离球晶半径方向的生长（即纤维状生长），并逐渐形成初级球晶（图 4-3）球晶在生长发育过程中形成双眼结构，初级球晶长大后即形成球晶。长大过程中球晶与周围的球晶相邻接，从而在球晶之间形成直线截切的界线。因此球晶的外形为具有直线状边界的多面体。可见球晶是由无数微小晶片按结晶生长规律向四面八方生长形成的一个多晶聚集体，直径可达几十至几百微米。球晶中的晶片有扭曲的形状并相互重叠着（图 4-4）。

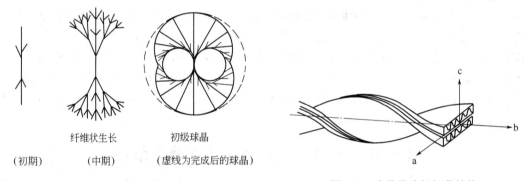

纤维状生长　　初级球晶

（初期）　　（中期）　　（虚线为完成后的球晶）

图 4-3　球晶生长过程示意　　　　　图 4-4　球晶晶片的扭曲结构

晶片是由折叠链重叠构成，在折链之中或晶片层之间分布着一些结晶缺陷，如连接链、链末端以及不规则折链等，所以球晶中存在缺陷。聚合物中无序或有序不好区域，包括无规链球和不能结晶的分子链束则构成非晶区。非晶区并被晶区束缚着有类似形成交联的作用。所以球晶中也必然有非晶结构。

聚合物结晶的不完全性，通常用结晶度表示。一般聚合物的结晶度在 $10\%\sim60\%$ 范围。

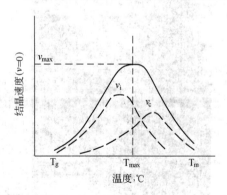

图 4-5　结晶速度与温度的关系

聚合物熔体或浓溶液冷却时发生的结晶过程是大分子链段重排进入晶格并由无序变为有序的松弛过程。大分子进行重排运动需要一定的热运动能，要形成结晶结构又需要分子间有足够的内聚能。所以热运动能和内聚能有适当的比值是大分子进行结晶所必需的热力学条件。

当温度很高（$T>T_m$）时，分子热运动的自由能显著地大于内聚能，聚合物中难于形成有序结构，故不能结晶。当温度很低，即 $T<T_g$ 时，因大分子双重运动处于冻结状态，不能发生分子的重排运动和形成结晶结构。所以聚合物结晶过程只能在 $T_g<T<T_m$ 发生。但 $T_g\sim T_m$ 区间温度对这两个过程有不同的影响。从图 4-5 中可以看出，在接近

T_m 的温度范围，由于晶核自由能高，晶核不稳定，故单位时间内成核数量少，成核时间长，速度慢。降低温度自由能降低、成核数量和成核速度均增加。所以成核速度最大时的温度偏向 T_g 一侧。但 $T_g \sim T_m$ 间晶体的生长取决于链段的重排速度，温度升高有利于链段运动，所以晶体生长速度最大时的温度则偏向 T_m 一侧。在 T_g 和 T_m 处成核速度和晶体生长速度均为零。聚合物的结晶速度 v 是成核速度 v_i 和晶体生成速度 v_c 的总效应，最大结晶速度 v_{max} 必然在 $T_g \sim T_m$ 之间。

聚合物的结晶速度可以结晶度随时间的变化率 $v = \dfrac{dx_c}{dt}$ 表示。由于结晶时聚合物体积减小，因此如果以 ΔV_∞ 代表完全结晶时聚合物的体积变化；ΔV_t 代表时间 t 时部分结晶时的体积变化，则（$\Delta V_t / \Delta V_\infty$）表示时间 t 时已经结晶的分数，其值以 x_c 表示。随 t 增加（$\Delta V_t / \Delta V_\infty$）增高，这种关系如图 4-6 所示。可以看出结晶速度曲线为 s 形，表明结晶速度在中间阶段最快，结晶的后期速度愈来愈慢。而结晶初期缓慢的速度说明聚合物由熔融状态冷却到 T_m 以下至出

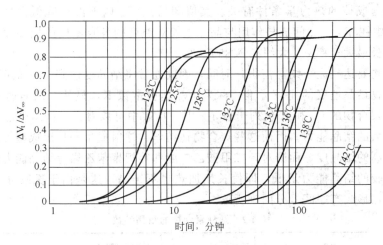

图 4-6　聚丙烯于不同温度下结晶时的体积变化

现结晶时有一诱导时间 t_i。从图中可看出，诱导时间依赖于温度，随温度升高而增加。当聚合物于一定温度下开始结晶后，其结晶度与时间的关系可用 Avrami 方程表示：

$$\left(1 - \frac{\Delta V_t}{\Delta V_\infty}\right) = (1 - x_c) = e^{-Kt^n} \tag{4-1}$$

或
$$\ln(1 - x_c) = -Kt^n$$

或
$$\ln[-\ln(1 - x_c)] = \ln K + n\ln t$$

式中 $\left(1 - \dfrac{\Delta V_t}{\Delta V_\infty}\right)$ 为尚未转变的晶体聚合物分数；K 为等温下的结晶速度常数；t 为结晶时间；n 为 Avrami 指数，系与晶核生成和晶体生长过程以及晶体形态有关的常数，一般介于 $1 \sim 4$ 之间，其数值见表 4-1 所示。

均相成核（又称散现成核）是纯净的聚合物中由于热起伏而自发地生成晶核的过程，过程中晶核密度能连续地上升。异相成核（又称瞬时成核）是不纯净的聚合物中某些物质（如成核剂、杂质或加热时未完全熔化的残余结晶）起晶核作用成为结晶中心，引起晶体生长过程，过程中晶核密度不发生变化。

熔体冷却形成结晶时，球晶径向生长速率 v 对温度的依赖关系，对均相或异相的三维成核作用均可用下式表示：

表 4-1 结晶性质对 n 值的影响

晶体生长的方式	成核作用的性质	n 值
一维生长(针状的)	异相成核	1
	均相成核	2
二维生长(片状的)	异相成核	2
	均相成核	3
三维生长(球形的)	异相成核	3
	均相成核	4

$$v = v_0 \exp\left(-\frac{\Delta F}{RT}\right) \exp\left[-\frac{A}{T^2(T_m - T)}\right] \tag{4-2}$$

式中 v_0 和 A 为常数,圆括号内为迁移项。ΔF 是将一个聚合物链段迁移到生长的晶体表面上的活化自由能,显然随温度升高迁移项增大,表示晶体生长速率随温度升高而增加,方括号为成核项,与成核的热力学条件有关。其值随熔点 T_m 以下温度降低而增大。式(4-2)说明了图 4-5 中在 $T_g - T_m$ 间成核作用与晶体生长对温度的各自不同的依赖性。对均相成核而言,晶体生长最大速率 v_{max} 大约在 $0.85T_m$ 处。

由于聚合物要达到完全结晶需很长时间,因此通常将结晶度达到 50% 的时间 $t_{1/2}$ 的倒数作为各种聚合物结晶速度的比较标准,称为结晶速度常数 K,显然,结晶速度快则 $t_{1/2}$ 小,K 值大。几种聚合物的 $t_{1/2}$ 和 K 值列于表 4-2 中。从表中可以看出,低压聚乙烯、聚酰胺和聚甲醛等有很大的结晶能力。因而这些聚合物在纺丝、注射成型和挤出成型等加工过程容易结晶,并有很高的结晶度,而聚对苯二甲酸乙二酯和等规聚苯乙烯等结晶能力较差,结晶所需时间长。橡胶的结晶能力最低,即使长期加热也不结晶,这是由于橡胶分子链的柔性太大,分子量高,形成有序区十分困难所致。

表 4-2 几种聚合物的结晶参数

聚 合 物	密度,克/厘米^3		玻璃化转变温度 T_g,℃	熔点 T_m,℃	最大速度时的结晶温度 T_{max},℃	半结晶期 $t_{1/2}$,秒	结晶速度常数 K,秒$^{-1}$	T_{max}时的球晶生长速度 V_{max},微米/分
	晶态	非晶态						
高密度聚乙烯	1.014	0.854	−80	136	—	0.044	49.5	2000
聚酰胺-66	1.220	1.069	45	264	150	0.416	1.66	1200
聚甲醛	1.056	1.215	−85	183	85	—	—	400
聚酰胺-6	1.230	1.084	45	228	145.6	5	0.14	200
等规聚丙烯	0.936	0.854	−20	180	65 *	1.25	0.55	20
聚对苯二甲酸乙二酯	1.455	1.336	67	267	190	78	0.016	10
等规聚苯乙烯	1.120	1.052	100	240	175	185	0.0037	0.25
天然橡胶	1.00	0.91	−75	30	−25	—	0.00014	—

* 外推值

结晶的后期可能由于发生二次结晶作用或由于同时进行着均相成核作用,亦可能由于产生了有时间依赖性的初始成核作用而使 Avrami 指数 n 发生偏离,从而使结晶后期的速度不符合 Avrami 方程,这从用聚丙烯在 128℃ 的结晶速率数据取 n=3 按式(4-1)所示的图 4-7 中可以看出,曲线的直线部分符合 Avrami 方程为一次结晶,弯曲部分表明 n 值发生了偏高。二次结晶是在一次结晶完了后在一些残留的非晶区域和晶体不完整部分即晶体间的缺陷或不完善区域，继续进行结晶和进一步完整化过程。这些不完整部分可能是在初始结晶过程中被排斥的比较不易结晶的物质。聚合物的二次结晶速度很慢，往往需要很长时间（几年甚至几十年）。除二次结晶以外，一些加工的制品中还发生一种后结晶现象，这是聚合物加工过程中一部分来不及结晶的区域在加工后发生的继续结晶的过程，它发生在球晶的界面上，并不断形成新的结晶区域，使晶体进一步长大，所以后结晶是加工中初始结晶的继续。二次结晶和后结晶都会使制品性能和尺寸在使用和贮存中发生变化，影响制品正常使用。

在 $T_g \sim T_m$ 温度范围内，常对制品进行热处理（即退火）以加速聚合物二次结晶或后结晶的过程，热处理为一松弛过程，通过适当的加热能促使分子链段加速重排以提高结晶度和使晶体结构趋于完善。所以退火和力图很快冻结大分子及链段运动以防止结晶的淬火是相反的过程。热处理中聚合物的结晶过程和机理与熔体的结晶类似，也依赖于温度。通常热处理温度控制在聚合物最大结晶速度的温度 T_{max}，接近于是一种等温和静态的结晶过程。通过热处理，制品（包括纤维、塑料）的结晶度提高，制品中的微晶结构在处理过程中熔化并重新结晶，从而形成较完整的晶体；制品的尺寸和形状稳定性提高，内应力降低。制品因结晶而使其熔点升高，耐热性提高，力学性能也发生了变化。热处理温度一定时，制品中的结晶度和尺寸随热处理时间的变化关系如图 4-8 所示。

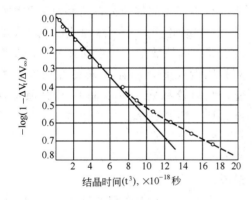

图 4-7　用聚丙烯 128℃时结晶速率数据
　　　　按 Avrami 方程所作的图

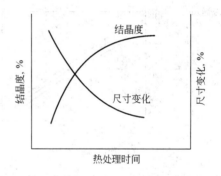

图 4-8　热处理时间对制品结晶度和
　　　　尺寸的影响

二、加工成型过程中影响结晶的因素

通常将聚合物在等温条件下的结晶称为静态结晶过程。但实际上聚合物加工过程大多数情况下结晶都不是等温的，而且熔体还要受到外力（拉应力，剪应力和压应力）的作用，产生流动和取向等。这些因素都会影响结晶过程。常将这种多因素影响下的结晶称为动态结晶。以下分别讨论影响结晶过程的主要因素。

（一）冷却速度的影响

温度是聚合物结晶过程中最敏感的因素，温度相差 1℃ 结晶速度可相差若干倍（图 4-6），由于聚合物从 T_m 以上降低到 T_g 以下的冷却速度，实际上决定了晶核生成和晶体生长的条件，所以聚合物加工过程能否形成结晶，结晶的速度、晶体的形态和尺寸都与熔体冷却速度有关。

冷却速度取决于熔体温度 t_m 和冷却介质温度 t_c 之间的温度差，即 $t_m - t_c = \Delta t$，Δt 称为冷却温差。如果熔体温度一定，则 Δt 决定于冷却介质温度。根据冷却温差的大小可大致将冷却速度或冷却程度分为三种情况。

当 t_c 接近聚合物最大结晶温度 T_{max} 时，Δt 值小，属于缓冷过程，这时熔体的过冷程度小，冷却速度慢，结晶实际上接近于静态等温过程，并且结晶通常是通过均相成核作用而开始的，由于冷却速度慢，在制品中容易形成大的球晶。大球晶结构使制品发脆，力学性能降低；同时冷却速度慢使生产周期增长；冷却程度不够易使制品扭曲变形。故大多数加工过程很少采用缓冷操作。

当 t_c 低于 T_g 以下很多时，Δt 很大，熔体过冷程度大，冷却速度快，这种情况下，大分子链段重排的松弛过程将滞后于温度变化的速度，以致聚合物的结晶温度降低。骤冷（即淬火）甚至使聚合物来不及结晶而呈过冷液体（即冷却的聚合物仍保持着熔体状态的液体结构）的非晶结构，制品具有十分明显的体积松散性。但厚制品内部仍可有微晶结构形成。这种内外结晶程度的不均匀性会引起制品中出现内应力。同时制品中的过冷液体结构或微晶都具有不稳定性，特别是像聚乙烯，聚丙烯和聚甲醛等这些结晶能力强，玻璃化温度又很低的聚合物，成型后的继续结晶（后结晶）会使制品的力学性能和尺寸形状发生改变。

如果 t_c 处于 T_g 以上附近温度范围，则 Δt 不很大，这种情况为中等冷却程度，聚合物表层能在较短的时间内冷却凝固形成壳层，冷却过程中接近表层的区域最早结晶。聚合物内部也有较长时间处于 T_g 以上温度范围，因此有利于晶核生成和晶体长大，结晶速率常数比较大。在理论上，这一冷却速度或冷却程度能获得晶核数量与其生长速率之间最有利的比例关系，晶体生长好，结晶较完整，结构较稳定，所以制品因次稳定性好，且生产周期较短，聚合物加工过程常采用中等冷却速度，其办法是将介质温度控制在聚合物的玻璃化温度至最大速率结晶温度（T_{max}）之间。

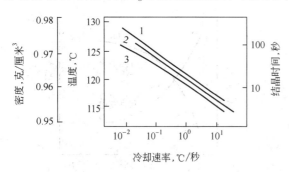

图 4-9　聚乙烯密度（1）结晶时间（2）结晶温度
（3）与冷却速率的关系

比较以上三种冷却速度可以看出，随冷却速度提高，聚合物结晶时间缩短，结晶度降低，并使达到最大结晶度的温度下降。所以快速冷却不利于结晶。图 4-9 表示聚乙烯密度、结晶时间和出现结晶的温度与冷却速率之间的关系。

（二）熔融温度和熔融时间的影响

任何能结晶的聚合物在成型加工前的聚集态中都具有或多或少的结晶结构，当其被加热到 T_m 以上温度时，熔化温度与在该温度的停留时间会影响聚合物中可能残存的微小有序区域或晶核的数量。晶核存在与否以及晶核的大小对聚合物加工过程的结晶速度有很大影响。熔体中是否存在晶核以及它们的数量和大小取决于以下两个因素：首先取决于聚合物的加工温度，如果上次结晶温度高，则结晶度也高，晶粒较完整，故重新熔化需较高温度，如果加工时熔化的温度低，则熔体中就可能残存较多的晶核；反之，加工温度高，聚合物中原有的结晶结构破坏愈多，残存的晶核（或有序区域）愈少。其次，取决于聚合物在熔融状态停留的时间，因为结晶结构的破坏不是瞬时过程，高温下停留时间愈长破坏愈甚，残存的晶核（或有序区域）就愈少。因此，聚合物的结晶速度会出现两种情况：在熔融温度高和熔融时间长、熔体冷却时晶核的生成主要为均相成核，由于成核需要时间（诱导期），故结晶速度慢，结晶尺寸较大；相反，如果聚合物的熔融温度低和熔融的时间短，则体系中存在的晶核将引起异相成核作用，故结晶速度快，晶体尺寸小而均匀，并有利于提高制品的力学强度、耐磨性和热畸变温度。聚合物的熔体温度和在该温度下的停留时间对晶核数的影响如图4-10所示。

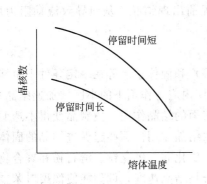

图 4-10　聚合物熔体中晶核数与熔体温度和加热时停留时间的关系

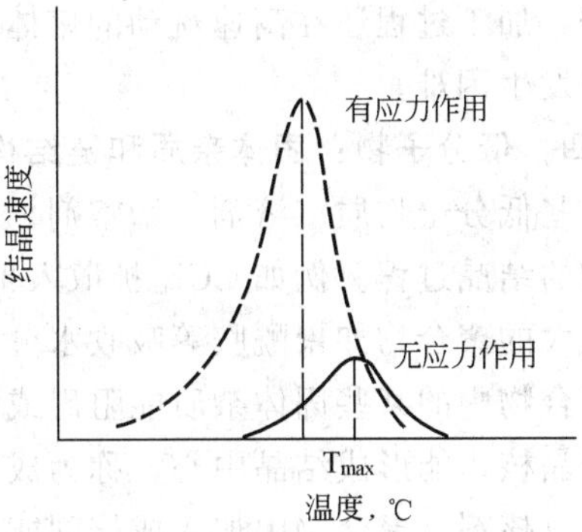

图 4-11　应力对结晶速度和最大速度结晶温度的影响

（三）应力作用的影响

聚合物在纺丝、薄膜拉伸、注射、挤出、模压和压延等成型加工过程中受到高应力作用时，有加速结晶作用的倾向。这是应力作用下聚合物熔体取向产生了诱发成核作用所致，（例如，聚合物受到拉伸或剪切力作用时，大分子沿受力方向伸直并形成有序区域。在有序区域中形成一些"原纤"，它成为初级晶核引起晶体生长）。这使晶核生成时间大大缩短，晶核数量增加，以致结晶速度增加。

由于"原纤"的浓度随拉伸或剪切速率增大而升高，所以熔体的结晶速度随拉伸或剪切速率增加而增大。例如受到剪切作用的聚丙烯，生成球晶所需的时间约比静态结晶时少一半；聚对苯二甲酸乙二酯在熔融纺丝过程中拉伸时，其结晶速度甚至比未拉伸时要大1000倍，结晶度可达10％。同时，聚合物的结晶度随应力或应变的增大而提高。应力或应变速率对结晶速度和结晶度的影响如图4-11和图4-12所示，熔体的结晶度还随压力增加而提高，压力并使熔体结晶温度升高。图4-13表示压力对聚丙烯密度的影响关系。但是如果应力作用的时间足够长，应力松弛会使取向结构减少或消失，熔体结晶速率也就随之降低。

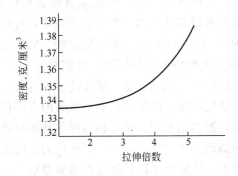

图 4-12　拉伸倍数对聚酯密度的影响

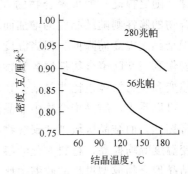

图 4-13　压力对聚丙烯密度及其结晶温度的关系

应力对晶体的结构和形态也有影响。例如在剪切或拉伸应力作用下，熔体中往往生成一长串的纤维状晶体（图4-2），随应力或应变速率增大，晶体中伸直链含量增多，晶体熔点升高。压力也能影响球晶的大小和形状，低压下能生成大而完整的球晶，高压下则生成小而形状不很规则的球晶。加工过程中熔体所受力的形式也影响球晶的形状和大小。例如螺杆式注塑机注射的制品中具有均匀的微晶结构，而柱塞式注塑机的注射制品中则有直径小而不均匀的球晶。

应力对熔体结晶过程的作用在成型加工中必须充分地估计。例如应力的变化使结晶温度降低时，加工过程还在高速流动的熔体中就有可能提前出现结晶，从而导致流动阻力增大，使成型发生困难。

（四）低分子物：固体杂质和链结构的影响

某些低分子物质（溶剂、增塑剂、水及水蒸气等）和固体杂质等在一定条件下也能影响聚合物的结晶过程。例如 CCl_4 扩散入聚合物后能促使内应力作用下的小区域加速结晶过程。吸湿性大的聚合物如聚酰胺等吸收水分后也能加速表面的结晶作用，使制品变得不透明。存在于聚合物中的某些固体杂质能阻碍或促进聚合物的结晶作用。那些起促进结晶的固体物质类似于晶核，能形成结晶中心，称为成核剂。炭黑、氧化硅、氧化钛、滑石粉和聚合物粉末都可作成核剂。聚合物中加入成核剂能大大加快聚合物结晶速度，例如能使像聚对苯二甲酸乙二酯等这类结晶速度很缓慢的聚合物产生较快的结晶。

聚合物分子的链结构与结晶过程有密切关系。聚合物的分子量愈高，大分子及链段结晶的重排运动愈困难，所以聚合物的结晶能力一般随分子量的增大而降低。大分子链的支化程度低，链结构简单和立体规整性好的聚合物较易结晶，结晶速度快，结晶程度高。

三、聚合物结晶对制件性能的影响

结晶过程中分子链的敛集作用使聚合物体积收缩、比容减小和密度增加，通常，密度和结晶度之间有线性关系。密度增大意味着分子链之间吸引力增加，所以结晶聚合物的力学性能和热性能等相应提高。同时聚合物中晶体（微晶）类似"交联点"，有限制链段运动的作用，也能使结晶聚合物的力学性能、热性能和其它性能发生变化。如结晶度为15％的聚合物就像交联（硫化）橡胶一样；结晶度达20％时，聚合物比橡胶硬得多，这种"刚硬化"作用至少使大分子链非晶部分变短，链的类橡胶运动（链段的位移与取向）难于进行；结晶度大于40％时，微晶的密度如此之大，以至形成了贯穿整个材料的连续晶相，此时聚合物承受应力的能力也随结晶度的增加而发生变化。一般随结晶度增加，聚合物的屈服强度、模量和硬度等随之提高。如果聚合物的 T_g 比较低时，抗张强度一般也随结晶度增加而增大。然而聚合物的脆性则随结晶度的增加而增大。冲击容易沿晶体表面传播而引起破坏，所以冲击强度随结晶度提高而降低。但当温度升高到接近 T_m 时，结晶聚合物的性能就发生很大变化，不能像真正交联聚合物那样各种性能指标差不多能保持到分解温度。结晶聚合物在 T_g 以上的蠕变和应力松弛也比非晶聚合物低。随结晶度增加，总蠕变量、蠕变速率和应力松弛均降低。可以看出，结晶聚合物中非晶区域对力学强度有很大的影响，非晶区域的存在使聚合物具有韧性，而结晶区域则使聚合物具有刚硬性，提高结晶度，聚合物的耐热性如软化点和热畸变温度等均提高，材料对化学溶剂的稳定性随结晶度提高而增加，但耐应力龟裂能力降低。结晶聚合物成型过程的收缩率比非晶聚合物大，收缩率亦随结晶度提高而增加。

第二节 成型加工过程中聚合物的取向

聚合物在成型加工过程中不可避免地会有不同程度的取向作用。通常有两种取向过程：一种是聚合物熔体或浓溶液中大分子、链段或其中几何形状不对称的固体粒子在剪切流动时沿流动方向的流动取向；另一种是聚合物在受到外力拉伸时大分子、链段或微晶等这些结构单元沿受力方向拉伸取向。如果取向的结构单元只朝一个方向的就称为单轴取向，如果取向单元同时朝两个方向的就称为双轴取向或平面取向。

一、聚合物及其固体添加物的流动取向

加工过程聚合物熔体或浓溶液常常都必须在加工与成型设备的管道和型腔中流动，如第二章所述，这是一种剪切流动。剪切流动中，在速度梯度的作用下，蜷曲状长链分子逐渐沿流动方向舒展伸直和取向。另一方面，由于熔体温度很高，分子热运动剧烈，故在大分子流动取向的同时必然存在着解取向作用。

熔体流动过程中，取向结构的分布也有一定规律。从图 4-14 中可以看出二种情况：

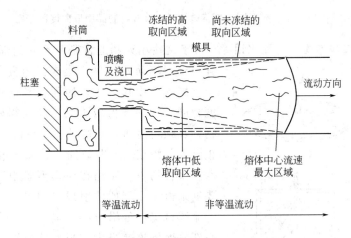

图 4-14　聚合物在管道中和模具中的流动取向

（1）在等温流动区域，由于管道截面小，故管壁处速度梯度最大，紧靠管壁附近的熔体中取向程度最高；在非等温流动区域，熔体进入截面尺寸较大的模腔后压力逐渐降低，故熔体中的速度梯度也由浇口处的最大值逐渐降低到料流前沿的最小值。所以熔体前沿区域分子取向程度低。当这部分熔体首先与温度低得多的模壁接触时，即被迅速冷却而形成取向结构少或无取向结构的冻结层。但靠近冻结层的熔体仍然移动，且粘度高，流动时速度梯度大，故次表面层（距表面约 0.2～0.8 毫米）的这部分熔体有很高的取向程度。模腔中心的熔体，流动中速度梯度小，取向程度低，同时由于温度高，冷却速度慢，分子的解取向有时间发展，故最终的取向度极低。

（2）在模腔中，既然熔体中的速度梯度沿流动方向降低，故流动方向上分子的取向程度是逐渐减小的。但取向程度最大的区域不在浇口处，而在距浇口不远的位置上。因为熔体进入膜腔后最先充满此处，有较长的冷却时间，冻结层厚，分子在这里受到剪切作用也最大，因此取向程度也最高。所以，注射与挤出成型时，制品中的有效取向主要存在于较早冷却的次表面层。图 4-15 表示注射成型的矩形长条试样中取向结构的分布情况。

流动取向可以是单轴的或是双轴的，主要视制品的结构形状、尺寸和熔体在其中的流动情况而定。如果沿流动方向制品有不变的横截面时，熔体将主要向一个方向流动，故取向主要是单轴的；如果沿流动方向制品的截面有变化，则会出现向几个方向的同时流动，取向将是双轴（即平面取向）的或更为复杂的（图 4-16）。

聚合物中有时为了改变制品的性能或其它目的还加入一些填充物，如短纤维状或粉末状

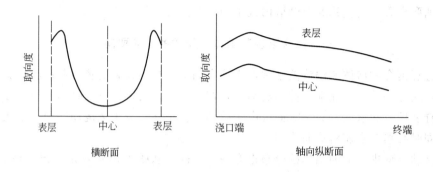

图 4-15 注射成型矩形长条试样时，聚合物制品中取向度的分布

不溶物如玻璃纤维、木粉、二硫化钼等。由于这些填充物通常都具有几何形状的不对称性，

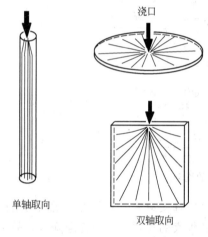

图 4-16 聚合物注射成型时的流动取向

其长轴与流动方向总会形成一定夹角，其各部位处于不同的速度梯度中，因而受到的剪切力不同。速度梯度大的地方剪应力大，移动得较快，直到填充物的长轴与流动方向相同（即平行时），填充物才停止转动并沿流动方向取向。其取向过程如图 4-17 所示。聚合物中填充物在模具型腔中流动时取向情况要复杂得多。例如注射成型扇形薄片制件时，熔体的流线自浇口处沿半径方向散开，在扇形模腔的中心部分熔体流速最大，当熔体前沿到达模壁被迫改变流向时，流线转向两侧形成垂直于半径方向的流动，熔体中纤维状填料也随熔体流线改变方向，最后填料形成同心环似的排列，尤以扇形边沿部分最为明显。可见填料的取向方向总是与液流方向一致（图 4-18）。在扇形制件的情况下，填料的取向具有平面取向的性质。

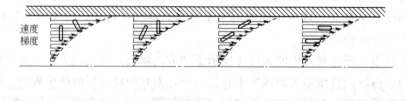

图 4-17 聚合物熔体中固体物质在管道中的流动取向示意

　　注射成型过程聚合物的流动取向是较为复杂的，取向情况与制品形状尺寸和浇口位置等因素有关。多数情况下，制件中的分子或填料取向往往是单轴和双轴取向的复杂组合。

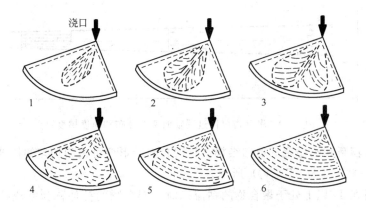

图 4-18 注射成形时聚合物熔体中纤维状填料在扇形制件中的流动取向过程

(1→2→3→4→5→6)

二、聚合物的拉伸取向

如第一章所述,非晶聚合物拉伸时可以相继产生普弹形变、高弹形变、塑性形变或粘性形变。由于普弹形变值小,且在高弹形变发生时便已消失,所以聚合物的取向主要由与上述形变相应的高弹拉伸、塑性拉伸或粘流拉伸所引起。拉伸时包含着链段的形变和大分子作为独立结构单元的形变两个过程,两个过程可以同时进行,但速率不同。外力作用下最早发生的是链段的取向,进一步的发展才引起大分子链的取向(图 4-19)。

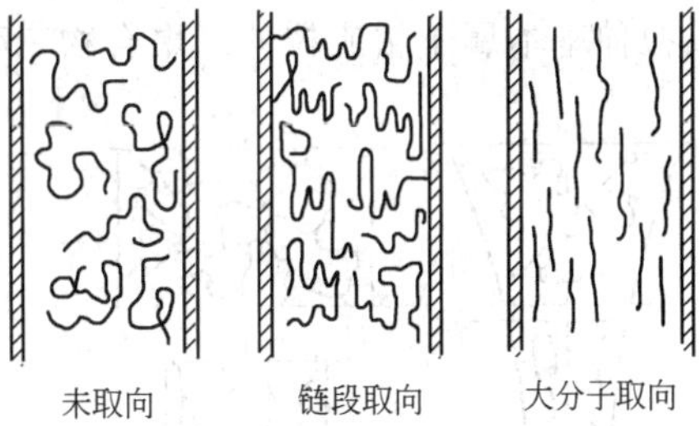

图 4-19 非晶聚合物的取向示意

未取向　　链段取向　　大分子取向

在玻璃化温度 T_g 附近,聚合物可以进行高弹拉伸和塑性拉伸。拉伸时拉应力 σ 和应变 ε 之间有如下关系:

$$\sigma - \sigma_y = E\varepsilon \tag{4-3}$$

E 为杨氏模量,σ_y 为聚合物的屈服应力。当 $\sigma < \sigma_y$ 时,只能对材料产生高弹拉伸。拉伸中的取向为链段形变和位移所贡献,所以取向程度低、取向结构不稳定。当 $\sigma > \sigma_y$ 并持续作用于材料时,能对材料进行塑性拉伸。式(4-3)说明应力 σ 中的一部分用于克服屈服应力后,剩余的部分 $(\sigma - \sigma_y)$ 则是引起塑性拉伸的有效应力。它迫使高弹态下大分子作为独立结构单元发生解缠和滑移,从而使材料由弹性形变发展为以塑性形变为主的伸长。由于塑性形变具有不可逆性,所以塑性拉伸能获得稳定的取向结构和高的取向度。由式(4-3)所作的应力-应变图如第一章图 1-8 所示。

拉伸过程中,材料变细,材料沿拉力(即轴向)方向的拉伸速率 v 是逐渐增加的,所以单位距离内的速度变化即速度梯度 $(\dot{\varepsilon} = dv/dx)$ 只存在于轴向。速度分布的这一特点必然使聚合物的取向程度沿拉伸方向逐渐增大(图 4-20)。

在 $T_g \sim T_f$(或 T_m)温度区间,升高温度时,材料的 E 和 σ_y 降低,所以拉伸应力 σ 可以减小;如果拉伸力不变,则应变 ε 增大,所以升高温度可以降低拉伸应力和增大拉伸速度。温度足够高时,材料的屈服强度几乎不显现,不大的外力就能使聚合物产生连续的均匀的塑

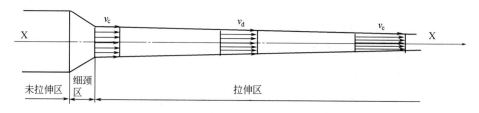

图 4-20　聚合物拉伸过程轴向速度分布和速度梯度

性形变，并获得较高和较稳定的取向结构。这时材料的形变可视为均匀的拉伸过程。其应力-应变曲线如第一章图 1-8（T＞T_g）所示。

　　当温度升高到 T_f 以上处于聚合物的粘流态时，聚合物的拉伸称为粘流拉伸。由于温度很高，大分子活动能力强，即使应力很小也能引起大分子链的解缠、滑移和取向。但在很高的温度下解取向发展也很快，有效取向程度低。除非迅速冷却聚合物，否则不能获得有实用性的取向结构。同时，因为液流粘度低，拉伸过程极不稳定，容易造成液流中断。粘流拉伸引起的取向和剪切流动中的取向有相似性，所不同的是引起取向的应力和速度梯度的方向有差异，前者为拉应力作用，速度梯度在拉伸方向上，后者为剪切力作用，速度梯度在垂直于液流的方向上。纺丝熔体或原液流出喷丝孔时以及吹塑管形薄膜时熔体离开口模一段距离内的拉伸基本属于粘流拉伸。聚合物三种拉伸的机理示意于图 4-21 中。

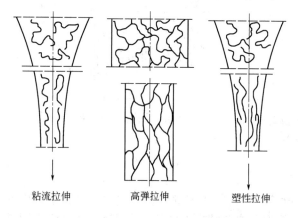

图 4-21　聚合物三种拉伸机理的示意

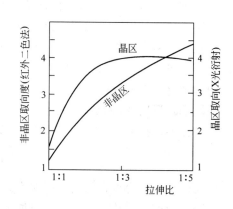

图 4-22　拉伸比对聚酰胺-6 取向度的关系

　　结晶聚合物的拉伸取向通常在 T_g 以上适当温度进行。拉伸时所需应力比非晶聚合物大，且应力随结晶度增加而提高。取向过程包含着晶区与非晶区的形变。两个区域的形变可以同时进行，但速率不同。结晶区的取向发展得快，非晶区的取向发展得慢，当非晶区达到中等取向程度时，晶区的取向就已达到最大程度（图 4-22）。

　　晶区的取向过程很复杂，取向过程包含结晶的破坏、大分子链段的重排和重结晶以及微晶的取向等，过程中并伴随有相变化发生。由于聚合物熔体冷却时均倾向于生成球晶，所以拉伸过程实际上是球晶的形变过程（图 4-23）。球晶对形变的稳定性与晶片中链的方向和拉应力之间形成的夹角有关。如果球晶晶片中链的方向与拉应力方向一致时（相当于应力垂直于晶面），球晶最为稳定；如果晶片中链的方向与应力方向存在一个角度，则球晶的稳定性随之降低，尤以晶片中链的方向与应力方向相垂直时最不稳定。

球晶拉伸形变过程中，弹性形变阶段球晶倾向于保持原样，但往往有显著的变长而成椭球形。继续拉伸时球晶逐渐伸长，到不可逆形变阶段球晶变成带状结构。在球晶晶轴与拉应力相平行的最不稳定状态，球晶首先被拉长呈椭球形，进而拉应力将链状分子从晶片中拉出，使这部分结晶熔化，同时应力又使晶片之间产生滑移、倾斜，迫使一部分晶片沿受力方向转动而取向，如图 4-24 中所示。应力的继续作用，还使球晶界面或晶片间的薄弱部分破

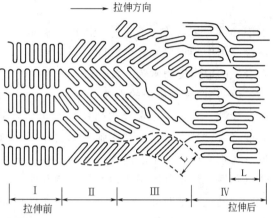

图 4-23　聚合物拉伸过程中球晶形态的变化　　　　图 4-24　球晶中晶片取向过程示意

坏而形成较小晶片，使晶片出现更大程度的倾斜滑移和转动。被拉伸和平行排列的分子链能够重新结晶，并与已经取向的小晶片一起形成非常稳定的微纤维结构（细度一般约 10～20nm，长度可达 $1\mu m$ 左右）。微晶在取向过程出现的熔化与再结晶作用使结晶聚合物在拉伸后比非晶聚合物

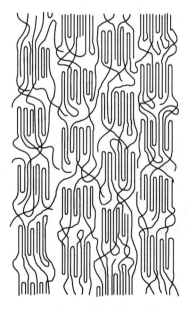

能获得更高的取向程度，且取向结构更为稳定，同时晶区的取向程度也高于非晶区。经拉伸的聚合物，伸直链段数目增多，而折叠链段的数目减小。由于晶片之间的连接链段增加，从而提高了取向聚合物的力学强度和韧性。经过拉伸的纤维具有如图 4-25 所示的由小晶片与非晶区域交替组成的微纤维结构。

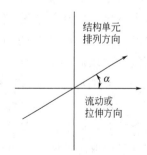

图 4-25　聚合物纤维的结构模型　　　　　图 4-26　聚合物结构单元的取向角

三、影响聚合物取向的因素

由于各种原因，聚合物中的结构单元不可能完全取向。结构单元排列方向与流动方向或

拉伸方向之间总会形成一定角度 α，因此通常用夹角 α 来度量取向程度 F 的高低。α 称为取向角（图 4-26）。由于材料中各种结构单元取向角不可能一致，所以取向角有统计性质。故称为平均取向角 α_m。因此，取向度 F 以下列函数形式表示：

$$F=1-\frac{3}{2}\overline{\sin^2\alpha}$$

$$=1-\frac{3}{2}\sin^2\alpha_m=\frac{1}{2}\left(3\cos^2\alpha_m-1\right) \tag{4-4}$$

式中 $\overline{\sin^2\alpha}$ 是取向角 α 的正弦平方的平均值。从式（4-4）可以看出：当 F＝1 时，$\alpha_m＝0$，表示聚合物中结构单元完全取向；当 F＝0 时，即 $\alpha_m＝54°40'$ 时，结构单元完全不取向，所以聚合物的取向度通常为 0＜F＜1。F 愈接近于 1 取向程度愈高。

（一）温度和应力的影响

如第一章所述，聚合物都具有不同程度的粘弹性，从式（1-5）和式（1-6）可以看出，温度将通过聚合物粘度和松弛时间的作用而影响取向过程：(i) 随温度升高聚合物的粘度降低，在不变应力下虽然高弹形变与粘性（塑性）形变都要增大，但高弹形变增加有限，而粘性（塑性）形变则能很快地发展，有利于聚合物取向；(ii) 随温度升高，聚合物大分子热运动加剧，松弛时间缩短，由于聚合物的取向和解取向都是松弛过程，因此温度升高也会使解取向过程很快发展，所以温度对聚合物取向和解取向有着相互矛盾的作用。但在一定条件下，取向和解取向的发展速度不同，聚合物的有效取向取决于这两个过程的平衡条件。

在温度高于 T_f（或 T_m）即聚合物粘流态的条件下，聚合物在流动或拉伸过程中都会有取向结构形成，温度高则解取向速度加快，故能否将取向结构冻结下来取决于以下因素：

（1）聚合物熔体从加工温度 T_p 降低到凝固温度 T_s 时温度区间（T_p-T_s）的宽窄。对非晶聚合物 $T_s＝T_g$；对结晶聚合物 $T_s＝T_m$；对部分结晶的聚合物 T_s 介于 T_g 和 T_m 之间的某一温度。

（2）熔体从加工温度 T_p 降低到凝固温度 T_s 之间的松弛时间。

（3）熔体从加工温度 T_p 降低到 T_s 的冷却速度。

如果 $T_p\sim T_s$ 的温度区间宽，则聚合物的松弛时间长，容易发展解取向。非晶聚合物的松弛时间为 T_p 降低到 T_g 的时间，结晶聚合物的松弛时间则为 T_p 降低到 T_m 的时间。显然 $(T_p-T_g)＞(T_p-T_m)$，所以结晶聚合物在成型加工的冷却过程较易冻结取向结构，产品中的取向度比非晶聚合物高。使熔体从 T_p 降低到 T_s 的冷却速度与冷却温度 T_c 有关。如果冷却温度 $T_c＜T_g$ 则 $(T_p-T_g)＜(T_p-T_c)$，说明冷却速度很快，松弛时间很短，特别是骤冷更能冻结取向结构。反之，如 $T_g＜T_c＜T_m$（或 T_f），对非晶体聚合物 $(T_p-T_g)＞(T_p-T_c)$，说明冷却速度慢，松弛过程的发展有利于解取向；而结晶聚合物的 $(T_p-T_s)＜(T_p-T_c)$ 所以比非晶聚合物能更多地冻结取向结构。同时冷却速度还与聚合物的比热、结晶的熔化热和导热系数等有关。比热或结晶熔化热愈大、导热系数愈低都会使冷却速度降低，有利于解取向发展。

在 T_g-T_f（或 T_m）间，聚合物通过热拉伸可以取向。由 $(\sigma-\sigma_y)=\eta_p\varepsilon$ 关系可以看出，随温度升高聚合物的塑性粘度 η_p 降低。当拉伸形变 ε 不变时，屈服应力 σ_y 和拉伸应力 σ 也随温度升高而降低（图 4-27 和图 4-28），尤其在材料的 T_g 附近，σ_y 下降更为剧烈。所以在对材料进行热拉伸的情况下，拉应力可减小，拉伸比可增大、拉伸速度也较高。

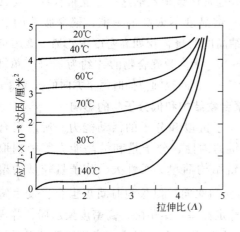

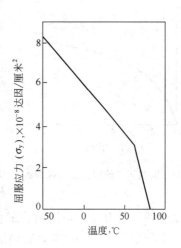

图 4-27　聚酯在不同温度下的拉伸曲线　　　　图 4-28　聚酯屈服应力与温度的关系

在室温附近进行的拉伸通常称为冷拉伸，由于温度低聚合物松弛速度慢，大的拉伸比和快的拉伸速度会引起拉伸应力急剧上升，超过极限时容易引起材料断裂。所以冷拉伸通常适用于材料的 T_g 较低和拉伸比 Λ 较小的情况。如要求取向度大，则须在 $T_g \sim T_m$（或 T_f）间进行拉伸。几种聚合物的拉伸温度如表 4-3 所示。

表 4-3　几种主要聚合物的拉伸温度

聚合物	产品形式	T_g,℃	T_m,℃	拉伸温度,℃	热定型温度,℃
聚对苯二甲酸乙二酯	薄膜 纤维	67(无定型) 81(晶体)	267	78～80(无定型) 80～90(晶体)	180～230
等规聚丙烯	薄膜 纤维	−35	165～180	120～150	150
聚苯乙烯	薄膜	100	—	105～155	
高密度聚乙烯	纤维	−80	136	90～115	
聚酰胺-6	纤维	45	228	室温～150	100～180
聚酰胺-66	纤维	45	264	室温	100～190
聚丙烯腈	纤维	90	—	80～120	110～140

聚合物拉伸过程的热效应还会引起被拉伸材料温度升高，如其它拉伸条件（如拉伸速度）不变，温度的变动会引起聚合物出现粗细或厚薄不均以及产品整个长度的取向不均匀的现象。这种不均匀的拉伸尤其会使半结晶聚合物形成不同的取向结晶，引起性能变化。因此，使聚合物处于等温拉伸过程才能获得性能稳定的取向材料。但拉伸为一连续过程，在过程中取向度逐渐提高，拉伸粘度也相应增加。所以，如要进一步提高取向度就需沿拉伸过程形成一定的温度梯度。

（二）拉伸比的影响

在一定温度下材料在屈服应力作用下被拉伸的倍数称为自然拉伸比 Λ，亦即材料拉伸前后长度（L_0 和 L）之比，表示为 $\Lambda = L/L_0$，被拉伸材料的取向程度随拉伸比而增大（图4-29）。

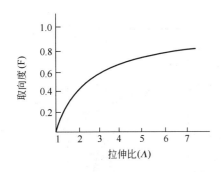

图 4-29　聚酰胺-6 的取向度与拉伸比
的关系

各种聚合物的自然拉伸比不同，这和聚合物的结构和物理性能有关，通常像聚苯乙烯这类非晶聚合物，其 Λ 约为 1.5～3.5；结晶度不太高的聚酯、聚酰胺等的 Λ 约 2.5～5；高结晶度的聚合物如高密度聚乙烯、聚丙烯等的 Λ 可达 5～10。大多数聚合物的 Λ 约为 4～5。单轴拉伸时 Λ 可达 3～10，而双轴拉伸时每个方向的 Λ 为 3～4。

（三）聚合物结构和低分子物的影响

取向有赖于链段和分子的活动能力。所以聚合物的链结构、链的柔性、分子量和结晶能力等影响取向作用。一般链结构简单、柔性大、分子量较低的聚合物、链段的活动能力强，粘流活化能低，容易形变和取向。但松弛时间短也容易发生解取向。除非这种聚合物能够结晶，否则取向结构的稳定性差，聚甲醛、高密度聚乙烯、等规聚丙烯等属于这种情况。相反，链结构较复杂、链的刚性大、分子量高（意味着缠结点增加）、分子间作用力大（如含有极性基团或有氢键形成）的聚合物，链段的活动能力弱、松弛时间长、粘流活化能高，故取向较困难，需在较大应力下才能取向。但解取向也难于发展，故取向结构稳定，聚碳酸酯等属于这种情况。能结晶的聚合物取向时比非晶态聚合物需要更大应力，但取向结构稳定，例如聚酰胺、聚对苯二甲酸乙二酯等即如此。

在聚合物中引入其它物质如溶剂或增塑剂等，能降低聚合物的 T_g 和 T_f，使高弹形变活化能减小，松弛时间缩短；同时还能减弱体系中的内摩擦，从而使聚合物受力时形变加速，易于取向，取向应力和温度都有显著降低。但溶剂和增塑剂的加入，也同样增大了聚合物的解取向速度。取向后去除溶剂或使聚合物形成凝胶都有利于保持取向结构。聚丙烯腈以及某些人造纤维的抽伸纺丝正是基于这一原理。

四、取向对聚合物性能的影响

非晶聚合物取向后，沿应力作用方向取向的分子链大大提高了取向方向的力学强度；但垂直于取向方向的力学强度则因承受应力的是分子间的次价键而显著降低。因此拉伸取向的非晶聚合物沿拉伸方向的拉伸强度 σ_{11}、断裂伸长率 ε_{11} 和冲击强度 I_{11} 均随取向度提高而增大（图 4-30）。例如聚苯乙烯薄膜取向方向的 σ_{11} 和 ε_{11} 分别要比垂直方向的 $\sigma_{\perp}$ 和 $\varepsilon_{\perp}$ 提高将近三倍，而冲击强度甚至要提高八倍。在拉力方向和垂直于拉力方向的 $90°$ 范围内，拉伸薄膜中强度是随偏离拉力方向的角度（即取向角）增大而减小的（图 4-31）。

取向结晶聚合物的力学强度主要由连接晶片的伸直链段所贡献，其强度随伸直链段增加而增大，晶片间伸直链段的存在还使结晶聚合物具有韧性和弹性。通常，随取向度提高，材料的密度和强度都相应提高，而伸长率则逐渐降低。

双轴取向时制品中沿平面方向的力学各向异性与相互垂直的两个方向的拉伸倍数有关。当两个方向的拉伸倍数相同时，平面内的各向异性差别很小。如果一个方向的拉伸倍数大于另一个方向时，则另一个方向强度增加的同时另一个方向强度将有所削弱。双轴取向改善了单轴取向时力学强度弱的方面，使薄片或薄膜在平面内两个方向上都倾向于具有单轴取向的优良性质。与未取向材料相比，双轴取向的薄膜或薄片在平面的任何方向上均有较高的抗张强度、断裂伸长率和抗冲击强度，抗龟裂能力也有所提高。取向还使某些性脆的聚合物如聚

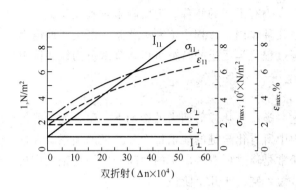 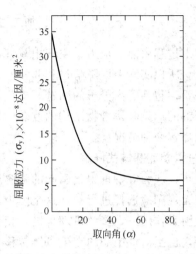

图 4-30　拉伸对聚苯乙烯薄膜抗张强度 σ_{max}、　　图 4-31　取向对聚对苯二甲酸乙二酯屈服应力的影响
断裂伸长率 ε_{max} 和冲击强度 I 的影响

苯乙烯、聚甲基丙烯酸甲酸等韧性增加，扩展了用途。

聚合物通过流动取向引起力学强度的变化也和拉伸取向的情况相似，即制品中流动方向的力学强度也高于垂直方向的强度。在通常加工温度下，注射制品中流动方向的抗张强度大约是垂直方向的 1～2.9 倍，而冲击强度则为 1～10 倍。

聚合物取向后其它性能也发生了变化。如随取向度提高，材料的玻璃化转变温度上升，高度取向和结晶度高的聚合物 T_g 约可升高 25℃。由于取向制品中存在一定的高弹形变，在一定温度下，取向聚合物的回缩或热收缩率与取向度成正比。线膨胀系数也随取向度而变化，通常垂直方向的线膨胀系数约比取向方向大 3 倍。取向后分子间作用力增大，"应力硬化"作用使材料的模量增加。

第三节　加工过程中聚合物的降解

聚合物加工常常是在高温和应力作用下进行的。因此，聚合物大分子可能由于受到热和应力的作用或由于高温下聚合物中微量水分、酸、碱等杂质及空气中氧的作用而导致分子量降低，大分子结构改变等化学变化。通常称分子量降低的作用为降解（或裂解）。加工过程中聚合物的降解一般难于完全避免。

除了少数有意进行的降解以外，加工过程的降解大多是有害的。轻度降解会使聚合物带色，进一步降解会使聚合物分解出低分子物质、分子量（或粘度）降低，制品出现气泡和流纹等弊病，并因此削弱制品的各项物理机械性能。严重的降解会使聚合物焦化变黑，产生大量的分解物质，甚至分解产物连同未完全分解的聚合物会从加热料筒中猛烈喷出，使加工过程不能顺利进行。

一般情况下，轻度的降解并不形成新的物质，而是形成一些比原始聚合物分子量低但聚合度不同的同类大分子。严重降解时，使聚合物破坏而得到单体或其它低分子物。

了解聚合物降解过程的机理和基本规律对聚合物加工有着重要意义，例如为了工艺上的目的需要利用降解反应时，要设法使降解作用加强；而为提高加工制品的质量和使用寿命时则要尽可能减少降解反应的程度。

一、加工过程中聚合物降解的机理

加工过程由热、应力、空气中氧气以及微量水分、酸、碱等杂质引起的降解往往是同时存在的，所以实际上的降解过程非常复杂，至今仍有不同的解释。但就降解过程发生的化学变化来看，包括了大分子的断链，支化和交联几种作用。过程中不断有化学键断裂，同时伴随着新键的产生和聚合物结构的改变。按降解过程化学反应的特征可以将降解分为链锁降解和无规降解两种情况。

（一）游离基链式降解

由热、应力等物理因素引起的降解属于这一类。在热或剪切力的影响下，聚合物的降解常常是无规则地选择进行的，这是因为聚合物中所有化学键的能量都十分接近的关系。在这些物理因素作用下，降解机理也极其相似，通常是通过形成游离基的中间步骤按连锁反应机理进行，包括活性中心的产生、链转移和链减短、链终止几个阶段：

1. 游离基的形成　由聚合物大分子主链上任一化学键（C—C、C—O 或 C—H 等）断裂而产生初始游离基，能量则由热或应力作用所提供。例如

$$\sim\!\!\sim\!CH_2\!-\!\underset{R}{CH}\!-\!CH_2\!-\!\underset{R}{CH}\!\sim \longrightarrow \sim\!\!\sim\!CH_2\!-\!\underset{R}{CH}\cdot + \cdot CH_2\!-\!\underset{R}{CH}\!\sim$$

2. 活性链转移和减短　初始游离基使相邻 C—C 键断裂，在形成新游离基的同时形成分子链末端有双键的降解产物：

$$\sim\!\!\sim\!CH_2\!-\!\underset{R}{CH}\!-\!\overset{\cdot}{\underset{R}{CH}}\!-\!CH_2\!-\!\underset{R}{CH}\!\sim \longrightarrow \sim\!\!\sim\!CH_2\!-\!\underset{R}{CH}\!-\!CH\!=\!CH + \cdot CH_2\!-\!\underset{R}{CH}\!\sim$$

或形成新游离基的同时析出单体物质：

$$\sim\!\!\sim\!CH_2\!-\!\underset{R}{CH}\!-\!CH_2\!-\!\underset{R}{CH}\cdot \longrightarrow \sim\!\!\sim\!CH_2\!-\!\underset{R}{CH}\cdot + CH_2\!=\!\underset{R}{CH}$$

向邻近大分子转移，产生有支链的降解产物：

$$\sim\!\!\sim\!CH_2\!-\!CH_2\cdot + \sim\!CH_2\!-\!\underset{R}{CH}\!-\!CH_2\!-\!\underset{R}{CH}\!\sim \longrightarrow \sim\!CH_2\!-\!\underset{R}{CH}\!-\!CH_3 + \sim\!\!\sim\!CH_2\!-\!\overset{\cdot}{\underset{R}{CH}}\!-\!CH\!\sim$$

后者又可在相邻 C—C 键上引起断裂，继续形成新游离基和支链聚合物。

3. 链终止　游离基重合而链终止，过程中伴随着聚合物结构的改变：

形成线型降解产物

$$\sim\!\!\sim\!CH_2\!-\!\underset{R}{CH}\cdot + \cdot CH_2\!-\!\underset{R}{CH}\!\sim \longrightarrow \sim\!CH_2\!-\!\underset{R}{CH}\!-\!CH_2\!-\!\underset{R}{CH}\!\sim$$

形成支链型降解产物

$$\sim\!\!\sim\!CH_2\!-\!\underset{R}{CH}\cdot + \sim\!CH_2\!-\!\underset{R}{CH}\!-\!\overset{\cdot}{CH}\!-\!\underset{R}{CH}\!\sim \longrightarrow \sim\!CH_2\!-\!\underset{R}{CH}\!-\!\overset{\overset{\displaystyle R}{|}}{CH}\!-\!\overset{\overset{\displaystyle R}{|}}{CH}\!\sim$$

形成交联降解产物

$$2 \{\sim CH_2-CH-CH_2-CH\sim\} \rightarrow$$

两游离基歧化而活性消失

上述降解连锁反应过程与游离基聚合反应过程相似，特点是反应速度快，降解反应一开始就以高速进行；中间产物不能分离，根据降解程度不同，降解产物为分子量不同的大小分子；降解速率与分子量无关。

（二）逐步降解

这种降解往往是在加工的高温条件下，聚合物中有微量水分、酸或碱等杂质存在时有选择地进行的，通常降解发生在碳-杂链（如 C—N、C—O、C—S、C—Si 等）处。这是因为碳-杂链的键能较弱、稳定性较差之故。而碳-碳键相对的键能较高、稳定性较好，除非存在强烈的条件和有降低主链强度的侧链时才可能发生，因此饱和碳链聚合物产生无规降解的倾向较小。

在杂链大分子中，碳—杂链处的弱键具有平均值相同的裂解活化能，因而都有同样的断裂可能性。因此杂链聚合物中断链的部分是任意的和独立的（第一次断裂与第二次断裂没有联系，中间产物稳定）所以称这种降解为无规降解。和锁链降解机理不同，无规降解具有逐步反应的特点，类似于缩聚反应的逆过程。无规降解反应的特点是：断链的部位是无规的、任意的，反应逐步进行，每一步反应都具有独立性，中间产物稳定；断链的机会随分子量增大而增加，故随降解反应逐步进行，聚合物分子量的分散性逐渐减小。

含有酰胺、酯、腈、缩醛、酮等基团的聚合物（如聚酰胺、聚酯、聚丙烯腈、聚缩醛等）以及聚合物中存在由于氧化作用而形成的可水解基团时，只要聚合物中有微量水分、酸、碱等极性物质都可使聚合物在高温下发生水解、酸解、胺解等化学降解反应。例如聚酯类和聚酰胺类的降解过程可简单表示如下：

右边的降解产物还能逐步降解，随降解过程继续进行，聚合物分子量降低。

二、加工过程中各种因素对降解的影响

加工过程聚合物能否发生降解和降解的程度与加工条件、聚合物本身的性质、聚合物的质量等因素有关。

（一）聚合物结构的影响

大多数聚合物都是以共价键结合起来的，共价键断裂的过程就是吸收能量的过程，如果加工时提供的能量等于或大于键能时则容易发生降解。但键能的大小还与聚合物分子的结构有关。分子内的共价键彼此影响，例如主链上伯碳原子的键能依次大于仲碳原子、叔碳原子和季碳原子。因此，大分子链中与叔碳原子或季碳原子相邻的键都是不很稳定的。所以主链中含有叔碳原子的聚丙烯比聚乙烯的稳定性差，较易发生降解。当主链中含有 —C—C=C— 结构时，在双键 β 位置上的单键也具有相对的不稳定性，因此橡胶比其它饱和聚合物更容易发生降解。主链上 C—C 键的键能还受到侧链上取代基和原子的影响。极性大和分布规整的取代基能增加主链 C—C 键的强度，提高聚合物的稳定性，而不规整的取代基则降低聚合物的稳定性。主链上不对称的氯原子易与相邻的氢原子作用发生脱氯化氢反应，使聚合物稳定性降低，所以聚氯乙烯甚至在 140℃ 时就能分解而析出 HCl。主链中有芳环、饱和环和杂环的聚合物以及具有等规立构和结晶结构的聚合物稳定性较好，降解倾向较小。大分子链中含有 —O— 、 —OC— 、 —NH—C— 、 —NH—CO— 等碳-杂链结构时，一方面由于其键能较弱；另一方面这些结构对水、酸、碱、胺等极性物质有敏感性，因此稳定性差。

聚合物的降解速度还与材料中杂质的存在有关。材料在聚合过程中加入的某些物质（如引发剂、催化剂、酸、碱等）去除不净，或材料在运输贮存中吸收水发、混入各种化学或机械杂质都会降低聚合物的稳定性。例如易分解出游离基的物质能引起链锁降解反应；而酸、碱、水分等极性物质则能引起无规降解反应，杂质的作用实际上就是降解的催化剂。

（二）温度的影响

在加工温度下，聚合物中一些具有较不稳定结构的分子最早分解。只有过高的加工温度和过长的加热时间才引起其它分子的降解。如果没有别的因素起作用，仅仅由于过热而引起的降解称为热降解。热降解为游离基链锁过程。

降解反应的速度是随温度升高而加快的。降解反应速度常数 K_d 与温度 T 和降解活化能 E_d 的关系可表示为：

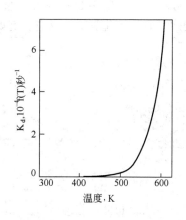

图 4-32　温度对聚苯乙烯降解反应速率的影响

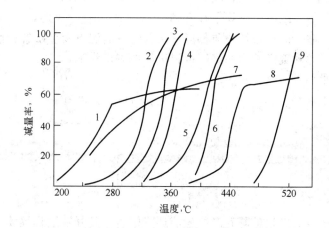

图 4-33　几种热塑性聚合物受热时降解失重曲线

1—聚氯乙烯；2—聚甲基丙烯酸甲酯；3—聚异丁烯；

4—聚苯乙烯；5—聚丁二烯；6—聚乙烯；7—聚丙烯腈；

8—聚偏二氯乙烯；9—聚四氟乙烯

$$K_d = A_d e^{-\frac{E_d}{RT}} \tag{4-5}$$

对聚苯乙烯，按常数 $A_d = 10^{13}$、$E_d = 22.6$ 千卡/克分子，根据式（4-5）所绘制的降解反应速率常数对温度变化的关系曲线如图 4-32 所示。可以看出，在 227℃（500°K）以下聚苯乙烯降解速率很慢，超过这一温度范围后降解非常迅速。所以加工过程中不适当地升高温度发生严重降解的可能性愈大。温度对几种聚合物降解速率的影响可以从图 4-33 中看出。

（三）氧的影响

加工过程往往有空气存在，空气中的氧在高温下能使聚合物生成键能较弱、极不稳定的过氧化结构。过氧化结构的活化能 E_d 较低（例如聚苯乙烯的热降解活化能为 22.6 千卡/克分子，形成过氧化结构后的降解活化能降低到 10 千卡/克分子）容易形成游离基。使降解反应大大加速（降解反应速率常数 K_d 随 E_d 减小而增大）。通常把空气存在下的热降解称为热氧降解。比较图 4-34 中聚甲醛在单纯受热和有氧存在下受热时的降解动力学曲线可以看出，氧能大大加速热降解速度，并引起聚合物分子量显著的降解。又如聚氯乙烯在氮气、空气和氧气中于 182℃ 加热 30 分钟时，脱氯化氢的速度依次为 70、125、225 毫克分子 $\frac{克}{小时}$。可见热氧降解比热降解更为强烈，对加工过程影响更大。

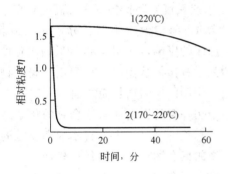

图 4-34 未稳定的聚甲醛在热降解（1）和热氧化降解（2）时粘度随时间变化的关系

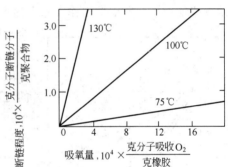

图 4-35 天然橡胶硫化胶吸氧量与断链程度之间的关系

热氧降解的机理十分复杂，不同类型聚合物有所差别。但目前仍认为降解过程是按游离基型连锁反应机理进行的。首先是大分子链中最薄弱的基团或链键在热或应力作用下形成初始游离基，或直接与氧作用被氧化成不稳定过氧化物，例如：

$$\sim\!\!\sim\!\!CH_2\!-\!CH_2\!\!\sim\!\!\sim \xrightarrow{\text{热}} \sim\!\!\sim\!\!\overset{\displaystyle\cdot}{C}H\!-\!CH_2\!\!\sim\!\!\sim$$

或

$$\sim\!\!\sim\!\!\overset{\displaystyle\cdot}{C}H\!-\!CH_2\!\!\sim\!\!\sim + O_2 \xrightarrow{\text{热}} \sim\!\!\sim\!\!\overset{\displaystyle\overset{OO\cdot}{|}}{C}H\!-\!CH_2\!\!\sim\!\!\sim$$

$$\sim\!\!\sim\!\!CH_2\!-\!CH_2\!\!\sim\!\!\sim + O_2 \longrightarrow \sim\!\!\sim\!\!\overset{\displaystyle\overset{|}{C}H}{}_{\overset{|}{OOH}}\!-\!CH_2\!\!\sim\!\!\sim$$

当过氧化物分解形成初始游离基后，即开始引起降解的连锁反应过程。因此，聚合物热氧降解至少包括活性中心产生、活性链转移和减短以及链终止三个阶段。

聚合物结构不同，氧化降解速率和降解产物也不一样。饱和聚合物氧化很慢，且不易形成过氧化物。但主链中存在薄弱点时也能形成过氧化结构。不饱和碳链聚合物则相反，由于双键较活跃，容易氧化而形成过氧化物游离基，故比饱和碳链聚合物容易产生热氧降解。

聚合物热氧降解的速度与氧含量、温度和受热时间有关。氧含量增加、温度高、受热时间长，则聚合物降解愈严重。氧含量和温度对天然橡胶降解程度的影响如图4-35所示。

（四）应力的影响

聚合物加工成型要通过加工设备来进行，因而大分子要反复受到应力作用。例如聚合物在混炼、挤压和注射等过程以及在粉碎、研磨和搅拌与混合过程都要受到剪应力的作用。在剪切作用下，聚合物大分子键角和键长改变并被迫产生拉伸形变。当剪应力的能量超过大分子键能时，会引起大分子断裂降解，降解的同时聚合物结构和性能发生相应的变化。常常将单纯应力作用下引起的降解称为力降解（或机械降解），它是一个力化学过程，但加工过程很少有单纯的力降解，很多情况下是应力和热、氧等几种因素共同作用加速了整个降解过程。例如聚合物在挤出机和注塑机料筒、螺杆、口模或浇口中流动时或在辊压机辊筒表面辊轧时都同时受到这些因素的共同作用。

降解作用是在剪切应力作用下、大分子断裂形成游离基开始的，并由此引起一系列链锁反应。可见剪切作用引起降解和由热引起降解有相似的规律，即都是游离基链锁降解过程。增大剪应力或剪切速率、大分子断链活化能 E_d 降低，降解反应速率常数 K_d 增大，降解速度增加。一定大小的剪切应力只能使聚合物大分子链断裂到一定长度。

聚合物受到剪切时，温度的高低影响剪切作用的大小。较低温度下，聚合物较"硬"、粘度高流动性小，所受剪切作用非常强烈，分子量（或粘度）降低幅度大。温度升高时，聚合物变得较"软"，剪切效率下降，分子量（或粘度）降低值减小。温度的影响可从图4-36橡胶门尼粘度随塑炼温度变化的关系看出。从图中还可看出，聚合物降解的程度还随应力作用的时间增长而加剧。

应力对聚合物降解的影响还与聚合物的化学结构和所处的物理状态有关。大分子中含有不饱和双键的聚合物和分子量较高的聚合物对应力的作用较敏感，较易发生应力降解作用。聚合物中引入溶剂或增塑剂时，聚合物流动性增大，应力降解作用减弱。

（五）水分的影响

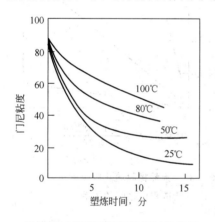

图 4-36 塑炼时间和温度对橡胶门尼粘度（100℃时）的影响

聚合物中存在的微量水分在加工温度下有加速聚合物降解的作用。在高温高压下由水引起的降解反应称为水解作用，主要发生于聚合物大分子的碳-杂原子键上。水引起该键断裂，并与断裂的化学键结合。H^+ 或 OH^- 存在能加速水解速度，所以酸和碱是水解过程的催化剂。水解的难易程度决定于聚合物组成中官能团和键的特性，含有

$$—\overset{O}{\overset{\|}{C}}—NH— \quad 、 \quad —\overset{O}{\overset{\|}{C}}—O— \quad 、 \quad —\overset{R}{\overset{|}{C}}H—O— \quad 和 \quad —C—O—C—$$

等结构的聚合物如聚酰胺、聚酯、聚醚等特别容易水解，但由芳香环构成主链的聚合物比由脂肪族构成主链的聚合物要稳定。当聚合物由于氧化而具有可水解的过氧化基团时（如

$$—\overset{OO·}{\overset{|}{C}}— \quad 、 \quad —\overset{O·}{\overset{|}{C}}— \quad 等）$$

也变得容易水解。降解产物的分子量和结构与发生水解断链的位置有关。当侧链官能团水解时，聚合物仅发生化学组成的改变，分子量影响不大；当主链中发生

水解时聚合物的平均分子量降低。

聚合物可从空气中吸附和吸收水分，虽然大多数聚合物在空气中的平衡吸水率不很高（一般小于 0.5%），但在加工过程的高温下却能引起显著的降解反应。例如吸湿量不同的聚对苯二甲酸乙二酯熔融时，分子量和粘度降低的程度是随吸湿量增大的，有关数据如表 4-4 所示。

表 4-4　聚对苯二甲酸乙二酯含水量对降解的影响

水分含量 %	数均分子量 $\overline{M_n}$	特性粘度，〔η〕	相对粘度	分解率，%	
				$\overline{M_n}$减小	〔η〕降低
未吸水样品	21182	0.692	1.388	—	
0.01	18974	0.64	1.356	10.43	0.75
0.05	13366	0.50	1.273	36.92	27.7
0.10	8894	0.38	1.207	58.20	45

三、加工过程对降解作用的利用与避免

聚合物在加工过程出现降解后，制品外观变坏，内在质量降低，使用寿命缩短。因此加工过程大多数情况下都应设法尽量减少和避免聚合物降解。为此，通常可采用以下措施：

（1）严格控制原材料技术指标，使用合格原材料。聚合物的质量在很大程度上受合成过程工艺的影响，例如大分子结构中含有双键或支链，分子量分散性大，原料不纯或因后期净化不良而混有引发剂、催化剂、酸、碱或金属粉末等多种化学或机械杂质时，聚合物的稳定性和加工性变坏。杂质中的一些物质可起降解的催化作用。

（2）使用前对聚合物进行严格干燥。特别是聚酯、聚醚和聚酰胺等聚合物存放过程容易从空气中吸附水分，用前通常应使水分含量降低到 0.01%～0.05% 以下。

（3）确定合理的加工工艺和加工条件，使聚合物能在不易产生降解的条件下加工成型，这对于那些热稳定性较差，加工温度和分解温度非常接近的聚合物尤为重要。绘制聚合物成型加工温度范围图（图 4-37）有助于确定合适的加工条件。一般加工温度应低于聚合物的分解温度。某些聚合物的加工温度与分解温度如表 4-5 所列。

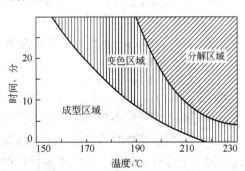

图 4-37　硬聚氯乙烯成型温度范围

（4）加工设备和模具应有良好的结构。主要应消除设备中与聚合物接触部分可能存在的死角或缝隙，减少过长的流道、改善加热装置、提高温度显示装置的灵敏度和冷却系统的效率。

（5）根据聚合物的特性，特别是加工温度较高的情况，在配方中考虑使用抗氧剂、稳定剂等以加强聚合物对降解的抵抗能力。抗氧剂有与氧作用形成稳定物质的能力，能使热氧降解作用大大减缓。这种关系可以从图 4-38 中看出。稳定剂具有与游离基作用而终止或改变链锁降解反应的作用，它实际上是游离基的受体，能捕捉游离基而消除引起降解的因素。一

表 4-5　若干种聚合物的分解温度与加工温度

聚 合 物	热分解温度,℃	加工温度,℃	聚 合 物	热分解温度,℃	加工温度,℃
聚苯乙烯	310	170～250	聚丙烯	300	200～300
聚氯乙烯	170	150～190	聚甲醛	220～240	195～220
聚甲基丙烯酸甲酯	280	180～240	聚酰胺-6	360	230～290
聚碳酸酯	380	270～320	聚对苯二甲酸乙二酯	380	260～280
氯化聚醚	290	180～270	聚酰胺-66		260～280
高密度聚乙烯	320	220～280	天然橡胶	198	＜100
			丁苯橡胶	254	＜100

般的情况，随稳定剂或抗氧剂用量增大，聚合物加工过程的稳定性也增加，这种关系可从图4-39中看出。显然，由于混炼或塑炼过程聚合物还受到应力的作用。而且与空气接触的表面在不断更新着，故在同样浓度的稳定剂作用下，单纯烘箱加热出现降解的时间比混炼的长。

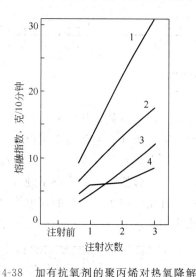

图 4-38　加有抗氧剂的聚丙烯对热氧降解
的稳定性（300±2℃）

1—未加抗氧剂；2—0.1％DLTP；3—0.25％
CA+0.25％DLTP；4—0.1％CA（CA—酚类抗氧剂；
DLTP—硫类抗氧剂）

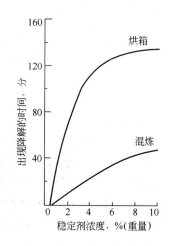

图 4-39　聚氯乙烯中钡/镉稳定剂用量
对降解时间的影响

但有一些情况也利用降解作用来改变聚合物的性质（包括加工性质）、扩大聚合物的用途。例如通过机械降解（辊压或共挤）作用可以使聚合物之间或聚合物与另一种聚合物的单体之间进行接枝或嵌段聚合制备共聚物，这是改良聚合物性能和扩展聚合物应用范围的途径之一，并在工业上得到了应用。生橡胶在辊压机上塑炼降解以降低分子量，改善橡胶加工性的办法已经是橡胶加工中不可缺少的一个过程。

第四节　加工过程中聚合物的交联

聚合物的加工过程，形成三向网状结构的反应称为交联，通过交联反应能制得交联（即体型）聚合物。和线型聚合物比较，交联聚合物的机械强度、耐热性、耐溶剂性、化学稳定性和制品的形状稳定性等均有所提高。所以，在一些对强度、工作强度、蠕变等要求较高的场合，交联聚合物有较广泛的应用。通过不同途径如以模压、层压、铸塑等加工方法生产热固性塑料和硫化橡胶的过程，就存在着典型的交联反应；但在加工热塑性聚合物时，由于加工条件不适当或其它原因（如原料不纯等）也可能在聚合物中引起交联反应，使聚合物的性能改变。这种交联称为非正常交联，是加工过程要避免的。

一、聚合物交联反应的机理

加工过程大多数情况下，聚合物的交联都是通过大分子上活性中心（活性官能团或活性点）间的反应或活性中心与交联剂（固化剂）间的反应来进行的。这些活性中心可以是线型大分子中的不饱和双键 $\sim\sim\sim CH=CH\sim\sim\sim$ 或 $\sim\sim\sim CH=CH_2$ ，环氧基 $\sim\sim\sim CH-CH_2$ 、

异氰酸基 $\sim\sim\sim N=C=O$ 、羟甲基—CH_2OH、羟基—OH、羧基—COOH 等等。它们都是有反应能力的活性基团，在一定条件下，例如有引发剂或催化剂存在或加热时能与其它低分子或高分子活性物质起交联反应。

根据参与交联反应物质的特征，可以将加工过程聚合物的交联反应分为两种主要基本类型。

（一）游离基交联反应

交联反应由游离基引起，反应一旦开始即按链锁过程进行。例如以不饱和单体为交联剂使线型不饱和聚酯交联的反应，常加入过氧化物（过氧化苯甲酰、过氧化环己酮、过氧化甲乙酮、过氧化二叔丁基和异丙苯过氧化氢等）作引发剂。反应从引发剂分解开始，例如过氧化苯甲酰按下式分解生成游离基：

$$(C_6H_5COO)_2 \longrightarrow 2C_6H_5COO\cdot$$

上述引发剂可进一步再分解，同时放出 CO_2

$$C_6H_5COO\cdot \longrightarrow C_6H_5\cdot + CO_2$$

如以 R·（或 RO·）代表引发剂分解的游离基，则游离基可向单体或聚酯进行攻击引起链引发

如果参与反应物质的官能团大于2，还可以形成更多交联的网状结构。例如当交联剂为三个官能度时，可形成如下网状结构：

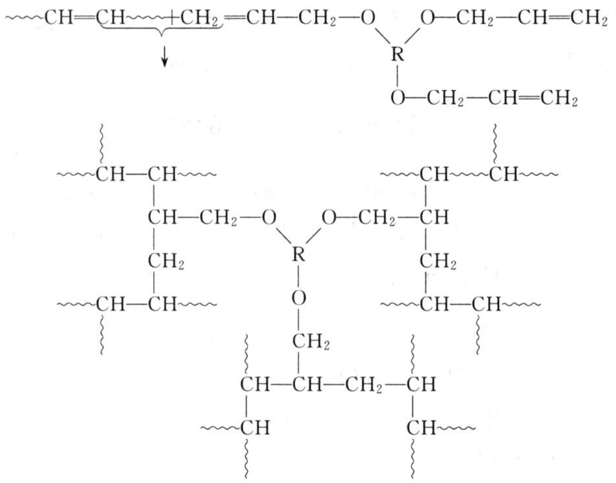

$$\sim CH=CH\sim + CH_2=CH-CH_2-O \quad O-CH_2-CH=CH_2$$

线型不饱和聚酯树脂的交联反应属于这一类。具有 $CH=CH_2$（下接 R）结构的交联剂，常用苯乙烯、甲基丙烯酸甲酯等单体；具有 $R(-O-CH_2-CH=CH_2)_x$（$x=2$，3 或 4）结构的交联剂有邻苯二甲酸二丙烯酯和三聚氰酸三丙烯酯等。

以硫作交联剂使橡胶分子交联的反应也是游离基链锁聚合过程。橡胶的交联又称硫化反应，硫化剂除硫以外尚可使用有机过氧化物、金属氧化物或酚醛树脂等物质。硫化反应的机理非常复杂，至今仍有不同看法。由于橡胶品种和硫化剂的不同，硫化的交联过程也有不同的机理。有关硫化理论的讨论，可见第十章。

热塑性聚合物在不正常的加工条件下（如高温和长时间受热），在降解的同时伴随出现的交联反应也是通过游离基而形成的。例如聚氯乙烯降解过程，能由两个游离基结合而形成交联：

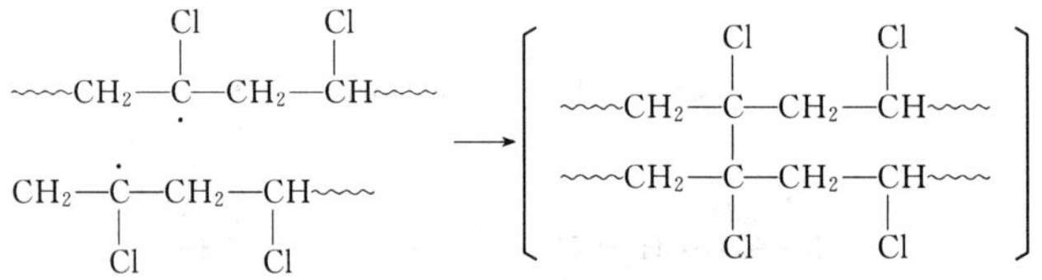

此外，降解过程形成的具有双键结构的产物间或双键结构产物与游离基之间也能形成交联结构。以聚氯乙烯为例：

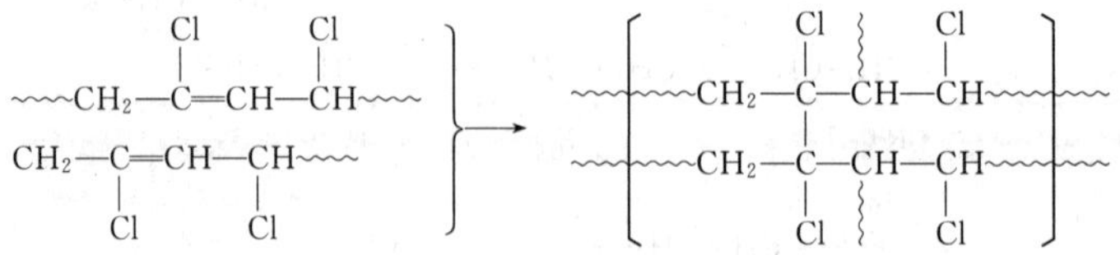

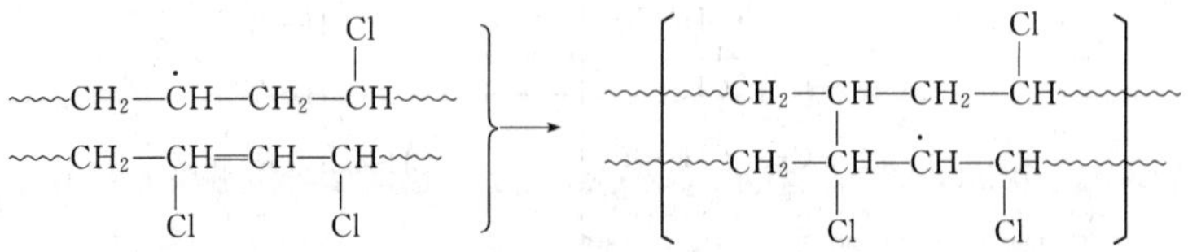

可以看出，已形成的交联结构中还存在活性中心，所以还能发生进一步的交联作用。交联聚合物的网格结构如图 4-40 所示。

有时为了改善聚烯烃等热塑性聚合物的性能，使其满足某些特殊性能要求，还有意使聚烯烃大分子间产生交联结构。例如，在具有一定能量射线的作用下，聚乙烯因产生交联作用而显著提高了耐热性、电绝缘性、耐化学药品的稳定性、机械强度和耐磨损性。此外通过化学方法，例如以少量丁二烯与乙烯共聚，由于聚乙烯大分子链中引入了不饱和双键，也可在交联剂作用下产生交联。不管是辐射交联还是化学交联，其交联作用都是按游离历程进行的。

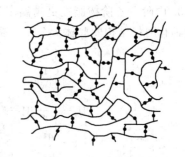

图 4-40　聚合物交联后的网格结构示意
（ ━●　或 ●━●　表示由数目不同的交联剂构成的交链键）

（二）逐步交联反应

反应过程中，反应组分间常有氢原子转移（加成反应）或在交联同时有低分子物生成（缩合反应）的反应是最常见的逐步交联反应。由大分子中环氧基、异氰酸基等活性官能团与交联剂（固化剂）进行的交联反应是加成聚合反应的代表。例如由二胺类作固化剂使环氧树脂交联的反应，第一阶段是胺加成到 α-氧环上，同时生成仲胺化合物，反应过程有氢转移：

$$\sim\!\!\sim\!\!CH\!-\!CH_2 + H_2N\!-\!R\!-\!NH_2 \longrightarrow \sim\!\!\sim\!\!CH\!-\!CH_2\!-\!NH\!-\!R\!-\!NH_2$$
$$\underset{O}{\diagdown} \qquad\qquad\qquad\qquad\quad \underset{OH}{|}$$

第二阶段是大分子中的仲胺或伯胺再与新的环氧基反应，此时有叔胺形成：

进一步的反应可以形成更多的交联：

酚醛塑料或脲醛塑料成型过程的交联反应则是缩聚反应。反应过程常在高温和加有催化剂（或交联剂）情况下进行。例如酚醛塑料的交联过程可以分为甲、乙、丙三个阶段。

1. 甲阶　交联前树脂具有良好的可溶可熔性。以下结构是甲阶树脂结构中的一种：

（＊ 表示树脂中可反应的活性点）

2. 乙阶　通过加热甲阶树脂与六次甲基四胺（交联剂）可使甲阶树脂分子间产生部分交联键和形成支链。乙阶树脂的可溶可熔性降低，但尚有良好的流动性和可塑性。通常通过在辊压机上辊压使甲阶树脂转化为部分乙阶树脂。

3. 丙阶　乙阶树脂在更高温度加热，进一步进行缩聚反应即转化为不溶不熔的深度交联的具有网状结构的整体大分子。聚合物具有以下结构：

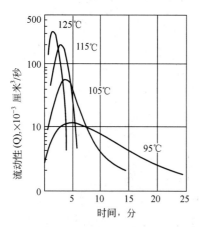

二、影响聚合物大分子交联的因素

聚合物交联时，即形成体型网状结构。交联的程度常用交联度表示，它是大分子上总的反应活性中心（官能团或活性点）中已参与交联的分数。网状聚合物中的交联键愈密，即交联度高，说明交联反应进行的程度愈深。随交联的进行，聚合物分子量急剧增加，实际上交联完成后整个聚合物就是一个大分子。交联度提高的同时，聚合物逐渐失去了可溶性和可熔性、材料的物理机械性能均发生了变化。

从上述两种交联反应机理可以看出，交联反应即可以在大分子与低分子间进行，也可在大分子间进行。通常至少有一种反应物质是线型聚合物（但分子量可低到几千的数量级），所以交联属于大分子化学反应，即大分子作为一个整体参加反应。交联反应进行的速度和聚合物中的交联度主要受到以下几个方面的因素影响。

图 4-41　注射成型用酚醛塑料粉加热时流动性与温度和时间的关系（注射压力 P＝100 公斤/厘米³）

（一）温度的影响

大分子官能团的化学反应规律与低分子物官能团的化学反应规律相似。从第二章式（2-18）和式（2-19）可知，聚合物交联反应的硬化时间 $H = A'e^{-bT}$ 随温度升高而缩短，硬化速度 $V = Ae^{at+bT}$ 也随温度升高而加快。从图 4-41 可以看出，注射用酚醛塑料加热时，其初期流动性随温度升高而增大；同时出现最大流率峰值的时间随温度升高而提前。峰值以后曲线向下弯曲表明聚合物的流动性因交联度提高而降低。但流动性下降阶段曲线的斜率不同，斜率的大小反映出交联反应的速度，温度高交联速度快，故曲线斜率大，聚合物的粘度降低迅速；斜率较小的曲线表明聚合物交联速度慢，流动性降低较缓和。

（二）硬化时间的影响

聚合物在加热初期受热熔融，故有一短时间流动性增大的现象，交联反应速度很快上升到最大值。但随交联的初步形成，聚合物体系的流动性逐渐降低，进一步交联达到不能流动时，大分子的扩散运动成为不可能，交联反应愈来愈困难；且大分子中反应活性点或官能团浓度随反应时间不断降低，故交联反应速度愈来愈慢，甚至将交联硬化的聚合物于较高温度下长时间加热也难得到完全交联的聚合物，即交联度总不可能达到100％，交联聚合物的网络结构中总还会保留着一些残存的活性点或反应基团。硬化时间对聚合物交联度的影响如图4-42所示。硬化时间短交联度低，聚合物性能不好，常称为"硬化不足"或"欠熟"（橡胶称为"欠硫"）；这种情况下，聚合物的机械强度、耐热性、电绝缘性等较差，制品表面灰暗，容易产生细微裂纹或翘曲，吸水量大，使用性能差。但过高的交联度也会引起聚合物发脆、变色和起泡，从而降低制品物理机械性能。交联度过高（但仍未达到100％交联）的这种情况常称为"硬化过度"或"过熟"（橡胶则称为过硫）所以控制合适的硬化时间十分重要。一般随硬化时间增加，交联度提高；聚合物的硬度、机械强度、耐热性、电绝缘性、耐溶剂性和化学稳

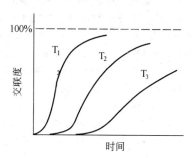

图 4-42　热固性聚合物硬化时间对交联度的影响
（温度 $T_1 > T_2 > T_3$）

定性等均有所提高，制品的形状稳定性和抗蠕变能力增大、收缩率减小。对橡胶来说，过分提高交联度（即过硫），只会使橡胶宝贵的弹性丧失，硬度增大，故是不可取的。

（三）反应物官能度的影响

聚合物的交联度取决于参与交联反应物质的官能度或活性点的数目，官能度或活性点愈多，就有可能形成更多的交联键，聚合物中单位体积内的交链密度就愈大。随着交联度的提高，聚合物交联网络结构中两个交链键间链段的分子量减小。这种关系可从图4-43中看出。

同时，官能团或活性点含量的增加，也对交联反应速度有影响。例如含有三个官能团的交联剂或聚合物分子，当它们相结合而组成 n 聚体时，官能团数就增加到 n＋2 个，所以，这种 n 聚体的反应能力要比只有三个官能团的单体或聚合物分子的反应能力要大很多倍，只要反应条件合适，就能极快成长为网形结构的交联聚合物。

（四）应力的影响

增加加工过程中扩散的因素如流动、搅拌等都能增加官能团或活性点间接触和反应的机

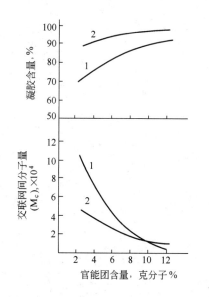

图 4-43　乙基丙烯酸酯共聚体胶乳膜中反应物官能团含量对凝胶含量和交联网间分子量的关系
1—羟甲基酰胺；2—环氧树脂

会，有利于加快交联反应速度。所以使聚合物处于粘流态（熔体或溶液）并迫使其流动和混

合是加快交联反应的重要条件；同时流动与搅拌过程的剪切作用能引起应力活化作用，使大分子间反应活化能降低，反应速度增加。所以酚醛塑料采用注射成型能加快交联反应速度、模型周期比压制法缩短。

主要参考文献

〔1〕 D. W. Vankrevelene："Properties of polymers；Their Estim ation and Correlations With Chemical Structure"，Elevier Publishing Co.，1976

〔2〕 J. A. Brydon："Plastics Materials"，3d，ed，Butter worths，1975

〔3〕 小野木　重治："高分子材料科学"，誠文堂新光社，1973

〔4〕 金丸竞著："高分子材料概说"，日刊工业新闻社，1969

〔5〕 广惠章利、本吉正信合著："成形加工技术者のためのプラスチック物性入门"，日刊工业新闻社，1972

〔6〕 成都工学院塑料加工专业："塑料成型工艺学"（讲义），1975

〔7〕 〔英〕N. 格雷赛著，徐僖等译：《聚合物降解过程化学》，中国工业出版社，1965

〔8〕 〔西德〕W·霍夫曼著，王梦蛟等译：《橡胶硫化与硫化配合剂》，石油化学工业出版社，1975

〔9〕 Plastics Technology，10，2，（1964）

〔10〕 V. I. Yeliseera：高分子加工（日）27，6，7（1978）

〔11〕 〔日〕票原福次著　吴三硕译《 "塑料的老化"》，国防工业出版社，1977

第二篇　塑料的成型加工

塑料工业包括两个生产系统，即塑料的生产（包括树脂和半成品的生产）和塑料制品的生产（也称塑料的成型加工），一般可用方框图表示：

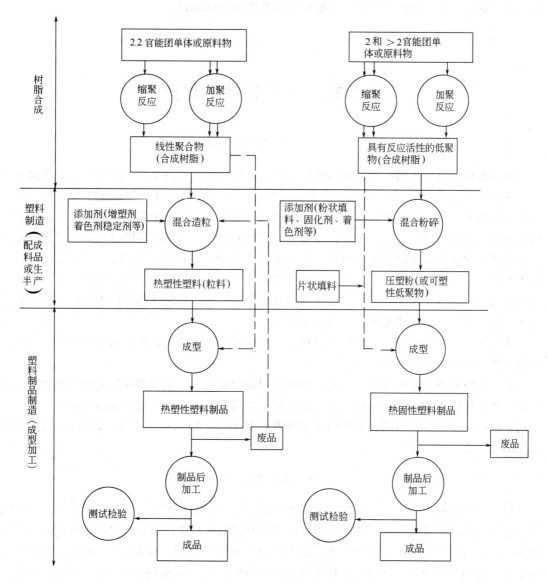

从图中看出，两个生产系统是一个体系的两个组成部分，是相互依存而处于同等重要的地位。

成型加工的目的在于根据塑料的原有性能，利用一切可行的方法使其成为具有一定形状而又可以应用的产品。塑料成型加工一般包括原料的配制和准备、成型及制品后加工等几个过程；成型是将各种形态的塑料（粉料、粒料、溶液和悬浮体），制成所需形状或坯件的过程。成型方法很多，分类也不一致，一种较常用的分类法是将成型分为一次成型和二次成型。一次成型包括挤出成型、注射成型、模压成型、压延成型、铸塑成型、模压烧结成型、传递模塑、发泡成型等；二次成型包括中空吹塑成型、热成型、拉幅薄膜成型……等。后加工包括机械加工、装配和修饰等。机械加工指的是在成型后的制件上进行车、削、铣、钻等工作，它是用来完成成型过程中所不能完成，或完成得不够准确的工作；修饰的目的主要是美化塑料制品的表面和外观，或为其它特定目的；装配是把已完成的各部件进行联接或配套，使其成为一个完整的制品。在塑料成型加工过程中，成型是一切塑料制品生产的必经步骤；至于机械加工、修饰、装配等可根据具体要求而加以取舍。

第五章　成型物料的配制

第一节　物料的组成和添加剂的作用

根据塑料的组成不同，可分为简单组分和复杂组分两类。简单组分的塑料，其主要成分就是聚合物（或树脂），有时也加有少量的添加剂。由于简单组分的塑料性能较单一，难于满足多种要求，或由于成型性差，成本较高等，在制品实际生产中较少采用；复杂组分的塑料则由多种组分所组成，除树脂外，还添加有多种具有一定功能的辅助材料或添加剂。它能较好地满足对制品的多种要求，因而在实际生产中复杂组分的应用较多。复杂组分的配合，称为配制；配制手段大多采用混合，目的是将添加剂和聚合物形成一种均匀的复合物。这种复合物的形态，可为粒状、粉状、也可为溶液或悬浮体，前者为使用和加工提供方便，后者是为了满足某些成型方法或工艺上的特定要求。

成型加工用的物料主要是粒料和粉料，一般成型工艺多采用粒料；而近年来随着生产技术的发展，部分粒料已为粉料所代替。

粉料和粒料都是由聚合物（树脂）和添加剂配制而成的。添加剂种类的选择和用量，是根据对塑料性能的要求和成型加工工艺上的需要而确定的。而加入的具体品种，以相互发挥作用为原则，切忌彼此抑制。主要的添加剂有：增塑剂、防老剂、填料、润滑剂、着色剂、固化剂等。

一、聚 合 物

聚合物或树脂是粉（粒）状塑料中的主要组分，成型后在制品中应成为均一的连续相；能将各种添加剂粘接在一起，并赋予制品必要的物理机械性能。由聚合物和添加剂配制成的塑料，在成型过程中，于一定条件下，应有流动和形变的性能（可塑性），塑料方能进行成型加工和得到广泛应用。所用聚合物可以是热固性的，也可以是热塑性的。聚合物（树脂）品种不同，所得制品性能和使用范围也不一样。即使同一品种如聚氯乙烯，由于生产方法不同，所得产品性能也不相同，成型加工工艺和制品的使用范围也有差异；如悬浮法树脂虽比乳液法树脂的分子量低，分散性较大，但电性能好，成本低，多用在挤出和注射等成型中，用以制造电绝缘材料、硬板（管）、日常生活用品等；而乳液树脂由于粒子细，易于成糊，多用来制糊，生产搪塑制品和人造革等。另外，同一种方法生产的树脂，由于牌号不同，加工性能和用途都有差异。即使同一牌号树脂，由于批号不同，批与批间也有差异，因此在配料时需采用不同的工艺条件，才能保证质量和为成型提供方便。然而，聚合物或树脂本身的性能，对加工性能和产品性能影响很大，主要的影响因素有下列几点。

（一）分子量的影响

分子量对制品的物理-机械性能有影响。图 5-1 表示了大多数聚合物的分子量与材料的某些力学性能、热性能和加工性能的关系，由图可看出，分子量增大，一般有利于提高制品

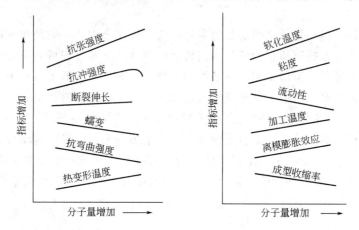

图 5-1　聚合物分子量对材料某些力学性能、热性能及加工性能的影响

的强度，但流动性降低，配料、加工温度升高，加工较困难。需要与增塑剂配合的聚合物，随分子量的增大，聚合物的溶胀与塑化速度减小，这也给配料等带来困难。分子量减小，虽有利于配料、成型，但太小时，所得制品性能太差，甚至无法使用。此外，分子量的大小，对成型过程中的结晶、取向难易程度有较大影响。因此，有必要根据用途和加工方法等，适当选择分子量。

（二）分子量分布的影响

分子量分布直接影响制品的性能，随分子量分布增宽，材料大多数力学性能、热性能降低；同时分子量分布也影响配料过程和材料的加工性能。由于分子量不同的聚合物，对温度有不同的敏感性，对增塑剂或其它液体添加剂，显示出不同的溶胀和吸收能力，因而在配料和成型过程中会表现出不同的行为。例如在配料过程中，当低分子量级分已经充分塑化时，高分子量级分可能还是"生料"；如果这些"生料"带入制品中，常会使制品产生硬粒子，并影响其它组分（如防老剂、着色剂等）与聚合物的混合，最终将影响到制品质量。若提高配料温度，虽可使分子量高的级分塑化，解决产生"生料"问题，但低分子量级分则可能因过热而降解。所以通常要求聚合物的分子量发布不能过大；分子量分布一般用重均分子量 M_w 与数均分子量 M_n 的比值 M_w/M_n 表示，比值≤5 时分布窄，＞5 时分布宽。

（三）颗粒结构的影响

特别对欲增塑的聚氯乙烯影响较大。凡表面毛糙、不规则，断面结构疏松、多孔的粒子，易于吸收增塑剂。配制时，所需的温度较低，时间也较短；但对增塑剂吸收不能过快，否则会造成与其它组分混合不良，从而影响塑料质量；反之颗粒表面光滑，断面结构规则、实心、无孔的粒子吸收增塑剂不易；配料时需较高温度和较长时间，影响生产效率。

（四）粒度的影响

主要影响混合的均匀性。聚合物粒度增大，对相同重量树脂来说，颗粒数和总表面积减小，混合配料时，与其它添加剂接触机会少，容易造成混合不均现象。在相同的辊压时间内，颗粒大者往往不易塑化或塑化不完全，从而影响制品性能。但过细的粒子易造成粉尘飞扬和容积计量的困难。

另外，树脂中的水分及挥发物含量、结晶度、密度等均对粉（粒）料的配制和制品性能有着较大影响，故应很好的加以控制。

二、增 塑 剂

增塑剂通常是对热和化学试剂都很稳定的一类有机化合物；一般是在一定范围内能与聚合物相溶而又不易挥发的液体；少数是熔点较低的固体。增塑过程可看作是聚合物和低分子物互相"溶解"的过程，但增塑剂与一般溶剂不同，溶剂是要在加工过程中挥发出去，而增塑剂则要求长期留在聚合物中。增塑剂加入聚合物后，能增加塑料的柔韧性、耐寒性；使塑料的玻璃化温度 T_g、熔点 T_m、软化温度或流动温度 T_f 降低；粘度减小，流动性增加，从而改善了某些塑料的加工性能。随着增塑剂用量的增加，聚氯乙烯的流动行为接近于牛顿型流动（$n \rightarrow 1$）；同时增塑剂的加入降低了塑料的抗张强度、硬度、模量等，提高了塑料的伸长率和抗冲击性能。图 5-2～图 5-4 表示了增塑剂用量对聚氯乙烯某些力学性能和加工性能的影响。

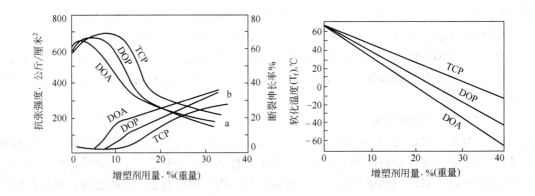

图 5-2　增塑剂用量对聚氯乙烯的抗张强度断裂伸长率和软化温度的影响

TCP—磷酸三甲酚酯；DOP—邻苯二甲酸二辛酯；DOA—己二酸二辛酯

有关增塑剂的作用机理，现在还没有统一理论，一般认为没有增塑的聚合物分子链间存在范德华力、偶极吸力等的作用，作用力的大小取决于聚合物分子链中各基团的性质。具有强极性基团的分子间作用力大；而具有非极性基团的分子间作用力小。某些聚合物的极性按下列顺序升高：聚乙烯＜聚丙烯＜聚苯乙烯＜聚氯乙烯＜聚醋酸乙烯＜聚乙烯醇。

因此，若要使具有强极性基团的聚合物易于挤出或压延等成型时，则需降低分子间的作用力，这可借助于升高温度或加入增塑剂来达到。如升高温度，使分子运动速度增加，以减弱其间的作用力，从而改善聚合物的加工性能，但对热敏性的聚氯乙烯等，过高温度会引起热分解，则须借助于增塑剂来改善流动性。

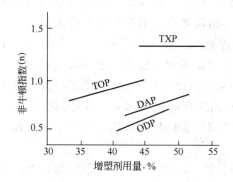

图 5-3　增塑剂用量对聚氯乙烯流动行为的影响

TXP—磷酸三-二甲苯酯；DAP—邻苯二甲酸二
烷基 7-9 酯；ODP—磷酸辛基二苯酯；TOP—磷
酸三辛酯

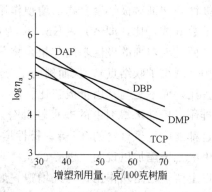

图 5-4　增塑剂用量对聚氯乙烯熔体粘度的影响

DBP—邻苯二甲酸二丁酯；DAP—邻苯二甲酸二烷基 7-9 酯；
DMP—邻苯二甲酸二甲酯；TCP—磷酸三甲酚酯

非极性增塑剂主要作用是通过聚合物-增塑剂间的溶剂化作用，增大分子间距离，从而削弱它们之间的作用力。许多实验数据指出，非极性增塑剂对非极性聚合物的 T_g 降低的数值 ΔT_g，直接与增塑剂的用量成正比，用量越大隔离作用也越大，T_g 降低越多。其关系可表示为：$\Delta T_g = BV$，B 为比例常数，V 为增塑剂的体积分数。由于增塑剂是小分子，其活动较大分子容易，分子链在其中作热运动也较容易，故聚合物的粘度降低，柔韧性等增加。其作用机理可用图 5-5 表示。

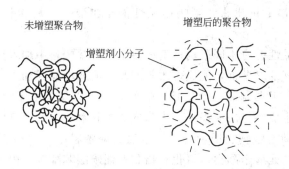

图 5-5　未增塑和已增塑聚合物的示意

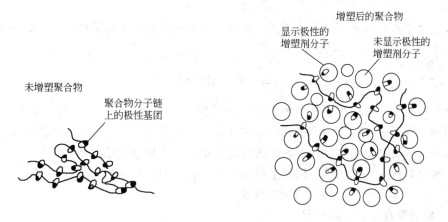

图 5-6　极性增塑剂对极性聚合物的增塑作用

极性增塑剂对极性聚合物的增塑作用使聚合物 T_g 降低，T_g 降低的数值直接与增塑剂的克分子数 n 成正比，即 $\Delta T_g = Kn$。K 为比例常数。据认为在这里的增塑作用不是由于填充隔离，而是增塑剂的极性基团与聚合物分子的极性基团相互作用，代替了聚合物极性分子间的作用（减少了联结点），从而削弱了分子间的作用力；因此，增塑效率与增塑剂的克分子数成正比，而不是与其用量成正比。由于极性基的存在，使增塑剂和聚合物能很好的互溶而不被排斥；极性增塑剂中的非极性部分，把聚合物的极性基屏蔽起来，减低其分子间作用力，这都能降低聚合物的 T_g 等；极性增塑剂对极性聚合物的增塑作用，可用聚氯乙烯和邻苯二甲酸二辛酯加以说明（图 5-6）。

以上所述的增塑作用称为外增塑。如果用化学方法，在分子链上引入其它取代基，或在分子链上或分子链中引入短的链段，从而降低了大分子间的吸引力，也可达到使刚性分子链变软和易于活动的目的，这种增塑称为内增塑。必须指出：不是每种塑料都需加入增塑剂，如聚酰胺、聚苯乙烯、聚乙烯和聚丙烯等不需增塑；而硝酸纤维素、醋酸纤维素、聚氯乙烯等则常需增塑。不同的聚合物使用不同的增塑剂，硝化纤维素常以樟脑作增塑剂；醋酸纤维素常以苯二甲酸的甲酯和乙酯为增塑剂。而使用增塑剂最多的是聚氯乙烯，主要以邻苯二甲酸酯类、己二酸和癸二酸的二辛酯类，以及磷酸酯类等为增塑剂。

理想的增塑性，必须在一定范围内能与聚合物很好相溶（所谓相溶性，即聚合物能够容纳尽可能多的增塑剂并形成均一、稳定体系的性能），且挥发性、迁移性、溶浸性等要小，并有良好的耐热、耐光、不燃及无毒等性能，而且要保证在混合和使用的温度范围内能与聚合物形成"真溶液"。故引入增塑剂量应适当，若超过饱和溶液浓度，则多余的增塑剂会在成型和使用过程中慢慢离析出来，影响产品性能。在聚氯乙烯塑料中增塑剂加入量可以为 0～70%。

不同增塑剂对制品性能有不同影响，例如在聚氯乙烯塑料中加入癸二酸二辛酯、己二酸二辛酯等耐低温性能好的增塑剂，能显著改善制品的耐寒性能；加入季戊四醇酯（双酯）等能使制品耐热性提高；无毒制品（食品袋、输血袋等）必须采用无毒增塑剂如磷酸二苯-辛酯等。在满足制品的主要性能的前提下，为降低成本和解决主增塑剂供不应求以及弥补其某些缺陷等，常采用辅助增塑剂、增量剂，如聚氯乙烯塑料中，常伴随主增塑剂苯二甲酸酯类、磷酸酯类等采用二元酸辛酯类、氯化石蜡和石油磺酸苯酯等。由于各种增塑剂的性能不一样，单独使用一、二种增塑剂无法满足全面的性能要求，为了取长补短，生产上常使用混合增塑剂。

在聚合物中加入增塑剂的方法很多，但通常是在一定温度下用强制性的机械混合法分散在聚合物中。

三、防　老　剂

聚合物在成型加工过程或长期使用和贮存过程中，会因各种外界因素（如光、热、氧、射线、细菌、霉菌等）的作用而引起降解或交联，并使聚合物性能变坏而不能正常使用。为防止或抑制这种破坏作用而加入的物质统称防老剂；它主要包括稳定剂、抗氧剂、光稳定剂等。各种聚合物由于内部结构不同，老化机理不一样，因而所用的防老剂不同，当然所起的作用也不一样，今以聚氯乙烯为例加以分析。

（一）抑制聚合物的降解作用

去除聚合物原来的或发生降解后产生的活性中心（见第四章），以抑制聚合物的进一步降解，例如聚氯乙烯活性游离基与有机锡稳定剂反应后，聚合物游离基团结合—C_4H_9 基团而被稳定，同时形成比较稳定的游离基：

$$\sim\sim\sim CH_2-\underset{\cdot}{CH}-CH_2\sim\sim + (C_4H_9)_2Sn(OCOCH_3)_2 \longrightarrow \sim\sim\sim CH_2-\underset{\underset{C_4H_9}{|}}{CH}-CH_2\sim\sim + C_4H_9Sn(OCOCH_3)_2$$

有机锡化合物是聚氯乙烯稳定剂中比较重要的一类，常用的有二丁基二醋酸锡 $(C_4H_9)_2Sn(OCOCH_3)_2$、二丁基二月桂酸锡 $(C_4H_9)_2Sn(C_{12}H_{23}O_2)_2$ 等。其优点是透明性好，效率高，相溶性好，可以单独使用，缺点是成本高。

稳定剂还能以稳定的化学基团置换聚氯乙烯分子中不稳定的氯原子，增加分子的稳定性，抑制其降解：

$$M(OCOR)_2 + \sim\sim\underset{\underset{Cl}{|}}{C}\sim\sim \longrightarrow MCl(OCOR) + \sim\sim\underset{\underset{OCOR}{|}}{C}\sim\sim$$

$$M(SR)_2 + \sim\sim\underset{\underset{Cl}{|}}{\overset{\overset{H}{|}}{C}}-CH=CH\sim\sim \longrightarrow MCl(SR) + \sim\sim\underset{\underset{SR}{\quad}}{CH}-CH=CH\sim\sim$$

置换后聚氯乙烯比较稳定；这里举出的只是金属皂类和金属硫醇盐类的反应式；而对其它金属化合物、胺类、亚磷酸酯类亦适用。聚氯乙烯常用的金属皂为：铅皂、镉皂、碱土金属皂等。除硬脂酸皂类外，尚有月桂酸皂、蓖麻油酸皂等。金属皂类除起稳定作用外，尚起润滑作用。它们耐光、耐气候性均佳，用于透明、半透明或不透明制品中。

此外，稳定剂及其分解物能对双键起加成作用，防止聚合物继续降解及颜色改变。实验证明，双键常存在于降解后的聚氯乙烯分子结构中。这种双键在外界条件的影响下，往往成为降解中心。同时双键还能移动聚合物对光线吸收的波长范围，而显现各种颜色；随着降解的继续进行，双键增多（特别是共轭双键），颜色由浅而深。因此，消除双键将对聚合物的降解和变色起抑制作用。凡对双键起加成作用的物质，如各种螯合剂、硫醇类、顺丁烯二酯类均属于这类稳定剂。

（二）抑制聚合物的氧化作用

防老剂能代替易受氧化分解的聚合物与氧反应，防止或推迟氧对聚合物的影响，抑制聚合物的氧化。许多聚合物如聚烯烃、聚苯乙烯、聚甲醛、聚氯乙烯、聚苯醚、ABS 树脂等，在制造和使用过程中都会因氧化而加速降解，从而使其性能变坏；为此，加入抗氧剂以制止或推迟聚合物在正常或较高温度下的氧化过程。

抗氧剂的作用机理大致可分为二种。

（1）抗氧剂成为游离基或增长链的终止剂；属于这一类的主要物质是化合酚类和芳基仲胺；这些化合物都具有不稳定的氢原子，可借其与游离基或增长链发生作用，而避免自由基或增长链自聚合物中夺取氢原子，从而阻止了聚合物的氧化降解。如以 AH 代表

酚类抗氧剂，则稳定机理，可表示如下：

对活性游离基大分子

$$\begin{array}{c} \sim\sim\text{CH}\sim\sim +\text{AH} \longrightarrow \sim\sim\text{CH}\sim\sim +\text{A}\cdot \\ | \qquad\qquad\qquad\qquad | \\ \text{OO}\cdot \qquad\qquad\qquad\quad \text{OOH} \end{array}$$

$$\begin{array}{c} \sim\sim\text{CH}\sim\sim +\text{AH} \longrightarrow \sim\sim\text{CH}\sim\sim +\text{A}\cdot \\ | \qquad\qquad\qquad\qquad | \\ \text{O}\cdot \qquad\qquad\qquad\quad \text{OH} \end{array}$$

对具有引发作用的其它游离基

$$\text{HO}\cdot +\text{AH} \longrightarrow \text{H}_2\text{O} +\text{A}\cdot$$
$$\text{R}\cdot +\text{AH} \longrightarrow \text{RH} +\text{A}\cdot$$

还能按下述方式生成稳定化合物

$$\text{A}\cdot + \sim\sim\text{CH}\sim\sim (\text{或}+\cdot \text{A}) \longrightarrow 稳定化合物$$
$$\qquad\qquad | $$
$$\qquad\qquad \text{OO}\cdot$$

反应式中 A· 虽是游离基，但是比较稳定，几乎没有与氧发生作用或从聚合物中夺取氢原子的能力，因此也就不会引起氧化降解作用中的引发和传递。

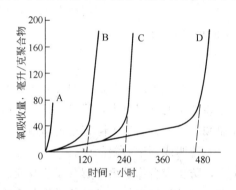

图 5-7　140℃时含有不同的抗氧剂系统的低密度
聚乙烯氧化降解的诱导时间

A—未加抗氧剂；B—0.1％4,4′-次丁基双-（3-甲基-6 叔丁基苯酚）＋0.1％硫代二丙酸二月桂酯；C—0.1％4,4′硫代双-（6-叔丁基-3-甲基苯酚）＋0.1％硫代二丙酸二月桂酯；D—0.1％1,1,3-三（2-甲基-4 羟基-5 叔丁基苯基）丁烷＋0.1％硫代二丙酸二月桂酯

（2）抗氧剂成为氢过氧化物的分解剂；属于这一类的主要物质有正磷酸酯类和各种类型的含硫化合物等。它们都能使聚合物由于氧化降解产生的氢过氧化物分解成非游离基型的稳定化合物，从而避免因氢过氧化物分解成游离基而引起的一系列降解反应。分解的简单形式可表示为：

$$\text{ROOH} + \text{PD} \longrightarrow 非游离基型的稳定化合物。$$

上述两类抗氧剂的作用是相辅相成的，所以通常都两者兼用，酚类抗氧剂对推迟聚乙烯氧化诱导时间的影响如图 5-7 所示。

（三）抑制聚合物的光降解作用

防老剂能吸收光和射线或移出聚合物吸收的光能，放出没有破坏性的光能（长波的）或热能，从而防止了聚合物的老化降解。能起这种作用的物质称为光稳定剂。

目前常用的光稳定剂有四类，即紫外线吸收剂、淬灭剂、先驱型紫外线吸收剂、光屏蔽剂。

1. 紫外线吸收剂　许多紫外线吸收剂由于形成分子内氢键，当吸收光能后，氢键被破坏，吸收的能量又可以热能的形式放出，使氢键恢复，继续发挥作用；聚合物得以保护。常用的有羟基二苯甲酮的衍生物（UV-9、UV-531、DOBP）、水杨酸酯类（紫外线吸收剂 BAD、TBS、OPS）、苯并三唑类（UV-P、UV-326、UV-327）、三嗪（三嗪-5）、取代丙烯腈等。

2. 先驱型紫外线吸收剂　本身不具吸收紫外线作用，光照射后分子重排，改变结构成为紫外线吸收剂，发挥其作用。常用的为苯甲酸酯类（光稳定剂 901、紫外线吸收剂 RMB 等）。

3. 淬灭剂　它是通过转移聚合物分子吸收紫外光而产生的"激发态能"，从而避免由此而产生游离基而使聚合物进一步降解。常用的主要为各种镍螯合物，如光稳定剂 NBC、光稳定剂 AM-101、光稳定剂 1084，光稳定剂 2002 等。

4. 光屏蔽剂（颜料）用于厚制品和不透明制品，在聚合物中主要起屏蔽作用。主要有炭黑、二氧化钛（对聚丙烯会起降解使用，但用量多时会起屏蔽作用）、氧化锌、亚硫酸锌、受阻胺类等，特别受阻胺类 GM-508、LS-770、LS-774 等是高效光屏蔽剂。

各种聚合物受紫外线作用而引起降解的波长范围不同，因此采用的光稳定剂也不相同。图 5-8 表示了以炭黑作光稳定剂时，聚乙烯光老化速度的对比关系。

（四）消除聚合物杂质的催化作用

在工业生产中，对聚合物降解具有催化作用的主要物质是金属离子，催化作用的强弱随重金属离子的性质而异；例如铝、锌、铜、铁、锡和镉的离子等对聚氯乙烯的降解都具有积极催化作用；较差的是铅、镍离子；不起作用的是钙离子。消除这些重金属离子催化作用的方法是加入适量的螯合剂，如某些亚磷酸的烷酯和芳酯（亚磷酸三苯酯、亚磷酸-苯二异辛酯）及顺丁烯二酸酯类等。一般认为这类物质与重金属盐形成了络合物，消除了重金属离子的催化作用。

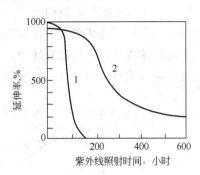

图 5-8　炭黑对聚乙烯光老化的稳定效果
1—未加稳定剂；2—加 2％炭黑

对聚氯乙烯而言，由于它在降解过程中会产生氯化氢，此氯化氢可与金属皂类或盐类生成金属氯化物，这种氯化物能促进氯化氢的放出；同时它与聚氯乙烯树脂的相溶性较差，可使产品有发雾或从中析出现象。为了避免这些缺点，往往在加入金属皂类和盐类稳定剂的同时都伴用螯合剂。

制品在长期使用过程中，可能受到昆虫、鼠类、细菌等的危害，为了避免生物和微生物的侵蚀，常加入一定量的驱避剂。

因此，防老剂的加入能改善塑料成型加工的条件，并延长了制品的使用寿命。选用时，主要应考虑下列各点：成型加工和制品使用过程的稳定性、光稳定性、相溶性、透明性、耐水性、耐油性、化学稳定性、毒性等等。

迄今还没有发现同时完全具有上述作用及条件齐全的防老剂。因之，应视具体情况（使用目的、加工条件等）加以合理选择。如果用二种防老剂的效果比单独一种要强得多时（协同效应），可使用二种防老剂。如果所含的两种防老剂出现彼此削弱效果（对抗效应）时，则不应同时采用。防老剂的用量一般为聚合物 0.3％～0.5％，也有少数大于 2％或更高的。

四、填　　料

为了改善塑料的成型加工性能，提高制品的某些技术指标，赋予塑料制品某些新的性能，或为了降低成本和聚合物单耗而加入的一类物质称填料。

填料按其来源可分为有机填料和无机填料二类；按其形式可分为粉状、纤维状和片状填料三种。粉状填料常用木粉、石棉粉、滑石粉、陶土、硅藻土、云母粉、石墨粉、炭黑粉；纤维状填料常用石棉、玻璃纤维等；片状填料常用纸、棉布、玻璃布、玻璃毡（或带）等。填料的用量通常为塑料组成的 40％以下。

粉状填料的加入常不是单纯的物理混合，而是与聚合物之间存有次价力，这种次价力虽然很弱，但具有加合性，因而当聚合物分子量较大时，其总力显得很可观，从而改变了聚合物分子的构象平衡和松弛时间，降低了聚合物的结晶倾向和溶解度，同时常会使聚合物熔体粘度增大（见第二章图 2-27）、聚合物的 T_g 和硬度变化等。有的填料还能显著改善塑料的耐磨性和自润滑性（图 5-9c）；有的填料还具有提高塑料光老化的作用（图 5-8），大部分无机填料都能降低塑料的线膨胀系数（图 5-9d）和制品成型收缩率，并能提高塑料的耐热性（图 5-9b）和阻燃性以及强度（图 5-9b），使塑料能在较宽温度下工作；但通常填料的用量超过一定范围时会使塑料的强度降低（图 5-9a）。总之，填料和塑料紧密结合熔于一体，制品中同时体现出填料的部分性能，使塑料的性能更加多样化，更能扩大其应用范围。目前为增加塑料与填料间的结合，已经采用偶联剂。但其机理还不十分清楚，有待进一步的研究。

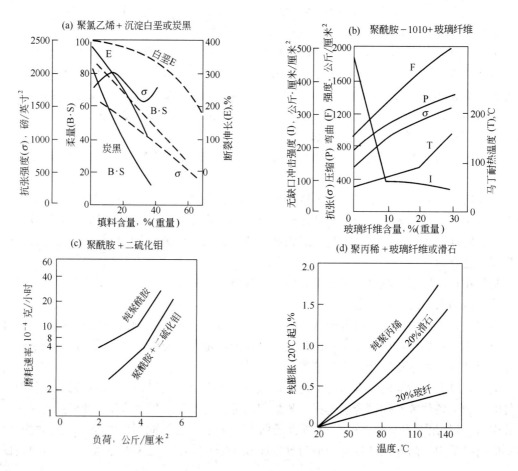

图 5-9　几种填料对塑料性能的影响

纤维和片状填料对聚合物性能有很大影响，能在较大的范围内提高其强度。有关它们的增强机理等，将在第十五章中介绍。

五、润　滑　剂

为改进塑料熔体的流动性能，减少或避免对设备的粘附，提高制品表面光洁度等，而加到塑料中的一类添加剂称为润滑剂；与润滑剂相似的但仅是为了避免对塑料金属设备的粘附和便于脱模，而在成型时涂于与塑料接触的模具表面的物质，则常称脱模剂，亦称润滑剂。一般聚烯烃、聚苯乙烯、醋酸纤维素、聚酰胺、ABS 树脂、聚氯乙烯等在成型加工过程中，常需加入润滑剂，其中尤以聚氯乙烯最为需要。润滑剂可根据其作用不同，而分为内润滑剂及外润滑剂二类。内润滑剂与聚合物有一定的相溶性，加入后可减少聚合物分子间的内聚力，降低其熔体粘度，从而削弱聚合物间的内摩擦。一般常用的内润滑剂如硬脂酸及其盐类、硬脂酸丁酯、硬脂酰胺，油酰胺等。外润滑剂与聚合物仅有很小的相溶性，而在成型过程中，易从内部析至表面而粘附于设备的接触表面（或涂于设备的表面上），形成一润滑剂层，降低了熔体和接触表面间的摩擦，防止塑料熔体对设备的粘接；属于这类的有硬脂酸、石蜡、矿物油及硅油等。

所谓"内润滑"与"外润滑"是相对的，取决于润滑剂与聚合物之间的相溶性；大多数润滑剂既有外润滑性质，又有内润滑性质，仅少数具有单一性质。如硬脂酸钙作聚氯乙烯润滑剂就是这种情况；另外，很多润滑剂不只表现出润滑作用，而且像其它金属皂类一样，还有稳定作用。

润滑剂的用量通常小于1％；使用过多，超过其相溶性时，容易由成型表面析出（常称起霜），从而影响外观等；但用量过少又不足以起润滑作用，故应适量。

关于润滑剂的作用机理，一般认为在配料和成型过程中，塑料将受到高的剪切作用，从而使分子间的摩擦力加大，料温升高，并易使制品表面出现缺陷；这是由于熔融物料与设备表面的摩擦系数随着温度升高而加大之故。严重的摩擦甚至会使制品表面（例如挤出物表面）变得非常粗糙，失光或形成流纹；摩擦力与剪切力的瞬间不平衡，还会使聚合物流动过程出现脉冲（一种不稳定流动），以致挤出物表面会形成有规律的环形条纹。加入润滑剂能使聚合物分子间和聚合物与设备间的摩擦力减小，物料受到的剪切变得较均匀，流动变得比较平稳，有利于提高制品表面的质量。但润滑剂能降低聚合物的流动温度，增加其流动性，因此过多的加入，在高的剪切作用条件下会缩短聚合物在设备中的停留时间，以致产生不均匀的熔融物料，同时对材料的玻璃化温度、热变形温度、机械强度和伸长率等都会有影响，所以使用润滑剂时应先研究其对熔化的影响，然后再考虑它们的润滑性能。

六、着 色 剂

为使制品获得各种鲜艳夺目的颜色，增进美观而加入的一种物质称着色剂。某些着色剂还具有改进耐气候老化性，延长制品的使用寿命的使用。着色剂常为油溶性的有机染料和无机颜料；染料大多能溶在水中或特殊溶液中，或借助于适当化学药品而具有可溶性，以达染色目的。它不但使被染物表面有着色现象，而且内部亦被侵入，染料中含有的带色基团使被染物带色；若其组成中带有助色基团，则效果更好，特别适用于透明制品。塑料着色中使用的染料，多数属于还原染料和分散染料。颜料通常为一种有色材料，调和于展色剂（油或树脂）中，调制成油墨、油漆，可涂布于塑料表面，进行表面着色；也可以细微颗粒状混合于塑料中作为着色剂。通常颜料既不溶于水，亦不溶于展色剂中，一般使物体表面着色，很少深入物体内部；所以分散性较差，制品着色后不透明。但其耐热性较前者高。聚氯乙烯着色剂基本上是采用无机颜料（除氧化铁红有降解作用外，其余几乎都能采用）或有机颜料（主要是偶氮颜料和酞菁颜料）；聚乙烯、聚丙烯采用的着色剂，一般为无机颜料及有机颜料的酞菁系等；某些染料如士林蓝 RSN、分散红 3B、还原黄 4GF 等也常在聚烯烃中应用。聚苯乙烯着色性很好，一般的颜料和染料都适用。所有着色剂应在加工过程中稳定不变、与塑料的亲和力强、容易作色、耐光、耐热性良好，且不与其它添加剂作用等。配色是一项非常复杂的工作，但多种多样的颜色均是用红、黄、蓝三种原色按不同的比例并合而成，应尽量选用性质相接近的颜料或染料，以免带入色光及补色，影响所要着的颜色。

七、固 化 剂

如第四章所述，在热固性塑料成型时，有时要外加一种可以使树脂完成交联反应或加快交联反应的物质；例如酚醛模塑粉中加入六次甲基四胺，环氧树脂中加入的二元酸酐、二元胺等等都是这种物质，常称为固化剂（或称交联剂）。

除以上所述外，还有用于特殊目的添加剂，如发泡剂、阻燃剂、抗静电剂等。

如上所述，通常所指的塑料是由聚合物（或树脂）与添加剂共同组成；加入不同品种和数量的添加剂，能配制成性能和用途不同的塑料。反映各种添加剂与聚合物重量的比例关系称配方，它是根据制品的用途、所需性能和成型要求，再结合各种组分的特性和来源来制订的。合理的配方既能改善加工工艺条件，又能以较低的成本生产出优质的产品。因此，配方的设计是一个很重要的问题，设计出的配方是否合适，需经过成型加工、产品性能测试和使用的考验，往往要经过多次反复实践，才能不断完善和提高。

第二节　物料的混合和分散机理

在塑料制品的生产中，只有少数聚合物（树脂）可单独使用，而大部分的聚合物（树脂）必需与其它物料混合，进行配料后才能应用于成型加工；所谓配料，就是把各种组分相互混在一起，尽可能的成为均匀体系（粉料、粒料），为此必须采用混合操作。

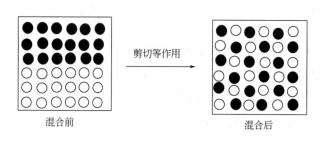

混合，一般包括两方面的含义，即混合和分散。混合系将二种组分相互分布在各自所占的空间中，即使两种或多种组分所占空间的最初分布情况发生变化，其原理如图 5-10 所示；分散系指混合中一种或多种组分的物理特性发生了一些内部变化的过程，如颗粒尺寸减小或溶于其它组分中。

图 5-10　混合过程两物料所占空间位置变化示意图

图 5-11 是分散作用的示意。混合和分散操作，一般是同时进行和完成的。即在混合的过程中，与混合的同时，通过粉碎、研磨等机械作用使被混物料的粒子不断减小，而达均匀分散

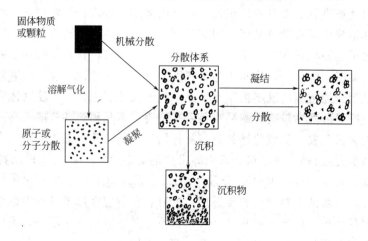

图 5-11　分散作用示意图

的目的。所以在这里一齐归并于混合中讨论。在塑料的配料过程中常见的混合有：（i）不同组分的粉状物料的混合，如粉状的聚合物（聚氯乙烯）和粉状添加剂（填料-碳酸钙）的混合；（ii）粉状或纤维状的物料（如玻璃纤维）与液体状物料（如酚醛树脂的醇溶液）的混合；（iii）塑性物料的混合，如聚苯乙烯和聚丁二烯在熔融状态的混合。

有时与机械混合的同时，还进行着增塑的物理化学过程。

一、混合的基本原理

混合、捏和、塑炼都属于塑料配制中常用的混合过程，很难对三者下一个明确的定义，以将它们区别开来。在这里混合是指粉状固体物的混合；捏和是指液体和粉状（纤维状）固体物料的浸渍与混合；塑炼则指塑性物料与液体或固体物料的混合而言。在这三种混合过程中，混合和捏和是在低于聚合物的流动温度和较缓和的剪切速率下进行的，混合后的物料各组分本质基本上没有什么变化，而塑炼是在高于流动温度和较强的剪切速率下进行的，塑炼后的物料中各组分在化学性质或物理性质上会有所改变。

混合的目的就是使原来两种或二种以上各自均匀分散的物料，从一种物料按照可接受的概率分布到另一种物料中去，以便得到组成均匀的混合物。然而，在没有分子扩散和分子运动的情况下，为了达到所需的概率分布，混合问题就变为一种物料发生形变和重新分布的问题，并且如果最终物料颗粒之间不是互相孤立的，而是确有作用力足以使分散颗粒凝聚，这就使问题更加复杂化了。因此要混合得好，必须要有外加的作用力（通常为剪切力）作用于这类凝聚物上，所以这种分子间力和外加的作用力是物料分散过程中的关键问题。

在混合和分散过程中，基本上是把热塑性塑料看作是一个仅能发生层流又能变形的流体。因而热塑性塑料的混合问题，就是物料经层状剪切变形，由起始各组分的有规状态转为某种程度的无规状态的过程。

混合过程一般是靠扩散、对流、剪切三种作用来完成的。

1. 扩散　利用物料各组分的浓度差，推动构成各组分的微粒，从浓度较大的区域中向较小的区域迁移，以达到组成均一。但对固体物料之间而言，除非在较高温度下才有此作用，一般都不甚显著；而在聚合物熔体中的扩散是一个比较慢的过程，对在挤出机中的混合影响很小。只有固体和液体、液体与液体之间的扩散才较大，若物料层很薄时，虽则扩散速度很小，但却很显著。

2. 对流　两种物料相互向各自占有的空间进行流动，以期达到组成均一；机械力的搅拌，即是使物料作不规则流动而达到对流混合的目的。一般不论对任何一种聚集状态（指粉或粒状）的物料，要使其组成均一，对流作用总是必不可少的方法。

3. 剪切　依靠机械的作用产生的剪切力，促使物料组成达到均一，这种混合方法可用图 5-12 说明。物料块在力（F）作用下，上平面和下平面发生了相对的平行移动，结果物料块变形，被偏转和拉长；在这个过程中体积没有变化，只是截面变细，向倾斜方向伸长，从而使表面积增大，分布区域扩大，因而进入另外的物料块中，占有空间的机会加大，渗进别的物料中可能性增加，因而易达混合均匀的目的。

又如在挤出机中的混合，主要是靠剪切作用来达到的，可以设想为在二个无限长的平行板之间进行的。开始时（t=0）含有"微粒"而具有恒定粘度的流体，充满了开始时是保持不动的二块板的间隙中，如图 5-13(a)；当上板受力开始沿受力方向运动后，流体微粒开始变形，如图 5-13(b)；而在不同的时间间隔（t）内，发生的各种变形，如图 5-13(b)、(c)、

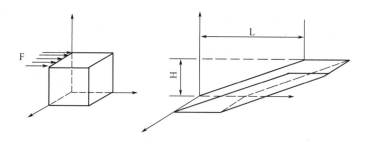

图 5-12　剪切力作用下立方体的变形

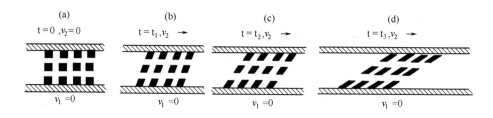

图 5-13　在两个无限长的平行板间流体和粒子
（黑色方块代表）之间剪切混合的示意图

（d）。随着变形加大，粒子被拉长，每排粒子间的平均距离（条痕厚度）减小，粒子终将接近，这样逐渐发生混合。

利用剪切力的混合作用，特别适用于塑性物料，因为塑性物料的粘度大，流动性差，又不能粉碎以增加分散程度。应用剪切作用时，由于两个剪切力的距离一般总是很小的，因此物料在变形的过程中，即很均匀地被分散在整个物料中。

剪切的混合效果与剪切力的大小和力的作用距离有关，如图 5-12 所示。剪切力（F）大和剪切时作用力的距离（H）越小，混合效果也越好，受剪切作用的物料被拉长变形越大（L 大），越有利于与其它物料的混合。但在混合过程中，水平方向的作用力仅使物料在自身的平面（层）内流动；如果作用力 F 与平面具有一定角度则在垂直方向产生分力，则能造成层与层间的物料流动；从而大大地增强了混合效果。故在生产中最好能不断作 90° 角度的改变，即希望能使物料连续承受互为 90° 角度的两个方向剪切力的交替作用，以提高混合效果。通常在塑性物料的塑炼混合中，主要不是直接改变剪切力的方向，而是变换物料的受力位置来达这一目的的。例如用双辊塑炼机塑炼物料时，就是通过机械或人力翻动的办法来不断改变物料的受力位置，从而能更快更好地完成混合，达到混合和分散均匀的目的。

必须指出，在实际混合中，扩散、对流和剪切三种作用通常总是共同作用，只是在一定条件下，其中的某一种占优势而已；但不管哪种作用，除了造成层内流动外还应造成层间流动，才能达到最好的混合效果。而对塑料的配制来说，在初混合过程中，许多原料多为粉状原料，即使在温度较高的情况下进行，其熔体粘度仍是很高的，因此其扩散作用极小，这时的混合主要靠对流作用来完成；在高速混合机、捏合机或管道式捏合机等中的混合就是这样完成的。而塑炼过程所用的双辊塑炼机、密炼机、挤出机等则主要靠剪切作用来完成混合过程。

二、混合效果的评定

混合是否均匀，质量（混合质量就是在混合过程中向着均匀方向进展的程度）是否达到预期的要求，混合终点的判断等，这些都涉及到混合的效果。衡量混合效果的办法，随物料性状而不同。

（一）液体物料的混合效果

可以分析混合物不同部分的组成，其各部分的组成，与平均组成相差的悬殊情况，若悬殊小则混合效果好，反之，则效果差，需进一步混合或改进混合的方法及操作等。

（二）固体及塑性物料的混合效果

衡量其混合效果需从物料的分散程度和组成的均匀程度（混合物的结构）两方面来考虑。

1. 分散程度　经混合后原始物料相互分散，不再像混合前那样同类物料完全聚集在一起。实践证明，各占一半的两种组分混合后，两种粒子间也难于形成极其均匀的相互间隔成为有序排列那样的情况[图 5-14(a)]，像图 5-14（b）、（c）那样分布则是很可能的。

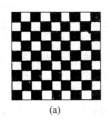 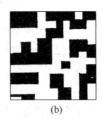 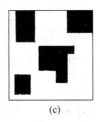

(a)　　　　　　　　　　(b)　　　　　　　　　　(c)

图 5-14　两组分固体粒子的混合情况

描述分散程度最简单的办法，是用相邻的同一组分之间的平均距离（条痕厚度 r）来衡量，假设一混合物在剪切作用之下，引起各组分混合时，得到规则条状或带状的混合物（图 5-15），其中 r 可以由混合物单位体积 V 内各组分的接触表面积 S 来计算：

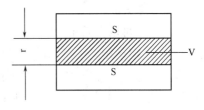

$$r = \frac{V}{S/2} \tag{5-1}$$

图 5-15　两组分混合时条痕厚度与接触面积

从式（5-1）可看出 r 与 S 成反比，而与 V 成正比，亦即接触表面积 S 愈大，则距离愈短，分散程度愈好；混合物单位体积 V 愈小，距离愈短，分散程度亦愈好。因此在混合过程中，不断减小粒子体积，增加接触面，则分散程度愈高。通常相邻的同一种组分间的平均距离可以用取样的办法，即同时取若干样品测定之。

2. 均匀程度

指混入物所占物料的比率与理论或总体比率的差别，但是相同的比率的混合情况也十分复杂。如果从混合物中任意位置取样，分析结果（各组分的比率）与总体比率接近时，则该试样的混合均匀程度高。但取样点很少时，不足以反映全体物料的实际混合和分散情况，应从混合物各部分（不同位置）取多个试样进行分析，其组成的平均结果则具有统计性质，较能反映物料总的均匀程度，平均结果愈接近总体比率，混合的均匀程度愈高。一般混合组分的粒子愈细，其表面积愈大，愈有利于得到较高的均匀分散程度。混合均匀程度可用图 5-

16 表示。

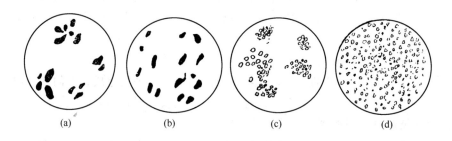

图 5-16　混合均匀程度示意图

从图 5-16 可以看出，不均匀性：（a）＞（b）＞（c）＞（d）；它们具有相同的组成，而排列不同，即混合均匀程度不同。然而影响混合均匀程度因素很多，如树脂类型、添加剂的品种、细度和数量以及所要达到的均匀程度等。在这里不作详细讨论。

混合的不均匀性可用下式表示：

$$k_c = \frac{100}{C_0} \sqrt{\frac{\sum_1^i (C_i - C_0)^2 n_i}{n-1}} \tag{5-2}$$

式中 k_c 为不均匀系数；C_i 为试样中某一组分的浓度，%（重量）；C_0 为同一组分在理想的均匀分散情况下的浓度，%（重量）；i 为试样组数，$\left(i = \dfrac{n}{n_i}\right)$；$n_i$ 为每组中同一浓度 C_i 的试样数；n 为取样次数。

k_c（%）可以由其中一个组分（通常以 C_0 最小组分）的重量%来决定，或分别对每一组分计算 k_c 而确定。

取样大小对 k_c 影响很大，试样的重量应取得较小（一克左右）；若要获得可靠的结果，则取样的数目应尽量多一些；工业上作生产控制时，取样数 n≥10。应该指出，随着混合物质量的改善，k_c 将减少，但不会等于零，而趋向于某一恒定值，该值由统计规律决定。

另外，经塑化后，混合物结构的均匀性也可以利用类似的办法，用结构的不均匀系数表示，这时式（5-2）中的 C_i 和 C_0 改用某种由混合物结构来决定的参数，例如弹性，流动性等代入同一式中进行计算。

在实际生产中应视配制物料的种类和使用要求来掌握混合程度。工业上除凭经验判断混合过程外，间或也用物理机械性能或化学性能的变化来判断。无论采用何种方法，均需尽量做到以下三方面：

（i）在混合过程中要尽量增大不同组分间的接触面，减少物料的平均厚度；

（ii）各组分的交界面（接触面）应相当均匀地分布在被混合的物料中；

（iii）使在混合物的任何部分，各组分的比率和整体的比率相同。

必须指出的是，上述混合理论是在理想情况下提出的，因而有一定局限性；尽管如此，应用这些定性和半定量的概念和理论来指导混合过程还是有一定意义的。

三、主要的混合设备

塑料制品生产中所用的混合设备，系由橡胶、涂料等工业中引用过来并加以改进的，同时也采用了另一些符合塑料生产所需的特殊设备。一般所处理的物料差不多都具有腐蚀性，所以设备要用耐腐蚀材料制造或用衬里；而且要有加热、冷却装置，有时还需密闭减压，故应耐压；混合室和搅拌装置应利于产生剪切作用和易于使物料发生对流或扩散作用；设备结

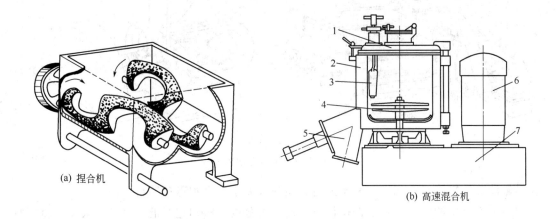

(a) 捏合机

(b) 高速混合机

图 5-17 几种初混合设备

1—回转容器盖；2—回转容器；3—挡板；4—快速叶轮；5—放料口；6—电动机；7—机座

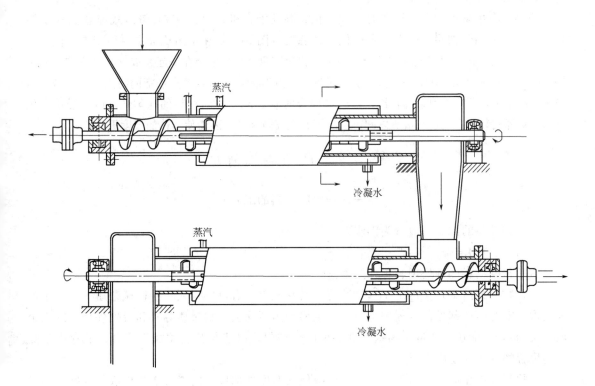

图 5-18 管道式捏合机

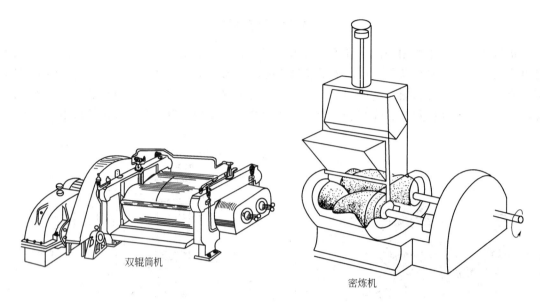

双辊筒机

密炼机

图 5-19　几种常用混合塑炼设备

构应尽量消除物料滞留的死点；利于换色、换料和便于完全和迅速卸料。

塑料工业所用的混合设备，按操作方式通常可分为间歇和连续混合设备二大类；就塑料制品生产的目前情况来说，间歇法更为重要，因为，工业上用的大部分塑料配合料是完全由某些间歇法（一种或多种间歇混合法）或半连续法（即以间歇混合的预混料供应连续法）来完成，而且正逐步向连续化方向发展。

塑料工业中常用的混合设备有：捏合机、高速混合机、（图 5-17）管道式捏合机（图 5-18）等，主要用于初混合；双辊塑炼机、密炼机（图 5-19）和挤出机等主要用于混合塑炼。

以上设备除挤出机是连续式的能将初混合和塑炼两个步骤结合在一起完成外，其它均是间歇的，而且在完成初混合和塑炼上，不能同时进行，各有侧重，而且各有一定的特点，故仍被大量采用。近年来，还采用静态混合器，以改进混合时垂直流动方向物料的均匀性，以加强混合效果。通常都安装在挤出机和机头之间，它除了有上述效果外，还能使熔体的温度更为均匀。

第三节　配料工艺简介

一、粉料和粒料的配制

粉料和粒料的配制一般分为四步。

（一）原料的准备

通常包括物料的预处理、称样及输送。

聚合物（或树脂）常常由于远途装运或其它原因，有可能混入一些机械杂质等，为了保证质量和安全生产起见，首先进行过筛（主要是为了除去粒状杂质等）和吸磁处理（除去金属杂质等），过筛还会使聚合物颗粒度大小比较均匀，以便与其它添加剂混合；贮存中易吸湿的聚合物使用前还应进行干燥。

增塑剂通常在混合之前进行预热，以降低其粘度并加快其向聚合物中扩散的速度；同时强化传热过程，使受热聚合物加速溶胀以提高混合效率。

防老剂和填料等添加剂等组分的固体粒子大都在 0.5 微米以上，要将其在塑料中分散比较困难，且易造成粉尘飞扬，影响加料准确性，并且有些添加剂（如铅盐）对人体健康危害很大；另外随着塑料使用经验的累积和配方技术的发展，对复合稳定剂的需要逐渐迫切，对于这些量少，难于分散的组分，必须采用有效措施。而作为着色剂的颜料（或染料）用量更少，且易发生凝聚现象，所以要让其很好地分散在塑料中也是不容易的。为了简化配料操作和避免配料误差，最好配成添加剂含量高的母料（液态浆料或固体的颗粒料），再加到体系中混合。

（二）初混合

是在聚合物熔点以下的温度和较为缓和的剪切应力下进行的一种简单混合。混合过程仅仅在于增加各组分微小粒子空间的无规排列程度，而并不减小粒子本身；混合直接采用塑炼是有利的；但塑炼要求的条件比较苛刻，所用设备受料量有限，要使大批生产时质量上能达到满意的结果，则在塑炼前用初混合先求得原料组分间的一定均匀性是合理的；其次，由于受现有塑炼设备特性的限制，对某些不很均匀的物料，即使其重量小于塑炼设备的受料量，如果单凭塑炼而要求得到合格的均匀性，则塑炼时间必须延长，这样不单延长了生产周期，而且会使树脂受到更多的降解。基于这些理由，所以要求先进行初混合。经过初混合的物料，在某些场合下也可直接用于成型；但一般单凭一次初混合很难达到要求。

混合时加料的次序很重要。通常是按下列次序逐步加入的：树脂、增塑剂、由稳定剂、润滑剂、染料和增塑剂（所用数量应计入规定用量中）调制的混合物和其它固态物料（填料）等。混合终点一般凭经验判断，也可通过混合时间来控制。

（三）初混物的塑炼

塑炼目的是为了改变物料的性状，使物料在剪切力作用下热熔、剪切混合达到适当的柔软度和可塑性，使各种组分的分散更趋均匀，同时还依赖于这种条件来驱逐其中的挥发物及弥补树脂合成中带来缺陷（驱赶残存的单体、催化剂残余体等），使有利于输送和成型等。但混合塑炼的条件比较严格，如果控制不当，必然会造成混合料各组分蒙受物理及化学上的损伤，例如塑炼时间过久，会引起聚合物降解而降低其质量（图 5-20）。因此，不同种类的塑料应各有其相宜的塑炼条件，并需通过实践来确定。主要的工艺控制条件是塑炼温度、时间和剪切力三项。

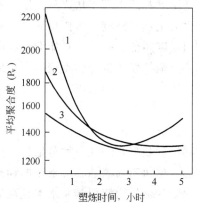

图 5-20　聚氯乙烯塑炼时间与聚合度的关系（150℃）

1—初期聚合度 P_0＝2235；2—初期聚合度 P_0＝1785；3—初期聚合度 P_0＝1540

塑炼的终点虽可用测定试样的均匀性和分散程度来决定，但最好采用测定塑料试样的撕裂强度来决定。

（四）塑炼物的粉碎和粒化

粉碎与粒化都是使固体物料在尺寸上得到减小；所不同的只是前者所成的颗粒大小不等，而后者比较整齐且具有固定形状。粉料一般是将片状塑炼物用切碎机先进行初碎，而后再用粉碎机完成的。粒料是用切粒机，将片状塑炼物分次作纵切和横切完成；也有用挤出机将初混物挤成条状物，然后，再由装在挤出机上的旋刀切成颗粒料。

二、溶液的配制

溶液的主要成分是溶质与溶剂；作为成型用的树脂溶液，有些是在合成树脂时为了某种需要而特意制成的，如酚醛树脂、脲醛树脂和聚酯等的溶液；而另一些则是在临用时进行配制，如醋酸纤维素、氯乙烯-乙酸乙烯酯共聚物等的溶液。溶剂一般为醇类、酮类、烷烃、氯代烃类等。溶剂只是为了分散树脂而加入，它能将聚合物溶解成具有一定粘度的液体，在成型过程中必须予以排出。故对溶剂的要求是无色、无臭、无毒、成本低、易挥发等，但主要还是要求它对聚合物具有较高的溶解能力。此外，树脂溶液中还可能加有增塑剂、稳定剂、着色剂和稀释剂等。前三种助剂的作用与在粉、粒料中加入这些组分的作用相同；至于稀释剂的作用可认为是为降低溶液粘度和成本，以及提高溶剂的挥发能力等而加入的。

配制溶液所用的设备是带有强力搅拌和加热夹套的溶解釜。配料方法一般分为慢加快搅法和低温分散法二种；通常是采用慢加快搅，先将溶剂在溶解釜内加热至一定温度，而后在强力高速搅拌下缓慢地投入粉状或片状的聚合物，投料速度应以不出现结块现象为度。

树脂溶液具有聚合物浓溶液性质，此性质随所配制的树脂溶液的种类及采用树脂品种不同而异；因而需采用不同的成型方法以制造不同的制品，如酚醛树脂液供浸渍织物，通过压制成型生产层压材料等；另外，如三醋酸纤维素的溶液可供流涎成型制片基（电影胶片等）。在浓溶液（如醋酸纤维素的溶液浓度约 10%；酚醛树脂液为 50%～60%）中，大分子之间距离近，相互作用力大，溶液内部结构很复杂，所以溶液的粘度受各种因素的影响很显著，主要是温度和压力等。从成型角度来看，浓溶液的粘度对浸渍织物作层压材料影响很大，若粘度太大则不易浸渍，操作也困难；粘度太小虽易浸渍，但成型时大量流胶，促使织物粘接不好而强度降低。另外，对流涎成膜亦有很大影响；粘度太低，则流涎速度太快，没有足够时间让溶剂挥发或聚合物凝聚，所以成膜困难。反之，溶液过滤困难，流涎很慢。也会影响成膜，故粘度应控制适当。

三、糊的配制和性质

利用糊状聚合物（一种分散体）生产某些软制品、涂层制品等早已是一种重要的成型加工方法。聚氯乙烯糊是其最重要的和最有代表性的一种，通常它是由乳液聚合所制得的聚氯乙烯树脂和液体增塑剂等非水溶性液体组分所组成。在常温下，悬浮体中的增塑剂很少被聚氯乙烯吸收；但当升温至适当温度时，增塑剂应能被聚氯乙烯完全吸收并使树脂塑化，成为均匀而有柔性的固体。

聚氯乙烯糊除含聚氯乙烯树脂和增塑剂外，还配有稳定剂、填料、着色剂、胶凝、稀释剂、挥发性溶剂等。配入的目的和种类都取决于制品的使用要求，采用的树脂最好是乳液聚合的，因其成糊性好。树脂和增塑剂的用量比随所用树脂各类和成型方法与制品使用要求而定，一般约为 1:(1～1.4)。填料大多为粉状无机物，要求其颗粒均匀不带水分；稳定剂、着色剂的用量与前述粉粒料相同；胶凝剂常用金属皂类或有机膨润粘土，用量为树脂 3%～5%；稀释剂常用烃类；溶剂常用酮类；后三种添加剂使用与否，视需要而定。

制备聚氯乙烯糊时，应先将各种添加剂与少量增塑剂（此量应计入增塑剂总量中）混合，并用三辊磨研细以作为"小料"备用，而后将乳液树脂和剩余增塑剂，于室温下在混合设备内通过搅拌而使其混合；混合过程中缓缓注入"小料"，直至成均匀糊状物为止。为求质量进一步提高，可将所成糊状物再用三辊磨研细；然后再真空（或离心）脱气。

糊在常温常压下通常是稳定的，但直接与光和铁、锌接触时，会在贮存、成型和使用中造成树脂的降解，因此贮存容器不能用铁或锌制造，而应内衬锡、玻璃、搪瓷等材质。糊具有触变性，贮存时也可能由于溶剂化的增加而使其粘度上升。贮存温度一般不应超过 30℃。

糊随剪切速率的不同而表现出不同的流动行为，当剪切速率很低时，其流动行为可能与牛顿液体一样；而在剪切速率高时则表现为假塑性液体；如果剪切速率继续增高，则又能显示出膨胀性液体的行为（此一现象仅限于树脂浓度大的聚氯乙烯糊中）。但也有在表现为牛顿液体后，径直表现为膨胀性液体的（如果所用分散剂的溶剂化能力是优良的）；当加有胶凝剂时还具有一屈服值（即应力很小时表现出宾汉液体的行为，只有当剪切应力高达一定值时才发生流动，此一定值就是屈服值）。出现假塑性液体行为的原因是树脂表面吸附层或溶胀层在受剪应力时会被剥落或变形的结果；出现膨胀性液体行为则是因为树脂颗粒产生了敛集效应，以致能够任意活动的液体数量有所减少而造成的。糊的低剪切流动性能在涂布多孔性基料如布类时十分重要，低的屈服值将防止糊渗透入纤维而造成僵硬使手感不好。对于高速应用，最希望的流动曲线形式是假塑性液体型的曲线。不然，假如在高速时出现过大的膨胀性，则糊因产生很大的阻力，以致从基料上被刮去，或在辊涂中造成"飞溅"；在这种场合下，糊料实际上因膨胀而干结，并因离心力而从辊上飞溅；所以涂布时应引起注意。也可使用混合粒度的树脂，使在膨胀前能达到一较高浓度，从而避免上述现象。

由糊生产制品要经过塑形（成型）和烘熔两个过程。

糊的用途很广，用于制造人造革、地板、地毯衬里、纸张涂布、泡沫塑料、铸塑（搪塑或滚塑等）成型、浸渍制品等。

主要参考文献

〔1〕 成都工学院塑料加工专业：《塑料成型工艺学》上册，（讲义），1976

〔2〕 Addities for plastics—Plasticizers "Plastics Engineering" Vol. 33 No. 1 P 32

〔3〕 上海市塑料工业科技情报协作网：《聚氯乙烯加工助剂及配方概述》，"聚氯乙烯"，No. 1～3（1978）

〔4〕 沈祥跃：《聚氯乙烯塑料配方概述》（增订本），1978

〔5〕 J. M. Mckelvey："Polymer Processing"，Wiley，1962

〔6〕 E. C. Bernharolt："Processing of Thermoplastic Materials"，Rein hold，1959

〔7〕 Z. Tadmor；I. Klein："Engineering Principles of Plasticating Extrusion"，Van Nostrand Reinhold Co.，1970

〔8〕 J. A. Brydson "Plastics Materials" 3d. ed，Butterworths，1975

〔9〕 金丸竞："高分子材料概说" 新版，日刊工业新闻社，1969

〔10〕 金丸竞等："プラスチック成形加工"，地人书馆，1966

〔11〕 Н. А. Коэулии，А. Я. шапиро，Р. К. Гаврина；"Оборудудованце для Произеводства ипереработки пластических Масс"，госхимиздат，1963

〔12〕 成都工学院高分子化工专业：《塑料成型加工基础》（讲义），1978

第六章　塑料的一次成型

在大多数情况下一次成型是通过加热使塑料处于粘流态的条件下，经过流动、成型和冷却硬化（或交联固化），而将塑料制成各种形状的产品的方法；二次成型则是将一次成型所得的片、管、板等塑料成品，加热使其处于类橡胶状态（在材料的 $T_g \sim T_f$ 或 T_m 间），通过外力作用使其形变而成型为各种较简单形状，再经冷却定型而得产品。一次成型法能制得从简单到极复杂形状和尺寸精密的制品，应用广泛，绝大多数塑料制品是通过一次成型法制得的。一次成型法包括挤出成型、注射成型、模压成型、压延成型、铸塑成型、传递模塑成型、模压烧结成型以及泡沫塑料的成型等；而以前四种方法最为重要。

第一节　挤 出 成 型

挤出成型亦称挤压模塑或挤塑，即借助螺杆或柱塞的挤压作用，使受热熔化的塑料在压力推动下，强行通过口模而成为具有恒定截面的连续型材的一种成型方法。挤出法几乎能成型所有的热塑性塑料；也可加工某些热固性塑料。生产的制品有管材、板材、薄膜、线缆包覆物以及塑料与其它材料的复合材料等。目前挤出制品约占热塑性塑料制品生产的 $40\% \sim 50\%$。此外，挤出设备还可用于塑料的塑化造粒、着色和共混等。所以挤出是生产效率高、用途广泛、适应性强的成型方法之一。

根据塑料塑化方式的不同，挤出工艺可分为干法和湿法二种，由于干法比湿法优点多，故挤出成型中多用干法；湿法仅用于硝酸纤维素和少数醋酸纤维素塑料等的成型。

按照加压方式的不同，挤出工艺又可分为连续和间歇两种。前一种所用设备为螺杆式挤出机；后一种为柱塞式挤出机。螺杆式挤出机又可分为单螺杆挤出机和多螺杆挤出机。螺杆式挤出机是借助于螺杆旋转产生的压力和剪切力，使物料充分塑化和均匀混合，通过型腔（口模）而成型；因而使用一台挤出机就能完成混合、塑化和成型等一系列工序，进行连续

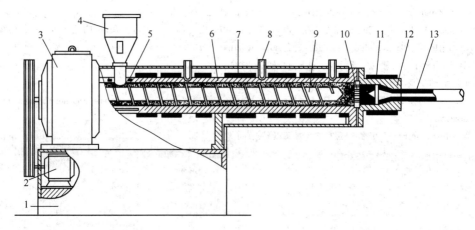

图 6-1　单螺杆挤出机结构示意图

1—机座；2—电动机；3—传动装置；4—料斗；5—料斗冷却区；6—料筒；7—料筒加热器；8—热电偶控温点；9—螺杆；10—过滤网及多孔板；11—机头加热器；12—机头；13—挤出物

生产。柱塞式挤出机主要是借助柱塞压力，将事先塑化好的物料挤出口模而成型。料筒内物料挤完后柱塞退回，待加入新的塑化料后再进行下一次操作，生产是不连续的，而且对物料不能充分搅拌、混合，还得预先塑化，故一般已不采用此法，仅用于粘度特别大、流动性极差的塑料，如硝酸纤维素塑料等成型。

一、单螺杆挤出机的基本结构

在塑料挤出机中，最基本和最通用的是单螺杆挤出机。其基本结构如图 6-1 所示。主要包括：传动、加料装置、料筒、螺杆、机头与口模等五部分。

（一）传动部分

通常由电动机、减速箱和轴承等组成。在挤出过程中，要求螺杆转速稳定，不随螺杆负荷的变化而变化，以保证制品质量均匀一致。但在不同的场合下，又要求螺杆能变速，以达到一台设备能适应挤出不同塑料或不同制品的要求。为此，传动部分一般采用交流整流子电动机、直流电动机等装置，以达无级变速，一般螺杆转速为 10～100 转/分。

（二）加料装置

供料一般多采用粒料，也可采用带状料或粉料。装料设备通常都使用锥形加料斗，其容积至少应能容纳一小时的用料。料斗底部有截断装置，以便调整和切断料流，料斗侧面有视孔和标定计量的装置。有些料斗并带有可防止原料从空气中吸收水分的真空（减压）装置或加热装置，有些料斗有搅拌器，并能自动上料或加料。

（三）料筒

为一金属圆筒，一般用耐温耐压强度较高、坚固耐磨、耐腐的合金钢或内衬合金钢的复合钢管制成。

一般料筒的长度为其直径的 15～30 倍，其长度以使物料得到充分加热和塑化均匀为原则。料筒应有足够厚度、刚度。内壁应光滑，有些料筒则刻有各种沟槽，以增大与塑料的摩擦力。在料筒外部附有用电阻、电感或其它方式加热的加热器、温度自控装置及冷却（风冷或水冷等）系统。

（四）螺杆

是挤出机最主要部件，它直接关系到挤出机的应用范围和生产率。通过螺杆的转动对塑料产生挤压作用，塑料在料筒中才能产生移动、增压和从摩擦取得部分热量，塑料在移动过程中并得到混合和塑化，粘流态的熔体在被压实而流经口模时，取得所需形状而成型。与料筒一样，螺杆也是用高强度、耐热和耐腐蚀的合金钢制成。

由于塑料品种很多，性质各异；因此为适应加工不同塑料的需要，螺杆种类很多，结构上也有些差别，以便能对塑料产生较大的输送、挤压、混合和塑化作用。图 6-2 为几种较常见螺杆。表示螺杆结构特征的基本参数有直径、长径比、压缩比、螺距、螺槽深度、螺旋角、螺杆与料筒的间隙等，（图 6-3）。

最常见的螺杆直径 D 为 45～150 毫米。螺杆直径增大，加工能力提高，挤出机的生产率与螺杆直径 D 的平方成正比。长径比（螺杆工作部分有效长度与直径之比，表示为 L/D）通常为 18～25。L/D 大，能改善物料温度分布，有利于塑料的混合和塑化，并能减少漏流和逆流，提高挤出机的生产能力；L/D 大的螺杆适应性较强，能用于多种塑料的挤出；但 L/D 过大时，会使塑料受热时间增长而降解，同时因螺杆自重增加，自由端挠曲下垂，容易引起料筒与螺杆间擦伤，并使制造加工困难；增大了挤出机的功率消耗。过短的螺杆，容

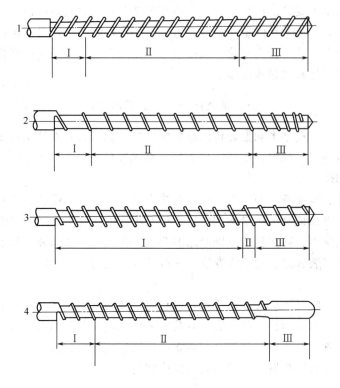

图 6-2 几种螺杆的结构形式

1—渐变型（等距不等深）；2—渐变型（等深不等距）；3—突变型；4—鱼雷头螺杆

Ⅰ—加料段；Ⅱ—压缩段；Ⅲ—均化段

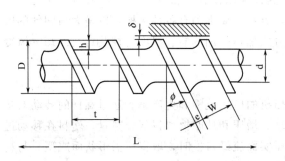

图 6-3 螺杆结构的主要参数

D—螺杆外径；d—螺杆根径；t—螺距；W—螺槽宽度；
e—螺纹宽度；h—螺槽深度；φ—螺旋角；L—螺杆长度；
δ—间隙

易引起混炼的塑化不良。螺旋角 ϕ 是螺纹与螺杆横断面的夹角，随 ϕ 增大，挤出机的生产能力提高，但对塑料产生的剪切作用和挤压力减小，通常螺旋角介于 $10°\sim30°$ 间，沿螺杆长度方向而变化，常采用等距螺杆，取螺距等于直径，ϕ 值约 $17°41'$。压缩比是螺杆加料段最初一个螺槽容积与均化段最后一个螺槽容积之比，表示塑料通过螺杆全长范围时被压缩的倍数，压缩比愈大塑料受到的挤压作用愈大。螺槽浅时，能对塑料产生较高的剪切速率，有利于料筒壁和物料间的传热，物料混合和塑化的效率提高，但生产率则降低；反之，螺槽深时，则情况刚好相反。因此热敏性塑料（如聚氯乙烯）宜用深螺槽螺杆；而熔体粘度低和热稳定性较高的塑料（如聚酰胺等），宜用浅螺槽螺杆。

物料沿螺杆前移时，经历着温度、压力、粘度等的变化；这种变化在螺杆全长范围内是不相同的，根据物料的变化特征可将螺杆分为加（送）料段、压缩段和均化段，如图 6-2 所示。

加料段的作用是将料斗供给的料送往压缩段，塑料在移动过程中一般保持固体状态，由于受热而部分熔化。加料段的长度随塑料种类不同，可从料斗不远处起至螺杆总长 75% 止；大体说来，挤出结晶聚合物最长，硬性无定形聚合物次之，软性无定形聚合物最短。由于加料段不一定要产生压缩作用，故其螺槽容积可以保持不变。螺旋角 ϕ 的大小对本段送料能力影响较大，实际影响着挤出机的生产率。通常粉状物料 $\phi=30°$ 时生产率最高，方块状物料 ϕ 宜选择 15°左右，圆球料宜选择 17°左右。

压缩段（迁移段）的作用是压实物料，使物料由固体转化为熔融体，并排除物料中的空气；为适应将物料中气体推回至加料段、压实物料和物料熔化时体积减小的特点，本段螺杆应对塑料产生较大的剪切作用和压缩。为此，通常是使螺槽容积逐渐缩减，缩减的程度由塑料的压缩率（制品的比重/塑料的表观比重）决定。压缩比除与塑料的压缩率有关外还与塑料的形态有关，粉料比重小夹带的空气多，需较大的压缩比（可达 4～5），而粒料仅 2.5～3；压缩段的长度主要和塑料的熔点等性能有关。熔化温度范围宽的塑料，如聚氯乙烯（150℃ 以上开始熔化）压缩段最长，可达螺杆全长 100%（渐变型），熔化温度范围窄的聚乙烯（低密度聚乙烯 105～120℃ 高密度聚乙烯 125～130℃）等，压缩段为螺杆全长的 45%～50%；熔化温度范围很窄的大多数聚合物如聚酰胺等，压缩段甚至只有一个螺距的长度（突变型如图 6-2）。

均化段（计量段）的作用是将熔融物料，定容（定量）定压地送入机头使其在口模中成型。均化段的螺槽容积与加料段一样恒定不变。为避免物料因滞留在螺杆头端面死角处引起分解，螺杆头部常设计成锥形或半圆形；有些螺杆的均化段是一表面完全平滑的杆体，称为鱼雷头（见图 6-2），但也有刻下凹槽或铣刻成花纹的。鱼雷头具有搅拌和节制物料、消除流动时脉动（脉冲）现象的作用，并能增大物料的压力，降低料层厚度，改善加热状况，且能进一步提高螺杆塑化效率。本段可为螺杆全长 20%～25%。

料筒内径与螺杆直径差的一半称间隙 δ，它能影响挤出机的生产能力；随着 δ 的增大，一般生产率降低。通常控制 δ 在 0.1～0.6 毫米左右为宜。δ 小，物料受到的剪切作用较大，有利于塑化；但 δ 过小时，强烈的剪切作用容易引起物料出现热机械降解；同时易使螺杆被抱住或与料筒壁摩擦，而且，δ 太小时物料的漏流和逆流几乎没有，这在一定程度上影响熔体的混合。

（五）机头和口模

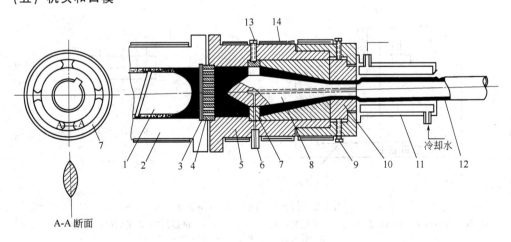

图 6-4　圆管挤出机头结构示意图

1—螺杆；2—料筒；3—过滤网；4—多孔板；5—机头；6—压缩空气进口；7—模芯支架；8—模芯；
9—定芯螺钉；10—模口外环；11—定型套；12—管状挤出物；13—定芯螺钉；14—加热器

机头和口模通常为一整体，习惯上统称机头；但也有机头和口模各自分开的情况。机头的作用是将处于旋转运动的塑料熔体转变为平行直线运动，使塑料进一步塑化均匀，并将熔体均匀而平稳的导入口模，还赋予必要的成型压力，使塑料易于成型和所得制品密实。口模为具有一定截面形状的通道，塑料熔体在口模中流动时取得所需形状，并被口模外的定型装置和冷却系统冷却硬化而成型。机头与口模的组成部件包括过滤网、多孔板、分流器（有时它与模芯结合成一个部件）、模芯、口模和机颈等部件（图6-4）。

机头中的多孔板能使机头和料筒对中定位，并能支承过滤网（过滤熔体中不溶杂质）和对熔体产生反压等。机头中还设有校正和调整装置（定位螺钉），能调正和校正模芯与口模的同心度、尺寸和外形。在生产管子或吹塑薄膜时，通过机颈和模芯可引入压缩空气。按照料流方向与螺杆中心线有无夹角，可以将机头分为直角机头（又称 T 型机头）、角式机头（直角或其它角度）。挤出成型中几种典型机头见图6-4及图6-5；直角机头主要用于挤管、片和其它型材，角式机头多用于挤薄膜、线缆包覆物及吹塑制品等。

（六）辅助设备

主要包括以下几类：

(i) 原料输送、干燥等预处理设备；(ii) 定型和冷却设备，如定型装置、水冷却槽、空气冷却喷嘴等；(iii) 用于连续地、平稳地将制品接出的可调速牵引装置；(iv) 成品切断和

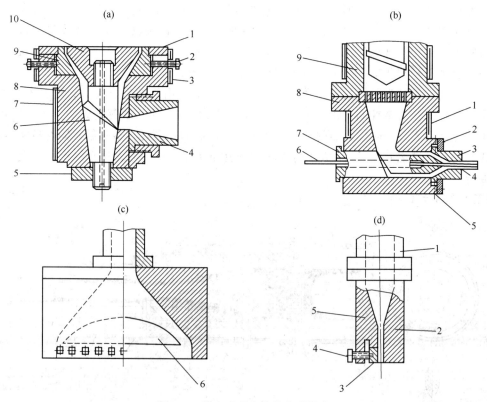

图 6-5　挤出成型中几种典型机头

（a）吹塑薄膜机头　1—压紧圈；2—定位螺钉；3、7—加热器；4—机颈；5—锁紧螺母；6—模芯固定轴；8—机头；9—口模；10—模芯

（b）线缆包覆物挤出机头　1—加热器；2—压紧圈；3—口模；4—挤出的包覆物；5—定位螺钉；6—线缆；7—芯棒；8—机头；9—料筒

（c）、（d）鱼尾形窄缝机头　1—料筒；2—机头底模；3—模唇厚度调节块；4—定位螺钉；5—机头上模；6—阻力器

辊卷装置；（v）控制设备等。

二、挤出成型原理

以固体进料的挤出过程，塑料要经历固体-弹性体-粘性液体的变化；同时物料又处于变动的温度和压力之下，在螺槽与料筒间，物料既产生拖曳流动又有压力流动（见第三章），因此挤出过程中物料的状态变化和流动行为十分复杂。本节着重对固体输送、熔融和熔体输送三个过程进行简略介绍。

（一）固体输送

挤出过程中，塑料靠本身的自重从料斗进入螺槽，当粒料与螺纹斜棱接触后，斜棱面对塑料产生一与斜棱面相垂直的推力，将塑料往前推移。推移过程中由于塑料与螺杆、塑料与料筒之间的摩擦以及料粒相互之间的碰撞和摩擦，同时还由于挤出机的背压等影响，塑料不可能呈现像自由质点在螺旋上的那种运动状态。W. H. Darnell 等人认为料筒与螺杆间这

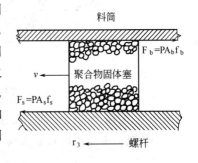

图 6-6　固体塞摩擦模型

些由于受热而粘接在一起的固体粒子和未塑化的、冷的固体粒子，是一个个连续地整齐地排列着的，并塞满了螺槽，形成所谓"弹性固体"（图 6-6），如果料筒和螺杆与物料间不存在摩擦力，即处于完全滑动时则不能产生推力；反之当摩擦力很大时，物料并不转动而呈固体塞状被推移向前，类似螺钉上螺母那样被推而作轴向移动。图 6-6 中，F_b 和 F_s、A_b 和 A_s 以及 f_b 和 f_s 分别为固体塞与料筒和与螺杆间的摩擦力、接触面积和摩擦系数，P 为螺槽中体系的压力。

可以把固体塞在螺槽中的移动看成在矩形通道中的运动，如图 6-7（a）所示。当螺杆转动时，螺杆斜棱对固体塞产生推力 P，使固体塞沿垂直于斜棱的方向运动，其速度为 v_x，推力在轴向的分力使固体塞沿轴向以速度 v_a 移动。螺杆旋转时表面速度为 v_s，如果将螺杆看成是静止不动的，而将料筒看成是以速度 v_b 对螺杆作相向的切向运动，其结果也是一样的。v_z 是（$v_b - v_x$）的速度差，它使固体塞沿螺槽 z 轴方向移动。见图 6-7（b）。

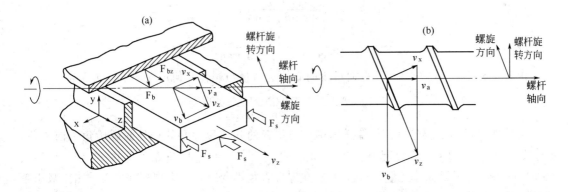

图 6-7　螺槽中固体输送的理想模型（a）

和固体塞移动速度的矢量图（b）

由图 6-7 中可看出，螺杆对固体塞的摩擦力为 F_s，料筒对固体塞的摩擦力为 F_b，但 F_b 在螺槽 z 轴方向的分力为 F_{bz}，而 $F_{bz} = A_s F_s p \cos\phi$，在稳定流动情况下，推力 F_s 与阻力 F_{bz} 相

等，即 $F_s = F_{bz}$，所以

$$A_s f_s = A_b f_b \cos\phi \tag{6-1}$$

显然，当 $F_s = F_{bz} = 0$ 时，即物料与料筒或螺杆间摩擦力为零时，物料在料筒中不能发生任何移动；当 $F_s > F_{bz}$ 时，物料被夹带于螺杆中随螺杆转动也不能产生移动；而只有 $F_{bz} > F$ 时，物料才能在料筒与螺杆间产生相对运动，并被迫沿螺槽移向前方。可见固体塞运动受它与螺杆及料筒表面之间摩擦力的控制，只要能正确地控制塑料与螺杆及塑料与料筒之间的摩擦系数，即可提高固体输送段的送料能力。

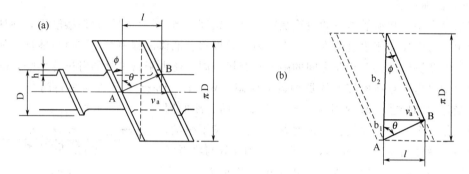

图 6-8　螺杆的展开图（a）和固体塞移动距离的计算（b）

挤出机加料段的送料能力用送料量 Q 表示，其值应为螺杆一个螺槽的容积 V 与送料速度 v_a 的乘积；由图 6-8（a）可得

$$Q = V \cdot v_a = \frac{\pi}{4}[D^2 - (D-2h)^2]v_a \tag{6-2}$$

由图 6-8 螺杆的展开图可看出，螺杆转动一个周期时，物料在螺纹斜棱推力面作用下，沿与斜棱垂直的方向由 A 移向 B，AB 在螺杆轴上的投影距离为 l，物料在轴向的移动速度为 v_a；若螺杆的转数为 N，则 $v_a = l \cdot N$。由图 6-8（b）中螺杆的几何关系可求出：

$$\pi D = b_1 + b_2 = l \cdot \cot\theta + l \cdot \cot\phi = l(\cot\theta + \cot\phi)$$

所以

$$l = \frac{\pi D}{\cot\theta + \cot\phi} \tag{6-3}$$

因此

$$v_a = \frac{\pi D N}{\cot\theta + \cot\phi} = \frac{\pi D N \cdot \tan\theta \cdot \tan\phi}{\tan\theta \tan\phi} \tag{6-4}$$

由式（6-2）和式（6-4）可得加料段的固体送料量与螺杆几何尺寸的下述关系：

$$Q = \frac{\pi^2 D h (D-h) N \tan\theta \cdot \tan\phi}{\tan\theta + \tan\phi} \tag{6-5}$$

可见加料段的送料量（固体输送速率）与螺杆的几何尺寸和外径处的螺旋角（前进角）θ 有关。通常 θ 在 $0 \leqslant \theta \leqslant 90°$ 范围，$\theta = 0°$ 时，Q 为零；$\theta = 90°$ 时 Q 最大。由式（6-1）和式（6-5）可知，为了增大输送量，可以（i）在螺杆直径不变时，增大螺槽深度 h；（ii）减小聚合物与螺杆的摩擦系数 f_s；（iii）增大聚合物与料筒的摩擦系数 f_b；（iv）减小螺旋角 ϕ，且使 $\dfrac{\tan\theta \cdot \tan\phi}{\tan\theta + \tan\phi}$ 最大。

上述公式的推导，并未考虑物料因摩擦发热而引起摩擦系数改变以及螺杆对物料产生的拖曳流动等因素。实际上，当物料前移阻力很大时，摩擦产生的热量很大；当热量来不及通

过料筒或螺杆移除时，摩擦系数的增大，会使加料段输送能力比计算的偏高。

迄今，关于挤出机固体输送的理论尚未完全成熟。近年来又有人提出了粘滞剪切机理，从另外的角度解释了螺杆的固体输送。但也不能完全符合实际，还需进一步研究。

（二）熔化（相迁移）过程

塑料在挤出机中的塑化过程是很复杂的，以往的理论研究多着重在均化段熔体的流动，其次是螺杆内固体物料在送料段的输送。对熔化区研究得比较少的原因是：这一区域内既存在固体料又存在熔融料，流动与输送中物料有相变化发生，过程十分复杂，给分析带来极大困难。但通常塑料在挤出机中的熔化主要是在压缩段完成的，因而研究塑料在该段由固体转变为熔体的过程和机理，就能更好地确定螺杆的结构，这对保证产品的质量和提高挤出机的生产率有很密切的关系。

当固体物料由加料段进入压缩段时，逐渐受到愈来愈大的挤压，在料筒温度和摩擦热的作用下，固体物料于塑炼中逐渐开始熔化，最后在进入均化段时，基本上完成熔化过程，即由固相逐渐转变为液相，出现粘度变化。物料在挤出机中塑炼时，其温度、所需机械功（它反映物料抵抗形变的粘度大小）与塑炼时间的关系，可以图 6-9 的曲线表示。在料温和摩擦热作用下，粒子表面最早熔化并发生粘结，表面破坏；聚合物分子热运动加速，粒子开始膨胀，这时所对应时间为 t_A，转矩最小为 M_A；随塑炼时间增长，热量增加使温度上升，物料粘度增大，以至到时间 t_B 时机械功增至最大值 M_B。温

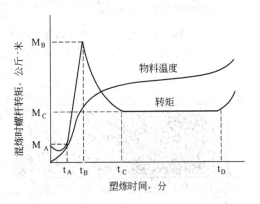

图 6-9　聚氯乙烯塑炼时料温与机械功和塑炼时间的关系

度进一步升高，塑料熔融加速，粘度减小，并逐渐转化为螺杆挤压作用下的粘性流动，螺杆转柜下降，到达时间 t_C 时，物料温度与粘度都达较均一平衡状态；当塑炼时间到达 t_D 时，塑料出现热机械降解与交联，机械功和温度又有所上升。塑炼时间和转矩随所用挤出机的种类、容量、加料量、塑料种类和螺杆转数而变化，但大致有如图 6-9 所示的规律。

根据实验观察，塑料在螺杆上由固体转化为熔融状态的过程可用图 6-10 （a）、（b）表示。图 (a) 中示出了固体床在展开螺槽内的分布和变化情况。图 (b) 则表示了固体床在熔化区随熔融过程进行而逐渐消失的情况。可以看出：在挤出过程中，在螺杆加料段附近一段内充满着固体粒子，接近均化段的一段内则充满着已熔化的塑料；而在螺杆中间大部分区段内固体粒子与熔融物共存，塑料的熔化过程就是在此区段内进行的，故这一区段又称为熔化区。在一个螺槽中固体物料的熔化过程可用图 6-11 表示。从图中可看出与料筒表面接触的固体粒子，由于料筒的传导热和摩擦热的作用，首先熔化，并形成一层薄膜，称为熔膜（1），这些不断熔融的物料，在螺杆与料筒的相对运动的作用下，不断向螺纹推进面汇集，从而形成旋涡状的流动区，称为熔池（2）（简称液相），而在熔池的前边充满着受热软化和半熔融后粘结在一起的固体粒子（4），和尚未完全熔结和温度较低的固体粒子（5）。（4）和（5）统称为固体床（简称固相）。熔融区内固相与液相的界面称为迁移面（3），大多数熔化均发生在此分界面上，它实际是由固相转变为液相的过渡区域。随着塑料往机头方向的输送，熔融过程逐渐进行，如图 6-10 （a）所示。自熔融区始点（相变点）A 开始，固相的宽度将逐渐

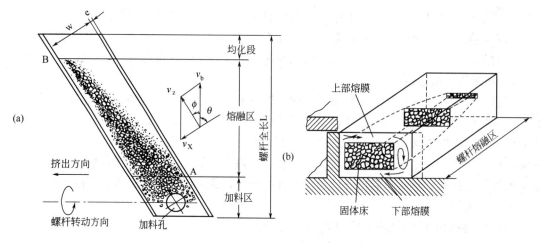

图 6-10　螺槽全长范围固体床熔融过程示意：固体床在螺槽的分布变化（a）；
和固体床在螺杆熔融区的体积变化（b）

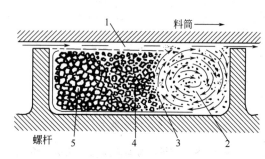

图 6-11　固体物料在螺槽中的熔融过程
1—熔膜；2—熔池；3—迁移面；4—熔结的固体粒子；
5—未熔结的固体粒子

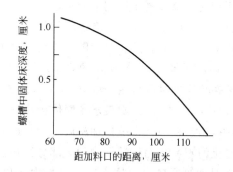

图 6-12　螺杆中聚丙烯熔融时固体床在螺槽中的
深度与熔融区域长度的关系（螺杆 D＝90 毫米；
N＝60 转/分；Q＝71 公斤/小时）

减小，液相宽度则逐渐增加，直到熔化区终点（相变点）B，固相宽度就减小到零。螺槽的整个宽度内均将为熔融物充满。从熔化开始到固体床的宽度降到零为止的总长，称为熔化长度。一般讲熔化速率越高则熔化长度越短；反之就越长。在熔化区域中，固体床在螺槽中的厚度（即为螺槽深）沿挤出方向逐渐减小。图 6-12 是聚丙烯 $\phi90$ 毫米螺杆中固体床厚度变化的情况。

从上述的熔化实验研究可知：(i) 塑料的整个熔化过程是在螺杆熔融区进行的；(ii) 塑料的整个熔化过程直接反映了固相宽度沿螺槽方向变化的规律，这种变化规律，决定于螺杆参数、操作条件和塑料的物性等。

为了分析并得出表征塑料熔化过程固相宽度沿螺槽方向变化的规律，需要对实验研究结果作一些假设：(i) 挤出过程是稳定的，即在挤出过程中螺杆上某一螺槽内的分界面位置固定不变；(ii) 整个固相为均匀连续体；(iii) 塑料的熔融温度范围较窄，因此固液相之间的分界面比较明显；螺槽与固相的横断面都是矩形的。经过这样简化假定后，提出了如图 6-13 所示的熔化理论的物理模型，实践表明，熔化物料的热源有二：一是依靠料筒传来的热量；一是熔膜内摩擦剪切产生的热量。这些热量通过熔膜（1）传导到迁移面（3），使固体粒子在分界面上熔化，由此形成沿螺槽深度方向（y 向）物料的温度分布，如图 6-14（b）所示。当熔膜的厚度 δ 超过螺纹间隙时，熔膜被料筒表面"拖曳"而汇集于熔池（2）；同时固体床又以一定速度 v_{sy} 沿 y 方向移向分界面，加以补充形成新的熔膜，以保证稳定状态。在挤出过程中曾假定螺杆不动而料筒旋转，则料筒将以切线速度 v_b 运动，其值可用料筒直径 D_b 及螺杆转速 N 表示：

$$v_b = \pi N D_b \tag{6-6}$$

这个速率可分解成二个分量 [见图 6-10 (a)]：

$$v_x = v_b \sin\phi \tag{6-7}$$

$$v_z = v_b \cos\phi \tag{6-8}$$

式中 ϕ 为螺杆上螺纹的螺旋角；v_z 是物料沿螺槽移动的速度。由于料筒内表面对物料的拖曳作用，v_z 在料筒表面上最大（见图 6-14a）；在固体床部分物料处于熔结固体状，粘度大而移动困难，故在固体床中有大致相同的速度分布，所以从料筒表面到固体床之间会出现速度的迅速减小。靠近螺杆的表面因摩擦热而形成熔膜，但螺杆相对于料筒来说处于静止状态，螺杆表面的摩擦力和熔体的粘滞性又使这层熔膜的速度更进一步减小，直到接近于零。

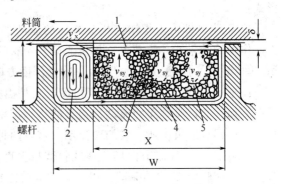

图 6-13　熔融理论的物理模型
1—熔膜；2—熔池；3—迁移面；4—熔结的固体粒子；
5—未熔结固体粒子

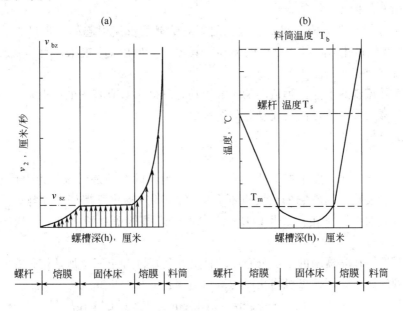

图 6-14　螺杆压缩段中物料的计算速度分布（a）和计算温度分布（b）

由于熔化区的物料塑化、流动与输送等比较复杂，所以其质量流率的数学推导也很复杂，故在这里从略。

必须指出，上述理论是 Z. Tadom 等人在聚乙烯、聚丙烯、聚酰胺、ABS 等品种实验基础上提出的，故有一定的局限性。

（三）熔体输送

到目前为止，研究得最有成效的是均化段，对该段的流动状态、结构、生产率等都有较详细的分析和研究，现以 Q_1 代表送料段的送料速率，Q_2 代表压缩段的熔化速率，Q_3 代表均化段的挤出速率；如果 $Q_1 < Q_2 < Q_3$，这时挤出机就处于供料不足的操作状态，以致生产不正常，质量不符合要求。假若 $Q_1 \geq Q_2 \geq Q_3$，这样均化段就成为控制区域，操作平衡，质量也得到保证；但三者之间不能相差太大，否则均化段压力太大，出现超负荷，操作也会不正常。因此在正常状态下均化段的生产率就可代表挤出机的生产率，该段的功率消耗也作为整个挤出机功率消耗的计算基础。

熔体在均化段的输送在第三章"拖曳流动"中已作了叙述，流动中包括下述四种主要形式：

1. 正流　即沿着螺槽向机头方向的流动；它是螺杆旋转时螺纹斜棱的推力在螺槽 Z 轴方向作用的结果，其流动也称拖曳流动。塑料的挤出就是这种流动产生的，其体积流率（体积/单位时间）用 Q_D 表示。正流在螺槽深度方向的速率分布见图 3-10 (a)。

2. 逆流　逆流的方向与正流相反，它是由机头、口模、过滤网等对塑料反压所引起的反压流动，所以又称压力流动。逆流的体积流率用 Q_P 表示，速度分布见图 3-10 (a)。正流和逆流在螺杆通道中所形成的净流动，这是两种速度进行代数加合，如图 3-10 (b) 所示。

3. 横流　沿 X 轴方向即与螺纹斜棱相垂直方向流动。塑料沿 X 方向流动到达螺纹侧壁时受阻，而转向 Y 方向流动，以后又被料筒阻挡，料流折向与 X 相反的方向，接着又被螺纹另一侧壁挡住，被迫改变方向，这样便形成环流。它的速度分布如图 3-12 所示。这种流动对塑料的混合、热交换和塑化影响很大，但对总的生产率影响不大，一般都不予以考虑；其体积流率用 Q_T 表示。

4. 漏流　也是由于口模、机头、过滤网等对塑料的反压引起的，不过它是从螺杆与料筒的间隙 δ，沿着螺杆轴向料斗方向的流动。其体积流率以 Q_L 表示，由于 δ 通常很小，所以漏流比正流和逆流小得多。

物料的实际流动是上述四种流动的组合流动，它既不会有真正的倒退，也不会有封闭型的环流，而是螺旋形的轨迹向前流动，如图 3-13 所示。

根据以上分析，挤出机的生产率 Q 为：

$$Q = Q_D - (Q_P + Q_L) \tag{6-9}$$

为使分析工作简化，作了如下几点假定：(i) 塑料的流动是滞流，为牛顿型流动；(ii) 塑料的温度没有变化，当然它的粘度也不会变化；(iii) 均化段螺杆宽度与该段深度比大于10；如果螺槽深度与螺杆直径之比 $h/D \leq 0.07$ 时，螺槽侧壁对塑料流动的影响不大，可以略去。

根据塑料熔体在螺槽中的速度分布、螺杆的几何尺寸和第三章所述熔体在管道中的流动计算公式，可计算单螺杆挤出机均化段的流动速率：

$$Q = \frac{\pi^2 D^2 hN\cos\phi\sin\phi}{2} - \frac{\pi Dh^3 \sin^2\phi \Delta P}{12\eta L} - \frac{\pi^2 D^2 \delta^3 tg\phi \Delta P}{12\eta eL} \tag{6-10}$$

式中　Q——挤出机的生产率，厘米³/秒；

D——螺杆直径，厘米；

h——均化段螺槽深度，厘米；

N——螺杆转速，转/秒；

ϕ——螺旋角，度；

e——螺纹斜棱宽度，厘米；

ΔP——均化段料流压力降，公斤/厘米²；

δ——螺杆与机筒间隙，厘米；

η——塑料熔体的粘度，公斤·秒/厘米²；

L——均化段长度，厘米。

从上述方程式可看出，漏流 Q_L 的大小与径向间隙 δ 的三次方成正比；因此 δ 增大，生产率就明显下降。所以径向间隙应尽量做得小些，但过小的间隙在有漏流通过时，间隙处的剪切速率太大，过度的内摩擦热又会使塑料分解。所以间隙值通常取 $\delta = 0.002D$（用于较大螺杆）$\sim 0.005D$（用于较小螺杆）。一般漏流值不太大，在实际计算中有时将此项略去。若用机头压力 P 来代替 ΔP，而熔体粘度取平均值 η 来计算，并以 $A = \dfrac{\pi^2 D^2 h\sin\phi\cos\phi}{2}$ 和 $B = \dfrac{\pi Dh^3\sin^2\phi}{12L}$ 代入式（6-10）则得简化式：

$$Q = AN - B\frac{P}{\eta} \tag{6-11}$$

这里的 A、B 只与螺杆的结构尺寸有关，因而当螺杆确定后，A、B 便是常数。

由于公式（6-10）中影响 Q 的因素太多，难以一一考虑，而且推导前作了一些假定，这些都影响其计算结果的准确性；所以用式（6-10）算出的数值仅作为决定生产率的参考。此外，在实践中还采用经验公式、实测、类比和统计的方法来决定和计算产率。

如果塑料是假塑性液体，则式（6-10）略去漏流后可改为：

$$Q = \frac{\pi^2 D^2 hN\sin\phi\cos\phi}{2} - \frac{\pi Dh^{m+2}\sin^{m+1}\phi}{(m+2)2^{m+1}}K\left(\frac{\Delta P}{L}\right)^m \tag{6-12}$$

式中 K——流动常数；

m——常数。

从式（6-10）与式（6-12）比较可看出，右方第一项是完全相等的，第二项不相同，说明塑料的流变性能仅与式（6-12）第二项（在逆流项出现）有关，而与第一项无关。如果挤出的塑料是流动性较大的（亦即 η 较小或 K 较大，K 的意义见式 2-10），则挤出量对压力的敏感性就越大，这说明采用挤出成型是不十分相宜的。此外，还可看出，正流与螺槽深度 h 成正比，而逆流则与其三次或多次方成正比。因此，在压力较低时，用浅槽螺杆的挤出量会比用深槽螺杆时低。而当压力高至一定程度后，其情况正相反。这一推论说明浅槽螺杆对压力的敏感性不很显著，而能在压力波动下挤出较好质量的制品，但螺槽不能太浅，否则容易使塑料烧焦。

（四）螺杆和机头的特性曲线与挤出机生产率的关系

从均化段熔融塑料流动方程式（6-11）$Q = AN - B\dfrac{P}{\eta}$ 中，已知 A 和 B 都只与螺杆结构尺寸有关，对指定的挤出机在等温下的操作情况来说，除 Q 和 P 外，式（6-11）中的其它符号都是常数。这样式（6-11）是一个带负斜率 $\left(-\dfrac{B}{\eta}\right)$ 的直线方程。用不同的螺杆转速 N，将该方程绘在 Q-P 坐标图上得到一系列具有负斜率的平行直线，称为"螺杆特性曲线"（图 6-15）。

塑料熔体（假定为牛顿液体）通过机头和口模时的体积流率（厘米³/秒），可用以下流动方程简单表示：

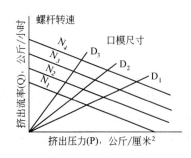

图 6-15　螺杆口模特性曲线

螺杆转速　$N_1 < N_2 < N_3 < N_4$

口模尺寸　$D_1 < D_2 < D_3$

$$Q = K \frac{\Delta P}{\eta} \qquad (6\text{-}13)$$

式中 ΔP 为物料通过机头和口模的压力降（公斤/厘米^2）；η 为塑料熔体通过机头和口模时的粘度（公斤·秒/厘米^2）；K 为机头和口模的阻力常数，仅与机头大小和形状有关。对圆形口模：

$$K = \frac{\pi D^4}{128(L + 4D)} ;$$对环形口模：

$$K = \frac{C_{平均} t^3}{12L} ;$$对狭缝形口模：$K = \frac{W t^3}{12L}$

上述公式中 D 为圆形口模直径；L 为口模中平直部分长度；t 为平缝或环形缝口模的模缝厚度；$C_{平均}$ 为环形口模圆周的平均长度；W 为缝口宽度。

式（6-13）也是以 $\frac{K}{\eta}$ 为斜率的直线方程，采用同一坐标而将式（6-13）绘出，这样就得另一组通过原点的直线 D_1、D_2、D_3 等，不同的直线表示塑料熔体通过不同的机头和口模时，挤出量和压力降之间的关系，这种直线称为口模（机头）的特性曲线。

图 6-15 中两组直线的交点就是操作点，利用这种图可以求出指定挤出机、配合不同机头和口模时的挤出量，使用极为方便，因为只需二点就可决定。

对假塑性液体来说；按同样理由，也可将式（6-12）写为：

$$Q = AN - B'K(\Delta P)^m \qquad (6\text{-}14)$$

而将式（6-13）改写为：

$$Q = K'K(\Delta P)^m \qquad (6\text{-}15)$$

上列两式中的 B' 和 K' 对给定的塑料在等温下挤出的情况来说，都是常数。其它符号所代表的意义如前所述。

根据式（6-14）、（6-15）绘出螺杆和口模的特性曲线不是直线而是抛物线（见图 6-16）。

从螺杆特性曲线与挤出量和压力降的关系可以得到如下观点。

（1）挤出量随螺杆转数增加而增大。转速不变时，挤出量与螺杆前端物料压力 P 是以 $\frac{B}{\eta}$ 为斜率的直线关系。但挤出量随模具阻力增大（即口模尺寸减小）而减小；挤出量不变时，口模尺寸减小会使压力降增加。

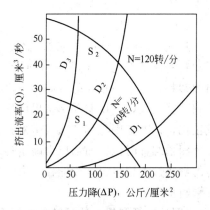

图 6-16　假塑性液体的螺杆和口模特性曲线

$D_1 < D_2 < D_3$

S_1、S_2—螺杆特性曲线；D_1、D_2、D_3—口模特性曲线

（2）螺杆螺槽深浅对物料的压力、挤出量和温度都有影响。从图 6-17（a）中可看出，深螺槽螺杆的挤出量对压力变化的敏感性大，例如深螺槽螺杆在模具阻力小时，挤出量随槽深增加而增大；但模具阻力增大时，压力降的微小变化就会引起挤出量的迅速减少；相反，浅螺槽螺杆在模具阻力变化时，其挤出量的波动较小。另一方面机头内熔体的压力能引起料

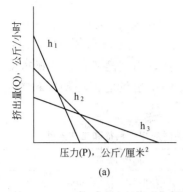 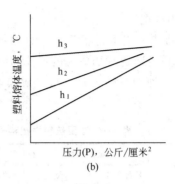

图 6-17　均化段螺槽深浅对挤出量（a）和熔体温度（b）的影响

h₁—深螺槽；h₂—中等深度螺槽；h₃—浅螺槽

温的变化，由于深螺槽螺杆对压力敏感性大，故物料温度容易出现较大的波动，以致影响挤出物的质量；浅螺槽螺杆在压力变化时，对料温的影响较小［如图 6-17（b）］。

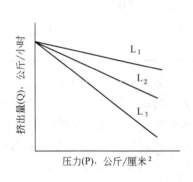 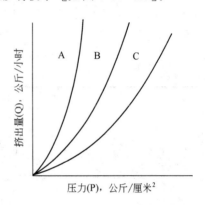

图 6-18　螺杆均化段长度对挤出量的影响　　　图 6-19　机头和口模阻力对挤出量和机头内物料压力

（L₁＞L₂＞L₃）　　　　　　　　　　　　的影响（阻力大小 A＜B＜C）

均化段的长度对挤出量也有影响，较长时受模具阻力的影响较小，即使因口模阻力变化而引起机头内压力较大的波动时，挤出量的变化也较小（图 6-18）。机头对物料流动的阻力与口模和机头的截面尺寸和长度有关，因而也影响挤出量。物料流动时受到的阻力，大体上与口模的截面积或长度成反比。口模截面尺寸愈大或口模平直部分愈短的机头阻力愈小，这时机头内压力的微小波动都会引起挤出量很大的变化（图 6-19），并影响产品的质量。

三、挤出成型工艺与过程

适于挤出成型的塑料种类很多，制品的形状和尺寸有很大差别，但挤出成型工艺过程大体相同。其程序为物料的干燥、成型、制品的定型与冷却、制品的牵引与卷取（或切割），有时还包括制品的后处理等。

（一）原料干燥

原料中的水分或从外界吸收的水分会影响挤出过程的正常进行和制品的质量，较轻时会使制品出现气泡、表面晦暗等缺陷，同时使制品的物理机械性能降低；严重时会使挤出无法进行。因此使用前应对原料进行干燥，通常控制水分含量在 0.5％以下。此外原料中也不应含有各种可见杂质。

（二）挤出成型

当挤出机加热已达预定温度时即可加料，初期挤出的制品质量和外观均较差，应及时调整工艺条件或设备装置（如口模的尺寸和同心度等），当制品质量、外观和尺寸达要求后即可正常生产。几种塑料管、片、板、薄膜等采用的挤出机的螺杆特征和工艺条件如表 6-1 所示。

表 6-1　主要热塑性塑料挤出成型时的螺杆特征和工艺条件

塑料名称	螺杆特性		挤出温度，℃				原料中水分控制，%
	长径比 L/D	压缩比 ε	加料段	压缩段	均化段	机头及口模	
丙烯酸类聚合物	12～15	1.5～2：1	室温	100～170	～200	175～210	≤0.025
醋酸纤维素	15～16	2～3：1	室温	110～130	～150	175～190	<0.5
聚酰胺	15～18	3.5：1	室温～90	140～180	～270	180～270	<0.3
聚乙烯	15～20	>3：1	室温	90～140	～180	160～200	<0.3
聚苯乙烯	18～21	2：1	室温～100	130～170	～220	180～245	<0.1
硬聚氯乙烯	16～21	1.5：1	室温～60	120～170	～180	170～190	<0.2
软聚氯乙烯及氯乙烯共聚物	11～16	2：1	室温	80～120	～140	140～170	<0.2

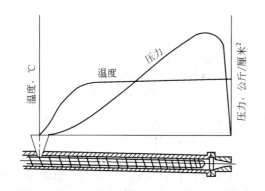

图 6-20　料筒和机头中温度和压力的分布

表中的数据仅是一般的情况，随聚合物的分子量、制品的形状和尺寸以及挤出机的种类不同而变化；且挤出过程中螺杆的转速、料筒中的压力和温度都是互相影响着的，应视具体情况而加以调整；挤出过程中料筒、机头及口模中的温度和压力分布，一般具有如图（6-20）所示的规律。

挤出过程的工艺条件对制品质量影响很大，特别是塑化情况，更能直接影响制品的物理机械性能及外观；决定塑料塑化程度的因素主要是温度和剪切作用。

物料的温度除主要来自料筒加热器外，还来自螺杆对物料的剪切作用产生的摩擦热；当转入正常生产时，摩擦产生的热将变得更为主要。料筒中料温升高时粘度降低，有利于塑化；同时随着料温的升高，熔体流量增大，挤出物料加快，但机头和口模温度过高时，挤出物的形状稳定性差，制品收缩率增加，甚至引起制品发黄、出现气泡等，使挤出不能正常进行；温度降低时，熔体粘度大，机头压力增加，挤出制品压得较密实，形状稳定性好，但离模膨胀较严重，应适当增大牵引速度，以减小因膨胀而增大的壁厚；料温过低时塑化较差，且因熔体粘度大而使功率消耗增加。当口模与模芯温度相差过大时，挤出的制品出现向内或向外翻，或扭歪情况。增大螺杆的转速能强化对物料的剪切作用，有利于物料的混合和塑化，且对大多数塑料能降低其熔体的粘度（图 6-21）。螺杆的转速增加，并能提高料筒中物料的压力，其关系如图 6-22 所示。

（三）制品的定型与冷却

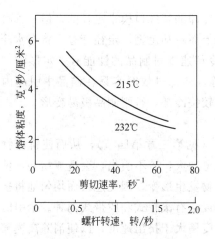

图 6-21 螺杆转速和剪切速率对聚苯乙烯熔体
粘度的影响

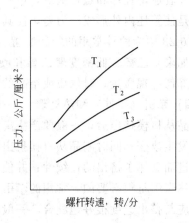

图 6-22 螺杆转速对压力的影响
（料温 $T_1 < T_2 < T_3$）

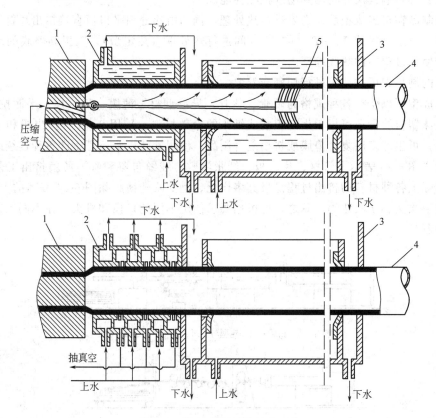

图 6-23 两种挤出圆管的定径套

（上）内压空气定径法；

（下）外真空定径法

1—机头；2—定径套；3—水冷却槽；4—管状制品；5—密封塞

热塑性塑料挤出制品，在离开机头口模后，应进行冷却定型；定型和冷却不及时，制品在自身重力作用下，就会发生形变。大多数情况下定型与冷却往往是同时进行的；通常只有在挤出管材和各种异形型材时才有定型过程，而挤出薄膜、单丝、线缆包覆物等则不需定型；挤出板材和片材时，有时还通过一对压辊压平，也有定型和冷却作用。管子的定型方法可用定径套、定径环和定径板等，也有采用能通水冷却的特殊口模来定径的，但不管哪种方法，都是使管坯内外形成压力差，使其紧贴定径套上而冷却定型，定径套总是备有水冷却系统。图 6-23 中为两种常用的定径装置。冷却时，冷却速度对制品的性能有一定影响，对硬质塑料如聚苯乙烯、低密度聚乙烯和硬聚氯乙烯等，冷却过快时容易在制品中引起内应力等，并降低外观质量；对软质或结晶的塑料，则应较快冷却，否则制品极易变形。

(四) 牵引 (拉伸) 和热处理

制品从口模挤出后，一般要产生离模膨胀现象（见第三章第四节），从而使挤出物尺寸和形状发生改变；同时制品从口模挤出后重量愈来愈增大，若不引出，会造成堵塞，使生产停滞，进而破坏了挤出的连续性；并使后面的挤出物发生形变，因此连续而均匀地将挤出物引出或称牵引是很必要的。常用的牵引挤出管材的设备有滚轮式和履带式两种。牵引时，牵引速度应与挤出速度很好地配合，一般应使牵引速度稍大于挤出速度，以便消除离模膨胀引起尺寸的变化，并对制品进行适度拉伸（产生一定程度的取向）；同时要求牵引速度十分均匀，不然就会影响其尺寸均匀和物理机械性能。

有些制品在挤出成型后还需要进行热处理，例如由狭缝扁平口模直接挤出片材经拉伸而得的薄膜，应在材料的 $T_g \sim T_f$（或 T_m）间进行热处理（热定型），以提高薄膜的尺寸稳定性，减少使用过程中的热收缩率。

合格的制品即可按要求进行切割或卷取。

挤出成型可以生产各种规格的硬管、软管、异形型材、薄膜、板、片、平面拉幅薄膜、单丝、泡沫塑料等；还可用于生产织物或纸张的涂敷材料；采用 2～3 台挤出机和多层吹塑机头连用，可生产多层复合薄膜或挤出复合制品。使用旋转机头还可生产各种连续的管形网状挤出物。图 6-24 表示了管材、片、板、纸张涂敷、线缆包覆和吹塑薄膜挤出工艺过程的示意，实际上各种材料的挤出过程是极其多样化。例如吹塑薄膜除图 6-24 表示的上吹法外，还可采用下吹法、平吹法等。总之，可根据要求使用不同的口模和机头，在不同工艺条件下生产各种制品。

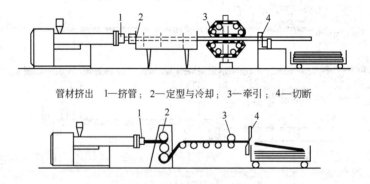

管材挤出　1—挤管；2—定型与冷却；3—牵引；4—切断

片或板的挤出　1—片或板坯挤出；2—辊平与冷却；3—切边与牵引；4—切断

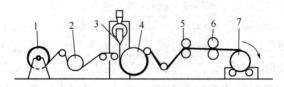

纸张涂敷　1—放纸；2—干燥；3—挤出涂敷；4—冷却与辊平；5—切边；6—牵引；7—辊卷

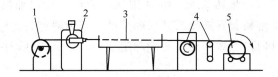

线缆包覆　1—放线；2—挤出包覆；3—冷却；4—牵引与张紧；5—辊卷

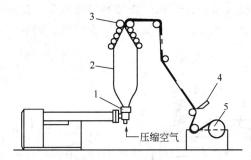

挤出吹塑　1—管坯挤出；2—吹气膨胀；3—冷却牵引；4—切断；5—辊卷

图 6-24　几种材料挤出成型工艺过程示意

近年来塑料成型加工在工艺和设备上都有很大的发展，特别由于电子工业以及测控仪器的应用和发展，使挤出成型向程序控制和数控方向发展。其大体趋势为。

（1）大型化　目前单螺杆挤出机的 L/D 达 42；螺杆直径达 $\phi300\sim420$ 毫米，甚至达 750 毫米；多螺杆挤出机达 $\phi600$ 毫米（卧式）及 $\phi300$ 毫米（立式），长可达 875 毫米。

（2）高挤出速度　如 $\phi65$ 挤出机螺杆转速高达 800～1000 转/分。

（3）多效能　以挤出机为主机，加上辅机，可生产多种制品。

（4）自动化　挤出温度及压力等工艺条件采用 PID（比例、积分、微分）测控等。

（5）连续化　以硬聚氯乙烯为例，从粉料开始直到制品实现全自动化连续流水线。

通过对螺杆结构和挤出理论研究，已能在经验数据的基础上，借助于电子计算机设计准确度比较高的单螺杆挤出机；同时出现了许多结构新颖的高效螺杆，如屏障型螺杆、销钉型螺杆、波型螺杆、分配混合型（DIS 型）螺杆等；新型挤出机，如高速绝热挤出机、排气式挤出机、两阶式挤出机等；但目前仍以单螺杆挤出机为主，约占使用挤出机的 80％ 以上。在机头结构方面也有一些新发展，如出现了能挤出多层或多色复合制品（薄膜、片材、型材）的共挤出机头、各种异型机头、带螺纹芯模的吹塑机头以及旋转机头等。在挤出工艺方面，出现了复合共挤出、异型共挤出、发泡挤出等新工艺。

第二节　注 射 成 型

注射成型亦称注射模塑或注塑，是热塑性塑料的一种重要成型方法。迄今为止，除氟塑料外，几乎所有的热塑性塑料都可以采用此成型法；它的特点是生产周期快、适应性强、生产率高和易于自动化等，因此广泛地用于塑料制品的生产中。从塑料产品的形状看，除了很长的管、棒、板等型材不能采用此法生产外，其它各种形状、尺寸的塑料制品，基本上都可应用这种方法进行成型；它所生产的产品占目前塑料制品生产的 20％～30％。近年来，注射成型也用于某些热固性塑料（如酚醛塑料）的成型。

　　注射成型就是将塑料（一般为粒料）在注射成型机的料筒内加热熔化，当呈流动状态时，在柱塞或螺杆加压下熔融塑料被压缩并向前移动，进而通过料筒前端的喷嘴以很快速度注入温度较低的闭合模具内，经过一定时间冷却定型后，开启模具即得制品。这种成型方法是一种间歇操作过程。

一、注塑机的基本结构

　　注塑机是注射成型的主要设备；注塑机的类型和规格很多，目前其规格已经统一，以用注塑机"一次所能注射出的聚苯乙烯最大重量，克"为标准。但对其分类，还没有统一的意

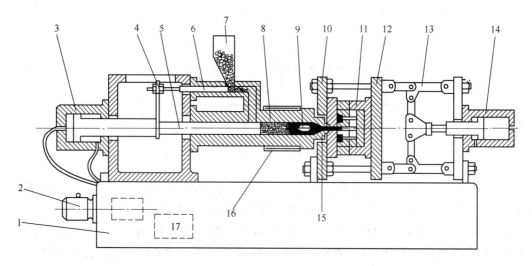

图 6-25　卧式柱塞式注塑机结构示意

1—机座；2—电动机及油泵；3—注射油缸；4—加料调节装置；5—注射料筒柱塞；6—加料筒柱塞；7—料斗；8—料筒；9—分流梭；10—定模板；11—模具；12—动模板；13—锁模机构；14—锁模（副）油缸；15—喷嘴；16—加热器；17—油箱

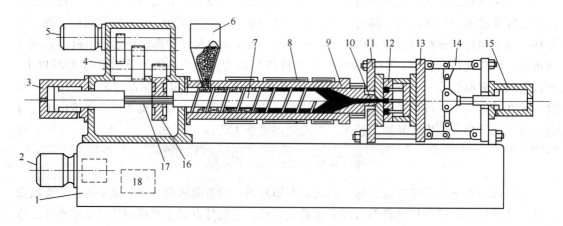

图 6-26　卧式螺杆注塑机结构示意

1—机座；2—电动机及油泵；3—注射油缸；4—齿轮箱；5—齿轮传动电动机；6—料斗；7—螺杆；8—加热器；9—料筒；10—喷嘴；11—定模板；12—模具；13—动模板；14—锁模机构；15—锁模用（副）油缸；16—螺杆传动齿轮；17—螺杆花键槽；18—油箱

见，有按外形特征划分，分为立式、卧式、直角式、旋转式；也有按塑料在料筒中的塑化方式划分的；也有按结构特征划分，分为柱塞式和螺杆式……。目前多采用按结构特征来区分，并适当考虑外形。所以通常可分为柱塞式（图 6-25）和螺杆式（图 6-26）两类。最大注射量在 60 克以下的注塑机通常为柱塞式，60 克以上多数为移动螺杆式。

注塑机主要由注射系统、锁模系统、模具三部分组成。

（一）注射系统

注射系统是注塑机的主要部分，其作用是使塑料均匀地塑化并达到流动状态，在很高的压力和较快的速度下，通过螺杆或柱塞的推挤注射入模。注射系统包括：加料装置、料筒、螺杆（或柱塞及分流梭）及喷嘴等部件。

1. 加料装置　注塑机上设有加料斗，常为倒圆锥形或锥形，其容量可供注塑机 1～2 小时之用。很多注塑机的加料装置中有计量器，以便定量或定重加料；有的还有加热或干燥装置。

2. 料筒　与挤出机的料筒相似，但内壁要求尽可能光滑，呈流线型，避免缝隙、死角或不平整处；各部分机械配合要精密。料筒大小决定于注塑机最大注射量。柱塞式注塑机的料筒容量常为最大注射量的 4～8 倍；螺杆式注塑机因有螺杆在料筒内对塑料进行搅拌和推挤作用，传热效率高，混合塑化效果好，因而料筒容量一般仅为最大注射量的 2～3 倍。料筒外部有加热元件，可分段加热，通过热电偶显示温度，并通过感温元件控制温度。

3. 分流梭和柱塞　都是柱塞式注射机料筒内的主要部件。分流梭是装在料筒靠前端的中心部分，形状似鱼雷的金属部件。其种类很多，图 6-27 所示为常见的一种。其表面常有 4～8 个呈流线型的凹槽，槽深随注射机容量而变化，一般约为 2～10 毫米。分流梭上有几条凸出筋；将其支承于料筒上，起定位和传热作用。分流梭的作用是将料筒内流经该处的塑料分成薄层，使塑料产生分流和收敛流动；以缩短传热导程，加快热传递，有利于减少和避免接近料筒壁面处塑料过热引起的热分解现象。同时塑料熔体分流后，在分流梭表面流速增加，剪切速率加大，从而产生较大的摩擦热，使料温升高，粘度下降，塑料得到进一步混合和塑化，这就有效地提高了柱塞式注塑机的生产率和制品的质量。螺杆式注塑机通常不需分流梭，因螺杆均化段已具上述效果。

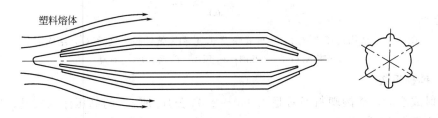

塑料熔体

图 6-27　分流梭的结构示意

柱塞是一根坚实的表面硬度极高的金属圆杆，直径通常约 20～100 毫米只在料筒内作往复运动；它的作用是传递注射油缸的压力以施加在塑料上，使熔融塑料注射入模具。

4. 螺杆　它的作用是送料、压实、塑化、传压。当螺杆在料筒内旋转时，将从料斗来的塑料卷入，并逐步将其压实。排气和塑化，熔化塑料不断由螺杆推向前端。并逐渐积存在顶部与喷嘴之间，螺杆本身受熔体的压力而缓慢后退，当积存熔体达到一次注射量时，螺杆停止转动，传递液压或机械力将熔体注射入模。螺杆的形式和结构与挤出机螺杆相似。但注射螺杆的长径比 L/D 较小，约在 $10\sim15$ 之间，压缩比较小，约为 $2\sim2.5$；与挤出机螺杆比较，注射螺杆的均化段长度较短，螺槽较深（约深 $15\%\sim25\%$）；但螺杆加料段长度则较长；同时螺杆头部呈尖头形（挤出螺杆为圆头或鱼雷头形）。与挤出螺杆的作用相比，注射螺杆只起预塑化和注射两个作用，对塑化能力、压力稳定以及操作连续性和稳定性等的要求没有挤出机螺杆那么严格。同时注射螺杆既可旋转又能前后移动，从而能完成对塑料的塑化、混合和注射作用。

推动螺杆或柱塞对熔融塑料施加的压力主要来源于液压力或机械力，由于液压传动平稳、保压好和可调节压力等优点，故绝大多数注射机都采用液压传动。

5. 喷嘴　喷嘴是连接料筒和模具的重要桥梁。主要作用是注射时引导塑料从料筒进入模具，并具有一定射程。所以喷嘴的内径一般都是自进口逐渐向出口收敛，以便与模具紧密接触。由于喷嘴内径不大，当塑料流过时速度增大，剪切速率增加，能进一步混合塑化。

热塑性塑料的喷嘴类型很多，结构各异，但使用最普遍的有通用式、延伸式和弹簧针阀式三种形式（图 6-28）它们各有特点。喷嘴的选择应根据加工塑料的性能及成型制品的特点来考虑。

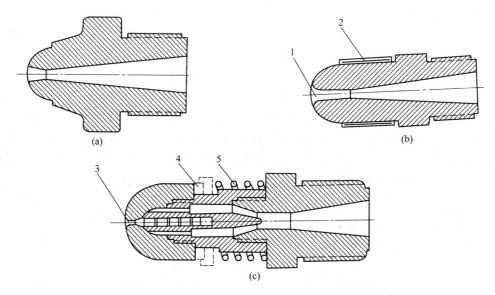

图 6-28　通用式喷嘴（a）、延伸式喷嘴（b）和弹簧针阀式喷嘴（c）结构示意
1—喇叭口；2—电热圈；3—顶针；4—导杆；5—弹簧

（二）锁模系统

在注射成型时，熔融塑料通常是以 $400\sim2000$ 公斤/厘米^2 的高压注入模具，但由于注射系统（喷嘴、流道、模腔壁等）的阻力，使压力损失；实际施于模腔内塑料熔体的压力远小于注射压力，因此所需的锁模压力比注射压力要小；但应大于或等于模腔内的压力才不致在注射时引起模具离缝而产生溢边现象。因此，锁模系统的主要作用是在注射过程中能锁紧模具，而在取出制件时能打开模具；总之要开启灵活，闭锁紧密。启闭模具系统的夹持力大小及稳定程度对制品尺寸的准确程度和质量都有很大影响。

锁模力 F（公斤）大小，主要取决于模腔内的实际压力和模腔面积；与注射压力 P（公斤/厘米^2）和与垂直于施压方向的制品投影面积 A（厘米^2）有下列关系：

$$F\propto PA$$

由于影响锁模力的因素很多，常常用实测和计算相结合的方法，以求得可靠的锁模力。最常见的锁模机构是具有曲臂的机械与液压力相结合的装置（图 6-29）；具有简单而可靠的特点，故应用较广泛。锁模机构除应保证启闭灵活、迅速和准确安全外，还应避免运转中产生强烈震动。良好的锁模机构在启闭模具的各阶段的速度是不一样的；闭合时应先快后慢，开启时则应先慢后快再转慢。启闭时模板移动的距离（启闭冲程）和移动速度可以调节，以适应不同尺寸模具的需要。但调节时不能超过该设备的最大启闭冲程。

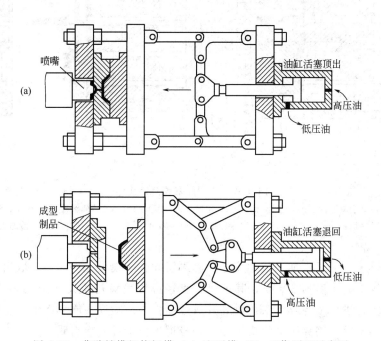

图 6-29　曲臂锁模机构闭模（a）和开模（b）工作原理示意图

（三）模具

利用本身特定形状，使塑料（或聚合物）成型为具有一定形状和尺寸的制品的工具称模具。模具的作用在于：在塑料的成型加工过程中，赋予塑料以形状，给予强度和性能，完成成型设备所不能完成的工作，使它成为有用的型材（或制品）。

对不同的成型方法，采用原理和结构特点各不相同的模具；按照成型加工方法把模具分为：压制模具（压模）、压铸模（传递成型模）、中空吹塑模具、真空或压力成型模具、挤出模具（机头，如图 6-4）及注射模具（图 6-30）等。其中最主要的是挤出模具（见 6-1 节）及注射模具。这里主要讨论注射模具。

用于注射成型的模具，由于制品结构、成型设备及原材料性质的不同，其具体结构可以千变万化，然而其基本结构都是一致的。注射模具主要由浇注系统、成型零件和结构零件三大部分所组成；浇注系统是指塑料熔体从喷嘴进入型腔前的流道部分，包括主流道、分流道、浇口等。成型零件系指构成制品形状的各种零件；包括动、定模型腔、型芯、排气孔等。结构零件，是指构成模具结构的各种零件；包括执行导向、脱模、抽芯、分型等动作的各种零件。现简述如下。

1. 主流道　系指紧接喷嘴到分流道之间的一段流道，与喷嘴处于同一轴心线上，可以

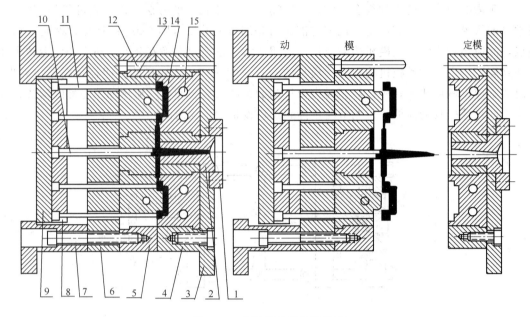

图 6-30　典型注射模具结构图

1—定位环；2—主流道衬套；3—定模底板；4—定模板；5—动模板；6—动模垫板；7—模座；8—顶出板；
9—顶出底板；10—回程杆；11—顶出杆；12—导向柱；13—凸模；14—凹模；15—冷却水通道

直接开设在模具上，但常常加工成主流道衬套再紧配合于模板上。为便于取出流道赘物，主流道形状呈圆锥形，锥度为 $2°\sim6°$，其进口端直径应比喷嘴孔径大 $0.5\sim1$ 毫米，便于对中和减小流动阻力；进口端与喷嘴头接触处开成球面；为使喷嘴头能紧密地与主流道配合，主流道进口球面的半径应略大于喷嘴头半径。主流道出口端设有冷料阱，为捕集喷嘴端部两次注射间产生的冷料，防止堵塞分流道及浇口；冷料阱的直径约为 $8\sim10$ 毫米，深约 6 毫米。为了顺利地脱模，其底部常设计有脱模杆，脱模杆的顶部呈曲折钩形或设下陷沟槽，以便脱模时，能顺利地拖出主流道赘物。为减少赘物回头量，主流道长度应尽量短。

2. 分流道　是主流道和浇口之间的过渡部分；为满足熔体以等速充满各型腔，分流道在模具上的排列应成对称和等距离分布；并要求其形状使熔体流动时压力损失最小，能快速充模。故常做成圆形、半圆形、梯形、矩形或椭圆形，但以半圆形和矩形、梯形较易加工。在保证制品质量和正常的工艺条件下，分流道的截面应尽量小，长度尽可能短。

3. 浇口　是分流道和型腔的连接部分，塑料熔体经浇口入型腔成型；其结构应有利于熔体能尽快地进入和充满型腔，又能较快地冷却封闭，以防止熔体倒流。制品脱离浇口时残痕要小，使不致影响外观。通常，浇口开设在制品较厚部位，其位置应对制品各部分的充模流程最短；另外，浇口截面要小。根据浇口形状、进料位置和进料方式，浇口可分为针点式浇口、边缘浇口、扇形浇口、平缝式浇口、圆环形浇口、轮辐式浇口、爪式浇口、中心浇口、潜伏式浇口和护耳式浇口等；各种浇口有一定的适用范围，应根据制品形状和加工设备的工作方式选用。

4. 型腔　是构成塑料制品几何形状的部分。具体说，构成制品外形部分叫凹模（又称阴模），构成制品内部形状（如孔、槽等）称型芯或凸模（阳模）。总之，构成型腔的零件统称为成型零件。型腔的设计首先要根据塑料的性能、制品的几何形状、尺寸公差，使用要求等来确定腔型的总体结构。其次是选择分型面、确定浇口和排气孔的位置，脱模方式等，然后按制品尺寸进行各种零件的设计及各个零件间的组合方式。另外，还应对成型零件进行正确的选材及强度、刚度的校核；同时还要考虑加工设备的操作要求。

5. 排气孔（或槽）　当塑料熔体注入型腔时，在料流的尽头常积有气体（空气、蒸汽或其它气体等），如不及时排出，会使成型制品上出现气孔、表面凹痕等，甚至会引起制品局部烧焦、颜色发暗。因此，模具中应开设排气孔，排气孔一般设在型腔内料流的尽头，或设在模具的分型面上；亦可利用顶出杆与顶出孔的配合间隙、脱模板与型芯的配合间隙排气。通常，排气孔的槽深约 0.025～0.1 毫米，宽约 1.5～6 毫米。

6. 导向零件　模具上通常还设计有导向零件，以确保动、定模合模时准确对中。常见的导向零件是由导向柱和导柱孔组成。

7. 脱模装置　在开模过程中，为了将制品能迅速和顺利的自型腔中脱出，常在模具中设置脱模装置，主要有以机械方式和液压方式顶出脱模的两种形式。前者是通过固定在机架上的顶出杆来完成，顶出杆的长度可调；开模时，当移动模板后，顶出杆穿过移动模板上的孔口，触及模具上的脱模板而顶出制品。后者是籍助于油缸液压力实现顶出，顶出力和速度可调。二者各有优劣，可根据加工设备、制品尺寸来选用。

8. 抽芯机构　当制品的侧面带有孔或凹槽（伏陷物）时，除极少数制品（伏陷物深度浅、塑料较软）可进行强制脱模外，在模具中都需考虑设置侧向分型（瓣合模）或侧向抽芯机构（可动式侧型芯）。常用的抽芯机构为斜导柱分型抽芯、弹簧分型抽芯、弯销分型抽芯、齿轮齿条抽芯等；抽芯可借助于手动、机动、液动或气动等方式来实现。

9. 模具的加热或冷却　塑料熔体注射入型腔后，根据不同塑料和制品的要求，往往要求模具具有不同温度，因为模温对制品的冷却速度影响很大，从而对制品中的内应力、结晶与取向作用带来影响；所以必须控制模温，以便控制冷却速度。一般是采用自然冷却，也有采用冷却介质（通常为水）通入模具的专用管道中以冷却模具；只有对熔融温度高的塑料，为控制冷却速度才对模具加热，以使熔料缓慢冷却。加热模具可用热油或热水等，但常常是直接用电热方法（电热圈、电热棒、电热板等）加热；可根据模具结构、制品形状、加热温度等而加以选择。

二、注射成型的工艺过程

完整的注射工艺过程，按其先后次序应包括：成型前的准备、注射过程、制件的后处理等。

（一）成型前的准备

为使注射能顺利地进行并保证产品的质量，在成型前有一系列的准备工作。包括原料的检验（测定粒料的某些工艺性能等），有时还包括原料的染色和造粒；原料的预热及干燥、嵌件的预热和安放、试模、清洗料筒及试车。由于物料的种类、形态、制品的结构、有无嵌件以及使用要求的不同，各种制品成型前的准备工作也不完全一样。

（二）注射过程

注射过程一般包括加料、塑化、注射、冷却和脱模几个步骤。由于注射成型是一个间歇过程，因此保持定量（定容）加料，以保证操作稳定、塑料塑化均匀最终获得良好的制品。加料过多、受热时间过长等容易引起物料的热降解，同时注塑机功率损耗增加；加料过少时，料筒内缺少传压介质，模腔中塑料熔体压力降低，难于补塑（即补压），容易引起制品出现收缩、凹陷、空洞等缺陷。加入的塑料在料筒中进行加热，由固体粒子转变成熔体，经过混合和塑化后，塑化好的熔体被柱塞或螺杆推挤至料筒前端；经过喷嘴、模具浇注系统进入并填满型腔，这一阶段称"充模"。在模具中熔体冷却收缩时，继续保持施压状态的柱塞或螺杆，迫使浇口和喷嘴附近的熔体不断补充入模中（补塑）。使模腔中的塑料能形成形状完整而致密的制品，这一阶段称为"保压"。当浇注系统的塑料已经冷却硬化（称"凝封"）后，继续保压已不再需要，因此可退回柱塞或螺杆，并加入新料；卸除料筒内塑料中的压力，同时并通入冷却水、油或空气等冷却介质，对模具进行进一步的冷却；这一阶段称"冷却"。实际上冷却过程从塑料注射入模腔就开始了，它包括从充模完成，保压到脱模前这一段时间。制品冷却到所需温度后，即可用人工或机械的方式脱模。所以注射过程通常就由塑化、充模（即注射）、保压、冷却和脱模等五个工序组成。可用图 6-31 表示。在这些过程中最重要的是塑化。

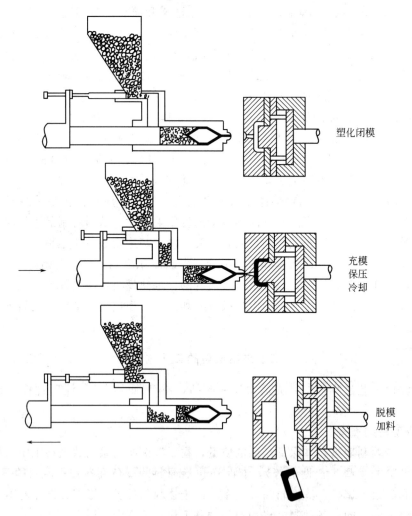

图 6-31　注射成型工艺过程示意图

　　塑料的塑化原理　　塑化是指塑料在料筒内经加热达到充分的熔融状态，使之具有良好的可塑性。决定塑料塑化质量的主要因素，是物料的受热情况和所受到的剪切作用。通过料筒对物料加热，使聚合物分子松弛，并出现由固体向液体转变；一定的温度是塑料得以形变、熔融和塑化的必要条件；而剪切作用则以机械力的方式强化了混合和塑化过程，使混合和塑化扩展到聚合物分子的水平（而不仅是一般静态的熔融），它使塑料熔体的温度分布、物料组成和分子形态都发生改变，并更趋于均匀；同时螺杆的剪切作用能在塑料中产生更多的摩擦热，促进了塑料内部的塑化。因而螺杆式注塑机对塑料的塑化比柱塞式注塑机要好得多。总之，对塑料的塑化要求是：塑料熔体在进入模腔之前要充分塑化，既要达到规定的成型温度，又要使塑化料各处的温度尽量均匀一致，还要使热分解物的含量达最小值；并能提供上述质量的足够的熔融塑料以保证生产连续而顺利地进行。然而，这些要求除与塑料的特性、工艺条件的控制有关外，还与注塑机塑化装置的结构密切相关。现以柱塞式注塑机内的塑化为例加以讨论。

塑料塑化时所需的温度来自两方面：料筒壁对物料的传热和物料内部的摩擦热。

如果进入料筒的塑料初温为 T_0，而加热器对料筒加热后使其内壁温度达到 T_w，则 $(T_w - T_0)$ 应是塑料可达到的最大温升，但实际上塑料在加料口至喷嘴范围内只能升到比 T_w 要低的温度 T（$T_w > T > T_0$）；所以塑料的实际温升为 $(T - T_0)$。塑料的实际温升与最大温升之比称为加热效率 E，表示为：

$$E = \frac{T - T_0}{T_w - T_0} \tag{6-16}$$

E 值高，有利于塑料的塑化。显然，增加料筒的长度和传热面积、延长塑料在料筒内的受热时间和增大塑料的热扩散速率都可使塑料获得较多的热量，提高 T 值，从而使 E 增大；但是这一切在柱塞式注塑机中是难以实现的。在料筒几何尺寸一定的情况下，塑料在料筒内的受热时间 t 与料筒中的存料量 V_p、每次注射量 W 和注射周期 t_c 有如下关系：

$$t = \frac{V_p \cdot t_c}{W} \tag{6-17}$$

即存料量多、注射周期长，都可增长受热时间，提高塑料温升。塑料的热扩散速率 α 与热传导系数 K、塑料比热 C 和密度 ρ 有下列关系：

$$\alpha = \frac{K}{C\rho} \tag{6-18}$$

可见塑料的扩散速率正比于热传导系数。此外，料筒的加热效率还与料筒中料层的厚度和塑料与料筒表面之间的温度差有关。由于塑料导热性差，故随料层厚度增大和料筒-塑料间温差减小，料筒的加热效率会降低。料筒的加热效率还受塑料中温度分布的影响。塑料的平均温度 T_a 常处于加热温升的最小温度 T_i（一般 $T_i > T_0$）和料筒壁温（控制温度）T_w 之间，亦即塑料熔体的实际温度总是分布于 $T_i \sim T_w$ 之间，而塑料从料筒实际所获得的热，可由温度差 $(T_a - T_0)$ 表示，在 T_w 一定时，物料的平均温度 T_a 随温度分布加宽而降低，所以 $(T_a - T_0)$ 较小，故其对应的加热效率较低；而在 T_w 一定时，塑料中温度分布变窄，则 T_a 升高，塑料所能获得的热量增加，加热效率提高；这种因温度分布对加热效率的影响关系如图 6-32 所示。实践证明，为使塑料塑化质量提高，E 值不应小于 0.8。据此，在 T 决定的前提下，则从式（6-16），可确定 T_w。

由以上讨论可知，延长塑料在料筒中的受热时间 t、增大塑料的热扩散速率 α、减少料筒中料层的厚度 δ、在允许的条件下（塑料不发生分解）提高料筒壁温 T_w 等措施，加热效率 E 均能增大。但不适当地延长塑料的加热时间，反会因过热而引起塑料降解，故一般料筒中的存料量不超过 3~8 倍（柱塞式注塑机可多些，螺杆式注塑机可少些）；而从增大热扩散速率来看，则 E 与塑料的性质和塑料是否受到搅动有关，很明显柱塞式注塑机的加热效

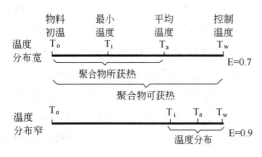

图 6-32　温度分布对加热效率的影响

率不如螺杆式注塑机，塑化质量也比其差。所以对于柱塞式注塑机减少料筒中料层厚度，尤其必要，故一般在料筒前端安置分流梭，它在减少料层厚度的同时，迫使塑料产生剪切和收敛流动，加强了热扩散作用；另外，料筒通过分流梭接触面将热量传给分流梭，进而传与物料。从而增大了对塑料的加热面积，改善了塑化的情况。

综上所述，在分流梭能提供热量的情况下，料筒的加热效率 E 与塑料的热扩散速率 α、料层厚度 δ 和接解时间 t 的关系可用简单的函数形式表示：

$$E = f\left(\frac{\alpha t}{\delta^2}\right) \tag{6-19}$$

如果分流梭本身并不能提供热量，则塑料仅从料筒吸热，相当于料层厚度增加一倍，因此式（6-19）变为：

$$E = f\left(\frac{\alpha t}{(2\delta)^2}\right) \tag{6-20}$$

大多数情况下，由于分流梭仅通过与料筒的接触处吸收料筒的热量，并将其传递给塑料，故料筒的加热效率实际上介于上述二式间。如果引入一量度分流梭对塑料提供热量效用大小的系数 n，则可得料筒对塑料的热传导方程：

$$E = f\frac{\alpha t}{(5-n)^2 \delta^2} \tag{6-21}$$

式中 $1 \leqslant n \leqslant 2$，n 等于 1 时，相当于分流梭不能对塑料加热的情况；n＝2 时，为分流梭具有加热能力的情况，分流梭对料筒热效率的影响如图 6-33 所示；在其它条件（α、t、δ）不变时，随 n 值增大，料筒的加热效率提高。但随着注射速度（单位时间的注射量）增大，料筒的加热效率降低，如图 6-34。

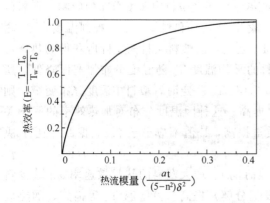

图 6-33　热传导方程的图形

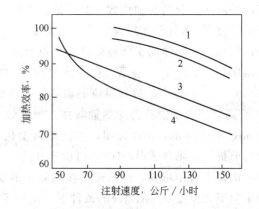

图 6-34　料筒加热效率与注射速度的关系

1—聚苯乙烯；2—耐冲击聚苯乙烯；3—低密度聚乙烯；

4—高密度聚乙烯

单位时间内料筒熔化塑料的重量（塑化量）Q 可看成等于每一注射周期 t_c 的注射量 W，或塑料在每一加热时间 t 中的存料量 V_p；所以

$$Q=\frac{225W}{t_c}=\frac{225V_p}{t} \tag{6-22}$$

式中 225 系由单位换算而来（因 1 英两/秒＝225 磅/小时）。考虑到料筒与塑料的接触面积 A 和塑料的受热体积 V 以及料筒的加热效率，料筒的塑化量 Q 可用下式表示：

$$Q=\frac{225\alpha A^2}{4K_R(5-n^2)V_p}=K\frac{A^2}{V_p} \tag{6-23}$$

在注塑机、塑料、塑料的平均温度和加热效率一定的情况下，K 为常数（K_R 为与所选 E 值有关的常数）。显然，增大注射机的传热面积和减少加热物体的体积均能提高塑化量。但在柱塞式注塑机中，由于料筒的结构所限，增大 A 就必然加大 V；为此，有效的办法仍是安置和设计合理的分流梭，以增大传热面积，提高 α。而螺杆式注塑机由于剪切作用引起的摩擦热大，能使塑料温度升高，温升值为：

$$\Delta T=\frac{\pi DN\eta}{Ch} \tag{6-24}$$

式中 D、N、h 和 C、η 分别为螺杆的直径、转速、螺槽深度，以及塑料的比热和熔体粘度。这种剪切作用和温升都使螺杆式注塑机的加热效率增加，塑料的塑化质量和塑化量均可提高。

（三）制品的后处理

注射制品经脱模或机械加工之后，常需要进行适当的后处理以改善制品的性能和提高尺寸稳定性；制品的后处理主要指退火和调湿处理。

三、注射成型工艺的影响因素

注射成型工艺的核心问题，就是采用一切措施以得到塑化良好的塑料熔体，并把它注射到模腔中去，在控制条件下冷却定型，使制品达到合乎要求的质量。因此最重要的工艺条件应该是足以影响塑化和注射充模质量的温度（料温、喷嘴温度、模具温度）压力（注射压力、模腔压力）和相应的各个作用时间（注射时间、保压时间、冷却时间）以及注射周期等。而那些会影响温度、压力变化的工艺因素（如螺杆转速、加料量及剩料等）也是不应忽视的。在讨论这些工艺因素前，了解注射过程中各种因素的相互关系是非常必要的。如图 6-35 所示，注射过程可分为以下几个阶段。

1. **柱塞空载期**　在时间 $t_0 \sim t_1$ 间物料在料筒中加热塑化，注射前柱塞（或螺杆）开始向前移动，但物料尚未进入模腔，柱塞处于空载状态，而物料在高速流经喷嘴和浇口时，因剪切摩擦而引起温度上升，同时因流动阻力而引起柱塞和喷嘴处压力增加。

2. **充模期**　时间 t_1 时塑料熔体开始注入模腔，模具内压力迅速上升，至时间 t_2 时，型腔被充满，模腔内压达最大值，同时物料温度、柱塞和喷嘴处压力均上升到最高值。

3. **保压期**　在 $t_2 \sim t_3$ 时间内塑料仍为熔体，柱塞需保持对塑料的压力，使模腔中的塑料得到压实和成型，并缓慢地向模腔中补压入少量塑料，以补充塑料冷却时的体积收缩。随模腔内料温下降，模内压力也因塑料冷却收缩而开始下降。

4. **返料期（返压期或倒流期）**　柱塞从 t_3 开始逐渐后移，过程中并向料筒前端输送新料（预塑）。由于料筒喷嘴和浇口处压力下降，而模腔内压力较高，尚未冻结的塑料熔体被模具

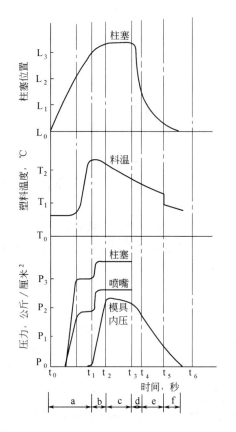

图 6-35 注射过程柱塞位置、塑料温度、柱塞与喷嘴压力、模腔内压力的关系

a—柱塞空载期；b—充模期；c—保压期；d—返料期；e—凝封期；f—继冷期

内压返推向浇口和喷嘴，出现倒流现象。

5. 凝封期 在 $t_4 \sim t_5$ 时间内，型腔中料温继续下降，至凝结硬化的温度时，浇口冻结倒流停止，凝封时间是 $t_4 \sim t_5$ 间的某一时间。

6. 继冷期 是在浇口冻结后的冷却期，实际上型腔内塑料的冷却是从充模结束后（时间 t_2）就开始的。继冷期是使型腔内的制品继续冷却到塑料的玻璃化温度附近，然后脱模。

再分别讨论注射成型工艺中的主要因素的作用和相互关系。

（一）料温

塑料的温度是由料筒控制的，所以料筒温度关系到塑料的塑化质量。选定料筒温度时，主要着眼于保证塑料塑化良好，能顺利实现注射而又不引起塑料局部降解等。料筒温度首先与塑料的性质有关，通常必须把塑料加热到其粘流温度 T_f（或熔点 T_m）以上，才能使其流动和进行注射，因此，料筒末端的最高温度应高于 T_f 或 T_m，但必须低于塑料分解温度 T_d，也就是控制料筒末端温度在 T_f（或 T_m）~ T_d 间。

对于 $T_f \sim T_d$ 间温度较窄的热敏性塑料、分子量较低和分子量分布较宽的塑料，料筒温度应选择较低值，即比 T_f 稍高即可；而对 $T_f \sim T_d$ 间的温度较宽、分子量较高和分子量分布较窄的塑料，可以适当地选取较高值。在决定料筒温度时，还必须考虑塑料在加热料筒中停留的时间，这对聚甲醛、聚氯乙烯和聚三氟氯乙烯尤其重要。一般随着料筒温度的提高，物料在料筒中的停留时间缩短（图 4-12）。所以生产中除严格控制料筒最高温度外，还应控制塑料在料筒中的停留时间。

塑料在螺杆式注塑机料筒中流动时，剪切作用大，有摩擦热产生，且料层薄，熔体粘度低，热扩散速率大，温度分布均匀，加热效率高，混合和塑化好；因此料筒温度可选得低些。而在柱塞式注塑机中的塑料，仅靠料筒壁及分流梭表面往内传热，料层厚，传热速率小，塑料内外层受热不均，温差较大，塑化不均匀，故柱塞式注塑机的料筒温度应比螺杆式注塑机约高 10~20℃。有时为了提高成型效率，强化生产过程，利用塑料在螺杆式注塑机料筒中停留时间短的特点，也可采用在较高温度下操作；相反地在柱塞式注塑机中物料因停留时间长，易出现局部过热分解，所以也有采用较低的料筒温度。

确定料筒温度时，还应考虑制品和模具的结构特点。成型薄壁制品时，塑料的流动阻力很大，且极易冷却而失去流动能力，这种情况下提高料筒温度能增大塑料熔体的流动性，改善其充模条件；对厚壁制品，塑料熔体的流动阻力小，且因厚壁制品冷却时间长而使注射成型周期增加，塑料在料筒内受热时间增长，因此可选择较低的料筒温度；对形状复杂或带有嵌件的制品，塑料熔体要流过长而曲折的流程，因此料筒温度控制也应较高。

　　为防止塑料熔体的流涎作用，并估计到塑料熔体在注射时快速通过喷嘴细孔，尚有一定摩擦热产生，所以通常控制喷嘴的最高温度稍低于料筒的最高温度；但不能过低，不然会造成喷嘴堵塞而增大流动阻力，甚至会使喷嘴处的冷料带入型腔，影响制品的质量。

　　料温对成型加工过程、材料的成型性质、成型条件以及制品物理机械等性能影响密切。通常随料温的升高，熔体粘度降低，料筒、喷嘴和模具浇注系统中压力降减小，塑料在模具中流动长度增加，从而改善了成型性能；注射速率增大，熔化时间与充模时间减少，注射周期缩短；制品表面光洁度提高。但温度过高时，塑料将引起热分解，并引起某些物理机械性能的降低。这些关系可用图 6-36 的简图表示。

（二）模具温度

　　塑料充模后在模腔中冷却硬化而获得所需的形状。模具的温度影响塑料熔体充满时的流动行为，并影响塑料制品的性能。模具温度实际上决定了塑料熔体的冷却速度，模具温度是由冷却介质控制的。如第四章第一节所述，根据熔体温度 t_m 与冷却介质温度 t_c 的温度差 Δt，可将冷却速度分为缓冷、骤冷和中速冷却，其关键决定于塑料的玻璃化温度 T_g 与冷却介质温度 t_c 间的温差。$t_c < T_g$ 时为骤冷，$t_c \approx T_g$ 时为中速冷却，$t_c > T_g$ 很多时则为缓冷过程。显然，冷却速度愈快，塑料熔体温度降低愈迅速，熔体粘度增大则流动困难，造成注射压力损失增加，有效充模压力降低，情况严重时会引起充模不足。随模温增加，塑料熔体流动性增加，所需充模压力减小，制品表面光洁度提高，制品的模塑收缩率增大。对结晶聚合物，由于较高温度有利于结晶，所以升高模温能提高制品的密度或结晶度。在较高模温下制品中聚合物大分子松弛过程较快，分子取向作用和内应力都降低。模温对塑料的某些成型性质的影响关系如图 6-37 所示。通常随模温提高，制品的大多数力学强度有所增加，但伸长率和冲击强度则下降。

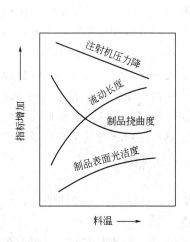

图 6-36　料温对某些成型性能及制品物性的影响

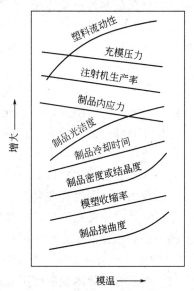

图 6-37　模温对塑料某些成型性能的影响

　　模温的确定应根据所加工塑料的性能、制品性能的要求，制品的形状与尺寸以及成型过程的工艺条件（如料温、压力、注射周期等）等综合考虑。

　　（1）为使制件脱模时不变形，模温通常应低于塑料的玻璃化温度或不易引起制件变形的温度，但制件的脱模温度 T_c 则稍高于模温，如图 6-41 所示。T_c 的确定取决于制件的壁厚和残余应力。由凝封点到 T_c 的时间就是冷却时间，在给定模温下，制品在模腔中的冷却时间可用 Ballman 和 Shusman 推导的公式估算：

$$t=\frac{-\delta^2}{2\pi\alpha}\log\left[\frac{\pi(T_c-T_L)}{4(T_w-T_L)}\right] \tag{6-25}$$

式中 t 为最小冷却时间（秒）；δ 为制品厚度（厘米）；α 为塑料热扩散速率（厘米^2/秒）；T_c

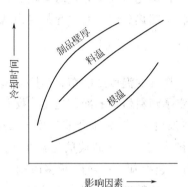

为制品脱模温度（℃）；T_L 为模具温度（℃）；T_w 为料筒加热温度（℃）。通常冷却时间随制品壁厚增大，料温和模温升高而增加（图 6-38）。结晶聚合物冷却时间较长而冷却时间不足时，制品容易出现凹陷、收缩或挠曲；反之，则延长了注射周期，降低了生产率。

（2）为保证充模时制品完整和质量紧密，对熔体粘度大的塑料（如聚碳酸酯、聚砜等）宜用较高的模温；熔体粘度小的塑料（如醋酸

图 6-38 制品冷却时间与壁厚、料温和模温的关系 纤维素、聚乙烯和聚酰胺等）则用较低的模温。随模温的降低，塑料的凝封速度和冷却速度增加，有利于缩短生产周期和生产率，但过低的模温可能使浇口凝封出现过早，引起缺料和充模不全，还会降低制品的质量。

（3）应考虑模温对塑料结晶、分子取向、制品内应力和各种物理机械性能的影响。模温低时聚合物分子取向作用大，制品内应力高；而模温高则有利于聚合物结晶。由于厚壁制品充模时间和冷却时间均较长，模温过低会引起内部形成真空泡和收缩，并因而引起内应力，故厚壁制品不宜用低的模温来冷却。

（三）注射压力

注射压力推动塑料熔体向料筒前端流动，并迫使塑料充满模腔而成型，所以它是塑料充满和成型的重要因素。在注射过程中压力的作用主要有三个方面：(i) 推动料筒中塑料向前端移动，同时使塑料混合和塑化，柱塞（或螺杆）必须提供克服固体塑料粒子和熔体在料筒和喷嘴中流动时所引起的阻力；(ii) 充模阶段注射压力应克服浇注系统和型腔对塑料的流动阻力，并使塑料获得足够的充模速度及流动长度，使塑料在冷却前能充满型腔；(iii) 保压阶段注射压力应能压实模腔中的塑料，并对塑料因冷却而产生的收缩进行补料，使从不同的方向先后进入模腔中的塑料熔成一体，从而使制品保持精确的形状，获得所需的性能。

可见注射压力对注射过程和制品的质量有很大的影响。注射压力的大小，取决于注塑机的类型、模具结构（主要是浇口尺寸和制品的壁厚）、塑料的种类和注射工艺等。可从注塑机和模具两方面分析注射压力的作用和大小。

1. 料筒中注射压力的分析　图 6-39 表示了注射过程中塑料熔体流经注塑机、喷嘴、模具流道、浇口和型腔时，因受阻而引起压力损失的情况。

对螺杆式注塑机而言，通过螺杆旋转，物料熔化的同时，被推向前方，注射时料筒中的阻力主要来自于熔体的摩擦阻力和喷嘴处的阻力。由于料筒前端温度较高，熔体与料筒（钢材）的摩擦系数较小，实际上由熔体引起的压力降 ΔP_1 较小。但柱塞式注塑机则不同，柱塞不仅推动熔体前进，而且还要推动未熔化的和半熔化的物料前进，由未熔固体粒子等引起的压力降严重时可达料筒的总压力降的80%，所以柱塞式注塑机料筒中的压力损失要比

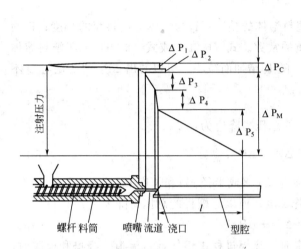

图 6-39　注射成型时在注塑机、浇注系统和模具
型腔中压力损失

ΔP₁—注塑机中的压力降；ΔP₂—喷嘴处的压力降；ΔP₃—
模具流道中的压力降；ΔP₄—浇口处的压力降；ΔP₅—模腔中
的压力降；ΔP_C—注射系统的总压力降；ΔP_M—模具型腔
中的压力降

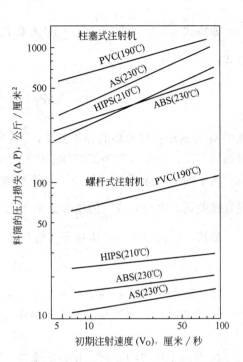

图 6-40　柱塞式和螺杆式注塑机的料筒压
力损失的比较

PVC—聚氯乙烯；AS—丙烯腈-苯乙烯共聚物；
HIPS—抗冲击性聚苯乙烯；ABS—丙烯腈-
丁二烯-苯乙烯共聚物

螺杆式的大得多，如图 6-40 所示。

　　Spencer、Gilmore 和 Wiley 等在研究聚苯乙烯塑料粒子与钢制料筒之间的摩擦时得到如下关系：

$$P_d = P_r e^{-4fL_0/D} \tag{6-26}$$

式中 e 为自然对数底数；P_r 为注射压力；P_d 是向前移动的粒子区域前端的压力；L_0 为粒子区域的长度；D 为料筒的内径；f 为聚合物与钢之间的摩擦系数。因此通过固体粒子区域所产生的压力损失可表示为：

$$P_r - P_d = \Delta P_d = (1 - e^{-4fL_0/D})P_r \tag{6-27}$$

　　上式说明粒子区域的加长和料筒-塑料粒子间的摩擦系数变大，压力损失增加；但压力损失又随料筒直径的增大而减小。可见柱塞注塑机需要有比螺杆式注塑机更大的注射压力才能顺利地注射。

　　固体粒子前端为半熔和熔融的聚合物，其压力损失较小，所对应的压力降可由圆管中非牛顿流体的容积流率［见第三章式（3-21）］所示：

$$Q = \left(\frac{n\pi R^3}{3n+1}\right)\left(\frac{R\Delta P_L}{2\eta L}\right)^{\frac{1}{n}} \tag{6-28}$$

将式（6-28）移项得：

$$\Delta P_L = \left(\frac{2\eta L}{R}\right)\left[\left(3+\frac{1}{n}\right)\frac{Q}{\pi R^3}\right]^n \tag{6-29}$$

如将式（2-12）中的 $n=\dfrac{1}{m}$ 的关系代入上式，可得料筒中熔融区域压力降的另一表达式：

$$\Delta P_L=\left(\frac{2\eta L}{R}\right)\left[\frac{(3+m)Q}{\pi R^3}\right]^{\frac{1}{m}} \tag{6-30}$$

式中 Q 为通过料筒前端的容积流率；η 为塑料熔体的粘度；L 为熔体流经料筒的长度；R 为料筒的半径；n 或 m 为表征熔体非牛顿性质的常数。式（6-29）或式（6-30）说明塑料熔体在料筒中的压力降随 L、η、Q 增加而增加，随 R 增加而减小。可以看出 ΔP_L 的变化与 Q 不成直线关系，而按 n 或 $\dfrac{1}{m}$ 的指数关系变化。

显然，料筒中塑料固体粒子与塑料熔体的总压力降应为：

$$\Delta P_1=\Delta P_d+\Delta P_L \tag{6-31}$$

在容积流率 Q 一定的情况下，已知喷嘴直径 d（或半径 r）和长度 L_n 时，也可按式（6-29）或式（6-30），计算喷嘴所引起的压力降 ΔP_2。所以注塑机的总压力降为：

$$\Delta P_c=\Delta P_1+\Delta P_2 \tag{6-32}$$

2. 模具中压力的分析　在容积流率一定时，充模过程中熔体通过流道、浇口和模腔时，阻力引起的压力降构成充模时模具的总压力降，其值为：

$$\Delta P_M=\Delta P_3+\Delta P_4+\Delta P_5 \tag{6-33}$$

式中 ΔP_3、ΔP_4 和 ΔP_5 分别为模具流道、浇口和模腔的压力降。

注塑机所提供的注射压力，经过料筒、喷嘴和模具浇注系统的压力降后，到达模腔时的压力 P_M 才是实际的成型压力。成型压力的大小，对制品的外观和内在质量有很大影响。制品的物理机械性能与开模前塑料中的压力、平均温度和比容（或密度）等有关。对非晶态聚合物，Gilmore 和 Spencer 推导了联系压力、温度和比容的状态方程式，其形式为：

$$(P_M+\pi)(V-b)=\frac{R}{M}T \tag{6-34}$$

式中 P_M 为作用于物料上的压力，公斤/厘米^2；π 为塑料熔体中分子吸引力引起的内部压力，公斤/厘米^2；V 为塑料的比容，厘米^3/克；b 为与熔体分子的比容有关的常数，厘米^3/克；R 为通用气体常数；T 为绝对温度，K；M 为聚合物分子中结构单元的分子量；某些聚合物的 π、b 值列于表 6-2 中。

表 6-2　某些聚合物在状态方程式中 π 与 b 值

聚　合　物	M	π，公斤/厘米^2	b，厘米^3/克
聚苯乙烯	104	1840	0.822
聚甲基丙烯酸甲酯	100	2130	0.734
乙基纤维素	605	2370	0.720
醋酸丁酸纤维素	544	2810	0.688
聚乙烯	28.1	3240	0.875
聚丙烯	41	1600	0.620
聚酰胺-66	113	1500	0.722

从式（6-34）中可看出，对某一聚合物当比容一定时，模腔中塑料熔体内的压力 P_M 与温度 T 成直线关系，这种关系可用图 6-41 表示。图中 A 点表示聚苯乙烯刚好充满模具型腔

时的温度、压力的关系。直线 AB 为柱塞保压阶段模腔中的压力-温度关系，可见温度降低的过程中模腔压力并未变化，物料因冷却引起的体积收缩，由柱塞加压补入塑料而维持压力不变；B 点时柱塞后退，模腔中塑料倒流入浇注系统引起压力降低，如直线 BC 所示；C 点为浇口中塑料的凝封点，自此后模腔中塑料容积已不再变化，所以温度和压力沿 CL 呈直线关系下降。DE 直线表示在较低压力注射时，且浇口凝封发生在柱塞后退前的情况，这时并未发生塑料倒流，从 E 点起，塑料按方程式（6-34）沿直线 EK 冷却，但注射压力较低，最后所得制品重量较轻。显然制品的重量决定于凝封时模腔中的压力和温度。制品重量随注射压力（或模腔中的实际成型压力）增大而增加；例如，如果柱塞不是在 B 点退回，而将保压时间延长到 F 点，则模腔内出现凝封点的压力降将减少为 FG，自凝封点 G 后，型腔中的压力-温度关系则沿 GM 呈直线关系下降，但所得的制品的密度或重量较大，内应力高，制品尺寸收缩小而脱模困难，这种关系可从图 6-42 中看出。由于凝封点后模腔中不再有物料进出，所以最终制品的残余应力就取决于浇口凝封前模腔中压力的大小。可见控制凝封压力对制品的性能有非常重要的意义，通常可用改变保压时间和改变模温来调节它，以便以此来改善制品的性能。保压时间短或凝封压力低，制品容易出现凹陷、气泡和收缩，制品的内在性能也较差；保压时间延长或凝封压力增加，制品外观和内在质量都有所提高。但过长的保压时间或过高的凝封压力，会使制品的内应力增加，制品因收缩过小而脱模困难，所以保压时间（凝封压力）应根据制品的形状、尺寸和所用塑料的性质来决定，如厚壁制件就宜用较长的保压时间或较高的凝封压力。为避免制品粘附模壁难于脱模和脱模后产生龟裂，开模时制品中的残余应力最好接近于零，其值以在图 6-41 中 $+P_H \sim -P_C$ 范围为宜。

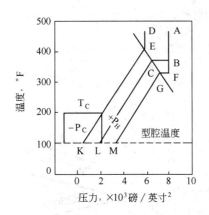

图 6-41　注射成型时模具型腔中的压力-温度关系

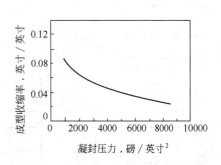

图 6-42　凝封压力与成型收缩率的关系

在注射过程中，随注射压力增大、塑料的充模速度加快、流动长度增加和制品中熔接缝强度的提高，制品的重量可能增加；所以对成型大尺寸、形状复杂的薄壁制品，宜用较高的压力；对那些熔体粘度大，玻璃化温度高（如聚碳酸酯、聚砜等）也宜用较高的压力注射，但是，由于制品中内应力也随注射压力的增加而加大，所以采用较高压力注射的制品应进行退火处理。注射压力对塑料某些加工性质的影响如图 6-43 表示，通常制品的大多数物理机械性能均随注射压力增大而有所提高。

注射过程中，注射压力与塑料温度实际上是相互制约的。料温高时注射压力减小；反之，所需注射压力加大。以料温和注射压力为坐标，绘制的成型面积图能正确反映注射成型的适宜条件（图 6-44），在成型区域中适当的压力和温度的组合都能获得满意的结果，这一面积以外的各种温度和压力的组成，都会给成型过程带来困难或给制品造成各种缺陷。

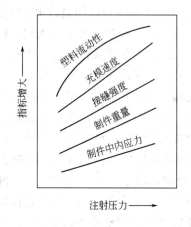 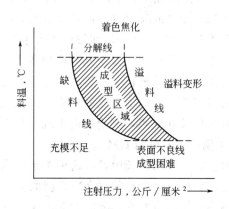

图 6-43　注射压力对塑料某些成型性能的影响　　　　图 6-44　注射成型面积图

（四）注射周期和注射速度

完成一次注射成型所需的时间称注射周期或称总周期。它由注射（充模）、保压时间、冷却和加料（包括预塑化）时间以及开模（取出制品）、辅助作业（如涂擦脱模剂、安放嵌件等）和闭模时间组成。各种时间的关系可用图 6-45 表示。

在整个成型周期中，冷却时间和注射时间最重要，对制品的性能和质量有决定性的影响。

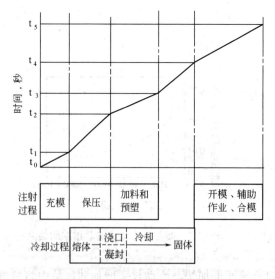
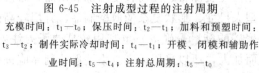
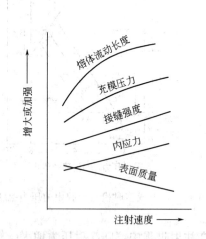

图 6-45　注射成型过程的注射周期　　　　图 6-46　注射速度对某些成型性能的影响

充模时间：$t_1 - t_0$；保压时间：$t_2 - t_1$；加料和预塑时间：
$t_3 - t_2$；制件实际冷却时间：$t_4 - t_1$；开模、闭模和辅助作
业时间：$t_5 - t_4$；注射总周期：$t_5 - t_0$

注射速度常用单位时间内柱塞（螺杆）移动的距离（厘米/秒）表示，有时也用重量或容积流率（克/秒或厘米³/秒）表示；注射速度主要影响塑料熔体在模腔内的流动行为，并影响模腔内压力、温度以及制品的性能。

通常随注射速度的增大，熔体在浇注系统和模腔中的流速增加。因熔体高速进入时受到强烈剪切，粘度降低，甚至因摩擦而使温度升高。所以提高充模速度、增加熔体流动长度，会提高充模压力；由于熔体粘度降低，模腔压力大，制品各部分的熔接缝强度提高（图 6-

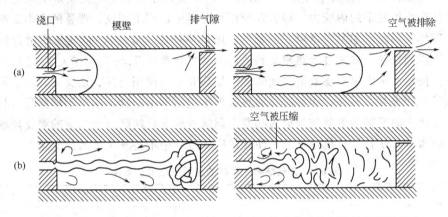

图 6-47　慢速注射（a）和高速注射（b）时熔体充模时的两种极端情况示意

46）。但注射速度增大，常使熔体由层流变为湍流，严重的湍流引起喷射而带入空气，由于模底先被塑料充满，模内空气无法排出而被压缩，这种高压高温气体会引起塑料局部烧伤及分解，使制品不均匀，内应力也较大，表面常有裂纹，图 6-47（b）是高速注射的示意。慢速注射时，熔体以层流形式自浇口端向模底一端流动，能顺利排出空气，制品的质量较均匀，但过慢的速度会延长充模时间，使塑料表层迅速冷却，容易降低熔体的流动性，引起充模不全，并出现分层和结合不好的熔接痕，降低了制品的强度和表面质量。图 6-47（a）是这种慢速注射的示意。对一定的模具而言，注射速度通常是经过试验而加以确定，一般先以低压慢速注射，然后根据制品的成型情况而调整注射速度。通常对熔体粘度大、玻璃化温度高的塑料，薄壁和长流程制品等应采用较高的注射速度，以防充模不全，并与较高模温与料温相配合；工业生产中为进一步缩短生产周期、提高生产率，在避免引起严重湍流的情况下，都采用中速或较高的注射速度。确定注射速度时，还要考虑模具结构的特点，如流道长、浇口细、制品形状复杂、壁薄的模具，就宜用高速高压注射。螺杆式注塑机所提供的注射速度要比柱塞式注塑机大（图 6-48），所以对要求高速高压注射的制品，应采用螺杆式注塑机成型，否则难于保证质量。

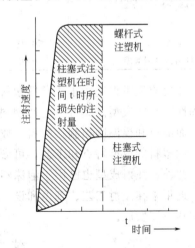

图 6-48　螺杆式和柱塞式注塑机注射速度的比较

仅就注射与保压时间等来看，一般制品的注射充模时间（t_1-t_0，见图 6-45）都很短，约 2～10 秒的范围，随塑料和制品的形状，尺寸而异，大型和厚壁的制品充模时间可达 10 秒以上，一般制品的保压时间（t_2-t_1）约 20～100秒，大型和厚制品可达 1～5 分钟甚至更多。冷却时间（t_4-t_1）以控制制品脱模时不挠曲，而时间又较短为原则，一般为 30～120 秒，大型和厚壁制品可适当地延长。

以不同的成型方法制得的塑料制品，通常都要进行热处理以改善和提高制品的某些性能，注射制品尤其必要。这是因为：(i) 注射成型的制品大都有结构复杂，壁厚不均的特点；(ii) 塑料成型时流动行为复杂、有各种不同的取向、结晶；(iii) 制件各部分的冷却速度极难达到一致；(iv) 制品中可能带有嵌件；(v) 塑料在料筒中塑化质量不均等。这些原因会使制品产生极复杂的内应力，轻者在使用和贮存中即产生裂纹，严重的会引起制品脱模时就发生破坏。为此，如第二章第二节所述，进行热处理（或退火），就是使聚合物大分子的弹性形变得到松弛，并通过加热制品到适宜温度（通常在 $T_g \sim T_m$（或）T_f 之间）来加速松弛过程，使制品中内应力逐渐消除或降低。加热介质可使用空气、油类（甘油、液体石蜡和矿物油等）和水等。另外，注射制品的热处理还包括调湿处理，这对于那些吸水性大，吸水后尺寸变化大的塑料如聚酰胺等更为必要。调湿处理就是使制品在一定的湿度环境中预先吸收一定的水分，使其尺寸稳定下来，使其在使用过程中不再发生更大的变化。

表 6-3　某些热塑性塑料的主要成型工艺条件

塑　料	干燥指标水分含量%	注　射　温　度，℃			注射压力
		料　筒	喷　嘴	模　具	公斤/厘米²
醋酸纤维素	—	150～190（柱塞式）	180～190	室温～	600～1300
聚氯乙烯（硬）	—	160～190（螺杆式）	180～190	室温～	800～1300
聚氯乙烯（软）	—	120～160（螺杆式）	150～160	室温～	600～1000
聚苯乙烯	—	150～220（螺杆式）	170～180	60～70	600～1000
ABS	—	160～230（螺杆式）	190～220	50～75	900～1500
聚丙烯	—	200～280（螺杆式）	260～280	30～90	700～1200
聚酰胺-1010	<0.1	190～230（螺杆式）	200～210	室温～60	400～1000
玻纤增强聚酰胺-1010	<0.3	230～260（螺杆式）	250～260	110～120	900～1300
聚酰胺66	<0.1	265～310（螺杆式）	265～300	室温～100	500～1500
共聚甲醛	<0.3	150～195（螺杆式）	180～190	60～120	500～1200
聚碳酸酯	<0.01	250～310（螺杆式）	250～270	80～120	500～1500
玻纤增强聚碳酸酯	<0.03	280～340（螺杆式）	260～280	80～120	800～2000

注射成型不仅适用于热塑性塑料，并且已成功地用于像酚醛树脂、液体环氧树脂等这类热固性塑料的成型。其特点是使塑料（或树脂）在料筒中的塑化温度低于交联（固化）温度，而浇口和模温则控制在塑料（或树脂）的交联反应温度附近，使制品固化而成型。有关热固性塑料的成型特点和工艺，可参阅第二章及其它有关的著作。

此外，注射成型也已用于泡沫塑料、多色塑料、复合塑料以及增强塑料的成型中。

近年来在注射工艺、理论和设备的研究方面都有很大进展；总的趋势是向精密、自动化大型和微型发展。

第三节　压　制　成　型

压制成型，是塑料成型加工技术中历史最久，也是最重要的方法之一，主要用于热固性塑料的成型。根据材料的性状和成型加工工艺的特征，又可分为模压成型和层压成型。

模压成型又称压缩模塑；这种方法是将粉状、粒状、碎屑状或纤维状的塑料放入加热的阴模模槽中，合上阳模后加热使其熔化，并在压力作用下使物料充满模腔，形成与模腔形状一样的模制品，再经加热（使其进一步发生交联反应而固化）或冷却（对热塑性塑料应冷却使其硬化），脱模后即得制品。

模压成型主要用于热固性塑料制品的生产。对于热塑性塑料由于模压成型的生产周期长、生产率较低（模具交替加热和冷却，生产周期长），同时易损坏模具，故生产中很少采用。随着成型加工技术的发展，在传递模塑出现后，紧接着又产生了热固性塑料的注射成型，所以模压成型的应用受到一定限制，但目前仍有较广泛的应用，特别是生产某些大型特殊制品，还常采用此成型方法。用模压法加工的塑料主要有酚醛塑料、氨基塑料、环氧树脂、有机硅（主要是硅醚树脂制的压塑粉）、硬聚氯乙烯、聚三氟氯乙烯、氯乙烯与醋酸乙烯共聚物、聚酰亚胺等。

模压成型与注射成型相比，生产过程的控制、使用的设备和模具较简单，较易成型大型制品。热固性塑料模压制品具有耐热性好、使用温度范围宽、变形小等特点；但其缺点是生产周期长、效率低、较难实现自动化，因而工人劳动强度大，不能成型复杂形状的制品，也不能模压厚壁制品。

一、模压成型的工艺过程

模压成型通常是在油压机（如图 6-49a）或水压机上进行。

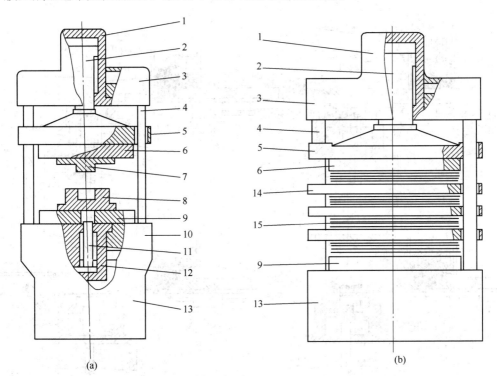

图 6-49 油压机（a）和多层压机（b）结构示意

1—主油缸；2—主油缸柱塞；3—上梁；4—支柱；5—活动板；6—上模板；7—阳模；8—阴模；9—下模板；
10—机台；11—顶出缸柱塞；12—顶出油缸；13—机座；14—分层活动板；15—层压塑料

模压的原料（树脂或塑料粉及其它组分）常为粉状，有时也呈纤维束状或碎片状。将其在室温下按一定质量预压成一定形状锭料或压片，减少塑料成型时的体积，有利于加料操作和提高加热时的传热速度，从而缩短了模压时间；粉状原料也可不经预压而直接使用。加料前常对原料进行预热，即将原料置于适当的温度下加热一定时间，既可排除原料中某些挥发物（如水分等），又可提高原料温度缩短成型时间。预热常用烘箱、真空干燥箱、远红外加热器或高频加热器等。由于热固性塑料的成分中含有具反应活性的物质，预热温度过高或时间过长，会降低其流动性（图 6-50），所以在预热温度确定后，预热时间应控制在获得最大流动性的时间 t_{max} 的极小范围内为佳。经过预热的原料即可进行模压。模压过程主要包括：加料、闭模、排气、固化、脱模和吹洗模具几个步骤，其典型过程如图 6-51 所示。

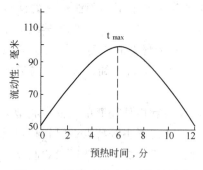

图 6-50　预热时间对流动性的影响
（热塑性酚醛压塑粉，180℃±10℃）

加料　按需要往模具内加入规定量的塑料，加料多少直接影响着制品的密度与尺寸等。加料量多则制品毛边厚，尺寸准确性差，难以脱模，并可能损坏模具；加料量少则制品不紧密，光泽差，甚至造成缺料而产生废品。加料可用重量法、容量法、计数法三种。重量法准确，但较麻烦，多用在制品尺寸要求准确和难以用容量法加料的塑料（如碎屑状、纤维状塑料）；容量法不如重量法准确，但操作方便，一般用于粉料计量；计数法只用于预压物加料。

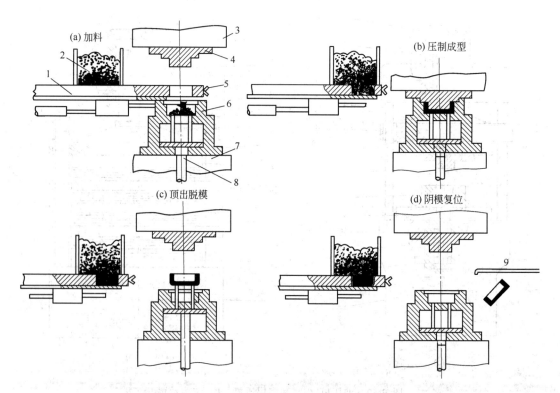

图 6-51　热固性塑料模压成型工艺过程示意

1—自动加料装置；2—料斗；3—上模板；4—阳模；5—压缩空气上、下吹管；6—阴模；7—下模板；
8—顶出杆；9—成品脱模装置

闭模　加料完后即使阳模和阴模相闭合。合模时先用快速，待阴、阳模快接触时改为慢速。先快后慢的操作法有利于缩短非生产时间，防止模具擦伤，避免模槽中原料因合模过快而被空气带出，甚至使嵌件移位，成型杆或模腔遭到破坏。待模具闭合即可增大压力（通常达 150～350 公斤/厘米²）对原料加热加压。

排气 模压热固性塑料时，常有水分和低分子物放出，为了排出这些低分子物、挥发物及模内空气等，在塑模的模腔内塑料反应进行至适当时间后，可卸压松模排气一很短的时间。排气操作能缩短固化时间和提高制品的物理机械性能，避免制品内部出现分层和气泡；但排气过早、过迟都不行，过早达不到排气目的；过迟则因物料表面已固化气体排不出。

固化 热固性塑料的固化是在模压温度下保持一段时间，使树脂的缩聚反应达到要求的交联程度，使制品具有所要求的物理机械性能为准。固化速率不高的塑料也可在制品能够完整地脱模时固化就暂告结束，然后再用后处理来完成全部固化过程；以提高设备利用率。模内固化时间通常为保温保压时间，一般30秒至数分钟不等，多数不超过30分钟。固化时间决定于塑料的种类、制品的厚度、预热情况、模压温度和模压压力等。过长或过短的固化时间，对制品性能都有影响。

脱模 脱模通常是靠顶出杆来完成的。带有成型杆或某些嵌件的制品应先用专门工具将成型杆等拧脱，而后再行脱模。

模具吹洗 脱模后，通常用压缩空气吹洗模腔和模具的模面，如果模具上的固着物较紧，还可用铜刀或铜刷清理；甚至需用抛光剂拭刷等。

后处理 为了进一步提高制品的质量，热固性塑料制品脱模后也常在较高温度下进行后处理。后处理能使塑料固化更趋完全；同时减少或消除制品的内应力，减少制品中的水分及挥发物等，有利于提高制品的电性能及强度。

后处理和注射制品的后处理一样，在一定环境或条件下进行，所不同的仅只处理温度不同而已。一般处理温度约比成型温度高10～50℃。

二、模压成型的工艺特性和影响因素

热固性树脂在成型加工过程中，不仅有物理变化，而且还进行着复杂的化学交联反应。热固性塑料模压成型时，塑料从粉末或粒料经过熔融，并同时经过交联反应而成致密的固体制品。所以从模具外部加热和加压的结果，模腔内则同时进行着复杂的物理和化学变化，模具内的压力、塑料的体积（或模腔的容积）以及温度也随之变化。图6-52表示了两种模具中这种压力-体积-温度的相互关系。在无凸肩模具的情况下，模腔的容积是随模压压力和所加塑料量而变化的。图中A点表示加料时塑料粉的体积-温度关系；B点为对模具施加压力后，物料受压缩而体积（厚度）逐渐减小，当模腔

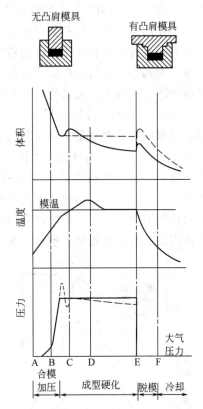

图 6-52 热固性塑料模压成型时的体积-温度-压力关系

内压力达最大时，体积（厚度）也压缩到所对应的数值；但物料吸热后膨胀，在模腔压力保持不变的情况下体积胀大（或厚度增加），如C点所对应的曲线表示；缩合、交联反应开始后，因反应放热，物料温度甚至还高于模温，但放出低分子物的过程体积减小（成型物厚度

减小）；模压完成后于 E 点卸压，模内压力迅速降至常压，但开模以后成型物体积再次胀大，并于 F 点脱模，脱模后制品在常压力下逐渐冷却至室温，体积也逐渐缩小到与室温相对应的数值。而在有凸肩的模具内，物料的体积-温度-压力关系则稍有不同，这是因为有凸肩的模具成型模腔的容积保持不变，多余的塑料能通过阳模上的气隙和分型面而溢流。所以模压过程中塑料的体积或尺寸不变是其特点。由于物料在高压下溢流，所以初期模腔压力（B 点以后）上升到最大值后很快下降（虚线所示），后因物料吸热但无法膨胀，导致压力有所回升；在交联反应脱除低分子物过程中也因阳模不能下移，物料体积不能减小，以致模内压力逐渐下降。

对实际模压过程，模型中物料所显示的行为是上述两种情况的复合。体积、温度和压力的变化并非单独发生，往往是互相影响且同时进行的。例如在 C 点物料的吸热膨胀和 D 点因化学反应而收缩的情况，就可能同时进行。因此，图 6-52 的曲线关系并非是绝对准确的，它仅定性地表明了模压过程的物料压力、温度、体积间变化的一般规律。下面分别讨论温度、压力和时间等因素对模压成型过程的影响。

1. 温度　和热塑性塑料不同，热固性塑料的模具温度更为重要。模温是指模压时所规定的模具温度；它是使热固性塑料流动、充模，并最后固化成型的主要原因。它决定了成型过程中聚合物交联反应的速度，从而影响塑料制品的最终性能。

如第二章所述，热固性聚合物受到温度作用时，其粘度或流动性会发生很大变化；这种变化是温度作用下的聚合物松弛（使粘度降低，流动性增加）和交联反应（引起粘度增大、流动性降低）两种物理和化学变化的总结果。温度上升的过程，就是塑料从固体粉末逐渐熔化，粘度由大到小；然后交联反应开始，随着温度的升高交联反应速度增大，聚合物熔体粘度则经历由减小到增大（流动性由增加到减小）的变化，因而其流动性-温度曲线具有峰值，如图 2-14 所示。因此，在闭模后，迅速增大成型压力，使塑料在温度还不很高而流动性又较大时，流满模腔各部分是非常重要的。由于流动性影响着塑料的流量，所以模压成型时熔体的流量-温度曲线也具有峰值，如图 6-53 所示。流量减少情况反映了聚合物交联反应进行的速度，峰值过后曲线斜率最大的区域，交联速度愈大，此后流动性逐渐降低。从图 6-54 中也可看出，温度升高能加速热固性塑料在模腔中的固化速度，固化时间缩短，因此高温有利于缩短模压周期。但过高的温度会因固化速度太快而使塑料流动性迅速降低，并引起充模不满，特别是模压形状复杂、壁薄、深度大的制品，这种弊病最为明显；温度过高还可能引

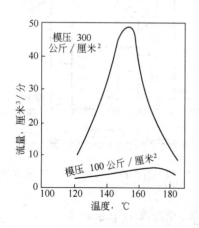

图 6-53　热固性塑料流量与温度关系

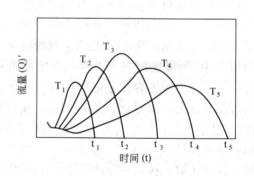

图 6-54　热固性塑料在不同温度下的流动-固化曲线
温度　$T_1 > T_2 > T_3 > T_4 > T_5$　固化时间　$t_1 < t_2 < t_3 < t_4 < t_5$

起色料变色、有机填料等的分解，使制品表面颜色暗淡。同时高温下外层固化要比内层快得多，以致内层挥发物难以排除，这不仅会降低制品的机械性能，而且在模具开启时，会使制品发生肿胀、开裂、变形和翘曲等。因此，在模压厚度较大的制品时，往往不是提高温度，而是在降低温度的情况下用延长模压时间来达到。但温度过低时不仅固化慢，而且效果差，也会造成制品灰黯，甚至表面发生肿胀，这是由于固化不完全的外层受不住内部挥发物压力作用的缘故。一般经过预热的塑料进行模压时，由于内外层温度较均匀，流动性较好，故模压温度可高些。

2. 模压压力　压机作用于模具上的压力；它能使（i）塑料在塑模中加速流动；（ii）增加塑料的密实度；（iii）克服树脂在缩聚反应中放出的低分子物及塑料中其它挥发分所产生的压力，避免出现肿胀、脱层等缺陷；（iv）使模具紧密闭合，从而使制品具有固定的尺寸、形状和最小毛边；（v）防止制品在冷却时发生形变。

成型所需模压压力可用下式计算：

$$\frac{P_g}{P_m} = \frac{A_m}{\pi R^2} = \frac{4A_m}{\pi D^2} \tag{6-35}$$

或

$$P_m = \frac{\pi D^2}{4A_m} P_g \tag{6-36}$$

式中　P_g——主油缸的油压即压力表上读出的压力，公斤/厘米^2；

R 和 D——分别为主油缸柱塞的半径和直径，厘米；

A_m——模具型腔在受压方向上的投影面积，厘米^2。

如果不考虑压机因摩擦等原因损失的压力时，则调节油泵回路可控制油缸指示压力 P_g，从而得到所需的成型压力 P_m。

由压机的公称吨位 G 也可以计算模压压力：

$$P_m = \frac{G \times 1000}{A_m} \tag{6-37}$$

考虑压机柱塞上的摩擦损失时，用有效吨位 G_e 代替 G 就更准确，$G_e = 0.8 \sim 0.9G$。

模压压力的大小不仅取决于塑料的种类，而且与模温、制品的形状以及物料是否预热等因素有关。对一种物料来说，流动性愈小、固化速度愈快以及物料的压缩率愈大时，所需模压压力应愈大；模温高、制品形状复杂、深度大、壁薄和面积大时，所需成型压力也愈大；反之，所需成型压力低。可见，模压压力是受物料在模腔内的流动情况制约的（但流动主要受温度的影响）。压力对流动性的影响，可从图 6-55 中压力与流量的关系中看出。一般地说，增大模压压力，除增大塑料的流动性以外，还会使制品更紧密，成型收缩率降低、性能提高；但模压压力过大对模具使用寿命有影响，并增大设备功率消耗，甚至影响制品的性能；过小的压力则不足以克服交联反应中放出的低分子物的膨胀，也会降低制品的质量。为减小和避免低分子物的这种不良作用，在闭模压制一很短时间后，卸压放气就是根据这一情况采取的措施。比较图 6-56 与图 6-52 的压力-时间曲线就可以看出两者的区别。实际成型时虽然厚壁制品中塑料的流动并不很困难，但因反应过程中放出的低分子物多，仍须使用较大的成型压力。在一定范围内提高模具温度，塑料的流动性增大。在从模压开始到流动性最大峰值这段时间降低成型压力也是可以的。在模压过程中提高模具温度应适当，否则会因局部过热，而使制品性能变坏。塑料预热温度对模压压力的影响关系如图 6-57 所示。可以看出适当提高模温，因塑料流动性增大，可以降低模压压力，但不适当的增高预热温度，塑料因

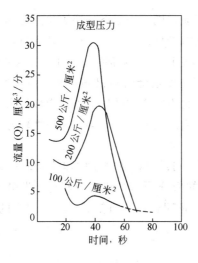

图 6-55　热固性塑料成型压力对流动固化曲线的影响

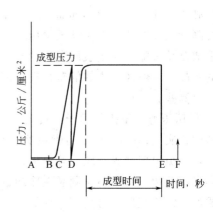

图 6-56　热固性塑料成型周期中的压力变化
A—加料；B—闭模；C—加压；D—放气；
E—卸压；F—脱模

发生交联反应导致熔体粘度上升，抵消了较低温度下预热增大流动性的效果，反而需要更大的模压压力。

3. 模压时间　即固化所需时间，指塑料在模具中从开始升温、加压到固化完全为止这段时间。模压时间与塑料的类型（树脂种类、挥发物含量等）、制品形状、厚度、模具结构、模压工艺条件（压力、温度）以及操作步骤（是否排气、预压、预热）等有关。从图 6-54 中可看出模压温度升高，塑料固化速度加快，所需模压时间减少，因而模压周期随模温提高

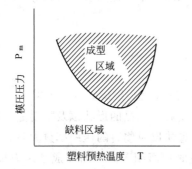

图 6-57　热固性塑料预热温度对模压压力的影响

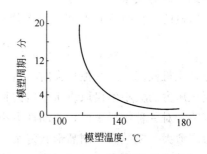

图 6-58　模塑温度与模塑周期的关系

而减少（图 6-58）。模压压力对模压时间的影响虽不及模压温度那么明显，但也随模压压力增大，模压时间略有减少（见图 6-55）。由于预热减少了塑料充模和升温时间，所以模压时间比不预热的缩短。通常模压时间随制品厚度而增加。

模压时间的长短对塑料制品的性能影响很大，模压时间太短，树脂固化不完全（欠熟），制品物理机械性能差，外观无光泽，制品脱模后易出现翘曲、变形等现象；适当增

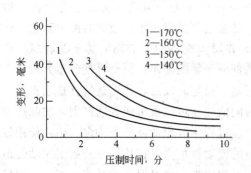

图 6-59　不同温度时，热固性塑料（填料：木粉）
固化时间对变形的影响

加模压时间，一般可使制品收缩率和变形减少（图 6-59），其它性能也有所提高。但过分延长模压时间会使塑料"过熟"，不仅延长成型周期、降低生产率、多消耗热能和机械功，而且树脂交联过度会使制品收缩率增加，引起树脂与填料间产生内应力，制品表面发暗和起泡，从而使制品性能降低，严重时会使制品破裂，因此模压时间过长或过短都不适当。

表 6-4 列出了几种常用压塑粉的工艺性能和模压条件。

表 6-4　几种热固性塑料的模压工艺性能

指 标 名 称	酚 醛 塑 料			氨基塑料
	一般工业用①	高压电绝缘用②	耐高频电绝缘用③	
颜色	红、绿、棕、黑	棕黑	红、棕、黑	各种颜色
密度(指制品),克/厘米³	1.4～1.5	1.4	≤1.9	1.3～1.45
比容(指压塑粉),厘米³/克	≤2	≤2	1.4～1.7	2.5～3.0
压缩率	≥2.8	≥2.8	2.5～3.2	3.2～4.4
水分及挥发物含量,%	<4.5	<4.5	<3.5	3.5～4.0
流动性,毫米	80～180	80～180	50～180	50～180
收缩率,%	0.6～1.0	0.6～1.0	0.4～0.9	0.8～1.0
模塑温度,℃	150～165	160±10	185±5	140～155
模塑压力,公斤/厘米²	300±50	300±50	>300	300±50
制品厚度 1 毫米所需模塑时间,分	1±0.2	1.5～2.5	2.5	0.7～1.0

① 系以苯酚-甲醛线型树脂和木粉为基础的压塑粉。

② 系以甲酚-甲醛可溶性树脂和木粉为基础的压塑粉。

③ 系以苯酚-苯胺-甲醛树脂和以无机矿物为基础的压塑粉。

除以压塑粉为基础的模压成型外，以片状材料作填料，通过压制成型还能获得另一类材料——层压材料；制造这种层压材料的成型方法称为层压成型。填料通常是片状（或纤维状）的纸、布、玻璃布（纤维或毡）、木材厚片等，胶粘剂则是各种树脂溶液或液体树脂，例如酚醛树脂、不饱和聚酯树脂、环氧树脂、有机硅树脂、聚苯二甲酸二烯丙酯树脂等。

层压成型主要包括填料的浸胶、浸胶材料的干燥和压制等几个过程。浸胶前先将树脂配成固体含量约为 50%～60% 的树脂液（或本身就为液体树脂），然后以直接浸胶法或刮胶法、铺展法等让填料浸渍足够的胶液，再通过挤压以控制填料中合适的含胶量。经干燥的含胶材料，按要求相重叠，即可在加热加压下成型为层压材料。由于树脂具有反应能力，在热或固化剂的作用下能形成交联结构，所以对某些填料的粘接既有物理作用又可能有化学作用。用层压成型技术可生产板状、管状、棒状和其它一些形状简单的制品，也可用以生产增强塑料和热塑性的聚氯乙烯板等。

层压成型所用设备简单，可用多层油压机或水压机压制，如图 6-49（b），也可用极简单的加压方法使其成型，甚至可用接触压力。改变原材料配方，可使层压成型在高温、低温甚至室温下进行。层压成型所用模具也很简单，如生产层压板的模具就是二块具有一定光洁度的钢板。但层压成型工序较多，且手工操作量大，制品结构简单，故应用较为有限。玻璃纤维增强塑料也是以层压成型方法生产的一种材料，将在第十六章（复合材料）中讨论。

第四节　压延成型

压延成型是生产薄膜和片材的主要方法；它是将已经塑化的接近粘流温度的热塑性塑料通过一系列相向旋转着的水平辊筒间隙，使物料承受挤压和延展作用，成为具有一定厚度、宽度与表面光洁的薄片状制品。用作压延成型的塑料大多是热塑性非晶态塑料，其中以聚氯乙烯用得最多；它适于生产厚度在 0.05～0.5 毫米范围内的软质聚氯乙烯薄膜，和 0.25～0.7 毫米范围内的硬质聚氯乙烯片材。当制品厚度大于或低于这个范围时，一般均不采用压延法而采用挤出吹塑法或其它方法。

压延软质塑料薄膜时，如果将布（或纸）随同塑料一起通过压延机的最后一道辊筒，则薄膜会紧覆在布（或纸）上，这种方法可生产人造革、塑料贴合纸等，此法称压延涂层法。

压延成型具有较大的生产能力（可连续生产，也易于自动化），较好的产品质量（所得薄膜质量优于吹塑薄膜和 T 型挤出薄膜），还可制取复合材料（人造革、涂层纸等），印刻花纹等。但所需加工设备庞大，精度要求高、辅助设备多；同时制品的宽度受压延机辊筒最大工作长度的限制。

一、压 延 原 理

在压延成型过程中，借助于辊筒间生产的剪切力，让物料多次受到挤压、剪切以增大可塑性，在进一步塑化的基础上延展成为薄型制品。在压延过程中，受热熔化的物料由于与辊间的摩擦和本身的剪切摩擦会产生大量的热，局部过热会使塑料发生降解，因而应注意辊筒温度、辊速比等，以便能很好地控制。

图 6-60 表示物料在两个辊筒间挤压情况。物料在喂入两个相向旋转的辊筒入口端前沿时，由于物料与辊筒间的摩擦作用而被两辊筒钳住，物料同时受到两辊作用的区域称为钳住区。

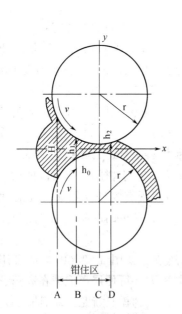

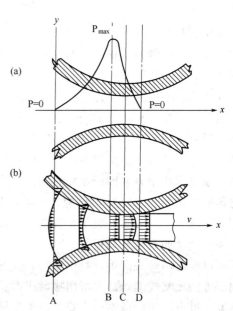

图 6-60　塑料熔体在两辊间受到挤压时的情况　　图 6-61　辊筒间塑料熔体中压力（a）和速度（b）的分布
A—始钳住点；B—最大压力钳住点；C—中心钳
住点；D—终钳住点

显然，在 y 轴方向，辊筒对物料的压力是不变的，但物料从喂入到出料的方向即 x 方向上，在不同位置上压力是变化的。在 A 或 D 点为零，从 A 点以后物料受到的压力逐渐增加，到 B 点达到最大值，两辊间的中心钳住点其压力仅为 B 点最大压力的一半。压力在辊间的分布如图 6-61（a）所示。

物料在辊间流动时，沿 y 轴和 x 轴方向的速度也是不相同的。实践与理论分析证明，物料在 B 点和 D 点的速度都等于辊筒表面的速度，其速度分布均为直线，在 B 点和 D 点之间压力梯度为负值，速度分布曲线呈凸形［见图 6-61（b）］。

物料在钳住区还受到辊筒表面的剪切作用，物料所受到的剪应力 τ 与物料在辊筒上的移动速度 v 与熔体的粘度 η 成正比，而与二辊中心线上的辊间距 h_0 成反比，亦即当辊筒转速愈大、辊间距愈小，以及物料的粘度愈大时，τ 就愈大；而剪切速率 $\dot{\gamma}\left(\dfrac{\partial v_x}{\partial y}\right)$ 也与 v 和 η 成正比，而与 h_0 成反比。且 τ 和 $\dot{\gamma}$ 在 y 方向的分布均为直线，如图 6-62（a）所示。由于两辊间的中性面（即 $\dfrac{h_0}{2}$ 处）对两个辊筒是对称的，该处物料中的剪切速率和剪应力都最小，且等于零。而在物料与辊筒的接触表面上，τ 和 $\dot{\gamma}$ 都最大。但物料在 B 点和 C 点处的速度分布成直线关系，因此在 B 点和 C 点处 τ 和 $\dot{\gamma}$ 都为零。另一方面，由于物料沿 x 方向压力是变化的，故物料沿 x 方向的 τ 和 $\dot{\gamma}$ 也有变化。物料在辊筒间所受到的剪切作用及其变形程度，可从图 6-62（b）中看出，当物料离辊筒表面时，尚保持有一定的剪切形变。

物料在剪切作用下，因分子间摩擦能引起料温升高。由于辊筒间物料受到的剪切作用不同，故各点热量产生的速率也不相同。辊筒表面上 $\dot{\gamma}$ 和 τ 都最大，故热量产生速率最大，而中性层上 τ 和 $\dot{\gamma}$ 都为零，故热量产生速率最小，且为零。从钳住区沿 x 方向来看，在 B 点以前压力和 $\dot{\gamma}$ 都是增加的，所以辊筒进料端能产生较大的摩擦热，物料在前进过程中吸热升温；过 B 点以后压力和 $\dot{\gamma}$ 逐渐减小，摩擦热减小，物料甚至可能放热。

可见辊筒对塑料的挤压和剪切作用改变了物料的宏观结构和分子的形态，在温度配合下使塑料塑化和延展。辊压的结果使料层变薄，而延展后使料层的宽度和长度均增加。

压延过程中，在辊筒对物料挤压和剪切的同时，辊筒也受到来自物料的反作用力，这种力图使两辊分开的力称分离力。但辊筒间的距离不会因分离力而改变，而会迫使辊筒沿轴向长度上发生弯曲弹性形变，产生挠曲。这使两辊的间距在中心处最大，两端逐渐减小，形成腰鼓形。分离力与辊筒的半径、长度和速度成正比，而和辊间距成反比。当辊筒间隙发生上述变化时，成型的薄膜和薄片也会变得中间厚两边薄，从而降低了制品的尺寸精度。通常可

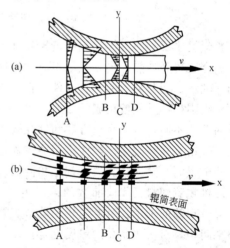

图 6-62　辊筒间塑料熔体中剪应力和剪切速率沿 y 轴的分布（a）及物料剪切形变（b）示意
（′表示在不同位置上的物料单元）

将辊筒设计和加工成略带腰鼓形，或调整两辊筒的轴，使其交叉一定角度（轴交叉）或加预应力，就能在一定程度上克服或减轻分离力的有害作用，提高压延制品厚度的均匀性。

在压延过程中，热塑性塑料由于受到很大的剪切应力作用，因此大分子会顺着薄膜前进方向发生定向作用，使生成的薄膜在物理机械性能上出现各向异性，这种现象称为压延效应。压延效应的大小，受压延温度、转速、供料厚度和物料性能等的影响，升温或增加压延时间，均可减轻压延效应。

二、压 延 设 备

压延机是压延生产中的关键设备。压延机的辊筒数目，至少有三辊，也有四辊或五辊；以三辊和四辊用得最普遍。五辊主要用在硬质片材的生产上，一般用得较少。辊筒的排列方式有三角型、直线型、逆 L 型、正 Z 型、斜 Z 型、L 型等。其中又以图 6-63 所示的几种最为常用。从图上可看出，塑料在四辊压延机上压延的次数比三辊机多一次；五辊又比四辊多一次。因此在压延同一塑料时，如用四辊压延机则较三辊压延机好，它可以使薄膜厚度更薄一些、更均一些，而且表面也较光滑。同时，还可增大辊筒的转速以提高生产率，例如三辊压延机辊筒的转速（线速度）一般只有 30 米/分，而四辊压延机则能达到它的 2～4 倍。因此，目前塑料工业中的三辊压延机正逐步为四辊压延机所代替。而四辊压延机又以逆 L 型和斜 Z 型使用最广。

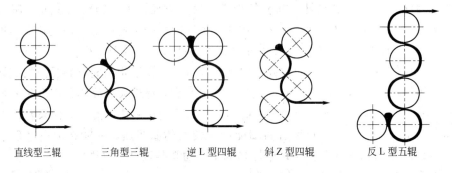

| 直线型三辊 | 三角型三辊 | 逆 L 型四辊 | 斜 Z 型四辊 | 反 L 型五辊 |

图 6-63　几种压延机的辊筒排列方式

压延机主要是由机体、辊筒、辊筒轴承、辊距调整装置、挡料装置、切边装置、传动系统、安全装置和加热冷却装置等组成。机体主要起支承作用，包括机架和机座，也用以支承辊筒、轴承、调节装置和其它附件。辊筒起压延成型作用，是压延机中最主要的部件。辊筒为一中空圆柱体（一般略成腰鼓形）；内部可通蒸汽、过热水或油来加热或冷却。按载热体流道的形式不同，可分为空心式和钻孔式两种；由于钻孔式比空心式优越得多，因此精密压延机多采用钻孔式辊筒；辊筒多用冷铸铁制成，一般要求表面光洁度高、硬度大。同一压延机的几个辊筒，其直径和长度都是相同的。每个辊筒都通过一对滚柱轴承支承在支架上，四辊压延机顺着塑料行程向前数的第三辊（三辊压延机则为第二辊）的轴承位置是固定不变的。其余辊筒的轴承都可通过辊距调节装置调节，在机架上特设的导轨中作前后移动，以便调整辊间距，对所压制品的厚度进行控制。

此外，还有主机加热及温度控制装置、冷却装置、引离卷取装置、输送带、刻花装置、金属检验器、β 射线测厚仪等以及轴交叉装置、预应力装置等。

三、压 延 工 艺 过 程

整个压延过程可分为两个阶段，即供料阶段（包括塑料各组分的捏合、塑化、供料等）和压延阶段（包括压延、牵引、刻花、冷却定型、输送以及切割、卷取等工序）。

但不是都要经历这些阶段中的所有工序，片材只需经过切割，就制成成品。由此可见压延过程实际上是各种加工步骤组合而成的一套连续生产线。

压延制品通常可分为软质薄膜和硬质片材两种。由于它们的配方和品种的不同，所以生产工艺和工艺条件有所不同，然而基本原理相同，下面以软质聚氯乙烯薄膜和人造革生产工艺过程为例，对压延工艺进行简单介绍。

（一）软质聚氯乙烯薄膜生产

整个生产过程如图 6-64 所示，首先将树脂按一定配方加入高速捏合机（或管道式捏合机）中，增塑剂、稳定剂等先经旋涡式大混合器（图上未画出）混合后，也加入高速捏和机中充分混合。混合好的物料送入螺杆式挤出机（或密炼机）中预塑化，然后输送至辊筒机内反复塑炼、塑化；由辊筒机出来的塑化完全的料再送入四辊压延机。在压延机的辊筒间塑料受到几次压延和辗平，形成了厚薄均匀的薄膜，再经冷却辊冷却后由卷绕装置卷绕成卷。

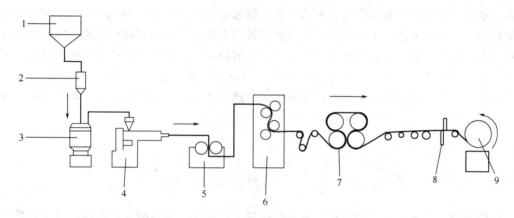

图 6-64　软质聚氯乙烯薄膜生产工艺流程示意

1—树脂料仓；2—计量斗；3—高速捏合机；4—塑化挤压机；5—辊筒机；

6—四辊压延机；7—冷却辊群；8—切边刀；9—卷绕装置

若将辊筒之间隙调节在 0.25 毫米以上时，产品便成薄片或薄板，生产流程基本上同于上述薄膜生产过程。

（二）人造革的生产

人造革就是以布（或纸）为基材，在其上覆以聚氯乙烯糊的一种复合材料。如将聚氯乙烯糊涂于布（或纸）上的方法称刮涂法，它不属于压延技术。通过辊压方式将熔态聚氯乙烯复合于布（或纸）上的方法，则称为压延法。

以压延法生产人造革时，布（或纸）应先经预热，同时聚氯乙烯可先经挤压塑化或辊压塑化再喂于压延机的进料辊上，通过辊筒的挤压和加热作用，使聚氯乙烯与布（或纸）紧密结合，再经压花、冷却、切边和卷取而得制品。通常压延法生产人造革又可分为贴胶法和擦胶法两种。

贴胶法是用转速比相同（上辊：中辊：下辊＝1：1：1）的三辊压延机，使预热的布和聚氯乙烯熔体相贴合，聚氯乙烯仅粘贴于布的表面。擦胶法是三辊速比不相同［上辊：中辊：下辊＝1：（1.3～1.5）：1］，而要求中辊转

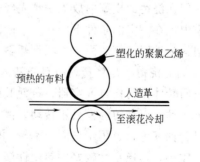

图 6-65　擦胶法生产人造革的工艺原理示意图

速比下辊稍大，这样在聚氯乙烯与布接触的过程中，其速度比布的移动速度大，能使塑料部分擦入布缝中，因此塑料与布间的粘合较牢。如图 6-65 所示。

第五节　其它成型方法

在塑料成型加工技术中，还采用铸塑成型、模压烧结成型、传递模塑成型、发泡成型等方法生产各种型材或制品。

一、铸塑成型

塑料的铸塑成型类似于金属的浇铸。它包括静态铸塑、嵌铸、离心铸塑、流涎成膜、搪塑和滚塑等。聚甲基丙烯酸甲酯、聚苯乙烯、碱催化聚己内酰胺、有机硅树脂、酚醛树脂、环氧树脂、不饱和聚酯、聚氨酯等都常用静态铸塑方法生产各种型材和制品。如有机玻璃就是最典型的铸塑产品。在此基础上还发展了其它铸塑方法；用透明塑料进行嵌铸以保存生物或医学标本、工艺美术品、精密电子装置等；用离心铸塑可生产管状物、空心制品以及齿轮、轴承等；流涎法用于生产薄膜；搪塑法可生产玩具或其它中空软质塑料制品；滚塑用于生产大型容器等。其过程均可用下列方框图简单表示：

铸塑的特点是所用设备较简单，成型时一般不需加压，故不需加压设备，对模具强度的要求也低。铸塑对制品的尺寸限制较少，宜生产小批量的大型制品。制品的内应力较低，质量良好，近年来在产量方面有较大的增长，其工艺过程及设备也有不少新的发展。缺点是成型周期较长，制品的尺寸准确性较差等。

1. 静态铸塑（浇铸）　浇铸可使用液状单体、部分聚合或缩聚的浆状物以及聚合物与单体的溶液；将其与催化剂（有时为引发剂）促进剂或固化剂一起倒在模腔中，使其完成聚合或缩聚反应，从而得到与模具型腔相似的制品。

浇铸基本上可分为四个步骤：(i) 原料的配制和处理；(ii) 浇铸入模；(iii) 硬化或固化；(iv) 制品后处理。

2. 嵌铸　又常称为封入成型；它是将各种样品、零件等包封到塑料中间去的一种成型技术；即在浇铸的模型内放入一预先经过处理的样品（或零件），然后将准备好的浇铸原料倾入模中，在一定的条件下硬化（或固化）后，样品（或零件）便包嵌在塑料中。用于这一目的塑料为透明性好的丙烯酸酯类塑料及有机硅、不饱和聚酯、环氧树脂等。

3. 离心浇铸　是将塑料原料浇铸入高速旋转的模具或容器中，在离心力的作用下，使其充满回转体型的模具或容器，再使其硬化定型而得的制品。它与浇铸成型的区别在于其模具要求转动，而浇铸的模具不转动。离心浇铸所生产的制品多为圆柱形或近似圆柱形，如大型管材、轴套等，也用于垫圈、滑轮、转子、齿轮的生产。离心浇铸所采用塑料通常都是熔融粘度较小，热稳定性较好的热塑性塑料如聚酰胺、聚烯烃等。

离心浇铸与浇铸比较，其优点是宜于生产薄壁或厚壁的大型制品，且制品的精度比浇铸高，因而机械加工量少，其缺点是设备较复杂。

离心浇铸与滚塑（旋转成型）不同，前者主要靠离心力作用，故转速较大，每分钟几十到几千转；滚塑主要靠塑料自重的作用流布并粘附于旋转模具的模型壁面，因而转速较慢，每分钟几转到几十转。

4. 流涎成膜　将热塑性塑料与溶剂等，配成一定粘度的胶液，然后以一定速度流布在连续回转的基材（一般为无接缝的不锈钢带）上，通过加热排除溶剂成膜的成型方法称流涎成膜。从钢带上剥离下来的膜称流延薄膜。薄膜的宽度取决于钢带的宽度，其长度可以是连续的，而其厚度则取决于胶液的浓度和钢带的运动速度等。

流涎薄膜的特点是厚度小（可达 5～10 微米）且厚薄均匀、不易带入机械杂质、透明度高，内应力小；较挤出吹塑薄膜更多地用于光学性能要求高的场合。其缺点是生产速度慢，需耗用大量溶剂，且设备昂贵、成本较高等。

二、模压烧结成型

模压烧结主要用于聚四氟乙烯和超高分子量聚乙烯等树脂的成型。聚四氟乙烯分子中，由于碳氟键的存在，增加了链的刚性，所以晶区熔点很高（327℃），加上分子量很大，分子链的紧密堆集等，使得它的熔融粘度很大，甚至加热至分解温度（415℃）时仍不能变为粘流态。因此不能用一般热塑性塑料的成型加工方法来加工，而通常是采用类似于粉末冶金的方法——模压烧结法来加工。

模压烧结法是将粉末状的聚四氟乙烯冷模压成密实的各种形状的预成型品（锭料），然后将预成型品加热到高于其结晶熔点（327℃）以上的温度，使树脂颗粒互相熔结，形成一密实的连续整体，最后冷至室温即得产品。

聚四氟乙烯具有很好的压锭性，常温下加压便能压成各种形状的预制品；它的熔融粘度很大，烧结时不但不会因流动而变形，反而因为大分子的相互扩散界面消失而接触得更紧密，这使得它适宜于采用模压烧结的方法成型。

模压烧结的工艺过程大致可分为四个步骤。

1. 树脂的选择　通常大多选用悬浮法聚四氟乙烯，这是由于其本身的流动性差，若颗粒太大，会使加料不均而使制品密度发生差异，甚至引起开裂。只有加工薄壁制品时，才采用分散法聚四氟乙烯树脂。

2. 捣碎过筛　树脂粉料由于贮存或运输过程中，可能压实结块或成团，这会使冷压加料困难，并使预成型品密度不均，进而影响产品质量。故使用时需在搅拌下捣碎，回复成松散的纤维状粉末，然后过筛使成疏松状。

3. 加料预成型　称取规定量的树脂，均匀加入模槽中，然后闭模加压（严防突然加压）。为了避免制品产生夹层和气泡，在升压过程中要进行放气；最后还需保压一段时间，使压力传递均匀，各处受压尽量一致。一般成型压力为 250～500 公斤/厘米²；保压时间通常为 3～5 分钟（壁厚或直径较大制品可达 10～15 分钟）。保压完后即缓慢卸压，以防压力解除后锭料由于回弹作用而产生裂纹，卸压后应小心进行脱模。

4. 烧结　将强度很低的预成型品缓慢加热至树脂熔点 327℃ 以上，并保持一段时间，再升温至 370～380℃，使分散的单颗粒树脂互相扩散，并熔结成一密实的整体。在烧结过程中聚四氟乙烯预成型品经历着一定的物理化学变化。

烧结过程大体可分为两个阶段。

（1）升温阶段　由于聚四氟乙烯受热体积膨胀，同时其传热性很差，若升温太快会使得锭料的内外温差过大，造成各部分膨胀不均匀，致使制品产生内应力，尤其对大型制品的影响更大，甚至出现裂纹。升温过快则当外层温度已达要求而内层温度仍很低，在这种状况下冷却会造成"内生外熟"的现象。如再加温，当内层温度达到要求时，外层温度已很高，又有引起大量分解的危险。所在升温速度必须较慢。

（2）保温阶段　因为晶区的熔解与分子的扩散需要一定的时间，因此必须将制品在烧结温度下保持一段时间，保持时间的长短与烧结温度的高低，视树脂的热稳定性和制品的类型等而定。一般烧结温度控制在树脂的 T_m 以上，T_d 以下；如悬浮法树脂烧结温度为 $385\pm5℃$，甚至达 $395\pm5℃$，分散性树脂分子量小，热稳定性较差，其烧结温度为 $370\pm5℃$。在树脂不发生分解的范围内，烧结温度愈高，制品的收缩率愈大，结晶度也愈大。若超过分解温度，则随着温度升高，分子量降低，制品的气孔率也增加。在烧结温度附近延长保温时间，可收到与提高温度同样的效果。

5. 冷却　烧结好的制品随即冷却；冷却过程是使聚四氟乙烯从无定形相转变为结晶相的过程。冷却的快慢决定了制品的结晶度，也直接影响到制品的物理机械性能。通常聚四氟乙烯在 $310\sim315℃$ 的温度范围内结晶速率出现最大值，温度降到 $260℃$ 时结晶速率已小到忽略不计的程度。因此，若使制品快速冷至 $260℃$ 以下，则结晶度小（50%～60%）、韧性好、断裂伸长率大、抗张强度低和收缩率小，这种快速冷却的过程工艺上称为"淬火"。如果缓慢冷却，则制品结晶度大（63%～68%）、抗张强度较大、表面硬度高、耐磨、断裂伸长率小，但收缩率较大。

实际上冷却速度受到制品尺寸的限制，因为聚四氟乙烯导热性差，若快速冷却，大型制品的内外冷却不均，会造成不均匀的收缩和裂缝等。因此，大型制品一般不淬火，降温（冷却）速度控制在 $5\sim15℃/小时$，同时在结晶速度最快的温度（$300\sim340℃$）范围内保温一段时间，在冷至 $150℃$ 后取出制品放入石棉箱内缓冷至室温，总的冷却时间约需 $8\sim12$ 小时。中型制品则以 $60\sim70℃/小时$ 的速度降温至 $250℃$ 后取出，总时间约为 $5\sim6$ 小时。小型制品应根据用途来决定淬火与否。

6. 成品检验和后加工　冷却好的制品应经质量检验。聚四氟乙烯薄膜一般是用棒材置于车床上，用特制车刀车削而成。

三、传 递 模 塑

传递模塑又称传递成型或注压成型；它是在模压成型基础上发展起来的一种热固性塑料的成型方法。它弥补了模压成型难以制造外形复杂、薄壁或壁厚变化很大、带有精细嵌件的制品和制品尺寸精度不高、生产周期长等缺陷。

传递模塑法是将热固性塑料置一加料室内加热熔化后借助于压力，使塑料熔体通过铸口进入模腔成型的一种作业。如图 6-66 所示。传递模塑分活板式、罐式、柱塞式三类。最常用的为活板式。

成型时，将预热或未预热的塑料加入加料室中进一步加热熔化，在熔化的同时施压于熔融物，使其经过一个或多个铸口，进入一个或

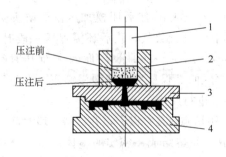

图 6-66　传递模塑成型原理示意

1—注压活塞；2—加料套；3—阳模；4—阴模

多个模腔中，边流动、边固化，模具也有一定温度，塑料固化一定时间后，即可脱模，制得

与模腔形样一致的制品。

与模压成型比较，传递模塑能生产外形复杂，薄壁或壁厚变化很大、带有精细嵌件等制品；并能提高制品的精度，缩短成型周期。同时传递成型所用的温度可比模压法低 15～30℃（因塑料通过铸口时还会产生一部分摩擦热），但传递需要的成型压力比模压高，前者 700～2000 公斤/厘米^2，后者仅为 150～300 公斤/厘米^2。传递所用模具的结构要复杂些，与注射塑模的结构基本相同。传递成型浪费较大；而且其工艺条件较模压严格，操作技术要求高。

四、泡沫塑料的成型

泡沫塑料是以气体物质为分散相以固体树脂为分散介质所组成的分散体；它是一类带有许多气孔的塑料制品。按照气孔的结构不同，泡沫塑料可分为开孔（孔与孔是相通的），与闭孔（各个气孔互不相通）泡沫塑料。而按成品硬度可分为软质、硬质和半硬质三种。由于泡沫塑料具有质轻、导热系数低、吸湿性小、弹性好、比强度高、隔音绝热等优点。因此被广泛地用作消音隔热、防冻保温、缓冲防震以及轻质结构材料；在交通运输、房屋建筑、包装、日用生活品及国防军事工业中得到广泛应用。现在不论热塑性塑料或热固性塑料都可以做成泡沫体，主要有聚氯乙烯、聚乙烯、聚苯乙烯、聚氨酯、脲醛树脂等。在发泡时必须使树脂处于液态或一定的粘度范围。

发泡原理是利用机械、物理或化学的作用，使产生的气体分散在树脂中形成空隙，此时树脂受热熔化，或链段逐步增长而使聚合体达到某一适当粘度，或树脂交联到某一适当程度使气体不能逸出，形成体积已膨胀的多孔结构，同时树脂适时固化，使多孔结构稳定下来。制造泡沫塑料的方法可分为机械法、物理法、化学法三种。

（一）机械法

用强烈的搅拌将空气卷入树脂液中，先使其成为均匀的泡沫物，而后再通过物理或化学变化使其稳定；但机械法泡沫成型在工业上只有开孔型硬质脲甲醛泡沫塑料才得到应用。这类泡沫塑料性脆、强度低，但价廉，通常用在消音隔热等非受力用途方面。

（二）物理法

利用物理成泡的方法很多，但比较常用的是：(i) 在加压的情况下先使惰性气体溶于熔融状聚合物或其糊状的复合物中，然后再减压使被溶解的气体释出而发泡；(ii) 先将挥发性的液体均匀地混合于聚合物中，而后再加热使其在聚合物中气化和发泡；(iii) 先将颗粒细小的物质（食盐或淀粉等）混入聚合物中，而后用溶剂或伴以化学方法，使其溶出而成泡沫；(iv) 先将微型空心玻璃球等埋入熔融的聚合物或液态的热固性树脂中，而后使其冷却或交联而成为多孔的固体物；(v) 将疏松、粉状的热塑性塑料烧结在一起。

此法优点是操作中毒性较小，所用发泡剂成本较低，且不残存在泡沫塑料中，也不影响其性能。缺点为某些过程所用设备较复杂，要求较高。以上五种方法中以前二种为最重要；现以聚氯乙烯和聚苯乙烯为例，简介如下。

1. 溶气法聚氯乙烯泡沫塑料　因氯乙烯本身不能溶解气体，能够溶解气体的是它的增塑剂或溶剂，所以通常只用于生产软质聚氯乙烯泡沫塑料。先以适当的聚氯乙烯糊加至加压釜中，而后在搅拌的情况下用压力为 20～30 大气压的惰性气体（如 CO_2）通入釜内，待压力稳定到指定值时，立即从釜底喷嘴将充气的聚氯乙烯糊放入塑模中，并很快送入 110～135℃烘室中熔化，再经冷却和脱膜即得制品。在敞口模中制成的泡沫制品为开孔的，密闭模中则是闭孔的。这种方法可连续或间歇生产。

2. 溶液法聚苯乙烯泡沫塑料　此法可分为下列两个方法。

（1）先将高分子量的聚苯乙烯加入挤出机内使其熔化，而后通过附装的高压加料设备将低分子量液体发泡剂（脂烃类、二氯甲烷、氯甲烷）注入聚苯乙烯所在熔化区段中，最后即在严格控制温度下，将该种混合物从口模中向外挤出，经过膨胀、缓慢冷却和割切后即得聚苯乙烯泡沫塑料。

（2）将石油醚（或正戊烷）等低沸点液体，在苯乙烯聚合时加入或以加压方式使其吸收于聚苯乙烯颗粒中，制成珠状的半透明物，通称可发性聚苯乙烯；而后以其为原料，用蒸汽箱模塑法、挤出或注射法等使其成为泡沫塑料。

（1）法虽较（2）法经济，但需附加高压加料设备；且制品单一，仅限挤出，其泡沫孔眼大小很难控制，故常用第（2）法。

聚苯乙烯泡沫塑料主要用作各种夹芯结构材料，消音隔热装置和产品包装等用。

（三）化学法

如果发泡气体是通过混合原料的某些组分在过程中的化学作用而产生，则这种制造方法称化学法。按照发泡原理不同，工业上常用的化学法有二种：(i) 发泡气体是由特意加入的热分解物质（发泡剂）在受热时产生的；(ii) 发泡气体是由形成聚合物的组分相互作用时所产生的副产物，或者是这类组分与其它物质作用的生成物。

由于第 1 法所用设备简单，而且对塑料品种又无多大限制，因此它是最主要的一种。所用发泡剂分有机（偶氮二异丁腈、偶氮二甲酰胺等）和无机发泡剂（碳酸铵、碳酸氢钠等）两类。此法多用于聚氯乙烯泡沫塑料的生产上，不仅在品种上有软硬之分，而且在工艺上有很多变化。第 2 法多用在聚氨酯泡沫塑料生产上。它是通过聚酯或聚醚等与二异氰酸酯或多异氰酸酯在催化剂的作用下，发生化学反应分解出二氧化碳而发泡。制造时，整个过程自始至终都有化学反应，按完成化学反应的步骤不同，又可分为一步法和二步法。

1. 一步法　将树脂的单体、泡沫控制剂、交联剂、催化剂及乳化剂等组分一次混合，树脂的生成、交联及发泡同时进行，一步完成。由于较难控制，工业上一般都不采用此法。

2. 二步法　将低粘度的聚酯或聚醚树脂与二异氰酸酯先混合反应生成含有大量过剩异氰酸基团的预聚体，然后再加入催化剂、水、表面活性剂等组分，进一步混合发泡；或将一半树脂与二异氰酸酯混合，另一半树脂与催化剂等溶液混合，发泡前再将二部分混合即可发泡成型。由于控制容易，原料使用方便，泡沫塑料的气孔均匀，故工业上常用此法。两种方法均包含下列三个反应：(i) 聚酯与二异氰酸酯之间的链生长反应；(ii) 二异氰酸酯与水反应生成二氧化碳（气体起发泡剂作用）；(iii) 聚合体的分子链进一步与二异氰酸酯的交联反应。其中反应 (ii) 决定着泡沫的密度与构造；反应 (iii) 则决定着泡沫体的硬度。交联度愈大则硬度愈高。软质聚氨酯泡沫塑料主要是线型结构。

在大量工业生产中一般采用连续操作，将异氰酸酯，聚酯（或聚醚）树脂以及催化剂的溶液等分别从三个贮槽用泵打入混合器中，再自喷嘴注射到传送带上，注射器均匀移动，得一定厚度泡沫体，再加工成各种制品。半硬质泡沫塑料多半用蓖麻油（既有交联点，又含有多元羟基）为原料，与异氰酸酯反应所得初聚物再进一步发泡和交联而制成半硬质泡沫塑料。采用多元异氰酸酯或多端基支链型聚酯可得硬质泡沫塑料。聚氨酯泡沫塑料可在很大范围内调节密度，能在很宽的温度范围使用，耐腐蚀、抗龟裂、耐磨、粘着力强、比抗压强度比其它泡沫塑料高，因此应用日益广泛。

主要参考文献

〔1〕 金丸竞等："プラスチック成形加工"，地人书馆，1966

〔2〕 Z. Tadmor，I. Klein："Engineering Principles of Plasticating Extrusion" Van Nostrand Co，1970

〔3〕 村上健吉 "押出成形"，プラスチックコ・エーヅ，1971

〔4〕 山口章三郎："プラスチックの成形加工"，改订四版，实教出版社，1975

〔5〕 金丸竞等："プラスチック成形材料" 地人书馆，1966

〔6〕 E. C. Bernharolt："Processing of Thermoplastic Materials" Reinhold，1959

〔7〕 I. I. Kubin："Injection Molding Theory and Practice" Wiley，1972

〔8〕 成都工学院塑料成型加工专业：《塑料成型工艺学》（讲义），1976

〔9〕 成都工学院高分子化工专业：《塑料成型加工基础》（讲义），1978

〔10〕 E. G. 费希尔著，朱晋增等译：《塑料挤压》中国工业出版社，1964

〔11〕 金丸竞等："高分子材料概说" 日刊工业新闻社，1969

〔12〕 J. A. Brydson："Plastics Materials" Butterworths. 1975

〔13〕 Kunststoffe German Plastics，Vol. 61，**1**、**2**，（1971）

〔14〕 D. C. Miles，J. H. Briston："Polymer Technology" Temple，1965

第七章　塑料的二次成型

在一定条件下将片、板、棒等塑料型材通过再次加工成型为制品的方法，称二次成型法。一次成型是利用塑料的塑性形变而成型，二次成型是利用推迟形变而成型。由于二次成型过程中塑料通常都处于熔点或流动温度以下的"半熔融"类橡胶状态，所以二次成型是加工类橡胶聚合物的一种技术，它仅适用于热塑性塑料的成型。二次成型主要包括：中空吹塑成型、热成型、取向薄膜的拉伸等。

必须指出是：这样的分类法并不很确切。因为一、二次成型法之间并没有明显的界限，只是为了叙述的方便才勉强这样划分。

另外，冷成型既不属于一次成型，又不属于二次成型。现作为其它成型法，附在本章末作一介绍。

第一节　二次成型的粘弹性原理

聚合物在不同温度下，分别表现为玻璃态（或结晶态）、高弹态和粘流态，在正常分子量（$M_2 > M_1$）范围内，温度对无定形和部分结晶线型聚合物物理状态转变的关系如图 7-1 所示。可以看出，无定形聚合物在玻璃化温度 T_g 以上呈类橡胶状，显示橡胶的高弹性，在更高的温度（T_f）以上呈粘性液体状；部分结晶的聚合物在 T_g 以上，呈韧性结晶状，在熔点 T_m 附近转变为具有高弹性的类橡胶状，比 T_m 更高的温度才呈粘性液体状。聚合物在类橡胶状时的模量比 T_g 以下时要低，形变值大，但仍具有抵抗形变和恢复形变的能力，只是在较大的外力作用下才能产生不可逆的形变。塑料的二次成型加工，就是在材料处于类橡胶状条件下进行的。聚合物在 $T_g \sim T_f$（或 T_m）间，既表现液体的性质又显示固体的性质。因此，在二次成型过程中塑料会表现出粘性和弹性。

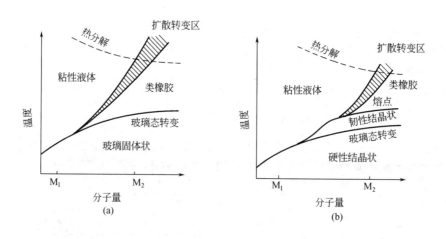

图 7-1　温度对无定形聚合物（a）和部分结晶聚合物（b）物理状态的转变关系

各种聚合物的 T_g 有很大差别。适用于二次成型的只能是那些 T_g 比室温高得多的聚合物。因为由它们所成型的制品在室温的使用条件下，才具有长时期的因次稳定性。

如取 T_g 比室温高得多的无定形聚合物，使其在 T_g 以上受热软化，并受外力（σ）作用而产生形变，此时如忽略通常很小的瞬时普弹性形变，同时由于材料的温度又低于 T_f，故其粘度很大，塑性形变几乎可以忽略，如此，由第一章公式（1-5）中省去普弹形变和粘性（塑性）形变两项可得：

$$\gamma(t) = \gamma_\infty(1 - e^{\frac{t}{t^*}}) \tag{7-1}$$

这种形变近似 Voigt 模型的推迟形变（图 7-2）。若这种形变充分保持在 $t = t_1$ 时，则形变近似于极限 γ_∞。当于时间 t_1 除去外力时，塑料形变可用 $\sigma = 0$，$t = t_1$ 和 $\gamma = \gamma_\infty$ 的边界条件求解，则形变回复为：

$$\gamma = \gamma_\infty e^{-(t - t_1)/t^*} \tag{7-2}$$

由式（7-2）给出的形变是以产生形变的相同速度迅速回复的（将 γ 降低到 γ_∞/e 时所需时间 $t - t_1$ 相当于此温度下的平均推迟时间 t^*）。若使其形变至 γ_∞ 后，再将它置于比 T_g 低得多的室温下，则式（7-2）中的指数项接近于 1，因此，链节的运动被完全冻结，形变回复几乎看不出来，仍被冻结在 $\gamma = \gamma_\infty$ 处，成型物的形变就被固定下来，如图 7-2 曲线所示，这就是二次成型的原理。

对于 T_g 比室温高得多的无定形或难于结晶的聚合物（如聚氯乙烯、聚甲基丙烯酸甲酯和聚苯乙烯等），二次成型通常按下述方式进行：（i）将该类聚合物在 T_g 以上的温度下加热，然后使之产生形变并成型为一定形状；（ii）形变完成后将其置于接近室温下冷却，使形变冻结并固定其形状（定型）。

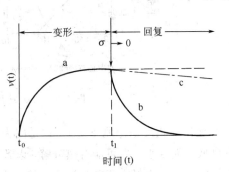

图 7-2　二次成型时塑料形变-时间曲线
a—成型时变形　温度 $T > T_g$；
b—变形的回复　温度 $T > T_g$；
c—变形的回复　温度 $T =$ 室温 $\ll T_g$

对结晶聚合物形变过程则在接近熔点 T_m 的温度下进行，此时粘度很大，成型可按前述方式一样考虑，但其后冷却定型的本质则不同于无定形聚合物。结晶聚合物冷却定型过程中产生结晶，分子链本身因成为结晶结构的一部分或与结晶区域相联系而被固定，不可能再产生基于热弹性的蜷曲回复，从而达到定型的目的。

二次成型的温度以聚合物最易产生形变且伸长率最大的温度为宜，对许多无定型热塑性聚合物而言，最宜成型温度与其 T_g 相当。Kleine-Albens 研究认为在 1 周/秒的低频下，最宜加工温度应选在力学损耗（Λ）的峰值处，如图 7-3 所示，硬聚氯乙烯（$T_g = 83℃$）最宜成型温度为 92～94℃，而聚甲基丙烯酸甲酯（$T_g = 105℃$）为 118℃。

由于二次成型所产生的形变具有可回复性，实际被冻结的有效形变（残余形变）的数值与成型条件有关，随着冻结温度（模温）的升高，成型制品因可回复形变的成分增加而使有效形变减小，所以模温不宜过高，以处于材料的 T_g 以下最好。同时，升高成型温度，材料中弹性形变成分减少。图 7-4 系 Buchmann 对硬聚氯乙烯二次成型条件的研究结果，它说明 85℃ 以下对该塑料加热时收缩很小，塑料所获得的形变几乎能 100% 的固定，但在 T_g 以上加热使塑料收缩时，随收缩温度提高，制品的形变值增大，即残余形变减小；从图中还可看出：在相同的收缩温度下，较高温度比较低温度成型的制品有更高的残余形变，说明较高温度下成型的制品形状稳定性较好，有较强的抵抗热弹性回复的能力。但二次成型中材料的伸长率（δ）在 T_g 以上的一个适当温度可达最大值，在太高的温度下则得不到稳定的形变（即

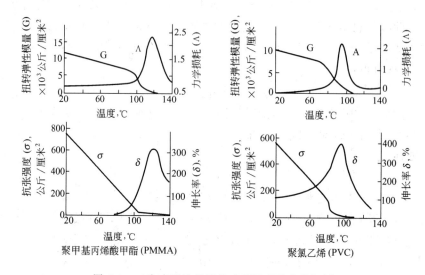

图 7-3　二次成型法的最佳成型温度及力学损耗

相对伸长率相反地急剧下降），这是因为在高温、长时间（特别是低速成型）受热下，聚合物粘度低、强度小，并可能有热分解，以致聚合物受力时容易龟裂，伸长率降低；此外，成型速度（完成一给定形变所需时间或在某一定时间内的形变率）也影响成型温度下材料的伸长率，

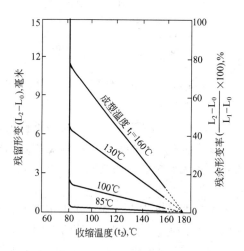

图 7-4　硬聚氯乙烯二次成型温度与收缩温度对残余变形的影响

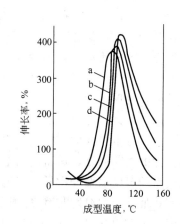

图 7-5　硬聚氯乙烯于不同成型速度时成型温度与伸长率关系

成型速度：a—10％/分；b—100％/分；c—100％/分；d—6000％/分

例如硬聚氯乙烯在各种成型温度下的伸长率，随成型速度变化的关系如图 7-5 所示。一般地说，在 T_g 以下的温度下成型速度慢，能获得较高的伸长率，而在 T_g 以上的温度则成型愈快，伸长率反而愈高，这是因为在高温下缓慢成型时，有充分时间产生龟裂，而龟裂处成为应力集中点，以致得不到所需的稳定伸长形变。因此成型温度应根据材料的伸长率和抗张强度并结合成型速度综合考虑。一般以硬聚氯乙烯为例，最适宜的成型温度为 92～94℃，成型速度为 100％～400％/分。

第二节　中空吹塑成型

中空吹塑成型是将挤出或注射成型的塑料管坯（型坯）趁热于半熔融的类橡胶状时，置于各种形状的模具中，并即时在管坯中通入压缩空气将其吹胀，使其紧贴于模腔壁上成型，经冷却脱模后即得中空制品。这种方法可生产口径不大的各种瓶、壶、桶和儿童玩具等。最常用的塑料是聚乙烯、聚氯乙烯、聚丙烯、聚苯乙烯等，也有用聚酰胺、纤维素塑料和聚碳酸酯等。

一、成 型 工 艺

塑料中空制品的成型，可以采用注射-吹塑或挤出-吹塑两种方法，两法制造型坯的方式不同，吹塑过程则是相同的。

挤出-吹塑工艺过程包括：（i）管坯的形成通常直接由挤出机挤出，并垂挂在安装于机头正下方的预先分开的型腔中；（ii）当下垂的型坯达合格长度后立即合模，并靠模的切口将管坯切断；（iii）从模具分型面上的小孔插入的压缩空气吹管，送入压缩空气，使型坯吹胀紧贴模壁而成型；（iv）保持充气压力使制品在型腔中冷却定型后即可脱模。

注射-吹塑方法　型坯的形成是通过注射成型的方法将型坯模塑在一根金属管上，管的一端通入压缩空气，另一端的管壁上开有微孔，型坯也就模塑和包覆在这一端上。注射模塑的型坯通常在冷却后取出，吹塑前重新加热至材料的 T_g 以上，迅速移入模具中，并吹入压缩空气，型坯即胀大脱离金属管贴于模壁上成型和冷却。挤出 吹塑和注射-吹塑的工艺原理表示于图 7-6 中 A 和 B。虽然注射法生产的制品飞边少或完全没有、且口部不需修整、制品的尺寸和壁厚精度较高，加工过程可省去切断操作；但型坯需重新加热，增大了热能消耗；生产上受一定限制。而挤出法型坯生产效率高，型坯温度均匀，熔接缝少，吹塑制品强度较高；设备简单，投资少，对中空容器的形状、大小和壁厚允许范围较大，适用性广，故工业生产中应用得较多。

近年来又发展了一种双向拉伸吹塑中空容器的技术，即在型坯吹塑前于 $T_g \sim T_m$（或 T_f）间，用机械方法使型坯先作轴向拉伸，继而在吹塑中，型坯径向尺寸增大，又得到横向拉伸；这种经过双向拉伸的制品，各种物理机械性能，例如制品的弹性模量、屈服强度、透明性等都得到改善。

双向拉伸中空成型与前两种中空成型技术比较，对型坯的冷却，型坯的尺寸精度，型坯加热温度的控制以及对中空容器底部的熔合、底部、口部的修整等技术要求较高。由于这个原因，虽可用挤出法生产型坯，但还是以注射法为主，因为注射法有利于控制型坯的尺寸和壁厚，并通过重新加热能精确控制型坯的拉伸温度。双向拉伸吹塑工艺的过程如图 7-6 中 C所示；型坯的拉伸可分逐步拉伸和同时拉伸二种，与拉幅薄膜双向拉伸类同。此外还出现了浸轴吹塑成型、多层吹塑成型等。

二、工艺过程的影响因素

影响成型工艺和制品质量的因素主要有型坯的温度、壁厚、空气压力、吹胀比、模温和冷却时间等。对拉伸吹塑成型的影响因素还有拉伸倍数。

（一）型坯温度

生产型坯时，关键是控制其温度，使型坯在吹塑成型时的粘度能保证型坯在吹胀前的移

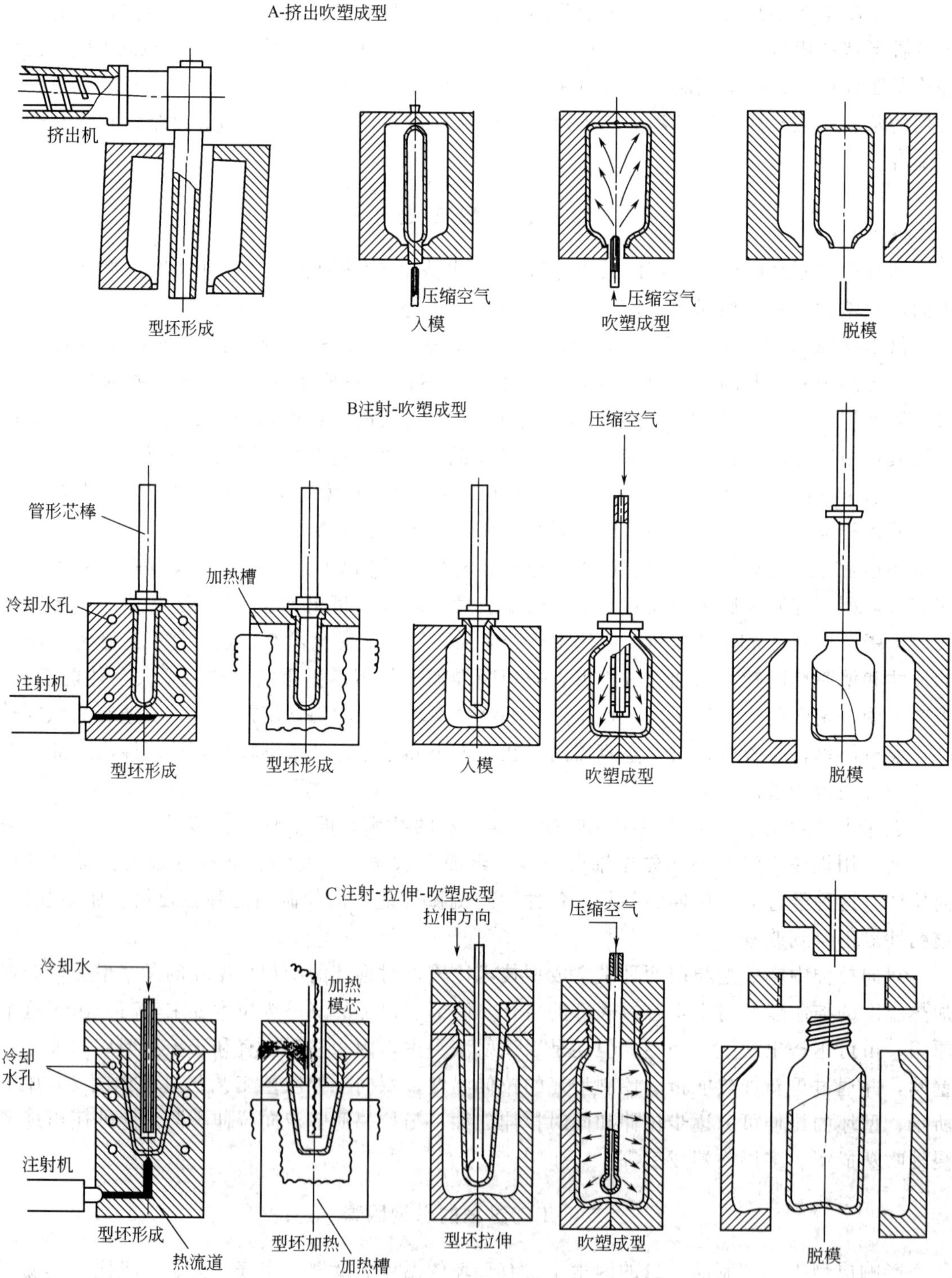

A-挤出吹塑成型

挤出机

型坯形成

压缩空气
入模

压缩空气
吹塑成型

脱模

B注射-吹塑成型

压缩空气

管形芯棒

冷却水孔

加热槽

注射机

型坯形成

型坯形成

入模

吹塑成型

脱模

C注射-拉伸-吹塑成型
拉伸方向

压缩空气

冷却水

加热模芯

冷却水孔

注射机

型坯形成

热流道

型坯加热

加热槽

型坯拉伸

吹塑成型

脱模

图 7-6 挤出-吹塑和注射-吹塑成型工艺原理示意图

动，并在模具移动和闭模过程中保持一定形状；否则型坯将变形、拉长或破裂。若聚合物熔体的密度为 ρ，所需型坯长度为 L，而型坯在机头口模处的挤出速度为 v 时，则熔体粘度

$$\eta=622L^2\rho/v \qquad (7\text{-}3)$$

在挤出-吹塑过程中，L、v、ρ 一定时，可算出所需 η，再通过调节型坯的挤出温度，使材料实际的粘度大于计算粘度，型坯就具有良好的形状稳定性。但各种材料对温度的敏感性不同，对那些粘度对温度特别敏感的聚合物要非常小心地控制温度。如图 7-7 所示，聚丙烯比聚乙烯对温度更敏感，故聚丙烯比聚乙烯加工性差，所以聚乙烯较适宜采用吹塑成型。除考虑型坯稳定性的因素外，确定型坯温度时还要考虑其它因素，如型坯温度降低时，聚合物挤出模口时的离模膨胀会变得更重，以致型坯挤出后会出现长度的明显收缩和壁厚的显著增大现象；而且型坯的表面质量降低，出现明显的鲨鱼皮、流痕等；同时型坯的不均匀度亦随温度降低而有增加（图 7-8）；制品的强度差，容易破裂，表面粗糙无光。因此适当提高型坯温度是必要的。一般型坯温度应控制在材料的 $T_g\sim T_f$（或 T_m）间，并偏向 T_f（或 T_m）一侧。

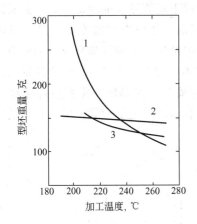

图 7-7　成型温度与型坯重量的关系

1—聚丙烯共聚物；2—高密度聚乙烯；3—聚丙烯

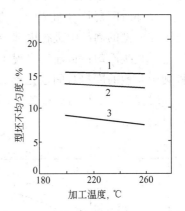

图 7-8　成型温度与型坯表面均匀度的关系

1—聚丙烯共聚物；2—高密度聚乙烯；3—聚丙烯

（二）吹气压力和充气速度

中空吹塑成型，主要是利用压缩空气的压力使半熔融状管坯胀大而对管坯施加压力，使其紧贴模腔壁，形成所需的形状。压缩空气还起冷却成型件的作用；由于材料的种类和型坯温度不同，加工温度下型坯的模量值有差别，所以用来使材料形变的空气压力也不一样，一般在 2～7 公斤/厘米² 范围。粘度低和易变形的塑料（如聚酰胺、纤维素塑料等）取较低值；粘度大和模量较高的塑料（如聚碳酸酯、聚乙烯等）取较高值。充气压力大小还与制品的大小、型坯壁厚有关，一般薄壁和大容积制品宜用较高压力，而厚壁和小容积制品则用较低压力。最合适的压力应使制品成型后外形、花纹、文字等表露清晰。

充气速度（空气的容积流率）尽可能大一些好，这样可使吹胀时间缩短，有利于制品取得较均匀的厚度和较好的表面。但充气速度过大也是不利的，一是在空气进口处会出现真空，从而使这部分型坯内陷，而当型坯完全吹胀时，内陷部分会形成横隔膜片；其次，口模部分的型坯可能被极快的气流拖断，以致使吹塑失效。为此，需加大吹管口径或适当地降低容积速率。

（三）吹胀比

制品的尺寸和型坯尺寸之比，亦即型坯吹胀的倍数称吹胀比。型坯尺寸和重量一定时，制品尺寸愈大，型坯的吹胀比愈大。虽然增大吹胀比可以节约材料，但制品壁厚变薄，成型困难，制品的强度和刚度降低，吹胀比过小，塑料消耗增加，制品有效容积减少，壁厚，冷却时间延长，成本增高。一般吹胀比为 2～4 倍；吹胀比的大小应根据材料的种类和性质，制品的形状和尺寸以及型坯的尺寸等决定。

（四）模温和冷却时间

模温通常不能控制过低，因为塑料冷却过早，则形变困难，制品的轮廓和花纹等均会变得不清楚；模温过高时，冷却时间延长，生产周期增加；如果冷却程度不够，则容易引起制品脱模变形，收缩率大和表面无光。模温的高低，首先应根据塑料的种类来确定，材料的 T_g 较高者，允许有较高的模温，相反的情况则应尽可能降低模温。

中空吹塑成型制品的冷却时间一般较长，这是为了防止聚合物因产生弹性回复作用引起制品形变所致，冷却时间可占成型周期的 $1/3～2/3$，视塑料品种和制品形状而定，例如热传导率较差的聚乙烯，就比同样厚度的聚丙烯在相同情况下需要较长的冷却时间，通常随制品壁厚增加，冷却时间延长（图 7-9）。为了缩短生产周期、加快冷却速度，除对模具进行冷却外，还可在成型的制品中进行内部冷却，即向制品内部通入各种冷却介质（如液氮、二氧化碳等）进行直接冷却；目前还出现了热管冷却的技术。对厚度为 1～2 毫米的制品，一般只需几秒到十几秒的冷却时间已足够。从图 7-10 可以看出，对厚度一定和冷却温度一定的型坯，冷却时间达 1.5 秒时，聚乙烯制品壁上两侧的温差已接近于相等，所以过长的冷却时间是不必要的。

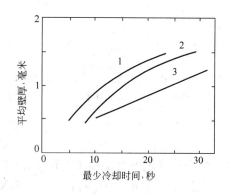

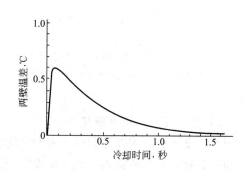

图 7-9　制品壁厚与冷却时间的关系　　　图 7-10　聚乙烯制品冷却时间与制品两壁温差的关系
1—聚丙烯；2—聚丙烯共聚物；3—高密度聚乙烯

第三节　热　成　型

热成型是利用热塑性塑料的片材作为原料来制造塑料制品的一种方法；首先将裁成一定尺寸和形式的片材，夹在模具的框架上，让其在 T_g 至 T_f 间的适宜温度加热软化，片材一边受热、一边延伸，而后凭借施加的压力，使其紧贴模具的型面，取得与型面相仿的形样，经冷却定型和修整后即得制品，这种方法通常称为热成型。

热成型时，施加的压力主要是靠片材两面的气压差，但也有借助于机械力或液压力的。

热成型的特点是制品壁厚不大，片材厚度一般是 1～2 毫米（绝大多数是偏低的，少数特殊制品所用片材竟有薄到 0.05 毫米的），而制品的厚度总是小于这一数值，但制品的表面积可以很大，而且都属于半壳形（内凹外凸）的，其深度有一定限制；制品的种类繁多，从日用器皿到电子仪表外壳、玩具、雷达罩、飞机罩、立体地图和人体头像模型等。目前可用热成型方法加工的塑料有：聚甲基丙烯酸甲酯、聚氯乙烯、聚乙烯、ABS 及许多热塑性共聚物等，比较少有用的有高密度聚乙烯、聚酰胺、聚碳酸酯、聚对苯二甲酸乙二醇酯等。均用浇铸、压延、挤出等方法制造的片材为原料。

与注射成型比较，热成型具有生产效率高，方法简单、设备投资少、能够制造表面积较大的制品等优点，其缺点为原料（片材）成本高和制品后加工工序多等。因此，凡遇制品既可用注射成型又可用热成型生产时，多采用注射成型法。

一、热成型方法

热成型方法有几十种，但不管其变化形式如何，归根结蒂总是由几个基本方法组合或略加改进而成的。其基本方法有六种，在这六种方法中最常应用的为差压成型（包括真空成型和加压成型）。主要几种热成型的工艺原理及过程如图 7-11 所示。

（一）差压成型

先用夹持框将片材夹紧，并置于模具上，然后用加热器（加热元件可以是电阻丝、红外线及远红外线加热元件等）进行加热，当片材已被热至足够温度时移开加热器，并立即抽真空或通入压缩空气加压，这时由于在受热软化的片材两面形成压差，片材被迫向压力较低的一边延伸和弯曲，最后紧贴于模具型腔表面，取得所需形状，经冷却定型后，即自模具底部气孔通入压缩空气将制品吹出，经修饰后即为成品。

差压成型法是热成型中最简单的一种，其制品的特点是：(i) 制品结构上比较鲜明和精细部位是与模面贴合的一面，而且光洁度也较高；(ii) 成型时，凡片材与模面在贴合时间上愈后的部位，其厚度愈小；(iii) 模具结构简单，通常只有阴模；(iv) 制品表面光泽好，并不带任何瑕疵，材料原来的透明性成型后不发生变化。

（二）覆盖成型

基本上和真空成型相同，所不同者是所用模具只有阳模；成型时系借助于液压系统的推力，将阳模顶入由框架夹持且已加热的片材中，也可用机械力移动框架将片材扣覆在模具上，然后再抽真空使片材包覆于模具上而成型。

（三）其它热成型

其它热成型方法都是在差压成型基础上发展起来的。

柱塞辅助成型是在封闭模底气门的情况下，先用柱塞（其体积一般为模框的 70%～90%）将预先在 T_g～T_f 温度区间加热软化的片材压入模框，由于模框内封闭气体的反压作用，使片材先包于柱塞上（柱塞下降时应不使片材与模底型腔接触），片材在这一过程中受到延伸，停止柱塞移动的同时随即抽真空，片材被吸附于模壁而成型。

推气成型是先抽真空使热的片材向下弯曲和延伸并达预定深度，然后将模具伸入凹下的片材中，当片材边沿完全被封死不漏气时，即从下部压入空气使片材贴于模具上成型。和推气成型相似的是回吸成型，所不同的不是从下部压入空气，而是从模具上抽真空使凹下的片材被反压于模具上成型。对模成型则是用两个彼此扣合的单模，使已经加热至热弹态的片材成型。

热成型采用的设备一般要求完成五项工序：(i) 材料的夹持；(ii) 片材的加热；(iii)

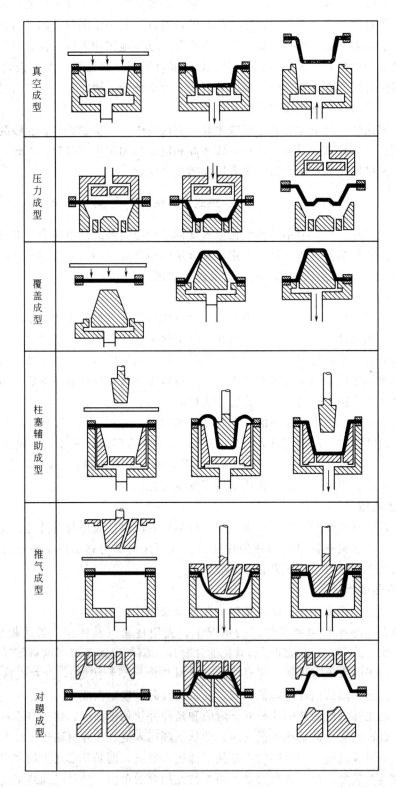

图 7-11　几种典型的热成型工艺原理示意图

成型；（iv）冷却；（v）脱模。成型设备可采用手动、半自动和全自动的操作。

二、热成型的影响因素

热成型时影响工艺和产品质量的因素，主要是成型温度和片材的加热时间；也与成型压力和成型速度有关。

（一）成型温度

几种材料成型时温度对材料伸长率和抗张强度的影响如图 7-12 和图 7-13 所示。可以看出，随温度提高塑料的伸长率增大，在某一温度时有一极大值，超过这一温度伸长率反而降

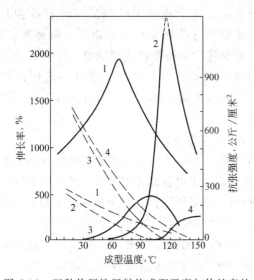

图 7-12　四种热塑性塑料热成型温度与伸长率的　　图 7-13　成型温度与最小壁厚的关系（成型深度
关系（拉伸速度 100 毫米/分）　　　　　　　　　　　　H/D＝0.5，板厚 2 毫米）

1—聚乙烯；2—聚苯乙烯；3—聚氯乙烯；4—聚甲基丙烯酸甲酯　　1—ABS；2—聚乙烯；3—聚氯乙烯；4—聚甲基丙

———伸长率；　　　　　　　　　　　　　　　　　　　　　烯酸甲酯

------ 抗张强度

低，其原因已在前文叙述。因而伸长率较大的成型温度范围，随温度提高制品的壁厚减小，并可成型深度较大的制品。所以，伸长率最大时的温度应是最适宜的成型温度，但随温度上升材料的抗张强度下降；如果在最适宜温度下成型压力所引起的应力已大于材料在该温度下的抗张强度时，片材会产生过度形变，甚至引起破坏，使成型不能进行；在这种情况下应改用伸长率较低的温度成型或降低成型压力。较低温度成型可以缩短冷却时间和节省热源，但考虑到制品轮廓的清晰度和尺寸及形状的稳定性，温度过低也不行，因为只有片材的温度较高时，才能将模具上的图案及线条等反映在制品上，同时制品的可逆形变才少，形状和尺寸才稳定，才会在使用和贮存过程中不致变形。但过高的温度会引起聚合物分解，材料变色和失去光泽等。

在实际加工过程中，片材从加热到成型之间因工序周转而有一短暂的间隙时间，片材会因散热、冷却而降低温度，特别是较薄的、比热小的片材散热速度就更为严重，所以片材加热时尽可能采用较高的温度。当材料确定后，成型温度应根据试验来最后确定。由于聚合物的热传导性较差，所以片材加热时间较长，一般约为整个成型周期的 $50\%\sim80\%$，片材愈厚加热的时间愈长，并与聚合物的种类有关，但单位厚度片材加热时间是随厚度增加而减少的，具有如图 7-14 所示的关系，如厚度为 0.5 毫米的聚乙烯加热到 121℃时，单位厚度所需

加热时间为 36 秒/毫米，厚度增加到 1.5 毫米和 2.5 毫米厚时，单位厚度加热时间分别减少到 24 秒/毫米和 19.2 秒/毫米。

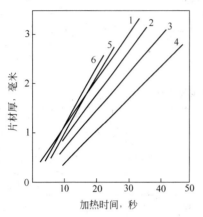

图 7-14　片材厚度与加热时间的关系
1—耐冲击聚苯乙烯；2—低密度聚乙烯；3—聚丙烯；
4—高密度聚乙烯；5—醋酸纤维素；6—硬聚氯乙烯

（二）成型速度

热成型时，在压力或柱塞等的推动下，片材要产生伸长变形，直到形变达到与模具尺寸相当时为止。形变过程中材料受到拉伸，成型速度不同，材料受到的拉伸速度也不同。如果成型温度不很高，则适于采用慢速成型，这时材料的伸长率较大，这对于成型大的制品（片材拉伸程度高，断面尺寸收缩大）特别重要。但速度过慢，则因材料易冷却而使得成型困难，同时延长了生产周期，因此也是不利的。所以一定厚度的片材，在适当提高加热温度的同时，宜用较快的速度成型。

（三）成型压力

压力的作用是使片材产生形变，但材料有抵抗形变的能力，其弹性模量随温度升高而降低。在成型温度下，只有当压力在材料中引起的应力大于材料在该温度时的弹性模量时，才能使材料产生形变。如果在某一温度下所施加的压力不足以使材料产生足够的伸长时，只有提高压力或升高成型温度才能顺利成型。类橡胶状聚合物热成型的这一性质已在第一章材料的粘弹性中作了讨论，并可参阅图 1-12。由于各种材料的弹性模量不一样，且对温度有不同的依赖性，故成型压力随聚合物品种（包括分子量）、片材厚度和成型温度而变化，一般地说，分子的刚性大、分子量高、存在极性基团的聚合物等则需要较高的成型压力。

（四）材料的成型性

选择材料时常要考虑成型性。例如从图 7-12 和图 7-13 中可以看出，虽然聚苯乙烯（PS）和聚乙烯（PE）的伸长率都比聚氯乙烯（PVC）和聚甲基丙烯酸甲酯（PMMA）高，但 PVC 和 PMMA 在较宽温度范围伸长率变化小，在成型压力不变时，即使成型温度有波动也能顺利成型，而前者的加工温度小幅度波动时，就使伸长率急剧变化而难以成型。从抗张强度考虑，PVC 和 PMMA 对温度的依赖性大于 PE 和 PS，这种敏感性对生产薄壁制品很不利，因为当材料与模具接触即发生传热而降低温度时，接触部分强度和弹性模量增加，以致不容易发生进一步的变形，而未接触部分则继续受拉伸而变薄，这会使深尺寸制品的侧壁变得很薄弱，甚至能引起拉伸破裂。

一般地说，伸长率对温度敏感的材料，适用于较大压力和缓慢成型，并且适于在单独的加热箱中加热，再移入模具中成型的操作（目前这种方法仍占多数）；而伸长率对温度不敏感的材料，适于用较小压力和快速成型，这类材料宜夹持在模具上，用可移动的加热器加热。总之，成型温度的决定应从材料的种类、片材的壁厚，制品的形状和对表面的精度要求，制品的使用条件、成型方式以及成型设备结构等因素进行综合的考虑。

第四节　拉幅薄膜的成型

挤出（包括吹塑、平模口挤出）和压延法生产的薄膜受到的拉伸作用很小，薄膜的性质也较一般。拉幅薄膜则是将挤出得到的厚度为 1～3 毫米的厚片或管坯，重新加热到 $T_g \sim T_m$

（或 T_f）温度范围进行大幅度拉伸而形成的薄膜。

拉幅薄膜的生产，可以将挤出原片（或管坯）与拉幅过程直接联系起来进行连续生产，不一定将生产厚片或管坯与拉幅工序分为二个单独的过程来进行。但不管哪种方式，聚合物在拉伸前都必须从较低温度下重新加热到 $T_g \sim T_m$（或 T_f）间的加工温度，所以拉幅薄膜是一种二次成型技术。

一、薄膜取向的原理和方法

如第四章第二节所述，在 $T_g \sim T_m$（或 T_f）温度区间，聚合物长链受到外力作用拉伸时，沿力的作用方向伸长和取向。

分子链取向后，聚合物的物理机械性能发生了变化，产生了各向异性现象；拉幅薄膜就是大分子具有取向结构的一种材料。与未拉伸薄膜比较，拉幅薄膜有以下特点：（i）强度为未拉伸薄膜的 3～5 倍，透明度和表面光泽好，对气体和水蒸气的渗透性等降低，制品使用价值提高；（ii）薄膜厚度减小，宽度增大，平均面积增大，成本降低；（iii）耐热、耐寒性改善，使用范围扩大。

拉伸时如只由一个方向进行的称单轴拉伸，此时材料中分子沿单轴取向；如由平面的两个不同方向（常相互垂直）进行拉伸则称双轴拉伸，此时材料中分子沿双轴取向（见图 4-17）。单轴取向在合成纤维中得到普遍的应用；但单轴取向的薄膜，因容易按平行于拉伸的方向撕裂，故应用面窄。双轴取向中聚合物的分子链平行于薄膜的表面，相互之间并不像在单轴取向的纤维中那样平行排列，因而可能达到的抗张强度虽大于未取向薄膜，但却不如取向的纤维那样大。

当处于同一平面又相互垂直的二个相等的拉力作用于薄膜上时，薄膜中长链分子沿平面上各方向的取向是平衡的，这是由于薄膜在不同的方向上，具有相同的拉伸度的结果。在拉伸中平衡的双轴取向，实际上仅是一种特殊的情况。在生产上经常遇到的还是稍不平衡或极不平衡的双轴取向，这是由于两个方向上的拉应力不相等，引起薄膜中平面上各方向的取向度产生差异所致。虽然在大多数情况下，都希望得到各方向平衡的拉伸薄膜，但有时却要求在一个方向上有较大的抗张强度或收缩性能，这时不平衡取向薄膜就更为可取。

薄膜的拉伸取向方法主要分为平膜法（即拉幅法）和管膜法两种，两种方法又有不同的拉伸技术，可简单分为：

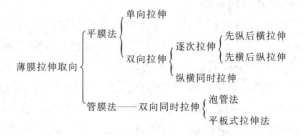

可以看出，管膜法是以双向拉伸为其特点，工艺装置和过程与吹塑薄膜的成型很相似。由于产品质量较差，实际上此法主要用于生产热收缩性薄膜。平膜法虽然生产设备复杂，但薄膜质量较好，故目前工业中采用较多，尤以逐步拉伸平膜法工艺控制较容易，应用最为广泛，主要用于生产高强度薄膜。

用于生产拉幅薄膜的聚合物种类很多，主要有聚对苯二甲酸乙二醇酯（PET）、聚丙烯、聚苯乙烯、聚氯乙烯、聚偏氯乙烯、聚乙烯、聚酰胺、聚乙烯醇和偏氯乙烯-氯乙烯共聚物等。

二、拉幅薄膜的成型工艺

无定形聚合物和结晶聚合物在拉幅工艺上存在着差别，关键是要通过适当的方法和工艺条件，使薄膜中聚合物分子链能形成取向结构；未取向的无定形薄膜没有多大实用价值。结晶而未取向的薄膜脆性大，透明性差，同样使用价值不高；取向但不结晶或结晶不足的薄膜，对热收缩十分敏感，使用范围受到限制；结晶适当（并且有微晶结构）而又取向的薄膜，不仅抗张强度和模量高，而且透明性好，尺寸稳定，热收缩小，具有良好的使用性能。因此工艺方法和条件，都必须满足薄膜生产中形成适度结晶与取向结构的要求。

对无定形聚合物，通常控制拉伸温度在 $T_g \sim T_f$ 间，聚合物处于粘弹态；由于拉伸中包含着高弹形变，为使有效拉伸（即取向度）增加，适当增大拉力和对位伸的薄膜进行张紧热定型就非常必要。通常是将挤出的厚片或管坯加热到 T_g 以上的温度，于恒温下进行拉伸。有时为了提高薄膜的取向程度，使加热温度沿拉伸方向形成一定温度梯度（材料的弹性模量随温度上升而降低，温度逐渐升高有利于薄膜拉伸程度进一步提高）。拉伸程度达要求后，薄膜进入张紧轮上，在不允许收缩的情况下进行短时间热处理（热定型），使薄膜中可回复的高弹形变得到松弛，冷却后即得热收缩率较小的拉幅薄膜。热处理温度通常在 $T_g \sim T_f$ 间，即只允许大分子链段产生松弛，而不希望发生整个分子取向结构的破坏。

对结晶聚合物，如第四章所述，主要由以下两个原因而不希望在结晶状态下进行拉伸取向：(ⅰ) 在结晶状态取向需要更大的拉力，容易使薄膜在拉伸中破裂；(ⅱ) 结晶区域比非结晶区域取向速度快，以致在结晶状态拉伸时，薄膜中取向度很不均匀。所以拉伸前通常将结晶聚合物加热到 T_m 以上一段时间，然后在挤成厚片时进行骤冷（最好使厚片温度迅速冷却到 T_g 以下），使聚合物基本上保持没有明显结晶区域的状态；拉伸前再将厚片加热到稍高于 T_g 以上温度（使结晶不易生长），并进行快速拉伸，达到所需取向度后迅速骤冷至 T_g 以下，这样可防止薄膜在拉伸中生长结晶。形成的薄膜再于最大结晶速率温度（通常约为 $0.85 T_m$）下进行短时间热处理和冷却，薄膜中即很快地形成均匀分布的微晶结构。这种薄膜具有较高的强度、尺寸稳定、热收缩小和透明性好的特点。

平膜法逐次拉伸应用最广，管膜法应用较少，但有其特色，故分别简单介绍于后。

(一) 平膜法逐步拉伸薄膜的成型

目前用得最多的是先进行纵向拉伸，后进行横向拉伸的方法；但有资料认为先横后纵的方法能制得厚度均匀的双轴拉伸薄膜。进行纵拉伸时也有多点拉伸和单点拉伸之分，如果加热到类橡胶态的厚片是由两个不同转速的辊拉伸时称单点拉伸，两辊筒表面的线速度之比就是拉伸比，通常在 3～9 之间；如果拉伸比是分配在若干个不同转速的辊筒来完成时，则称为多点拉伸，这时这些辊筒的转速是依次递增的，其总拉伸比是最后一个拉伸辊（或冷却辊）的转速与第一个拉伸辊（或预热辊）的转速之比。多点拉伸具有拉伸均匀、拉伸程度大，不易产生细颈现象（薄膜两边变厚而中间变薄）等优点，实际应用较多。

大多数情况下是直接由挤出机通过缝隙机头（如 T 型口模等）挤成厚片，其厚度根据欲拉制薄膜的厚度和拉伸比确定。熔融的厚片在冷却辊上硬化并冷却到加工温度以下，然后送入预热辊加热到拉伸温度，随后进入纵向拉伸机的拉伸辊群进行纵拉伸，达到预定纵拉伸比的材料，或冷却或直接送入横向拉伸机（拉幅机）。拉幅机分为预热段、拉伸段、热定型段和冷却段。拉伸段由拉幅机组成，拉幅机有两条张开呈一定角度的轨道，其上固定有链轮，链条可绕链轮沿轨道运转，固定在链条上的夹具可夹住薄膜的两边，在沿轨道运行中对薄膜产生强制横向拉伸作用。达预定横向拉伸比后夹具松开，薄膜进入热定型区进行热处理，最后经冷却、切边和卷绕而得产品。其典型工艺过程如图 7-15 所示。

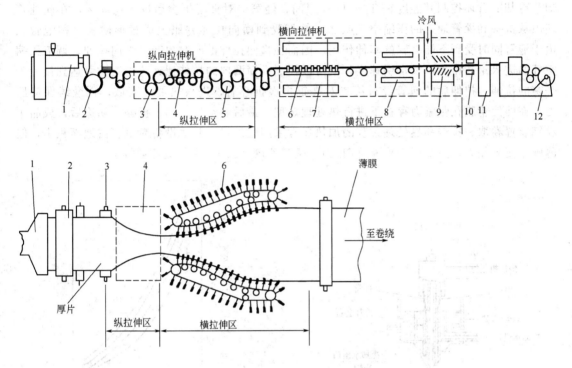

图 7-15　逐步延伸平膜法拉幅薄膜的成型工艺过程示意图

1—挤出机；2—厚片冷却辊；3—预热辊；4—多点拉伸辊；5—冷却辊；6—横向拉伸（拉幅）机夹子；7—加热装置；8—加热装置；9—风冷装置；10—切边装置；11—测厚装置；12—卷绕机

聚合物种类不同拉伸温度也不相同，图7-16为三种聚合物采用拉幅法生产薄膜时的拉伸温度。纵拉伸比$\Lambda_\parallel$与横向拉伸比$\Lambda_\perp$随材料种类而不同，在图中温度所示的条件下，聚丙烯

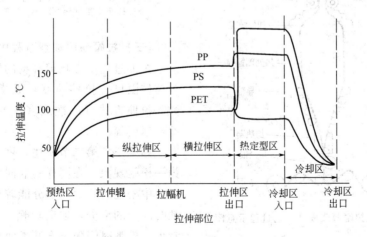

图 7-16　逐步延伸拉幅法薄膜拉伸部位的拉伸温度

（PP）为 $\Lambda_{\parallel}=5\sim8$，$\Lambda_{\perp}=6\sim9$；聚苯乙烯（PS）为 $\Lambda_{\parallel}=\Lambda_{\perp}=3$，聚酯（PET）为 $\Lambda_{\parallel}=\Lambda_{\perp}=3\sim4$。

（二）管膜法拉幅薄膜的成型

管膜法拉幅薄膜的成型工艺过程如图 7-17 所示。通常可分为管坯成型、拉伸和热定型三个阶段，管坯通常由挤出机将熔融塑料经管型机头挤出形成；并立刻被冷却夹套的水冷却。冷却的管坯控制其温度在 $T_g\sim T_f(T_m)$ 间，经第一对夹辊折叠后进入拉伸区，在此处管坯由从机头和探管通入的压缩空气吹胀，管坯受到横向拉伸并胀大成管形薄膜（称泡管）。由于泡管同时受到下端夹辊的牵伸作用。因而在横向拉伸的同时也产生纵向拉伸，调节压缩空气的进入量和压力以及牵引速度，就可以控制纵横两向的拉伸比；此法通常可达到接近于平衡的拉伸。拉伸后的泡管经过第二对夹辊再次折叠后，进入热处理区域，再继续保持压力，亦即使管膜在张紧力存在下进行热处理定型，最后经空气冷却、折叠、切边后，成品用卷绕装置卷取。拉伸和热处理过程的加热通常采用红外线。此法设备简单、占地面积小，但薄膜厚度公差大，主要用于聚酯（PET）、聚苯乙烯（PS）、聚偏氯乙烯等。

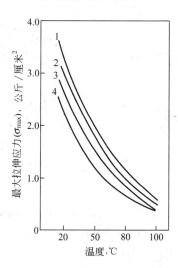

图 7-18　聚乙烯在不同拉伸速度时拉伸应力与拉
　　　　　伸温度的关系
1—拉伸速度 100%/分；2—拉伸速度 250%/分；
3—拉伸速度 50%/分；4—拉伸速度 5%/分

（三）拉幅薄膜成型过程中的影响因素

拉伸过程中影响聚合物的取向的主要因素为拉伸温度、拉伸速度、纵横各向的拉伸倍数、拉伸方式（一次或多次）、热定型条件、冷却速度等。

如第三章第二节所述，聚合物分子的取向为一松弛现象，在同样的取向条件下，聚合物分子中松弛时间短的部分能较早的取向，而松弛时间长的部分，取向较晚。从式（4-10）可看出，松弛时间随温度升高而减少，所以升高

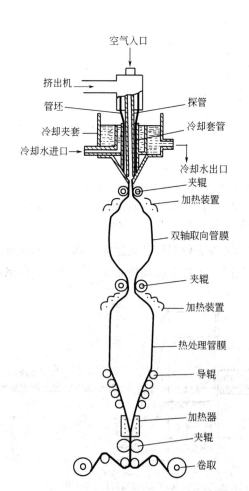

图 7-17　泡管法拉幅薄膜成型工艺过程示意图

温度有利于分子的取向，并能降低达到一定取向度所需之拉应力（图 7-18）；但温度过高

时，解取向也加快。因此不适当地升高温度，甚至会使薄膜强度降低过甚而在拉伸中断裂，故取向温度应适当，一般控制在 $T_g \sim T_f$（或 T_m）间。根据这一原因，薄膜取向后必须进行快速冷却，否则长时间的高温作用会使薄膜中取向结构消失或减少。

由于松弛过程需要时间，因此拉伸时，大分子形变取向的松弛过程落后于拉伸速度的变化，如果拉伸速度过大，在较低延伸时，薄膜就可能在拉伸中破裂。所以薄膜的延伸率和取向度是随拉伸速度增大而减小的，这种关系可从图 7-19 中看出；同时在同样的拉伸温度下，拉应力随拉伸速度减小而降低（图 7-18）。

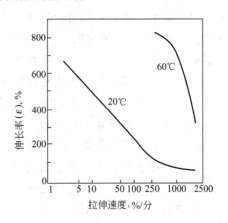

图 7-19　聚丙烯在不同温度下伸长率与拉伸速度的关系

薄膜中的取向度随拉伸倍数而增加。在通常采用的先纵后横的拉伸工艺中，如果纵拉伸倍数过大，薄膜中先形成了较高程度的单轴取向，再横拉伸时就要大大地提高拉伸倍数，所以纵拉伸倍数不宜过大。众所周知，纵拉伸一般较容易实现和控制，横拉伸则要困难得多，这首先会受到加工设备的限制，并且工艺上难以调整和控制，所以宁可采用较低的纵拉伸倍数。为了使薄膜在各个方向都有较均衡的性能，通常纵、横拉伸大都在 3～4 倍范围内，但拉伸倍数的确定还要根据对薄膜性能的要求来决定。由于先纵后横两步拉伸薄膜的取向度不能很好地控制；因此也有采用先横后纵两步拉伸、纵-横-纵三次拉伸以及纵横同时拉伸的方法，但均比先纵后横拉伸的工艺更为复杂，故目前仍然以前者为主。

为使薄膜的取向结构稳定下来，并在使用过程不发生显著的收缩和变形，常需对位伸薄膜进行热处理（热定型）。对无定形聚合物热定型温度通常控制在 T_g 附近，而结晶聚合物则需控制在最大结晶速率的温度下。众所周知，薄膜中微晶的形成能使取向结构保存下来，使薄膜的热收缩可以降低到最小程度，因此薄膜热定型过程实际上是聚合物结晶的过程。为了防止薄膜中聚合物分子主链在热定型中发生解取向，同时又有利于链段得到松弛，取向薄膜的热定型必须在连续张紧的条件下进行，一般热定型中薄膜纵横方向都会有少量收缩。但供作热收缩性用途的薄膜则可省去热定型工艺，这种用途的薄膜拉伸温度也可低一些。

热塑性聚合物拉伸取向的一般规律可归结如下：（i）拉伸速度与拉伸倍数一定时，拉伸温度越低，（但应以拉伸效果为准，一般稍高于 T_g）则取向作用较大；（ii）在拉伸温度与拉伸速度一定时，取向度随拉伸倍数增大而提高；（iii）在任何拉伸条件下，冷却速度愈快，有效取向愈高；（iv）在拉伸温度与拉伸倍数一定时，拉伸速度愈大则取向作用愈大；（v）在固定的拉伸温度和速率下，拉伸比随拉应力而增加时，薄膜取向度提高；（vi）拉伸速度随温度升高而加快，在有效的冷却条件下有效取向程度提高。

由于双轴取向薄膜具有良好尺寸稳定性，强韧性、透明性，光滑性以及还可以进行粘结、印刷等特点，故应用范围很广，特别是随着电讯、电子和产品包装等工业的高速发展，取向薄膜的生产规模愈来愈向大型、宽幅和高速化发展；并出现了电子辐射交联薄膜、共挤出薄膜、后复合薄膜、涂层复合薄膜和超薄薄膜、多孔薄膜等新工艺、新技术、新产品。

第五节 冷 成 型

冷成型（或称固相成型）既不属于一次成型也不属于二次成型，而是一种新兴的很有发展前途的加工技术，系移植金属加工方法（如锻压、滚轧、冲压等），使塑料在常温（也可在聚合物 T_g 以下）下成型。考虑到某些过程的相似性，故将其放在本章末讨论。因而原料无需熔融或者软化到粘流状态，在玻璃态即可进行成型；这样的成型方法具有下列优点。

（1）避免了聚合物或树脂在高温下降解，提高了制品的性能。

（2）因聚合物冷成型迅速取向，制品的性质得到明显改善。

（3）成型工艺因除掉加热和冷却阶段，生产周期大大缩短，生产程序大量减少。

（4）成本降低，在大规模生产的条件下，设备成本较注射成型的成本低 1～2 倍。

（5）可以加工分子量非常高的聚合物，不受一般加工方法的限制。

（6）制品不存在流动时形成的熔接缝和浇口痕迹等。

冷成型也存在一些不足之处。

（1）制品的尺寸、形状和精密度差，这是由于塑料解除加工力后的弹性回复力比金属材料大得多，而弹性模数又小得多之故。软钢的弹性模量为 21000 公斤/毫米^2，而热塑性塑料模量最大的也不超过 400 公斤/毫米^2，所以即使加工条件怎样改进，最终也不能完全解决制品尺寸、形状、精密度差的问题。

（2）冷成型的制品中，存在非常明显的分子取向，引起强度的各向异性。

塑料的冷成型工艺及设备大体和金属成型设备相似，根据施力方向的不同，大致有以下几种：

1. 锻造　把塑料坯料预热后，放在压机上、下模之间，随着上、下模的闭合，依靠模具的机械作用力成型为制品。

2. 橡皮垫成型　压机的上模是一块橡皮垫，塑料坯料与橡皮垫直接接触，下模是阳模，合模时橡皮垫变形，实际上成了阴模，塑料就在这金属阳模和橡皮阴模之间成型。

3. 液压成型　是在上模装有一块橡皮隔膜，液体的压力可以通过该膜传到塑料上，合模时，流体的压力迫使橡皮隔膜变形把力传递至塑料，使其在上、下模中间成型。

4. 冲压成型　靠机械的冲力将坯料成型为塑料制品，通常冲压法只能成型深度 6.2 毫米（1/4 英寸）的制品。主要用于加工改性聚丙烯，超高分子量聚乙烯、ABS、聚甲醛、聚酰胺 6 及聚酰胺-66 等。

5. 滚轧成型　借助于轧光机上辊的机械作用，成型塑料板材和薄膜等。主要用于加工聚乙烯、聚苯乙烯、硬聚氯乙烯、聚酰胺-66、聚酰胺-6、聚四氟乙烯和聚甲醛等。

固相成型的基本条件是：成型材料本身应是完整的坯料，其形状最好近似成型制品，如生产齿轮时使用坯料为圆盘或圆环等；进行成型的温度范围，由室温至高于室温 10～20℃，甚至低于熔点或软化点的温度均可。另外成型制品是在屈服点加压进行的，用固相成型加工聚合物时，确定工艺参数时要特别注意这些条件，也应防止加工材料结构弊病出现。

目前用冷成型方法生产塑料制品已有较大的发展，如奶油罐、齿轮、汽车部件等，据报道还有用固相成型加工技术制成所谓人造岛、浮桥等大型塑料制品。固相成型在实际应用上历史还不长，因而目前对这种成型方法研究得还很不够，随着研究工作的深入，固相成型的理论与工艺技术必然会有更大的发展。

主要参考文献

〔1〕 金丸竞著：“高分子材料概说”日刊工业新闻社，1969

〔2〕 金丸竞等编：“プラスチック成型材料”，地人书馆，1966

〔3〕 J. A. Brydson："Plastics Materials" 3d. ed，Batterworths，1975

〔4〕 成都工学院塑料成型加工专业编：《塑料成型工艺学》（讲义），1976

〔5〕 Пластические Масс，10（1973）

〔6〕 E. G. Fisher："Blow Mould of Plastics" Iliffe Books，1971

〔7〕 综合化学研究所编：“プラスチッタの二次加工テーター集 1～2（热加工编）”

〔8〕 红军塑料厂等编：《工程塑料应用》，上海人民出版社，1971

〔9〕 广惠章利等著：“成形加工技术者のためのプラスチック物性入门”，日刊工业新闻社，1972

〔10〕 E. C. Bernhardt："Processing of Thermoplastic Materials" Reinbold，1959

〔11〕 陶国源：《塑料吹塑成型》，上海科技文献出版社，1979

第三篇　橡　胶　加　工

橡胶加工系指由生胶及其配合剂经过一系列化学与物理作用制成橡胶制品的过程，主要包括生胶的塑炼，塑炼胶与各种配合剂的混炼及成型、胶料的硫化等几个加工工序。

加工所用的生胶（包括天然胶和合成胶）由于性能、分子量等不同，加工方法、工艺条件和应用范围均有所差别。按物理性状通常可将生胶分为捆包胶、颗粒胶、粉末胶、乳胶和液体胶等。

捆包胶是由天然或合成胶乳经凝聚、干燥、捆包而成的胶块，一般重约三十公斤，其加工工序较多、过程较复杂，且加工过程自动化程度较低，但捆包胶综合性能好，所以仍是目前最重要的胶种。将捆包胶加工为橡胶制品的一般工艺过程可表示如下：

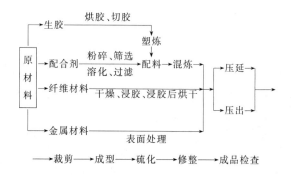

颗粒胶是一种热塑性橡胶，在高温下它能够像热塑性塑料那样加工成型，而所得制品在常温下又具有橡胶的弹性。热塑性橡胶省掉硫化工序，且易于回收再用，因而可大大提高生产率，降低成本。目前，此种橡胶已广泛地应用于胶管、胶带、胶底的制造。

粉末胶由于易于实现加工过程的连续化与自动化，混炼时间短，且可使用捆包胶的配方和设备，所以近年来获得重视。

胶乳和橡胶溶液都呈液状，易于加工处理，但前者含有 $40\% \sim 60\%$ 的水分，只能做医用手套、胶丝、海绵等薄壁多孔制品，后者于使用时必须脱除溶剂，故只能做胶布涂层和粘接剂等成膜制品。

液体橡胶的分子量相当低，一般在一万以下，硫化或固化后具有与固体硫化胶相同的立体网状结构。当前各种橡胶都有液体品种，其中以液体聚氨酯和液体聚丁二烯发展最快。液体橡胶在常温下可以用泵输送，计量容易，可以浇铸成型，有利于加工过程的连续化、自动化，消耗的动力比粉末胶更少。但目前液体橡胶还处于研究和试用推广阶段，主要用途是作为粘接剂，塑料改性材料，浇铸成型垫圈等。

虽然热塑性橡胶、粉末橡胶、液体橡胶是今后发展方向，但由于其制品综合性能至今还比不上捆包胶的制品，再加上工艺和设备还存在一些困难（例如粉末橡胶的粉末化，液体橡胶的贮运和加工等都需研制全新的设备等）。可以预见，在一段较长时间内，捆包胶还是橡胶加工厂主要的胶种。基于上述原因，本书只讲授捆包胶的加工。

第八章 胶料的组成及配合

第一节 橡 胶

一、天 然 胶

从橡胶树流出的胶乳是中性乳白色液体，胶粒一般带负电荷，粒径平均在 $0.25\sim0.50$ 微米之间。这种天然胶乳除直接用于胶乳工业外，绝大部分经凝聚（加入醋酸）后，压片成天然生胶，以便于运输和加工。

经研究分析，天然生胶中主要含橡胶烃，另含 5% 以下的非橡胶物质。橡胶烃是由异戊二烯通过共价键组成，故天然胶的化学结构式为：

$$\left(CH_2-C=CH-CH_2\right)_{\overline{n}} \atop CH_3$$

异戊二烯的链节，基本上有两种排列方式；即顺式-1,4 结构与反式-1,4 结构。

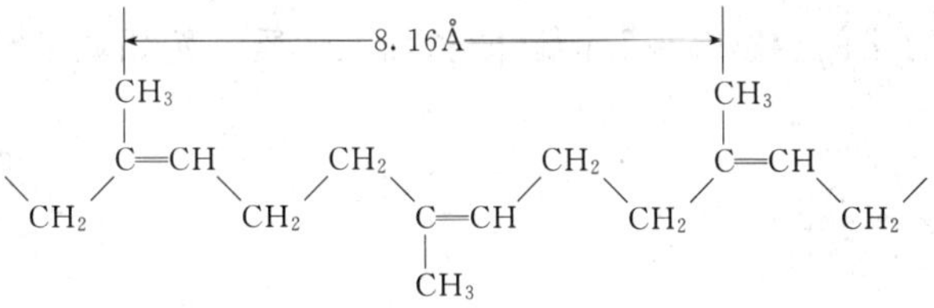

（顺式-1,4 结构）

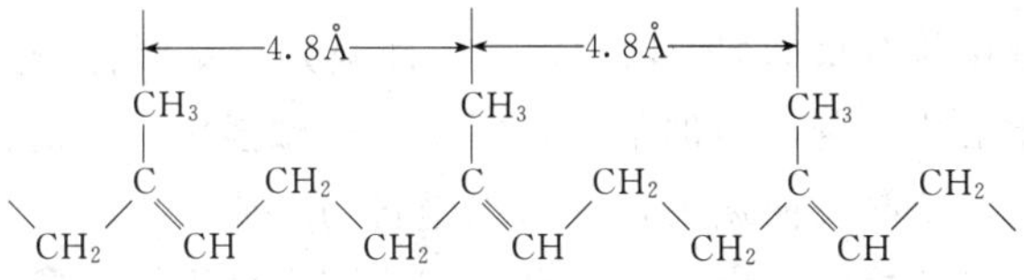

（反式-1,4 结构）

前者以三叶橡胶为代表，在室温下具有弹性和柔软性，是名符其实的弹性橡胶；后者以马来胶为代表，在室温下呈硬固状态，在 50℃ 方能软化成为类似橡胶的弹性体，是一种天然硬橡胶。产生上述差异的原因是反式-1,4 结构橡胶的等同周期小（4.8Å），两个取代基相距较近，分子结构较紧密而不易内旋转，以致弹性较差。顺式-1,4 结构橡胶的等同周期较大（8.16Å），因而弹性较好。

天然橡胶无一定熔点，加热后慢慢地软化，到 140℃ 时融熔，至 200℃ 左右开始分解；270℃ 则剧烈分解；常温下稍带塑性，温度降低则逐渐变硬，至 0℃ 时，弹性大大地减少，−70℃ 时变成脆性物质。受冷冻的生胶加热到常温，可恢复原状。

天然橡胶是非极性物质，易溶于汽油、苯、二硫化碳及卤代烃等溶剂中，不溶于乙醇、丙酮、乙酸乙酯等极性溶剂。

天然橡胶因结构中含有不饱和双键，所以容易进行加成、取代、氧化、交联等化学反应。

天然橡胶的弹性卓越，弹性伸长率可达 1000％；它还具有较高的机械强度，且因其系结晶性橡胶，故自补性良好；天然橡胶的耐屈挠性、透气性、电性能都很好。这些性能都是合成橡胶所不及。因此，天然橡胶至今仍是最主要的一种橡胶。

二、合 成 胶

合成橡胶的种类很多，按其性能和用途可分为通用合成橡胶和特种合成橡胶。用以代替天然橡胶来制造轮胎及其它常用橡胶制品者，称为通用合成橡胶；具有耐寒、耐热、耐臭氧、耐油等特殊性能，用来制造特定条件下使用的橡胶制品者，称为特种合成橡胶。特种橡胶随着其综合性能的改进、成本的降低以及逐步推广应用，也有可能作为通用合成橡胶来使用。例如丁基胶起初以气密性及耐老化性见长而被列为特种橡胶，但目前已推广使用到轮胎的内胎及其它许多制品方面，所以亦属于通用橡胶。常用的通用合成橡胶有：丁苯、顺丁、氯丁、丁基、聚异戊二烯、乙丙、丁腈等。特种橡胶则包括三元乙丙、氯磺化聚乙烯、氯化聚乙烯、聚氨基甲酸酯以及硅橡胶、氟橡胶、丙烯酸酯橡胶、氯醇胶、聚硫橡胶等。

上述各种橡胶若按结构特点又可区分为饱和胶和不饱和胶；极性胶和非极性胶。例如乙丙胶为饱和的非极性胶，丁腈胶为不饱和的极性胶，顺丁胶为不饱和的非极性胶。

合成胶的性能与其结构因素有关，这些结构因素主要是橡胶大分子链的组成、链的规整性、立体构型、分子量和分子量分布等。

由于重复单元结合方式的不同，在空间构型上会形成顺式和反式结构，有时还能形成支链。顺式和反式结构的比例会影响橡胶的性能和加工性质，例如聚丁二烯橡胶大分子中单体有三种结合方式：

顺式-1,4 结合   反式-1,4 结合   1,2 结合

聚丁二烯中顺式结构成分愈多时，物理机械性能愈好，某些性能还能超过天然胶。降低顺式含量，其低温性能虽能改善，但加工工艺性能、机械强度、耐磨性、弹性和伸长率等变坏。反式结构成分愈多，结晶倾向愈大，并出现塑料的性质。

以不同单体与丁二烯共聚时，由于分子排列方式和次序不同，除能形成顺式和反式结合外，还能形成无规或嵌段共聚物，例如丁二烯与苯乙烯于不同聚合条件下能制得无规或嵌段丁苯橡胶。丁苯橡胶的化学结构式可表示为：

丁苯橡胶根据聚合方法的不同，可分为乳液聚合丁苯和溶液聚合丁苯两种。

乳液聚合丁苯按聚合温度的不同分两种：在 5℃聚合的叫低温丁苯；在 50℃聚合的称高温丁苯。前者性能较好，产量较大，应用也较广。

溶液聚合丁苯按结构可分为三种：无规型、部分嵌段型和嵌段型。无规丁苯胶分子量分布软窄，适于填充大量炭黑和油，硫化胶有良好的弹性和耐低温性，永久变形小；部分嵌段的丁苯胶也有较好的低温性能，但强度较低，永久变形大，具有热塑性，需在稍高温度下混炼，加工性能好；S—B—S嵌段的丁苯胶是一种热塑性弹性体，有较高的抗张强度，较大的

伸长率，较好的低温性能和耐磨性，但耐热和耐溶剂性较差。嵌段共聚物中的聚苯乙烯能形成物理交联点，在 90～100℃ 以上时聚苯乙烯呈现塑性，以致橡胶显示塑料的性质；温度降低时内聚能很大的聚苯乙烯能重新形成物理交联点，共聚物又显示典型的橡胶弹性。以苯乙烯-丁二烯嵌段共聚物为例，热塑性橡胶的结构如图 8-1 所示。要获得良好的弹性和加工性能，形成嵌段的聚苯乙烯和聚丁二烯应有适当的分子量，塑料和橡胶成分的分子量过低或过高都不好，这种关系可用图 8-2 表示。

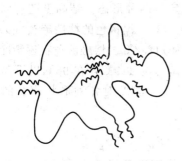

图 8-1　热塑性橡胶的结构示意

〰〰　热塑性聚合体（刚性链段）；

〜　橡胶弹性聚合体（柔性链段）；

〰〰〰　物理交联点

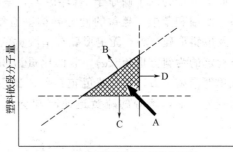

图 8-2　嵌段分子量对热塑性橡胶的影响
A—最宜分子量区域，橡胶弹性、强度和加工性能好；
B—显示塑料性质区域；
C—低强度区域；
D—加工性能不好区域

共聚物中各组成的比例也影响橡胶的性质。例如丁苯胶中随苯乙烯含量增大，橡胶的耐磨性和硬度等均提高，随着苯乙烯含量减少，橡胶的耐寒性能改善，加工温度也相对地降低。

含有极性基团单体与丁二烯共聚合或氯丁二烯均聚所得的橡胶具有极性，如氯丁橡胶和丁腈橡胶等。这类橡胶的耐油性、耐热性、耐化学腐蚀性均好，氯丁胶还具有很好的粘着性、耐臭氧性和耐候性。

一般地说，合成胶由于分子链组成和不饱和性，链的规整性和立体构型，分子量和分子量分布以及橡胶的极性等与天然胶不同，均具有某些特性，在一些性能上优于天然胶，但综合性能仍不及天然胶，所以技术上也将多种合成胶并用或将合成胶与天然胶并用以改善某些性能。由于合成胶品种繁多，性能各异，且目前新品种还在发展，本书不可能一一介绍。显然，橡胶的结构和性质决定其使用性能，也影响橡胶的加工工艺，所以根据用途正确选择橡胶品种并确定合理的加工工艺，才能最大限度地发挥橡胶性能的优点，并获得质量良好的橡胶制品。

第二节　配　合　剂

生胶是决定橡胶制品性能的主要成分，但它的强度低，适应的温度范围窄，易变质，在溶剂中易溶解或溶胀，所以几乎没有单纯用生胶制取橡胶制品的情况。在生胶中加入各种各样的配合剂，除可提高橡胶的使用价值外，还能起到降低橡胶制品成本的作用。

橡胶配合剂的种类很多，作用复杂，有些配合剂在不同的橡胶中起着不同的作用，也可能在同一种橡胶中起着多方面作用。以下讨论常用配合剂的作用及特点。

一、硫化剂

硫化剂是一类使橡胶由线型长链分子转变为网状大分子的物质，这种转变过程称为硫化。可作为硫化剂的物质有硫磺、一氯化硫、硒、碲及其氯化物、硝基化合物、重氮化合物、有机过氧化物以及某些金属（锌、铅、镉、镁）的氧化物等。但使用最普遍的是硫黄，只有硅橡胶等饱和胶采用有机过氧化物为硫化剂，氯丁胶采用氧化锌为硫化剂。

硫黄分子为八个硫原子 S_8 环组成，呈淡黄色结晶固体，不溶于水，易溶于二硫化碳，稍溶于酒精和苯中。硫黄的同分异构物有结晶形及无定形两种形态。结晶型硫有斜方形硫（α）及单斜形硫（β）；无定形硫有呈淡黄色的液状硫黄（λ），黑褐色的粘性硫黄（μ），在常温下稳定的为斜方形硫（α）。它的比重为 2.07，熔点为 112.8℃。熔融硫黄在逐渐冷却时能生成单斜形硫（β），呈深黄色花针状，比重为 1.96，熔点为 119℃，在 96℃以下静置时会逐渐变为 α 形，熔融的硫黄迅速冷却会形成无定形硫黄。温度对各种形状磺黄的变化情况如下：

$$S_\alpha \underset{\text{固体}}{} \xrightleftharpoons{94.5℃} S_\beta \underset{\text{固体}}{} \xrightleftharpoons{120℃} S_\lambda \underset{\text{液体}}{} \xrightleftharpoons{160℃} S_\mu \underset{\text{液体}}{} \xrightleftharpoons{444.6℃} S_8 \underset{\text{气体}}{} \xrightleftharpoons{1000℃} S_2 \underset{\text{气体}}{}$$

由于硫黄在 S_μ 形态化学活性最大，因此，硫化橡胶制品时要求在 120～160℃范围内进行。

橡胶工业中一般多采用硫黄粉，它是将硫黄块粉碎筛选而得，粒子较粗，纯度较低，粉末呈淡黄，无臭；比重 1.96～2.07；熔点 114～118℃，为斜方形结晶。

硫黄的用量在软质胶料中为 1～4 份（即 100 重量份的生胶用硫黄 1～4 份，以下同）。在半硬质胶料中用 10 份左右，在硬质胶料中用 30～50 份。

为了获得高质量的硫化胶，硫黄等物质在胶料中的均匀分布是非常必要的。因此，研究硫黄在生胶中的溶解、扩散和结晶作用，对于正确制定混炼工艺条件是不可缺少的。

硫黄能溶于橡胶中。其溶解度因橡胶类型而不同，但都随温度增加而增大。在天然橡胶中，若配合硫黄 4 份，当温度超过 68℃以上时，硫黄完全溶解成稳定的溶液；当胶料冷却到 35～68℃之间时，则一部分硫黄处于亚稳定状态。当胶料表面粘上灰尘或手抚摸时，处理亚稳定状态的硫黄便在胶料表面呈细微结晶而析出，这种现象叫喷硫。喷硫现象破坏了硫黄在胶料中分散的均匀性，以致使硫化胶的质量降低，同时也会降低胶料表面的粘着能力，给生产造成困难。混炼不均匀、混炼温度过高、配方中硫黄用量过多以及停放时间过长等都是产生喷硫现象的原因。为了减少和避免喷硫现象，应尽可能采用低温短时间混炼，使硫黄在胶料中均匀分散。此外，在配方中加入再生胶、瓦斯炭黑、软化剂等都能增加硫黄溶解度，加入吸附硫黄的配合剂也可抑制胶料的喷硫现象。

关于硫化剂的作用机理将在第十章中讲述。

二、硫化促进剂

硫化促进剂可促进橡胶的硫化作用，降低硫化所需温度，缩短硫化时间，并能改善硫化胶的物理机械性能。

硫化促进剂的种类很多。无机类硫化促进剂（如氧化铅，氧化镁等）硫化效果较差，已被淘汰。目前主要使用有机类硫化促进剂，例如：

2-硫醇基苯并噻唑（促进剂 M）

二硫化二苯并噻唑（促进剂 DM）

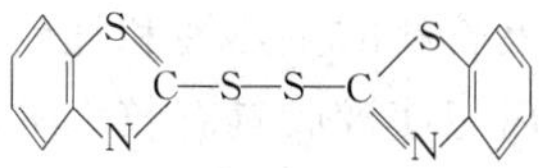

二硫化四甲基秋兰姆（促进剂 TMTD，促进剂 TT）

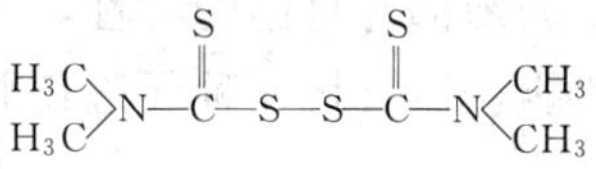

此外，还广泛使用亚磺酰胺类促进剂。

对硫化促进剂的基本要求有下列四点。

（1）有较高的活性　硫化促进剂的活性是指缩短橡胶达到正硫化所需时间的能力。所谓正硫化时间系指硫化胶达到最佳物理机械性能的硫化时间。表 8-1 比较了某些促进剂的活性。

表 8-1　促进剂在天然胶中的活性特征

促进剂（按活性分类）		150℃达到正硫化所需时间，分
超促进剂	氨基二硫代甲酸盐类、秋兰姆类、黄原酸盐类	5～10
促进剂：强活性	噻唑类、某些醛胺类	10～30
中活性	胍类，某些醛胺类	30～60
弱活性	硫脲衍生物	60～120

（2）硫化平坦线长　正硫化之前及其后，硫化胶性能均不理想。促进剂的类型对正硫化阶段的长短很有影响，以硫化曲线表示（称硫化平坦线）。显然，硫化平坦线较长者为好。

（3）硫化的临界温度较高　临界温度是指硫化促进剂对硫化过程发生促进作用的温度。为了防止胶料早期硫化，通常要求促进剂的临界温度不应过低。各种类型促进剂的临界温度参见表 8-2。

表 8-2　几种促进剂在天然胶中的临界温度

硫　化　促　进　剂	临界温度，℃	硫　化　促　进　剂	临界温度，℃
五次甲氨基二硫代甲酸氮己环	15～20	硫醇基苯并噻唑	132
		二苯胍	142
正丁基黄原酸锌	100	二硫化二苯并噻唑	147
二硫化四甲基秋兰姆	105～125	N,N'-二苯（基）硫脲	160

（4）对橡胶老化性能及物理机械性能不产生恶化作用　实际上，各种促进剂对上述性能都有影响。有的产生好的作用，有的则相反。例如对天然胶来讲，可以迟缓硫化胶老化的促进剂有：硫醇基苯并噻唑，一硫化四甲基秋兰姆等，迟缓老化影响小的或甚至会加速老化的促进剂有：二苯胍，五次甲氨基二硫代甲酸氮己环、正丁基黄酸锌等。

使用各种不同种类的促进剂，对硫化胶性能的影响也不尽相同。例如：硫醇基苯并噻唑能使硫化胶具有低定伸强度和中等定伸强度，并增大柔软性，还能提高橡胶耐磨耗性能。特别是填加有炭黑的胶料中宜配入这种促进剂。二硫代二苯并噻唑则特别适用于制造多孔橡胶制品。醛胺类促进剂能降低炭黑胶料的生热性和达到最小的滞后损失。并能使橡胶具有高的抗撕裂强度。二苯胍这种促进剂能使橡胶具有较大的硬度，不适用于制造在多次曲挠条件下使用的橡胶制品，因为它会加速制品裂纹的形成。

促进剂的品种很多，每一种促进剂都有自己的特性，为了满足胶料在制造和硫化过程中具有良好的工艺性能和物理机械性能，通常将几种促进剂并用，彼此取长补短，以收到较好的效果。

在并用促进剂时，一般将用量多的称为第一促进剂，用量少的称为第二促进剂。促进效能主要由第一促进剂决定，第一促进剂通常使用噻唑类，第二促进剂使用胍类，秋兰姆类和醛胺类。

为了加速发挥促进剂的活性和促进作用，还可加入金属氧化物、有机酸类和胺类作为活性剂。

关于促进剂和活性剂的作用机理，参见第十章。

三、防 老 剂

橡胶的分子结构极易受氧及臭氧的氧化作用，光和热都能促进氧化作用，使橡胶分子链断裂，支化或进一步交联，从而使橡胶发粘变硬，物理机械性能变坏，以至失去使用价值，这种情况叫做老化。凡能抑制橡胶老化现象的物质就叫做防老剂。防老剂一般可分为两类，即物理防老剂和化学防老剂。物理防老剂主要有石蜡、微晶蜡等物质。由于在常温下此种物质在橡胶中的溶解度较少，因而逐渐迁移到橡胶制品表面，形成一层薄膜，起隔离臭氧、氧气与橡胶的接触作用，用量一般为 1～3 份。化学防老剂主要有酚类和胺类。酚类一般无污染性，但防老性能较差，主要用于浅色和透明制品；而胺类一般都有污染性，主要用于黑色和深色制品。化学防老剂的作用是终止橡胶的自催化性游离基断链反应。橡胶在氧、热、光和应力的作用下会产生游离基，并进而与橡胶分子反应，使橡胶分子断链。游离基产生的历程为：

$$RH（橡胶分子）\longrightarrow R·+H·$$
$$R·+O_2 \longrightarrow ROO·$$
$$ROO·+RH \longrightarrow ROOH+R·$$
$$ROOH \longrightarrow RO·+OH·$$
$$RO·+RH \longrightarrow ROH+R·$$
$$OH·+RH \longrightarrow H_2O+R·$$

由以上历程可见，一个游离基在瞬间就可增加为几个新的游离基。防老剂 AH 在这些游离基引发下，发生氢转移，消除了活性大的游离基，生成对橡胶无害的 A·，因而起到防老化作用。

防老剂一方面要求防老化效果好，另一方面也应尽量不干扰硫化体系，不产生污染和无毒。为了充分发挥各种防老剂的特点以适应不同场合的要求，防老剂也常采取并用的方法。

某些情况可不使用防老剂，例如硬质胶、饱和胶和低不饱和胶，因这些胶自身有较好的防老性能。

四、增 塑 剂

增塑剂按作用机理可分为物理增塑剂（也称为软化剂）和化学增塑剂（也叫塑解剂）。

使用增塑剂的目的有：使生胶软化，增加可塑性便于加工，减少动力消耗；能润湿炭黑等粉状配合剂，使其易于分散在胶料中，缩短混炼时间，提高混炼效果，增加制品的柔软性和耐寒性；增进胶料的自粘性和粘性。

物理增塑剂的作用的原理是使橡胶溶胀。增大橡胶分子之间的距离，降低分子间的作用力，从而使胶料的塑性增加。化学增塑剂则是加速橡胶分子在塑炼时的断链作用，这类物质还起着游离基接受体的作用，因此在缺氧和低温情况下同样能起作用。

常用的物理增塑剂包括硬脂酸、油酸、松焦油、三线油、六线油等。化学增塑剂大多是含硫化合物，如噻唑类、胍类促进剂、硫酚、亚硝基化合物等均能用作化学增塑剂。

增塑剂的选择应根据生胶结构来决定，增塑剂分子的极性要与橡胶的极性相对应，才能促进两者相溶；增塑剂的凝固点应低于橡胶的玻璃化温度，且差值愈大愈好，此外还必须考虑制品的性能与成本。

五、填 充 剂

填充剂按用途可分为两大类：即补强填充剂和惰性填充剂。

补强填充剂简称补强剂，是能够提高硫化橡胶的强力，撕裂强度，定伸强度，耐磨性等物理机械性能的配合剂。最常用的补强剂是炭黑，其次是白炭黑、碳酸镁、活性碳酸钙，活性陶土、古马隆树脂、松香树脂、苯乙烯树脂、酚醛树脂、本质素等。惰性填充剂又称增容剂，是对橡胶补强效果不大，仅仅是为了增加胶料的容积以节约生胶，从而降低成本或改善工艺性能（特别是压出、压延性能）的配合剂。增容剂最好是比重小的、这时重量轻而体积大，最常用的增容剂有硫酸钡，滑石粉、云母粉等。下面着重讨论炭黑的补强机理及影响补强效果的因素。

炭黑的补强作用在于它的表面活性而能与橡胶相结合。橡胶能够很好地吸附在炭黑表面，湿润了炭黑。吸附是一种物理过程，即炭黑与橡胶分子之间的吸引力大于橡胶分子间的内聚力，称为物理吸附。这种结合力比较弱，还不足以说明主要的补强作用。主要的补强作用在于炭黑的不均匀性，有些活性很大的活化点，具有不配对的电子，能与橡胶起化学作用。橡胶吸附在炭黑的表面上而有若干个点与炭黑表面起化学的结合，这种作用称为化学吸附，化学吸附的强度比单纯的物理吸附大得多。这种化学吸附的特点是分子链比较容易在炭黑表面上滑动，但不易和炭黑脱离。这样，橡胶与炭黑就构成了一种能够滑动的强固的键。这种能在表面上滑动而强固的化学键，产生了二个补强效应：第一个效应是当橡胶受外力作用而变形时，分子链的滑移及大量的物理吸附作用能吸收外力的冲击，对外力引起的摩擦或滞后形变起缓冲作用；第二个效应是使应力分布均匀。这两个效应的结果使橡胶增加强力。抵抗破裂，同时又不会过于损害橡胶的弹性（即分子链的运动）。这是炭黑补强作用的基本原理。图 8-3 是这种原理示意图。

从图中可见二个炭黑粒子之间有三条分子链 A、B、C，三个硫桥（用圆点表示）和分子链末端，分子 A 最长，B 最短。设没有滑动作用，则 B 先断而 C 次之，A 最后；在完全伸长的时候，只有 A 一条分子链的力量，因为有滑动作用，三条分子链都分担了力量，扯断力就提高了。

上述炭黑补强机理简单、明确，它能解释炭黑的许多补强现象。结晶橡胶如天然橡胶中微晶体的作用与炭黑相似，晶体中的分子链也能滑动，起着平衡应力作用（称自补强）。因此，结晶性橡胶比纯胶的强力高，炭黑对它也有补强效应，提高它的强力。

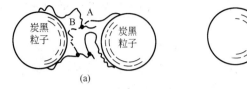
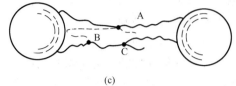
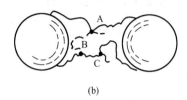
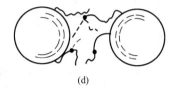

图 8-3 炭黑补强示意

（a）原来状态；（b）半伸长状态；（c）完全伸长状态；（d）断裂后状态

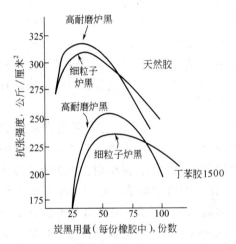

图 8-4 炭黑加入量对天然胶和丁苯胶抗张
强度的影响

影响炭黑补强效果的因素主要是：炭黑的种类、用量、粒径和结构。炭黑的种类不同其补强效果就不同，且同一种炭黑其用量不同补强效果也不同，从图 8-4 可知炭黑用量有一个峰值，在峰值之前随着炭黑用量的增加补强效果就增加。在峰值之后即相反，随着炭黑用量的增加补强效果就下降，甚至到零，这时炭黑就相当于稀释剂了。炭黑的补强效果在很大程度上取决于粒子的粗细，粒子愈细（即比表面积愈大），活性和补强作用也愈大。一般粒径小于 0.1 微米者，具有显著的补强效果；粒径在（0.1～1.5）微米者则略有补强作用；粒径过大者只能单纯地起填充作用。炭黑粒径对橡胶主要性能的影响列于表 8-3。

表 8-3 炭黑粒径与橡胶性能之关系

粒 径	小	大		粒 径	小	大
加工性能 填充量	较低	较高	硫化胶性能	抗张强度	较高	较低
充油量	较多	较少		硬 度	较高	较低
混炼时间	较长	较短		耐 磨	较好	较差
分散能力	较差	较好		撕裂强度	较高	较低
粘 度	较高	较低		耐屈挠	较好	较差
焦烧时间	较短	较长		弹 性	较低	较高
操作温度	较高	较低		导电率	较高	较低

炭黑在制造过程中，相邻的颗粒相互熔结在一起，并连接起来形成链状结构，这就是炭

黑的一次结构（或原结构）；在炭黑后加工处理时由于物理吸附而形成的松散结构，例如在炭黑收集过程中由于静电沉淀所致的结构叫做二次结构（或次结构）。一次结构的牢度高，不易在加工过程中损坏，对橡胶加工性能和硫化胶性能影响较大。

通常用吸油值来区分炭黑结构，吸油能力强的是高结构，吸油能力弱的是低结构。热裂炭黑是一种低结构的炭黑，炭黑粒子基本上是分散的（图 8-5（a）），槽法炭黑是一种中等结构的炭黑，炭黑粒子基本上聚集成团（图 8-5（b））；炉法炭黑是一种高结构的炭黑，炭黑粒子分布聚集成链条状（图 8-5（c））。

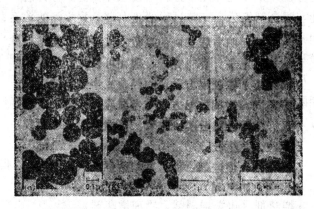

图 8-5　在电子显微镜下热裂炭黑（a），槽炭黑（b），炉炭黑（c）的结构

炭黑结构对加工性能有很大的影响，结构愈高则愈易分散，压出性能也愈好。此外，对硫化胶性能也有一定的影响，结构高的导电性能、硬度和定伸强度都大，当然绝缘性能就差。炭黑结构对橡胶性能的影响关系如表 8-4 所示。

表 8-4　炭黑结构对橡胶性能的影响

结　构		低	高	结　构		低	高
加工性能	填充量	较高	较低	硫化胶性能	抗张强度	较高	较低
	充油量	较低	较高		定　伸	较低	较高
	混炼时间	较短	较长		硬　度	较低	较高
	分散能力	较低	较高		耐　磨	较低	较高
	粘　度	较低	较高		伸　长	较低	较高
	生热量	较低	较高		撕裂强度	较高	较低
	焦烧时间	较长	较短		耐屈挠	较高	较低
	压出膨胀	较高	较低		弹　性	不变	不变
	压出光滑性	较低	较高		导电性	较低	较高
	压出速度	不变	不变				

所以对炭黑结构的选择，首先应根据产品性能的要求，然后再根据加工工艺的需要来决定。

在橡胶工业中，炭黑是仅次于橡胶居第二位的重要原料。其耗用量一般约占橡胶耗量的 $40\%\sim50\%$，对天然胶用量常为橡胶的 $10\%\sim50\%$，对丁苯胶用量则为 $30\%\sim70\%$，它不仅能提高橡胶制品的强度，而且能改进胶料的工艺性能，赋予制品耐磨耗、耐撕裂、耐热、耐寒，耐油等多种性能，以延长制品的使用寿命。炭黑是橡胶重要补强填充剂。对非结晶性橡胶补强尤为显著。

第三节　配方设计基本概念

在橡胶制品的生产中，配方占有重要的位置。据统计在轮胎厂中常用的标准配方数是130 种左右，非轮胎制品厂则为 200～1000 种左右。橡胶配合剂种类繁多，作用复杂，用量不一。因此，怎样使制品获得最佳的综合平衡性能，怎样选择配合剂种类和用量，怎样制定工艺条件才经济合理，这些都是配方设计的重要课题。

近十年来橡胶配方设计是按统计配方方法（或称计算机配方方法）进行的，即用一个响应函数描述胶料性能与配合剂组分或工艺过程的热力学参数之间的关系，通过试验和多元回归方法估计响应方程（或称回归方程式）的系数，试验设计和结果分析在数理统计理论指导下进行。计算和最佳化则由电子计算机完成。现在可以说，橡胶的配方设计已建立在牢固的科学理论基础上，从而结束了橡胶配方设计的经验或半经验的状况。

现在配方和初期配方不同，初期的配方着重考虑硫化系统，现在趋向兼顾操作方便，提高性能及降低成本等方面。就配合组分类别来看，可概括为五个系统：

主体原料	生胶、再生胶
硫化系统	硫化剂、促进剂、促进剂的活性剂（活性剂）、促进剂的延迟剂（防焦剂）
操作系统	增塑剂（化学增塑剂，物理增塑剂）
成本系统	增容剂
性能系统	补强剂、防老剂、着色剂、发泡剂、芳香剂，增硬剂等。

凡是用于工业大规模生产的配方，上述各方面都需兼顾，因而配方具有多组成特点。一个具有实用意义的常用配方，其配合组分数如下：

生胶（主体原料）……………………………1～2　　性能系统………………………………2～5

硫化系统……………………………………4～5　　成本系统………………………………1～2

操作系统……………………………………1～2　　合计……………………………………9～16

一、配方种类

配方种类有三种：即基础配方、性能配方和生产配方。

基础配方是专供研究或鉴定新胶种，新配合剂用的，其配合组分的比例一般采用传统的使用量，以便对比，并要求尽可能简单。通用的基础配方其组分和用量如下：

生胶……………………………100　　金属氧化物……………………………1～10

硫黄……………………………0.5～3.5　　有机酸……………………………0.5～2.0

促进剂……………………………0.5～1.5　　防老剂……………………………0.25～1.5

性能配方是为了达到某种特性要求而进行的，其目的是为了满足产品性能的要求以及工艺上的要求，提高某方面的特性及探讨新的特性配合剂等。

生产配方是在前两种研究基础上，结合实际生产条件所作的实用投产配方。

制定配方，一般都是以生胶为 100 重量份为基础来考虑其它配合剂的重量比。若生胶为二种以上，则以它们的重量总和为 100 来考虑。

二、配方设计的原则

在配方设计之前，首先必须了解制品的使用条件，并考虑制品的质量，使用寿命及物理机械性能。第二必须了解对使用的生胶和配合剂的性质以及各种配合剂的相互间的关系，尤其是使用新型原材料时，对其质量，等级情况要有分析和实验的结果。第三，原材料的使用必须立足于国内，因地制宜。最后，在制定配方时，还必须考虑到设备的特点和制造工艺上的方便，尽量降低成本，降低原材料消耗。

三、配方设计的程序

配方设计的程序首先要确定胶料的技术要求，通过调查研究，查阅类似或接近的技术资料，明确产品的技术要求。这样做可使设计工作有具体目标和可以衡量配方是否满足预定的要求。胶料技术要求的内容应包括：产品用途、使用部位及应起的作用；产品具体使用条件（工作温度范围、工作压力、工作周期、频率及使用寿命等）；胶料的工艺性能；各项性能指标等。第二，编制设计方案，制定出基本试验配方和变量试验范围。这时应考虑原材料的选择和性能试验项目的确定。第三，进行试验与整理资料。第四，选取最佳配方，通过在试验室进行的基本配方和变量试验，进行取舍并选出其综合平衡性能最好的配方。第五，复试和扩大中试，选取的试验配方应再复试3～5次，如其性能稳定合格，可进行车间中试，借以检验胶料的工艺性能，硫化胶的物理机械性能和成品的机床性能，初步确定其最宜工艺条件。第六，确定生产配方，通过上述步骤，对选定的配方逐步修正到适合车间生产条件为止。最后确定生产配方的组分、用量、胶料质量指标、工艺条件（主要指塑、混炼条件、硫化条件）及检验方法等整套资料。确定配方组分与用量时，应经过表 8-5 所示的程序。表 8-6 和表 8-7 列出两种橡胶的配方实例。

表 8-5　确定配方组分与用量的程序

确　定　项　目	考　虑　事　项
生胶类别	根据主要性能指标确定主体材料（单用或并用）及含胶率
确定硫化系统	根据生胶的类型和品种、施工要求（加热硫化或冷硫化）及特性要求来确定
确定胶料的比重并选定补强填充剂、增容剂品种和用量	胶料性能及成本要求
确定增塑剂品种与用量	胶种及加工条件
确定防老剂品种与用量	根据产品使用环境的条件
确定其它专用配合剂（着色、发泡）的品种与用量	根据产品的特性要求

表 8-6　天然橡胶的基本配方

原　材　料	纯胶配方	含炭黑配方	白色填料配方	无　硫　黄　配　方	
天然胶	100	100	100	100	100
硬脂酸	1	3	3	1	1
氧化锌	5	5	5	5	10
硫　黄	2.5	3	3	—	—
促进剂 DM	1	1	1	—	—
促进剂 TMTD	—	—	—	3	—
促进剂 TS	—	—	—	—	1
促进剂 PMTT	—	—	—	—	1.25
防老剂	1	1	1	—	2
炭　黑	—	50	—	—	—
白色填料	—	—	75	—	—
硫化温度℃	140	140	140	145	145

表 8-7　丁苯橡胶的基本配方

原材料	含炭黑配方(1)	含炭黑配方(2)	含白炭黑配方	原材料	含炭黑配方(1)	含炭黑配方(2)	含白炭黑配方
高温丁苯胶	100	—	—	硬脂酸	—	1.5	1.5
低温丁苯胶	—	100	100	炭　黑	40	40	—
硫　黄	2	2	2	含水硅酸盐	—	—	30
氧化锌	5	5	5				
促进剂 DM	1.75	3	1.5	硫化温度,℃	150	150	150
促进剂 TMTD	—	—	0.1				

主要参考文献

〔1〕 C. M. Blow：“Rubber Technology and Manufacture”，Butterworths，1971

〔2〕 M. Morton：“Rubber Technology”，2ed.，Van Nostrand Reinbold Co.，1973

〔3〕 箕浦有二：“新レレ形态のゴム一诸言一”日本ゴム协会志，48，5，257～262，1975

〔4〕《橡胶工业手册》第三分册，石油化工出版社，1978

〔5〕 G. Kraus：“Reinforcement of Elastomers by Carbon Black”，Rub. Chem. Tech.，51，2 297～321（1978）

〔6〕 北京橡胶工业研究所：《橡胶制品工业》，燃化工业出版社，1974

第九章 胶料的加工

第一节 胶料的加工性能

生胶或胶料的流动性质是整个橡胶加工过程中最重要的基本性质。橡胶的塑炼、混炼、压延、压出、铸模等操作都是通过胶料的流动来实现的。所以，讨论橡胶的流动性质具有十分重要的意义。

目前认为，影响生胶加工性能的流动性质的因素主要是粘度、弹性记忆和断裂过程的力学特性（以下简称断裂特性）。而影响这些性质的链结构参数主要是平均分子量，分子量分布和长支链支化（以下简称支化）。

一、粘 度

粘度与橡胶的可塑性密切相关。橡胶粘度大，可塑性小；反之，则可塑大。粘度对橡胶加工的影响可直接从可塑性指标看到。当橡胶可塑性过大时则不易混炼，压延时粘辊；胶浆粘着力小，成品的机械性能低。可塑性过小则混炼不易均匀，压延布料易掉皮、收缩率大、压模花纹棱角不明、胶片表面粗糙。可塑度不均匀直接影响工艺性能及硫化胶物理性能不一致，严重地影响压延、压出时局部收缩的均匀性。因此，粘度对整个工艺过程及产品质量有着密切的关系。

如第二章所述，生胶或胶料和大多数高分子化合物一样，在一定温度下其粘度不是一个常数，而是随着剪应力或剪切速率增加而减少。粘度下降与生胶或胶料的松弛时间有关。如流动速率很慢，流动时间与橡胶分子链的松弛时间差不多，则在流动过程中分子链一面滑动一面收缩，既有流动的阻力又有分子链收缩运动的阻力，两种阻力加在一起。因此，η_0（$\dot{\gamma} \to 0$ 时的粘度）为最大值。当流动速率高的时候，流动时间比松弛时间小，分子链来不及收缩，或者只收缩一部分，由于减少了这一部分的阻力，故粘度下降。在除去剪应力之后，胶料的分子继续收缩，膨胀率就比较大。

橡胶在各种加工过程中流动速率都较大，亦即剪应力和剪切速率都较大，例如炼胶和压延的剪切速率为 $10 \sim 10^2$ 秒$^{-1}$，压出为 $10^2 \sim 10^3$ 秒$^{-1}$，注射为 $10^3 \sim 10^4$ 秒$^{-1}$。在这样的条件下，胶料很柔软，流动性很好，不易烧焦。但胶料流动速率太高也有不利之处，即半成品的膨胀大，表面不光滑，擦胶时易压破帘子线等。

橡胶在塑性流动中，还同时存在着可逆弹性形变。橡胶的这种粘弹性质受橡胶的种类、分子结构（分子量的大小、分子量分布和支化）、配合剂和炼胶程度等因素的影响。一种胶料在工艺操作过程中，由于温度的高低以及受力作用时间的长短，粘弹行为的表现极不相同，既可具有像粘性液体那样的流动性，又可能呈现为弹性固体的性质。

力的作用时间决定于机器转动的速度。机器转动快则力的作用时间就短；相反，则力的作用时间就长。同一胶料，如外力作用时间比胶料松弛时间短的多，则胶料的主要性质为弹性，形变恢复量大；相反，如外力作用时间长，且超过松弛时间很多，则胶料有如普通液体那样，呈现平稳的流动性质，形变恢复量小，出片光滑。因此，调整机器的速度是获得良好半成品的一个重要手段。

生胶的粘度随着温度的升高而降低，这是由于温度升高，增加了分子运动的能量，以及降低了分子间的内聚力所致。

温度和外力作用时间虽然是两个因素，但对橡胶粘弹性的影响实际是等效的。亦即对于橡胶来说，高温短时间作用的效果与低温长时间作用的效果相当。在实际生产中，为使胶料呈现为粘性流动状态，以获得光滑的胶片，不论采用低温低速（长时间）混炼或是高温高速（短时间）混炼，效果是相同的。

分子量、分子量分布和分子的支化度对橡胶粘度的影响与所有的高分子化合物相似，同样也影响橡胶加工工艺性能。天然胶分子量巨大；弹性非常高而可塑性低，所以难以加工。为降低生胶弹性和粘度，增加其塑性和流动性，最有效的方法是降低生胶的分子量。各种橡胶的分子量分布极不相同，同一种胶的分子量分布因合成方法的不同而不同。分子量低的级分多则生胶粘度低，易于加工；但过多就易于粘辊。分子量高的级分多则生胶粘度大，不易加工。天然胶、丁苯胶以及丁腈胶等的分子量分布都较宽，它们都易于加工；相反，顺丁胶、聚异戊二烯胶的分子量分布较窄，故难于加工。

对于橡胶加工，为了使用上的方便，分子量分布也可以用累积重量分布曲线上的三个分子量（或相应的特性粘度 $[\eta]$ 值）来表示，即用重均分子量 $\overline{M}_w$、（或 $[\eta]$）累积重量分数为 0.1 时的分子量值 $M_{0.1}$（或 $[\eta]_{0.1}$）和累积重量分数为 0.9 时的分子量 $M_{0.9}$（或 $[\eta]_{0.9}$）来表示，如图 9-1 所示。

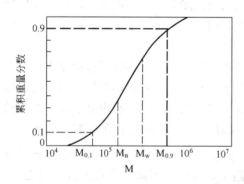

图 9-1　累积重量分数分子量分布曲线

$M_{0.1}$ 表示试样中有 10% 重量份的分子的分子量在 $M_{0.1}$ 以下，$M_{0.9}$ 表示试样中有 10% 重量份的分子的分子量在 $M_{0.9}$ 以上。分子量分布宽窄可以用 $M_{0.9}/M_{0.1}$ 的比值来表示。或者更细致些，可以 $M_{0.9}/M_w$ 表示分子量分布的高分子量部分的宽窄，以 $M_w/M_{0.1}$ 表示分子量分布中低分子量部分的宽窄程度。这比通常文献中采用 M_w/M_n（M_n 为数均分子量）比值来表示分子量分布的宽窄程度更为直观，简单，而且更敏感地反映出生胶的加工性能。

生胶分子量分布对加工性能的影响，主要应注意生胶的平均分子量、高分子量尾端和低分子量尾端三部分。生胶试样中高分子量尾端的存在影响粘度对剪切速率的依赖性，使零切粘度值增高，使开始呈现非牛顿性的剪切速率减小，生胶的弹性记忆显著增大。生胶的最大松弛时间实际上反映生胶的零切粘度 η_0 值，即反映生胶分子量分布的高分子量尾端。生胶试样中低分子量尾端如果比 $M_{0.1}$ 值小得很多，就会引起生胶的冷流现象。高分子量尾端如果比 $M_{0.9}$ 大很多则压出时胶料膨胀收缩严重。

橡胶一般由线型长链分子所组成，但有时亦有支链。合成橡胶在聚合反应中生成直链高聚物是主要的，但当转化率大和温度高的时候则可生成长的支链。支化程度高就会生成凝胶。凝胶是网状结构，与硫化胶相似，不溶于溶剂。凝胶的分子量可以看成非常大，以致使合成胶变硬。良好的合成胶不应有凝胶。

分子上带有长支链的橡胶比较硬（粘度高），但经过塑炼后的塑炼胶（适当地切短的分子链）流动性却很好，易于操作，压出半成品的收缩率小。另一方面，如在较高的温度下塑炼合成胶（没有化学增塑剂时），则胶料会因支化而愈炼愈硬。

在胶料中加入少量再生胶，则胶料的流动性能得到改善，压出容易，膨胀率小；但由于再生胶的结构大部分是带支链的分子（但支链不长）所组成，支链的引入降低了硫化胶的机械性能。

图 9-2 表示有相近门尼粘度数值（即有相近的平均分子量），但有不同分子量分布和分子量支化度的三种橡胶粘度对剪切速率的关系。第一种胶料有长支链，它的 η_0（$\dot{\gamma} \to 0$）最大，但它对剪切速率的敏感性最大，曲线向 $\dot{\gamma}$ 轴弯曲程度最大；第二种胶料的分子量分布较宽，短

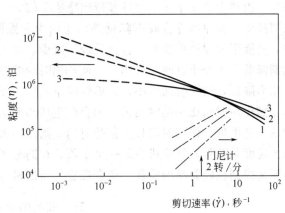

图 9-2　三种聚丁二烯胶的粘度对剪切速率的依赖性
1—具有长支链；2—分子量分布较宽；3—分子量分布窄

分子间杂有一些很长的分子，对于剪切的敏感性也大，但敏感性低于第一种胶料；第三种胶料的分子量分布很窄，分子的长短差不多，它在低剪切速率时粘度最低，对于剪切速率的敏感性最小。在量度可塑性的时候（剪切很慢，$\dot{\gamma} < 1 \sim 2$ 秒$^{-1}$），三种胶料的粘度是 $\eta_1 > \eta_2 > \eta_2$（即它们的可塑性是 3>2>1），但在炼胶、压延、压出，注射等工艺操作过程中（$\dot{\gamma}$ 在 $10 \sim 10^2$ 秒$^{-1}$），它们的粘度是 $\eta_1 < \eta_2 < \eta_3$（即它们的流动性是 1>2>3）。也就是说，1 比 2 容易加工，2 又比 3 容易加工。

二、弹性记忆

生胶粘弹性在橡胶加工中的表现，是所谓弹性记忆，即橡胶在流动中除发生不可恢复的形变外，还存在着可恢复的弹性形变。例如，在给定剪切速率下流动忽然停止，可以观察到回缩，即弹性恢复。生胶在压出机机头口模入口端和出口端表现明显的入口效应和离模膨胀，其原因已在第三章讨论，此处不再重复。生胶压出物的胀大对压出物成型的尺寸影响很大，因此工艺上应特别注意。

弹性记忆效应的大小取决于流动时可恢复形变量和松弛时间的大小，如果松弛时间短并很快地恢复，到观察效应的时候已不复存在，好象发生过形变已经忘掉了，如果松弛时间长，到观察效应的时候留存可恢复形变还很大，就可能观察到这部分形变的恢复。所以生胶的弹性模量和生胶最大松弛时间是影响弹性记忆效应的因素。生胶的分子量、分子量分布、长支链支化对弹性模量的影响目前还不大清楚；但是分子量大，高分子量级分多和长支链多，则肯定都会使最大松弛时间增长，也就是说，都会使弹性记忆效应显著。生胶最大松弛时间 t_{max} 实际上反应了生胶的零切粘度 η_0，因为在生胶的应力松弛实验中最长时间的松弛就是由于在极小形变速率下的流动，曾采用门尼回缩，零切粘度 η_0，最大松弛时间 t_{max} 值等参数表示生胶的弹性记忆效应，但是采用在给定条件下的挤出物的膨胀比 B 来表示则更加方便简单，而且直观。必须注意，生胶 B 值与压出速度，压出切变速率，口型长径比，口型入口角有关，因此必须规定其测试条件。

橡胶的种类，胶料中的含胶率，炭黑、软化剂的含量以及温度和剪切速率都影响弹性记忆效应。以下分别加以讨论。

天然胶由于其分子间作用力较小，松弛时间短，因而其膨胀率小于丁苯胶，氯丁胶和丁腈胶。胶料中含胶率高，弹性及压出膨胀率较大，半成品表面粗糙。胶料中加入炭黑使得膨胀率降低，其原因除含胶率降低外，还因为炭黑的大量空隙能吸进橡胶，从而使流动过程中，可能引起弹性形变的"自由橡胶"减少。加入软化剂也可降低橡胶膨胀率，这是因为软化剂降低了大分子之间的作用力，使松弛时间缩短。温度高可导致分子间距离增大，分子间作用力降低，松弛时间缩小，因而膨胀率减少。压出速度提高，使剪切速率增大，作用时间短、如作用时间比松弛时间短，则会产生压出膨胀。所以压出速度高，膨胀率就大；反之，如压出速度低，作用时间长于松弛时间，则压出膨胀率较少，胶片光滑，所以调整压出机的压出速度是获得良好半成品的一个手段。在高分子物中，橡胶压出胶的弹性记忆特别明显，因而为控制橡胶制品的质量，要合理进行压出机口型设计，配方设计以及加工条件的制订。

三、胶料的断裂特性

实际的生胶既不是一个完全的弹性体（理想生胶），也不是一个完全的塑性体，而是一个既有弹性又有粘性的粘弹性体。因此，实际生胶在外力作用下可发生弹性形变，粘弹形变和塑性形变而至断裂。

生胶的断裂特性（Faliure Characteirstics）可用 θ_d 和 λ_b 来表征。θ_d 叫做形变指数（Deformation index），它的大小为 $\theta_d = \dfrac{U_{be}}{U_b}$；$\lambda_b$ 叫做断裂伸长比，它的大小为 $\lambda_b = \dfrac{I_b}{I_0}$；上面两式中的 U_{be} 称理想生胶断裂能量密度（即拉伸至断裂点时外力对单位体积的理想生胶所作的功）；U_b 称实际生胶断裂能量密度（即拉伸至断裂点时外力对单位体积的实际生胶所作的功）；I_b 为生胶被拉至断裂点时的长度；I_0 为生胶拉伸前的长度。

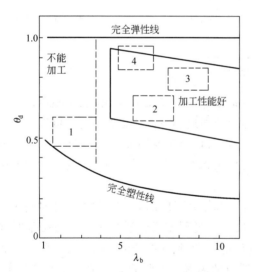

图 9-3 表征生胶加工性能的 θ_d-λ_b 图
1—分子量分布窄的溶液聚合丁苯橡胶和丁二烯橡胶；
2—分子量分布宽的溶液聚合丁苯橡胶和丁二烯橡胶；
3—低温乳液聚合丁苯橡胶；4—高温乳液聚合丁苯橡胶

生胶的断裂特性对生胶的加工性能影响很大，根据理论分析，某些生胶的影响情况如图 9-3 所示。

实际生胶是一个粘弹性体，因此它落在完全弹性线和完全塑性线之间。并且加工性能不好的生胶在虚线左边，加工性能好的生胶在虚线右边。分子量分布窄的溶聚丁苯胶和丁二烯胶是在虚线的左边，这两种胶呈干酪状，容易脱辊，加工十分困难，甚至不能加工。分子量分布宽的溶聚丁苯胶和聚丁二烯，低温乳聚丁苯胶，高温乳聚丁苯胶是在虚线右边，这些生胶包辊性好，容易加工。

影响生胶断裂特性的因素有分子量，分子量分布，支化度等。从图 9-3 可知，分子量分布宽的向右移；分子量大，支化程度高向上移（高温乳聚丁苯由于凝胶的生成其分子量和支化度都较低温乳聚丁苯高）。因此为了使生胶有好的加工性能，必须控制生胶分子量，分子量分布和支化度使得其 θ_d 和 λ_b 值稍大些。

断裂特性对加工性能影响的实例见 9-3 节。

第二节 塑 炼

一、塑炼的目的

橡胶受外力作用产生变形，当外力消除后橡胶仍能保持其形变的能力叫做可塑性。增加橡胶可塑性的工艺过程称为塑炼。使橡胶具有必要的可塑性在工艺上极为重要，因为橡胶有恰当的可塑性才能在混炼时与各种配合剂均匀混合；在压延加工时易于渗入纺织物中；在压型、注压时具有较好的流动性。此外，塑炼还能使橡胶的性质均匀，便于控制生产过程。但是，过度塑炼会降低硫化胶的强度、弹性、耐磨等性能，因此塑炼操作需严加控制。表9-1中简要地列出了橡胶可塑性对性能的影响关系。

表 9-1　橡胶可塑性与性能的关系

性　能	可塑性 高	可塑性 低	性　能	可塑性 高	可塑性 低
收缩性	小	大	渗入性	大	小
流动性	大	小	混炼发热量	小	大
溶解性	大	小	物理机械性能（机械强度、弹性、耐磨和耐老化等）	低	高
粘着性	大	小			

橡胶可塑度通常以威廉氏可塑度、门尼粘度和德弗硬度等表示。

威廉氏可塑度（P）系根据一定温度的试片，在两平行板间受一定负荷作用下的高度变化来表示：

$$P = \frac{h_0 - h_2}{h_0 + h_1}$$

式中　h_0——试片原高度；

　　　h_1——试片在70℃温度下，在平行板间受5公斤负荷挤压、3分钟后的高度；

　　　h_2——试片去掉负荷，在室温恢复3分钟之后的高度。

当试片是完全弹性体时，$h_2 = h_0$（即 $P = 0$），是完全塑性体时 $h_2 = h_1 = 0$（即 $P = 1$），因此 P 可取 0～1 的数值。

门尼粘度表征试样于一定温度、压力和时间的情况下，在活动面与固定面之间变形时所受的扭力。德弗硬度系依据试样在一定温度和时间内压至规定高度所需要的重荷（克）来表示。

近年来，大多数合成胶和某些天然胶，在生胶制造过程中控制了生胶的初始可塑度，可以不经过塑炼而直接进行混炼，例如软丁苯、软丁腈及低粘度天然胶等。

二、塑 炼 机 理

橡胶经塑炼以增加其可塑性，其实质乃是使橡胶分子链断裂，降低大分子长度。断裂作用既可发生于大分子主链，又可发生于侧链。由于橡胶在塑炼时，遭受到氧、电、热，机械力和增塑剂等因素的作用，所以塑炼机理与这些因素密切相关，其中起重要作用的则是氧和机械力，而且两者相辅相成。通常可将塑炼区分为低温塑炼和高温塑炼，前者以机械降解作用为主，氧起到稳定游离基的作用；后者以自动氧化降解作用为主，机械作用可强化橡胶与氧的接触。

下面以天然胶为例，分别叙述低温塑炼机理和高温塑炼机理。

1. 低温塑炼机理

低温塑炼时，橡胶分子在机械力作用下断裂并产生下述形式的游离基：

$$\underset{}{\sim\sim CH_2-\underset{\underset{}{CH_3}}{\overset{|}{C}}=CH-CH_2-CH_2\sim} \xrightarrow{\text{剪切力}} \underset{(I)}{\sim\sim CH_2-\underset{\underset{}{CH_3}}{\overset{|}{C}}=CH-CH_2\cdot} + \underset{(II)}{\cdot CH_2\sim\sim}$$

在氮气中或缺氧时，游离基可重新结合。但在空气中，游离基与氧作用：

$$\underset{}{\sim\sim CH_2-\underset{\underset{}{CH_3}}{\overset{|}{C}}=\underset{\cdot}{CH-CH_2}} +O_2 \longrightarrow \underset{(III)}{\sim\sim CH_2-\underset{\underset{}{CH_3}}{\overset{|}{C}}=CH-CH_2-O-O\cdot}$$

$$\underset{\cdot}{\sim\sim CH_2} +O_2 \longrightarrow \underset{(IV)}{\sim\sim CH_2-O-O\cdot}$$

上述（Ⅲ）、（Ⅳ）为新生成的橡胶大分子过氧化物游离基，它们在室温下不稳定，会发生如下反应：

$$(IV) + \sim\sim CH_2-\underset{\underset{}{CH_3}}{\overset{|}{C}}=CH-CH_2\sim\sim \longrightarrow \underset{(V)}{HOO-CH_2\sim\sim}$$

$$+ \underset{(VI)}{\sim\sim CH_2-\underset{\underset{}{CH_3}}{\overset{|}{C}}=CH-\underset{\cdot}{CH}\sim\sim}$$

$$(VI) +O_2 \longrightarrow \underset{(VII)}{\sim\sim CH_2-\underset{\underset{}{CH_3}}{\overset{|}{C}}=CH-\underset{\underset{O-O\cdot}{|}}{CH}\sim\sim}$$

$$(VII) + \sim\sim CH_2-\underset{\underset{}{CH_3}}{\overset{|}{C}}=CH-CH_2\sim\sim \longrightarrow \sim\sim CH_2-\underset{\underset{}{CH_3}}{\overset{|}{C}}=CH-\underset{\underset{OOH}{|}}{CH}\sim\sim +(VI)$$

（Ⅷ）

于是生成稳定产物（Ⅴ）和（Ⅷ），分子长度降低。此外，也可能生成—O—O—型交联产物，如：

$$(VII) + \sim\sim CH_2-\underset{\underset{}{CH_3}}{\overset{|}{C}}=CH-CH_3\sim\sim \longrightarrow \sim\sim CH_2-\underset{\underset{}{CH_3}}{\overset{|}{C}}=CH-\underset{\underset{\underset{\underset{}{\sim\sim CH_2-CH_2-\underset{\underset{CH_3}{|}}{\overset{\cdot}{C}}\sim\sim}}{|}}{\underset{\underset{O}{|}}{\underset{\underset{|}{O}}{}}}}{CH}$$

（Ⅸ）

实际上，这种交联很少发生，因为在低温塑炼时，粘度显著下降而非升高。

当有化学增塑剂硫酚等游离基接受剂存在时，会使机械断链作用生成的橡胶大分子游离基（Ⅰ）发生如下反应：

$$(I) + \langle\!\!\!\bigcirc\!\!\!\rangle-SH \longrightarrow \sim\sim CH_2-\underset{\underset{}{CH_3}}{\overset{|}{C}}=CH-CH_3 + \cdot S-\langle\!\!\!\bigcirc\!\!\!\rangle$$

$$（Ⅰ）+ ·S-\bigcirc \longrightarrow \sim\sim CH_2-\underset{\underset{CH_3}{|}}{C}=CH-CH_2-S-\bigcirc$$

结果使游离基（Ⅰ）稳定，生成端部为 $·S-\bigcirc$ 所封闭的较短的分子链。

2. 高温塑炼机理

在高温情况下，由于空气中氧对橡胶分子的自动氧化作用，形成大分子游离基（Ⅹ）：

$$\sim\sim CH_2-\underset{\underset{CH_3}{|}}{C}=CH-CH_2-CH_2\sim\sim \xrightarrow{O_2} \sim\sim CH_2-\underset{\underset{CH_3}{|}}{C}=CH-\overset{·}{C}H-CH_2\sim\sim +HOO·$$
$$（Ⅹ）$$

在氮气中或空气不足时，（Ⅹ）可产生交联。空气充足时，可继续被氧化：

$$（Ⅹ）+O_2 \longrightarrow \sim\sim CH_2-\underset{\underset{CH_3}{|}}{C}=CH-\underset{\underset{OO·}{|}}{C}H-CH_2\sim\sim$$
$$（Ⅺ）$$

$$（Ⅺ）+ \sim CH_2-\underset{\underset{CH_3}{|}}{C}=CH-CH_2\sim \longrightarrow \sim CH_2-\underset{\underset{CH_3}{|}}{C}=CH-\underset{\underset{OOH}{|}}{C}H-CH_2\sim +（Ⅹ）$$
$$（Ⅻ）$$

$$（Ⅻ）\longrightarrow \sim\sim CH_2-\underset{\underset{CH_3}{|}}{C}=CH-\underset{\underset{O·}{|}}{C}H-CH_2\sim\sim +·OH \longrightarrow \sim\sim CH_2-\underset{\underset{CH_3}{|}}{C}=CH-CHO +$$
$$（ⅩⅢ）\qquad\qquad （ⅩⅣ）$$
$$+·CH_2\sim +·OH$$

$$或 \longrightarrow \sim\sim CH_2-\underset{\underset{CH_3}{|}}{C}=CH-CHO + HO-CH_2\sim\sim$$
$$（ⅩⅤ）$$

（ⅩⅣ）可在高温下氧化生成羧酸，甚至在非常高的温度下与（ⅩⅤ）反应生成酯。

当有引发剂型化学增塑剂（如过氧化苯甲酰）存在，高温会对生胶自动氧化起如下的促进作用：

$$\bigcirc-\overset{\overset{O}{||}}{C}-O-O-\overset{\overset{O}{||}}{C}-\bigcirc \longrightarrow 2\bigcirc-\overset{\overset{O}{||}}{C}-O·$$

$$\sim\sim CH_2-\underset{\underset{CH_3}{|}}{C}=CH-CH_2\sim\sim + \bigcirc-\overset{\overset{O}{||}}{C}-O· \longrightarrow \sim\sim CH_2-\underset{\underset{CH_3}{|}}{C}=CH-\overset{·}{C}H\sim + \bigcirc-\overset{\overset{O}{||}}{C}-OH$$
$$（ⅩⅥ）$$

生成的大分子游离基（ⅩⅥ）在空气中会进一步氧化分解，最后得（Ⅻ）。在氮气中或氧不足的情况下，游离基（ⅩⅥ）互相之间发生反应，还原为长分子或形成交联，产生凝胶。

若使用混合型（链转移型）化学增塑剂，如硫醇类和二邻苯甲酰氨基苯基二硫化物类增塑剂，在有氧存在下最初起引发剂作用，同时又有游离基接受体作用，以防止橡胶大分子游离基相互反应。如果温度较高，并有氧存在时，硫醇会分解：

$$\bigcirc-SH +O_2 \longrightarrow \bigcirc-S· + ·OOH$$
$$（ⅩⅦ）\qquad （ⅩⅧ）$$

这时，（ⅩⅦ）起游离基接受体作用，（ⅩⅧ）起游离基引发剂作用，可表示如下：

$$（ⅩⅧ）+ \sim\!\sim\!CH_2-\underset{\overset{|}{CH_3}}{C}=CH-CH_2\sim\!\sim \longrightarrow \sim\!\sim CH_2-\underset{\overset{|}{CH_3}}{C}=CH-\overset{\cdot}{CH}\sim\!\sim +H_2O_2$$

$$（ⅪⅩ）$$

生成的橡胶游离基（ⅪⅩ）在空气中会按（Ⅺ）～（ⅩⅤ）氧化分解，产生稳定的较短的分子。

$$（ⅩⅦ）+ \sim\!\sim\!CH_2-\underset{\overset{|}{CH_3}}{C}=CH-\overset{\cdot}{CH}\sim\!\sim \longrightarrow \sim\!\sim CH_2-\underset{\overset{|}{CH_3}}{C}=CH-\underset{\overset{|}{S}}{CH}\sim\!\sim$$

塑炼时，辊筒对生胶的机械作用力很大，并迫使橡胶分子链断裂，这种断裂大多发生在大分子的中间部分。

机械力对生胶分子的断链作用，可以用下式进行理论分析：

$$\rho \simeq K_1 e^{\frac{1}{E-E_0\delta/RT}} \tag{9-1}$$

$$F_0 = K_2 \eta \dot{\gamma}\left(\frac{M}{\overline{M}}\right)^2 \tag{9-2}$$

式中 ρ——分子链断裂几率；

K_1，K_2——常数；

   E——分子化学键能，如—C—C—链断裂能量约为 80 千卡/克分子；

  F_0——作用于分子链上的力；

    δ——链断裂时伸长长度；

  $F_0\delta$——链断裂时的机械功；

$\eta\dot{\gamma}(=\tau)$——作用于分子链上的剪应力；

  $\overline{M}$——平均分子量；

  M——最长分子的分子量包括有长支链的和缠结点在内。

对一定品种的橡胶来说，E 和 K_1 为定值，在低温时 RT 值不大，断裂的多少（即几率）则主要取决于 F_0。F_0 值愈大式（9-1）的分母愈小则 ρ 值愈大，即断裂愈多。而 F_0 值的大小，如式（9-2）所示，取决于剪应力 τ 的大小。温度低，生胶粘度大，剪应力也大，断链作用加强。低温塑炼要求尽可能降低辊温及胶温就是这个缘故。

塑炼时，机械作用使橡胶分子链断裂并不是杂乱无章的，而是遵循着一定规律。研究表明，当剪应力作用于橡胶时，其分子将沿着流动方向伸展，其中央部分受力最大，伸展也最大，同时链段的两端却仍多少保持着一定的卷曲状。当剪应力达到一定值时，大分子中央部分的链便首先断裂。同时分子量愈大，分子链中央部位所受剪应力也愈大。剪应力一般随着分子量的平方而增加，如式（9-2）所示。因此，分子链愈长愈容易切断。

顺丁胶等之所以难以机械断链，重要原因之一就是因为生胶中缺乏较高的分子量级分。当加入高分子量级分后，低温塑炼时就能获得显著的效果。

根据这个理论，在塑炼过程中，生胶的最大分子量级分将最先受断裂作用而消失，低分子量部分可以不变，而中等分子量级分得以增加。因此，生胶的初始分子量分布将随之发生显著的变化；对初始分子量分布较宽的生胶来说，其一般规律是分子量分布变窄。

随着塑炼时间的增加，生胶分子量分布变窄，这是总的趋势，但是有时（如天然胶）也会出现第二个波峰。产生这一现象的主要原因是生胶分子链断裂后，由于供氧不足等缘故，断裂分子又相互结合，构成较大的分子。不过，与前者相比，这种现象仍是次要的。

机械断链作用在塑炼的最初时期表现得最为剧烈，分子量下降得最快，以后渐趋平缓，并进而达到极限，即分子量不再随塑炼而变化，此时的分子量即称为极限分子量。每一种橡胶都有特定的极限分子量。经低温塑炼后，天然胶分子量可小至 7～10 万。分子量小于 7 万的则不再受炼胶机上机械力破坏（这时，生胶太粘、太软，其硫化胶性能极低，所以称为过炼）。顺丁胶缺乏天然胶的结晶性，分子量在 4 万以下即不受机械力破坏。丁苯胶和丁腈胶虽然由丁二烯合成，但由于分子内聚力比顺丁胶大，玻璃化温度较高，所以分子量降低程度介于顺丁胶和天然胶之间。但是总的来说，这些合成胶塑炼后平均分子量都比天然胶为高，所以，都不容易产生过炼。

与上述情况相反，在高温塑炼时并不发生分子量分布过窄的情况，因为氧化对分子量最大和最小部分都起同样作用。在高温塑炼中机械力作用与低温塑炼中的断链作用不同，主要是不断翻动生胶，以增加橡胶与氧的接触，促进橡胶分子自动氧化断裂。

从上述塑炼原理中，已可明显地看到，氧是塑炼中不可缺少的因素，缺氧时，就无法获得预期的塑炼效果。氧在塑炼中与橡胶分子起到加成作用的事实，可由生胶经塑炼后不饱和度下降及重量增加等事实证明。试验还表明，生胶结合 0.03% 的氧，可使分子量减少 50%。生胶塑炼过程的静电现象将会促进氧对橡胶分子的氧化断链作用。静电是由于辊筒表面与橡胶不断摩擦而产生的，电位差以及电火花促使塑炼胶附近空气中的氧活化（可能生成原子态氧和臭氧）。

塑炼时，设备与橡胶之间的摩擦显然使得胶温升高。热对塑炼效果极为重要，而且在不同温度范围内的影响也不同。由于低温塑炼时，主要依靠机械力使分子链断裂，所以在低温区域内（天然胶低于 110℃）随温度升高，生胶粘度下降，塑炼时受到的作用力较小，以致塑炼效果反而下降。相反，高温塑炼时，主要是氧化裂解反应起主导作用，因而塑炼效果在高温区（天然胶高于 110℃）将随温度的升高而增大，所以温度对塑炼起着促进作用。于是温度对塑炼效果的影响曲线呈现"U"形（见图 9-4），中间范围效果最低。各种橡胶由于特性不同，对应于最低塑炼效果的温度范围也不一样，但温度对塑炼效果影响的曲线形状是相似的。

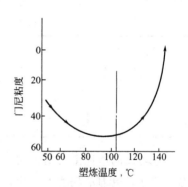

图 9-4　天然胶塑炼温度对门尼粘度的影响（塑炼 30 分钟）

由前已知，不论低温塑炼还是高温塑炼，使用化学增塑剂皆能提高塑炼效果。接受剂型增塑剂，如苯醌和偶氮苯等，它们在低温塑炼时起游离基接受剂作用，能使断链的橡胶分子游离基稳定，进而生成较短的分子；引发剂型增塑剂，如过氧化二苯甲酰和偶氮二异丁腈等，它们在高温下分解成极不稳定的游离基，再引发橡胶分子生成大分子游离基，并进而氧化断裂。此外，如硫醇类及二邻苯甲酰胺基苯基二硫化物类物质，它们既能使橡胶分子游离基稳定，又能在高温下引发橡胶形成游离基加速自动氧化断裂，所以，这类化学增塑剂称为混合型增塑剂或链转移型增塑剂。

三、塑 炼 工 艺

生胶在塑炼前通常需进行烘胶、切胶、选胶和破胶等处理。烘胶是为了使生胶硬度降低以便切胶，同时还能解除结晶。烘胶要求温度不高，但时间长，故需注意不致影响橡胶的物理机械性能；例如天然胶烘胶温度一般为 50～60℃，时间则需长达数十小时。生胶自烘房中取出后即切成 10～20 公斤左右的大块，人工选除其杂质后再用破胶机破胶以便塑炼。

按塑炼所使用的设备类型，塑炼可大致分为三种方法。

1. 开炼机塑炼

开放式炼胶机塑炼是使用最早的塑炼方法，其优点是塑炼胶料质量好，收缩小，但生产效率低，劳动强度大。此法适宜于胶料变化多和耗胶量少的工厂。

开炼机塑炼属于低温塑炼。因此，降低橡胶温度以增大作用力是开炼机塑炼的关键。与温度和机械作用力有关的设备特性和工艺条件都是影响塑炼效果的重要因素。

为了降低胶温，开炼机的辊筒需进行有效的冷却，因此辊筒内设有带孔眼的水管，直接向辊筒内表面喷水冷却以降低辊筒温度，这样可以满足各种胶料塑炼时对辊温的基本要求（见表 9-2）。此外，采用冷却胶片的方法也是有效的，例如使塑炼形成的胶片通过一较长的运输带（或导辊）经空气自然冷却后再返回辊上，以及薄通塑炼（缩小辊距，使胶片变薄，以利于冷却）皆可。分段塑炼的目的也是为了降低胶温，其操作是将全塑炼过程分成若干段来完成，每段塑炼后生胶需充分停放冷却。塑炼一般分为 2～3 段，每段停放冷却 4～8 小时。胶温随塑炼时间的延长而增高，若不能及时冷却，则生胶可塑性仅在塑炼初期显著提高，随后则变化很少，这种现象是由于生胶温度升高而软化，分子易滑动和机械降解效率降低所致。胶温高还会产生假可塑性，一旦停放冷却后，可塑性又降低。

表 9-2　各种橡胶塑炼时常用的辊温范围

胶　　　种	辊温范围,℃	胶　　　种	辊温范围,℃
天然胶	45～55	通用型氯丁胶	40～50
异戊胶	50～60	顺丁胶	70～80
丁苯胶	45 左右	丁腈胶	40 以下

两个辊筒的速比愈大则剪切作用愈强；因此，塑炼效果愈好。但是，随着速比的增大生胶温升加速，电力消耗增大，所以速比通常仅为 1：1.25 至 1：1.27。缩小辊间距也可增大机械剪切作用，提高塑炼效果。生胶通过辊距后的厚度 b 总是大于辊距 e，其比值 b/e 称为超前系数。超前系数愈大，说明生胶在两个辊筒间所受的剪应力愈大，可塑性增长也愈快。对于开放式炼胶机，超前系数多在 2～4 范围。

2. 密炼机塑炼

密炼机塑炼的生产能力大、劳动强度较低、电力消耗少；但由于是密闭系统，所以清理较难，故仅适用于胶种变化少的场合。

密炼机的结构较复杂，生胶在密炼室内一方面在转子与腔壁之间受剪应力和摩擦力作用，另一方还受到上顶栓的外压。密炼时生热量极大，物料来不及冷却，所以属高温塑炼，温度通常高于 120℃，甚至处于 160～180℃ 之间。依据前述之高温塑炼机理，生胶在密炼机中主要是借助于高温下的强烈氧化断链来提高橡胶的可塑性；因此，温度是关键。密炼机的塑炼效果随温度的升高而增大。天然胶用此法塑炼时，温度一般不超过155℃，以110～120℃最好，温度过高也会导致橡胶的物理机械性能下降。

密炼时，装胶容量和上顶栓压力都影响塑炼效果。容量过小或过大都不能使生胶得到充分辗轧。由于塑炼效果在一定范围内随压力增加而增大，因此上顶栓压力一般在5公斤/厘米² 以上，甚至达到6～8公斤/厘米²。

化学增塑剂在密炼机高温塑炼中的应用比在开炼机中更为有效。因为温度高对化学增塑效能具有促进作用。在不影响硫化速度和物理机械性能的条件下，使用少量化学增塑剂（生胶的0.3%～0.5%）可缩短塑炼时间30%～50%。

3. 螺杆机塑炼

螺杆塑炼的特点是在高温下进行连续塑炼。在螺杆塑炼机中生胶一方面受到强烈的搅拌作用，另一方面由于生胶受螺杆与机筒内壁的摩擦产生大量的热，加速了氧化裂解。

用螺杆机塑炼时，温度条件很重要，实践表明，机筒温度以95～110℃为宜，机头温度以80～90℃为宜。因为机筒高于110℃，生胶的可塑性也不会再有大的变化。机筒温度超过120℃则排胶温度太高而使胶片发粘、粘辊，不易补充加工。机筒温度低于90℃时，设备负荷增大，塑炼胶会出现夹生现象。

用螺杆机塑炼的生产效率比密炼机塑炼高，并能连续生产，这是它的优点。但在操作运行中产生大量的热，对生胶物理机械性能的破坏性较大是其缺点。如果对塑炼温度加以合理控制，则可将这种破坏限制在最低程度上。

四、各种橡胶的塑炼特性

橡胶的塑炼特性随其化学组成、分子结构、分子量、分子量分布等的不同而有显著差异。例如，天然胶与合成胶塑炼特性上的一系列差别可从表9-3中看出。

表 9-3　天然胶与合成胶塑炼特性的比较

特　性	天 然 胶	合 成 胶	特　性	天 然 胶	合 成 胶
塑炼难易	易	难	复原性	小	大
生　热	小	大	收缩性	小	大
增塑剂	有效	效果低	粘着性	大	小

合成胶塑炼较天然胶困难。天然胶塑炼前虽然塑性很低，初始门尼粘度在95～120之间，不过不论采用何种塑炼设备进行塑炼均能获得良好效果。国产烟片胶仅经过10分钟薄通塑炼后，门尼粘度即可下降到40左右。合成胶的塑炼特性与天然胶极为不同。合成胶难以塑炼的原因可从塑炼机理加以分析。根据塑炼机理，在低温塑炼时，最好满足下列主要条件：(i) 橡胶分子主链中有结合能较低的弱键存在；(ii) 橡胶所受剪应力较大；(iii) 被切断的橡胶大分子游离基不易发生再结合或与其它橡胶分子反应；(iv) 尽可能使橡胶大分子在断链氧化反应中生存的过氧化物对橡胶分子产生破坏（断链）作用，而不成为交联反应的引发剂。但是，大多数二烯类合成橡胶，都不具备上述条件。首先，在天然胶聚异戊二烯链中存在的甲基共轭效应在聚丁二烯橡胶和丁苯胶中是不存在的。机械塑炼时，二烯类橡胶分子链的断裂就不如天然胶容易。第二，合成胶初始粘度一般较低，分子链短。在塑炼时，分子间易滑动，剪切作用减少。同时，合成胶在辊压伸长时的结晶也不如天然胶那样显著。因

此在相同条件下所受机械剪切力显然比天然胶低。第三，在机械力作用下生成的丁二烯类橡胶分子游离基稳定性比聚异戊二烯低，在缺氧条件下会再结合成长链型分子或产生支化和凝胶。在有氧存在的条件下，能产生氧化作用，并同时发生分解和支化等反应。分解导致分子量降低，支化导致凝胶的生成。

为改进合成胶塑炼工艺性能，最好在合成过程中注意控制和调节分子量大小和分子量分布，以便制得门尼粘度较低和工艺性能良好的品种，如软丁苯和软丁腈胶等。这些品种可直接用于混炼。

顺丁胶分子量较低，易冷流，塑炼效果不良，因此顺丁胶的适宜门尼粘度也应在合成过程中获得。氯丁胶门尼粘度低，一般不需塑炼，只要经过3～5次薄通就可进行混炼。硬丁腈胶门尼粘度为90～120，塑性低，工艺性能差，只有经过充分塑炼才能进行进一步加工。但是，由于丁腈胶韧性大，塑炼生热大、收缩剧烈，塑炼特别困难。欲提高丁腈的塑炼效果，应采用低温薄通法，即尽可能降低塑炼温度和强化机械作用力。加入增塑剂虽可提高丁腈胶的塑炼效果。但对混炼胶可塑度的提高不利，因此，不宜采用。丁基胶、乙丙胶的化学性质稳定，因此缺乏塑炼效果，前者门尼粘度一般为38～75，可不经塑炼而直接混炼，后者加工所必需的可塑性应在合成过程中获得。

第三节 混 炼

一、混炼的目的

为了提高橡胶产品使用性能，改进橡胶工艺性能和降低成本，必须在生胶中加入各种配合剂。混炼就是通过机械作用使生胶与各种配合剂均匀混合的过程。

混炼是橡胶加工过程中最易影响质量的工序之一。混炼不良，胶料会出现配合剂分散不均，胶料可塑度过低或过高、焦烧、喷霜等现象，使后续工序难以正常进行，并导致成品性能下降。

控制混炼胶质量对保持半成品和成品性能有着重要意义。通常采用检查项目有：(i) 目测或显微镜观察；(ii) 测定可塑性；(iii) 测定比重；(iv) 测定硬度；(v) 测定物理机械性能和进行化学分析等。进行这些检验的目的是为了判断胶料中的配合剂分散是否良好，有无漏加和错加，以及操作是否符合工艺要求等。

二、混炼理论

由于生胶粘度很高，为使各种配合剂均匀混入和分散，必须借助炼胶机的强烈机械作用进行混炼。

各种配合剂，由于其表面性质的不同，它们对橡胶的活性也各不一致。按表面特性，配合剂一般可分为二类：一类具有亲水性，如碳酸盐、陶土、氧化锌、锌钡白等；另一类具有疏水性，如各种炭黑等。前者表面特性与生胶不同，因此不易被橡胶润湿；后者表面特性与生胶相近，易被橡胶润湿。为获得良好混炼效果，对亲水性配合剂的表面须加以化学改性，以提高它们与橡胶作用的活性，使用表面活性剂即可起到此种作用。表面活性剂大多为有机化合物，具有不对称的分子结构。其中常含有—OH、—NH$_2$、—COOH、—NO$_2$、—NO或—SH等极性基团，具有未饱和剩余化合价，有亲水性，能产生很强的水合作用；另外，它们分子结构中还有非极性长链式或苯环式烃基，具有疏水性。因而当表面活性剂起着配合剂与橡胶之间的媒介作用，提高了配合剂在橡胶中的混炼效果。

表面活性剂还起到稳定剂的作用，它们能稳定已分散的配合剂粒子在胶料中的分散状态，不致聚集或结团，从而提高了胶料的稳定性。

用量最大的配合剂是炭黑。炭黑在橡胶中的均匀分散过程分如下几个阶段：第一阶段是炭黑颗粒被生胶润湿的过程，即生胶分子逐渐进入炭黑颗粒聚集体的空隙中成为包容橡胶（occluded rubber）。这一过程中混合体系的表观密度（即视密度）逐渐增大，单位重量混合体系的体积不断减少，当其比体积达到一恒定值不再下降时，即为润湿过程的终结。比体积 $V_比 = V_{生胶} + V_{炭黑} + V_{空隙}$。润湿过程终了时，$V_{空隙} \longrightarrow 0$。这一阶段可看作炭黑已被混合，但尚未分散。对于分子量分布宽和支化度大的生胶，由于弹性大，对炭黑的润湿较慢。第二阶段是炭黑在生胶中的分散过程，在强大的剪切力作用下，包容橡胶体积逐渐减少，直至充分分散。混炼继续进行下去，则进入第三阶段，即生胶力化学降解过程，这对天然胶尤为显著，此时橡胶分子链受剪切力作用而断裂，分子量和粘度都下降。

判断一种生胶混炼性能的优劣，常以炭黑被混炼到均匀分散所需时间来衡量，一般用密炼机的转动力矩对时间作图，出现第二个转矩峰的时间作为分散过程终结的时间，称为炭黑混入时间（Black Incorporation Time）即 BIT 值，用来表示生胶炭黑体系的混炼性能。BIT 值愈小，混炼愈容易。在润湿初期，转动需要很大能量，在密炼机的转动力矩对时间的作图上，出现一个大的转矩峰值，随着润湿过程的进行，能量消耗逐渐下降，到分散过程中，由于生胶-炭黑混合体系的弹性逐渐增大，能量消耗又逐渐上升，到降解阶段开始即达到一个比较平坦的转矩峰值，如图 9-5 所示，由于这个峰值比较平坦，BIT 不易精确地测定，所以 Tokita，Pliskin 认为用混炼胶的压出物达到最大压出膨胀率的时间来表征炭黑-生胶的混炼性能，更为精确。

生胶分子量分布的宽窄对混炼性能有着重要的影响。三种不同的丁苯橡胶在密炼机中的 BIT 值比较于表 9-4，其试验条件为：100℃，40 转/分，生胶：油：炭黑＝100：37.5：65。看来生胶的断裂特性对混炼时炭黑分散的难易也有着重要的意义。

影响炭黑在橡胶中分散的因素除橡胶本身外，还有炭黑粒子的大小、结构和表面活性等。炭黑粒子间接触点处由于表面力和静电力的作用互相吸引而形成炭黑聚集体。随着粒子直径的减小，粒子间接触点的数目按粒子直径三次方的倒数增加，包容

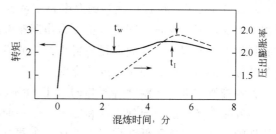

图 9-5　生胶混炼过程中混炼转矩和混炼胶压出物压出膨胀率的变化

———转矩；　------ 压出物压出膨胀率

t_w—炭黑在胶料中湿润分散时间

t_1—炭黑湿润分散结束及胶料开始降解（塑炼）时间

表 9-4　在密炼机中三种丁苯胶的 BIT 值

品　　种	BIT 值	压出物最大膨胀率	$\lambda_b^{50℃}$	θ_d
低温乳液聚合丁苯胶	5 分钟	2.5	8.0	0.8
宽分布溶聚丁苯胶	6 分钟	2.0	6.0	0.65
窄分布溶聚丁苯胶	不能分散	1.8	1.5	0.55

胶分散时须破坏这些接触点，因而炭黑粒子愈细，在橡胶中的分散就愈困难。高结构炭黑的空隙大，在混炼初期形成的包容胶浓度低而粘度大，在随后的混炼中产生较大的剪应力，因而更易分散。

三、混炼时胶料的包辊特性

天然橡胶和丁苯橡胶的包辊性好，加料容易，因此多年来对包辊这一工艺过程没有进行认真研究。直到顺丁、乙丙等合成橡胶问世后，由于它们的包辊性能很不好，有时几乎无法进行混炼，于是才开始对生胶的包辊性能进行仔细地观察和分析。Tokita 等仔细地观察了辊筒温度与生胶的包辊现象，认为可分为四个区域，如表 9-5 所示。

表 9-5　生胶的包辊现象

生胶在辊筒上的状况	1区	2区	3区	4区
辊　温	低————————————————————————————————————→高			
生胶力学状态	弹性固体————————→高弹性固体————————→粘弹性流体			
包辊现象	生胶不能进入辊距或强制压入则成碎块	紧包前辊，成为弹性胶带，不破裂　混炼分散好	脱辊，胶带成袋囊形或破碎　不能混炼	呈粘流薄片，包辊

由表 9-5 可见，应选择适当的温度，使生胶在包辊的 2 区进行混炼。必须了解橡胶的粘弹性不但受温度的影响，同时也受外力作用速率的影响。在给定的辊筒转速下，辊筒辊压时对胶料的剪切速率与辊筒的直径和辊距的比值成正比。减少辊距使剪切速率增大，对生胶的粘弹性行为而言，就相当于温度的降低。

各种橡胶的玻璃化温度各不相同，因此不同橡胶的包辊最佳的 2 区温度也不同。天然橡胶和乳聚丁苯橡胶只出现 1 区和 2 区，在一般操作温度下，没有明显的 3 区，所以包辊和混炼性能好。顺丁橡胶低温包辊在 2 区，如果在 50℃ 以上即转变到 3 区，此时即使将辊距减小到最小程度也不能回到 2 区。生胶分子量分布宽窄对 2 区温度范围有着重要的影响，分布宽使 2 区温度范围展宽，包辊性能好。Whita 等认为从 2 到 3 区的转变是生胶在剪切下断裂过程的表现，与生胶的 λ_b 值有关，而 3 区→4 区的转变则与生胶的最大松弛时间有关。实质上可以看成这样一个过程：在给定的辊距和转速下，当逐渐升高辊温时，最初生胶在 2 区是处于剪切力作用下，但还没有达到断裂点前的橡胶态；其后，随着辊温升高，生胶的 λ_b 值减少，升到一定温度后生胶即发生断裂而进入 3 区；辊温再升高，生胶进入流动态而达到 4 区。随着生胶分子量的增大，λ_b 值增大，流动温度升高，所以 2 区→3 区和 3 区→4 区的转变温度也都提高。生胶的分子量分布宽窄直接影响包辊性能，分子量分布宽，则 λ_b 值增大，使 2 区→3 区的转变温度提高，因而使包辊性能好的 2 区扩展，同时分子量分布宽则流动温度降低，使 3 区→4 区的转变温度降低，因而使上辊性能不好的 3 区缩小，这样对混炼有利。由此可见，对各种生胶必须掌握好操作条件，选择适当的温度，使其在包辊的第

2区内进行混炼，防止向第1区或第3区过渡，而压延则应在第4区进行。

四、混炼工艺

目前，混炼工艺按其使用的设备，一般可分为以下两种：开放式炼胶机混炼和密炼机混炼。

1. 开放式炼胶机混炼

在炼胶机上先将橡胶压软，然后按一定顺序加入各种配合剂，经多次反复捣胶压炼，采用小辊距薄通法，使橡胶与配合剂互相混合以得到均匀的混炼胶。

加料顺序对混炼操作和胶料的质量都有很大的影响，不同的胶料，根据所用原材料的特点，采用一定的加料顺序。通常加料顺序为：生胶（或塑炼胶）→小料（促进剂、活性剂、防老剂等）→液体软化剂→补强剂、填充剂→硫黄。

生产中，常把个别配合剂与橡胶混炼以做成母炼胶，如促进剂母炼胶，或把软化剂配成膏状，再用母炼胶按比例配料，然后进行混炼。这样可以提高混炼的均匀性，减少粉剂飞扬，提高生产效率。

混炼时，根据胶料配方中橡胶及配合剂的特点，决定混炼的容量、辊温、辊距及混炼时间等工艺条件。

开放式炼胶机混炼的缺点是粉剂飞扬大、劳动强度大、生产效率低，生产规模也比较小；优点是适合混炼的胶料品种多或制造特殊胶料。

2. 密炼机混炼

密炼机混炼一般要和压片机配合使用，先把生胶配合剂按一定顺序投入密炼机的混炼室内，使之相互混合均匀后，排胶于压片机上压成片，并使胶料温度降低（不高于100℃），然后再加入硫化剂和需低温加入的配合剂，通过捣胶装置或人工捣胶反复压炼，以混炼均匀，经密炼机和压片机一次混炼就得到均匀的混炼胶的方法叫做一段混炼法。

有些胶料如氯丁胶料，顺丁胶料经密炼机混炼后，于压片机下片冷却，并停放一定时间，再次回到密炼机上进行混炼，然后再在压片机上加入硫化剂，超促进剂等，并使其均匀分散，得到均匀的混炼胶，这种混炼方法叫做二段混炼。密炼机的加料顺序一般为：生胶→小料（包括促进剂、活性剂、防老剂等）→填料、补强剂→液体增塑剂。

要得到质量好的混炼胶，应根据胶料性质来决定合适的容量、加料顺序以及混炼的时间、温度、上顶栓的压力等工艺条件。

有些胶料采用密炼机混炼，可把塑炼和混炼工艺合并进行。经验证明，天然胶采用密炼机进行一段混炼效果较好。此法简化了生产工序，缩短生产周期，提高效率。但如在配方中使用大量难于在橡胶中均匀分散的配合剂时，则不宜采用此法，仍需用塑炼胶进行混炼，以免发生混炼不均现象。

密炼机混炼与开放式炼胶机混炼相比，机械化程度高，劳动强度小，混炼时间短，生产效率高，此外，因混炼室为密闭的，减少了粉剂的飞扬。

除上述两种混炼方法外，目前还有一种新的螺杆混炼机（传递式混炼机）混炼法，其特点是连续混炼，生产效率高。可使混炼与压延、压出联动，便于实现自动化。

五、几种橡胶的混炼特性

1. 天然胶

天然胶受机械捏炼时，塑性增加很快，发热量比合成胶小，配合剂易于分散。加料顺序对配合剂分散程度的影响不像合成胶那样显著，但混炼时间长，对胶料性能的影响比合成胶大。

采用开放式炼胶机混炼时，辊温一般为 50～60℃（前辊较后辊高 5℃ 左右）。用密炼机时多采用一般混炼法。

2. 丁苯胶

混炼时生热大、升温快，混炼温度应比天然胶低。丁苯胶对粉剂的湿润能力较差，故粉剂难以分散，所以混炼时间要比天然胶长，采用开放式炼胶机混炼时需增加薄通次数。用密炼机混炼，可采用二段混炼法。硫化剂，超促进剂在第二段的压片机中加入，由于丁苯胶在高温下容易结聚，因此密炼机混炼时需注意控制温度，一般排胶温度不宜超过 130℃。

3. 氯丁胶

氯丁胶的物理状态随温度而变化。通用型氯丁胶在常温至 70℃ 时为弹性态，容易包辊，混炼时配合剂易于分散；温度升高至 70～94℃ 时呈粒状，并出现粘辊现象而不能进行塑炼、混炼、压延等工艺；温度继续升高而呈塑性态时，显得非常柔软而没有弹性，配合剂也很难均匀分散。

采用开放式炼胶机混炼时，辊温一般在 40～50℃ 范围内，温度高则易粘辊。加料时先加入氧化镁后加入氧化锌，这可避免焦烧。当氯丁胶中掺入 10％ 的天然胶或顺丁胶时，能改善工艺性能。

用密炼机混炼时，可采用二段混炼，操作更安全。氧化锌在第二段混炼的压片机上加入。

氯丁胶混炼时，温度高则容易出现粘辊和焦烧的毛病。因此，操作时须严格控制温度和时间。

4. 两种或两种以上橡胶并用

若配方中采用两种或两种以上的橡胶，其混炼方法有两种：一种是橡胶各自塑炼，使其可塑性相近，然后相互混均，再加各种配合剂，使之分散均匀。此法较简便；另一种方法是各种橡胶分别加入配合剂混炼，然后把各胶料再相互混炼均匀。后者能提高混炼的均匀程度。

第四节 压 延

橡胶的压延工艺包括将胶料制成一定厚度和宽度的胶片；在胶片上压出某种花纹，以及在作为制品结构骨架的织物上覆上一层薄胶（如贴胶、擦胶）等。

压延的主要设备是压延机。压延机按辊筒数目分为双辊、三辊、四辊等。此外，还常配备有作为预热胶料的开放式炼胶机，向压延机输送胶料的运输装置，纺织物的浸胶、干燥装置以及纺织物压延后冷却装置等。

压延按压延物的类型分为三种。

一、胶 片 压 延

预热好的胶片用压延机压制成一定规格的胶片，这种工艺过程称为胶片压延。胶片表面应光滑、无气泡、不皱缩，厚度均匀。

胶片压延工艺如图 9-6 所示。图 a，c 的中、下辊间不积胶，下辊仅作冷却用，温度要低；图 b 的中、下辊间有积胶，下辊温度接近中辊温度。适量的积胶可使胶片光滑而气泡少。四辊压延（图 c）所得的胶片规格准确。

胶片压延时，辊温应根据胶料的性质而定。通常，胶料含胶量高或弹性大的，其辊温应较高；含胶量低、弹性小的胶料，其辊温宜较低。为了使胶片在辊筒间顺利转移，压延机各辊筒应有一定的温度。例如，天然胶胶料会粘附的热辊上，胶片由一个辊筒转入另一个辊筒时，后者的辊温就应该高一些，丁苯胶胶料则粘附冷辊，所以后辊的辊温应低一些。

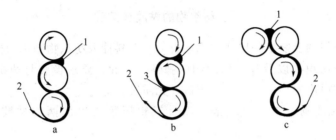

图 9-6　胶片压延示意图

a—中下辊间无积胶；b—中下辊间有积胶；c—四辊胶片

1—进料；2—压片出料；3—积胶

胶料的可塑性对胶片压延质量影响很大，要得到好的胶片，就要求胶料有一定的可塑度。胶料塑性小，压延后的胶片收缩大，表面不光滑。

压延后的胶片，它的纵向（胶片前进的方向）与横向的物理机械性能是不相同的。试验证明：纵向的扯断力比横向的大，伸长率比横向小；收缩率则比横向大。其它的物理机械性能也有相应的变化。这种纵横向性能差异的现象叫做压延效应。这是由于胶料中橡胶和各种配合剂分子经压延作用后产生定向排列的结果。

压延效应对某些制品（如球胆）是有害的，能使制品发生纵向破裂，但对某些需要纵向强韧性高的制品，则可利用压延效应。

压延效应与胶料的性质、压延温度及操作工艺有关。胶料中使用各向异性的配合剂如滑石粉、陶土、碳酸镁等，压延效应较大，适当提高压延机的辊温或热炼的辊温，使胶料热塑性增加，可减少压延效应。热炼的胶料已有了压延效应，所以将热炼胶改换方向加入压延机，或让压延后的胶片自然缓缓冷却以减少压延效应。

二、压　　型

压型操作是指将胶料压制成具有一定断面形状或表面有某种花纹的胶片的工艺。此种胶片用作鞋底、力车胎胎面等的坯胶。

压型用的压延机，其辊筒至少有一个在表面上刻有一定的图案。各种类型的压型方法如图 9-7 所示。其操作情况与压片相似。压型要求规格准确、花纹清晰、胶料致密性好。

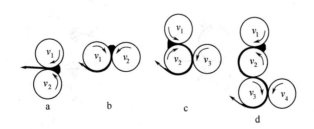

图 9-7　胶料压型示意图

a，b—两辊压型 $(v_1 = v_2)$；c—三辊压型 $(v_1 \geqslant v_2 = v_3)$；d—四辊压型 $(v_2 = v_3 = v_4 \leqslant v_1)$

胶料的可塑性、热炼温度、返回胶掺用率，以及辊温、装胶量等都对压型质量有很大的影响。尤其需要注意的是：压型依靠胶料的是可塑性而不是压力，所以辊筒左右的压力要平衡，胶料要有一定的可塑度；此外，压型后要采取急速冷却以使花纹定型。

三、纺织物的贴胶和擦胶

用压延机在纺织物上复上一层薄胶称贴胶。使胶料掺入纺织物则称为擦胶。贴胶和擦胶的目的主要是保护纺织物以及提高纺织物的弹性。为此，要求橡胶与纺织物有良好的附着力，压延后的胶布厚度要均匀，表面无布折，无露线。

常用的四辊压延机一次双面贴胶，以及三辊压延机单面两次贴胶的工艺，如图 9-8 所示。

贴胶的两辊速相等（即 $v_2 = v_3$）。靠辊筒压力使胶压贴在纺织物上，供胶的两辊筒转速可相同或稍有速比（即 $v_2 > v_1$，$v_3 > v_4$），有速比利于除去气泡，胶也不易粘辊，粘贴效果好。

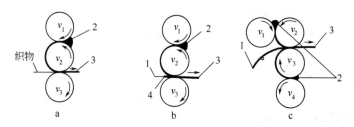

图 9-8　贴胶示意图

a—无积胶贴胶（$v_2 = v_3 > v_1$）；b—有积胶贴胶（$v_2 = v_3 > v_1$）；c—四辊两面一次贴胶（$v_2 = v_3 > v_1 = v_4$）

1—纺织物进辊；2—进料；3—贴胶后出料；4—积胶

三辊压延机的贴胶也分两种：一种是中、下辊间没有积胶的贴胶；另一种是中、下辊间有适当积胶的贴胶，这种叫做压力贴胶。后者由于有堆积胶，胶料易于渗入纺织物中。

擦胶是利用压延机辊筒的速比，把胶料擦到纺织物线缝和捻纹中去。常用三辊压延机或四辊压延机的三个辊筒进行单面擦胶，辊筒速度是中辊转速大于上、下辊，如图 9-9 中，$v_2 > v_1 = v_3$。擦胶又分中辊包胶与中辊不包胶两种。纺织物经过中、下两辊时部分胶料擦入纺织物，余胶仍包在中辊上，叫做中辊包胶法，反之，胶料全部擦到纺织物为中辊不包胶法。两者相比，中辊包胶法胶料的渗透好，胶与纺织物的附着力大，但纺织物表面覆胶少。中辊不包胶法情况正好相反。需要说明的是中辊包胶要求胶料有良好的包辊性。也可采用在辊筒上涂增粘剂如松香酒精溶液或牛皮胶水溶液等方法，使胶包辊。

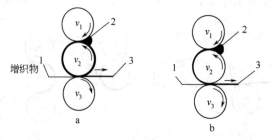

图 9-9　擦胶示意图

a—中辊包胶（$v_2 > v_1 = v_3$）；b—中辊不包胶（$v_2 > v_1 = v_3$）

1—纺织物进辊；2—进料；3—擦胶后出料

贴胶和擦胶的方法在生产上都已获得普遍采用，有些纺织物既可采用贴胶又可采用擦胶。贴、擦各有优缺点。贴胶法由于两辊筒间摩擦力小，对纺织物的损伤较少，同时压延速度快，效率高，但胶料对纺织物的渗透较差，会影响胶料与纺织物的附着力。此法适用于薄的纺织物或经纬密度稀的纺织物（如帘布）特别适于已浸胶的纺织物。擦胶法胶料浸透程度大，故附着力高，但易擦坏纺织物，对密度大的纺织物如帆布等较适用。

胶料的性能、纺织物的含水率和温度、压延的辊温和速度以及操作技术水平等都直接影响着织物的贴胶、擦胶质量。

四、几种橡胶的压延特性

天然胶热塑性大，收缩率较小，压延较易。天然胶的另一特点是易向热辊粘附，压延时应适当控制各辊筒的温差就能使胶片在辊筒间顺利转移。

丁苯胶收缩率较天然胶大，因此用于压延的胶料必须充分塑炼。胶料中增加软化剂、填料或掺入少量的天然胶是减少收缩的有效方法。此外，由于收缩快而裹入的空气多，因而气泡多又难于排除也是丁苯胶压延的一个特点。丁苯胶压延温度应低于天然胶（一般低5～15℃），压延前胶料的热炼需多次薄通。

氯丁胶对温度敏感性大，通用型胶在70～94℃时因胶粘辊而不易压延。为此，解决粘辊问题必须掌握辊温，即在低于或高于此温度范围进行操作。若压延质量要求一般，可采用低温法，即辊温不超过60℃；若要求压延质量高的胶片，则可采用高温法，辊温高于90℃。这样，胶料收缩率最小，能准确保持应有厚度。但压延层要迅速冷却。胶料中掺入少量的石蜡、硬脂酸或掺用10％左右的天然胶，顺丁胶均能减少粘辊现象。

第五节 压 出

一、压出的特点

橡胶的压出与塑料的挤出，在设备及加工原理方面基本相似，下面仅就橡胶压出的特点作一概述。

压出是橡胶加工中的一项基础工艺，其基本作业是在压出机中对胶料加热与塑化。通过螺杆的旋转，使胶料在螺杆和机筒筒壁之间受到强大的挤压力，不断地向前移送，并借助于口型压出各种断面的半成品，以达到初步造型的目的，在橡胶工业中压出的应用面很广，如轮胎胎面、内胎、胶管内外层胶、电线、电缆外套以及各种异形断面的制品等都可用压出机来造型。

除了造型之外，压出机还适用于上、下工序的联动化，例如在热炼与压延成型之间加装一台压出机，不仅可使前后工序衔接得更好，还可提高胶料的致密性，使胶料均匀、紧密。

压出机的优点很多，例如它能起到补充混炼和热炼的作用，使胶料质量更致密，更均匀。它适用面广，可以通过口型的变换压出具有各种尺寸、各种断面形状（管、棒、板、片、条）的半成品。而且压出机的占地面积小、质量轻、结构简单、造价低、使用灵活机动。

二、影响压出的因素

影响橡胶压出操作的因素很多，下面将主要的几个因素进行阐述。

1. 胶料的组成和性质

一般来说，顺丁胶的压出性能接近天然胶；丁苯胶、丁腈胶和丁基胶的膨胀和收缩性能都较大，压出操作较困难，制品表面粗糙；氯丁胶压出性能类似于天然胶，但易焦烧。

胶料中含胶量大时，压出速度慢、收缩大、表面不光滑。在一定范围内，随生胶中所含填充剂数量的增加，压出性能逐渐改善，不仅压出速度有所提高，而且收缩也减少；但胶料硬度增大，压出时生热明显。胶料中加有松香、沥青、油膏矿物油等软化剂可增大压出速度，改善压出物的表面。掺用再生胶的胶料压出速度较快，且可降低压出物的收缩率和减少压出时的生热。

除胶料的组成外，胶料的可塑性和生热性能也影响压出操作。若胶料可塑性较大则压出过程中内摩擦小，生热低，不易焦烧；同时因为流动性好，压出速度较快，压出物表面也较光滑。但可塑性大的压出物容易变形走样，尺寸稳定性差。因此，制造某些胶管的内层胶，要求其可塑性小一些，一般在 0.2 左右，以防制品变形走样。

2. 压出机的特征

压出机的大小要依据压出物断面的大小和厚薄来决定。对于压出实心或圆形中空的半成品，一般口型尺寸约为螺杆直径的 0.3～0.75 左右。口型过大而螺杆推力小时，将造成机头内压力不足，压出速度慢和排胶不均匀，以致半成品形状不完整。相反，若口型过小，压力太大，压出速度虽快，但剪切作用增大，易引起胶料生热，增加了焦烧的危险性。另外，对压出像胎面胶那样的扁平半成品，压出宽度可为螺杆直径的 2.5～3.5 倍。对于某些特殊情况，如小机大断面，就应尽可能增加螺杆转数或适当地增加机头温度；而大机小断面就可用加开流胶孔等措施来解决。

某些特殊性质的胶料，压出时对压出机有某些特别的要求。如压出氯丁胶则希望冷却的效果较好；压出丁基胶料要求螺杆长径比在 7～10 左右，螺槽应较浅，螺杆与机筒间隙应较小，才会有较大的压出速度。

3. 压出温度

压出机的温度系分段控制，各段温度是否掌握正确，是压出工艺中十分重要的一环。它影响着压出操作的正常进行和半成品的质量。温度分配情况，通常采用口型处温度最高，机头次之，机身最低。由于胶料在口型处的短暂高温，一方面使分子松弛较快，热塑性增大，弹性恢复小，膨胀和收缩率降低；另一方面减少了焦烧的危险。总之，控制压出机的温度是为了使半成品获得光滑的表面、稳定的尺寸和较少的收缩率所必需的手段。

适宜的压出温度要根据胶料的组成和性质加以选定。如对于含胶多及可塑性小的胶料，温度可稍高；两种或两种以上生胶并用时，以含量大的组分为主要因素考虑压出温度。例如 70% 的天然胶与 30% 的丁苯胶并用时，基本上参照天然胶的压出温度即可。两种胶等量并用时，温度可取各成分单独压出时的温度平均值。

4. 压出速度

压出速度可用单位时间压出的胶料的体积或重量来表示，但一般常以压出重量来表示。对一固定产品来说，也可以用单位时间内压出物的长度来表示。

同塑料挤出相似，橡胶的压出速度受物料性质、设备结构及工艺条件等多方面因素的影响。在压出机正常压出条件下，应尽量保持一定的压出速度。如果压出速度改变，由于口型的排胶面积一定，结果导致机头内压力的改变，并引起压出物断面尺寸和长度收缩的差异，最终造成压出物超出预定的公差范围。如想提高压出速度，则口型断面等有关因素应相应的进行调整。另外，对同一性质的胶料，在温度不变的条件下，压出速度愈快，胶料所受的瞬间应力愈小，膨胀相应地减小。

5. 压出物的冷却

压出物离开口型时温度较高，有时甚至高达100℃以上。压出物进行冷却的目的一方面是降低压出物的温度，增加存放期内的安全性，减少焦烧的危险；另一方面是使形状尽快地稳定下来，以防止变形。

常用冷却方法是使压出物进入冷却水槽之中，水槽长度和宽度以足够容纳压出物并使之冷却到25～35℃为准。冷却水温宜在15～25℃，水流方向与压出物压出方向相反，以避免压出物因骤冷而引起的突然收缩，导致压出物畸形。

为了防粘，还可以在水槽中定量地加入滑石粉，并借助搅拌以造成悬浮隔离液。也可以使压出物先通过滑石粉槽，然后在空气中进行冷却。

各种橡胶的压出性能是不一致的。天然胶压出速度比合成胶快，压出后半成品的收缩率较小。天然胶压出时，机身温度为50～60℃，机头为70～80℃，口型温度为80～90℃。丁苯胶压出时，相应上述各部分分别为50～70℃、70～80℃和100～105℃。

主要参考文献

〔1〕 C. M. Bolow："Rubber Technology and Manufacture"，Butterworths，1971

〔2〕 M. Morton："Rubber Technology"，2ed.，Van Nostrand Reinhold Co，1973

〔3〕 N. Tokita，I. Pliskin： "The Dependence of Processability on Molecular Weight Distribution of Elastomer，Rub. Chem. Tech. 46，5，1166，1973

〔4〕《橡胶工业手册》第三分册，石油化工出版社，1978

〔5〕 北京橡胶工业研究所：《橡胶制品工业》，燃化工业出版社，1974

第十章 硫 化

硫化是橡胶加工最后也是最重要的一个工艺过程。在硫化过程中，由于橡胶的化学结构发生变化，导致其物理机械性能和化学性能得到显著改进，从而成为有价值的宝贵材料。

第一节 硫化对橡胶性能的影响

橡胶或胶料在硫化过程中，它的很多性能都要发生变化，特别是定伸强度、弹性、硬度

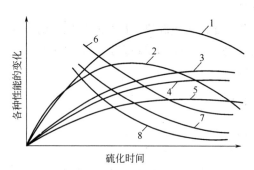

图 10-1 硫化对橡胶性能的影响
1—抗张强度；2—抗撕强度；3—回弹性；4—硬度；
5—300％定伸强度；6—伸长率；7—生热；8—永久变形

等的变化很大。硫化后，橡胶起了质的变化，其物理机械性能与化学性能获得很大的改善。硫化过程中，橡胶的各种性能随硫化时间的增加而有一定规律的变化。图 10-1 说明在一定硫化时间内，可塑性、永久变形和伸长率等随硫化时间的增加而逐渐下降；回弹性、定伸强度和硬度等则随硫化时间增加而逐渐增高；抗撕强度当增高到一定值后便开始下降；抗张强度的变化则随不同胶种和硫化体系而有不同的规律。对于天然橡胶，其抗张强度随硫化时间增加到一定程度后又逐渐下降；而很多合成橡胶

（如丁苯橡胶）的抗张强度并无这种下降的现象。这些规律都是由于在硫化过程中橡胶分子链产生交联及交联度不同所致。以下分别讨论与橡胶交联程度有关的一些重要性能。

一、定 伸 强 度

在未硫化时，由于橡胶单个分子间相互没有固定，特别是在高温下，它们相互之间能或多或少地进行相对自由运动。受外力作用时，橡胶在热力学上大致表现为不可逆的非牛顿流动，且在其塑性范围内对施加的外力无多大的反抗作用，定伸强度显得很低。通过硫化，橡胶单个分子间产生交联，且随交联密度的增加，产生一定变形（如拉伸至原长度的 200％或300％）所需的外力就随之增加，硫化胶也就越硬。

硫化胶的定伸强度基本上与交联度成比例，二者间的关系可用式（10-1）表示：

$$f = \rho R T A_0^{-1} M_C^{-1} (\lambda - \lambda^{-2}) \tag{10-1}$$

式中　f——产生一定伸长比 λ 所需之力；

　　　ρ——橡胶密度；

　　　R——气体常数；

　　　T——绝对温度；

　　　A_0——试片未拉伸时的横断面积；

　　　M_C——两个交联键之间橡胶分子的平均分子量。

由式（10-1）可见，对某一橡胶，当试验温度和试片形状以及伸长一定时，则定伸强度与 M_C 成反比，也就是与交联度成正比。这说明交联度越大，即交联键间链段平均分子量越

小，定伸强度也越高。

二、硬　　度

与定伸强度一样，随交联度的增加，橡胶的硬度也逐渐增加，测量硬度是在一定形变下进行的，所以有关定伸强度的上述情况也基本适用于硬度。

三、抗张强度

抗张强度与定伸强度和硬度不同，它不随交联键数目的增加而不断地上升。例如使用硫黄硫化的橡胶，当交联度达到适当值时，如若继续交联，其抗张强度反会下降。在硫黄用量很高的硬质胶中，抗张强度下降后又复上升，一直达到硬质胶水平时为止。如图 10-2 所示。

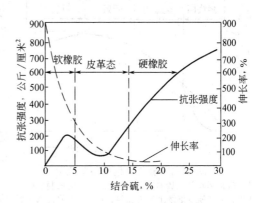

上述现象可解释为：在软质橡胶区，其抗张强度随结合硫（比例于交联度）的增加而增加。当结合硫继续增加时，对于结晶性橡胶（如天然橡胶），由于结合硫的增多使分子链在拉伸时结晶或取向受到阻碍，引起抗张强度下降；对于非结晶性橡胶（丁苯橡胶），则因交联相当多而又不规则，网状结构容易发生局部应变过度，使单个键或交联键产生断裂，导致抗张强度下降。当结合硫进一步不断增加时，交联数和环化结构也不断增加，抗张强度又复上升，直到成为硬质胶。

图 10-2　结合硫对橡胶强伸性能的影响

四、伸长率和永久变形

从图 10-2 可以看出，橡胶的伸长率随交联度的增加而降低。永久变形也有同样的规律。有硫化返原性的橡胶如天然橡胶和丁基橡胶，在过硫化以后由于交联度不断降低，其伸长率和永久变形又会逐渐增大。

五、弹　　性

未硫化胶受到较长时间的外力作用时，主要发生塑性流动，橡胶分子基本上没有回到原来位置的倾向。橡胶硫化后，交联使分子或链段固定，形变受到网络的约束，外力作用消除后，分子或链段力图回复原来构象和位置，所以硫化后橡胶表现出很大的弹性。交联度的适当增加，这种可逆的弹性回复表现得更为显著。

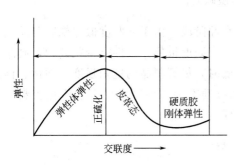

图 10-3　橡胶交联度与回弹性的关系

橡胶交联度与弹性的关系可以用式（10-2）表示：

$$W=\frac{1}{2}\rho RTM_C^{-1}(\lambda_1^2+\lambda_2^2+\lambda_3^2-3) \qquad (10-2)$$

式中 W 为弹性；ρ 为橡胶密度；T 为绝对温度；M_C 为两个相邻交联键间橡胶分子的平均分子量；R 为气体常数；λ_1、λ_2、λ_3 为试片在三个座标上拉伸与未拉伸边缘长度之比。

由式（10-2）可见，弹性和交联度的关系与交联度和定伸强度间的关系很相似。这说明弹性也随交联度而变化，如图10-3所示。但式（10-2）只在一定交联度范围内才适用。如果交联度超过这一范围，由于交联键的数目过多，妨碍了橡胶分子或链段的运动和变形，回弹性反而降低。

除上述性能之外，橡胶的交联程度也影响其气密性、热稳定性和抗溶胀等性能。

第二节　硫化过程的四个阶段

胶料在硫化时，其性能随硫化时间变化而变化的曲线，称为硫化曲线。从硫化时间影响胶料定伸强度的过程来看，可以将整个硫化时间分为四个阶段：硫化起步阶段、欠硫阶段、正硫阶段和过硫阶段（见图10-4）。

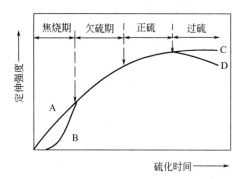

图 10-4　硫化过程的各阶段

A—硫化起步快的胶料；B—有迟延特性的胶料；C—过硫后定伸强度继续上升的胶料；D—有返原性的胶料

一、硫化起步阶段（又称焦烧期或硫化诱导期）

硫化起步的意思是指硫化时胶料开始变硬而后不能进行热塑性流动一点的时间。硫化起步阶段即指此点以前的硫化时间。

在这一阶段内，交联尚未开始，胶料在模型内有良好的流动性。胶料硫化起步的快慢，直接影响胶料的焦烧性和操作安全性。这一阶段的长短取决于所用配合剂，特别是促进剂的种类。用有超速促进剂的胶料，其焦烧期比较短，此时胶料较易发生焦烧，操作安全性差。在使用迟效性促进剂（如亚磺酰胺）或与少许秋兰姆促进剂并用时，均可取得较长的焦烧期和良好的操作安全性。但是，不同的硫化方法和制品，对焦烧时间的长短亦有不同要求。在硫化模压制品时，总是希望有较长的焦烧期，使胶料有充分时间在模型内进行流动，而不致使制品出现花纹不清晰或缺胶等缺陷。在非模型硫化中，则应要求硫化起步应尽可能早一些，因为胶料起步快而迅速变硬，有利于防止制品因受热变软而发生变形。不过在大多数情况下，仍希望有较长的焦烧时间以保证操作的安全性。

二、欠硫阶段（又称预硫阶段）

硫化起步与正硫化之间的阶段称为欠硫阶段。在此阶段，由于交联度低，橡胶制品应具备的性能大多还不明显。尤其是此阶段初期，胶料的交联度很低，其性能变化甚微，制品没有实用意义。但是到了此阶段的后期，制品轻微欠硫时，尽管制品的抗张强度、弹性、伸长率等尚未达到预想水平，但其抗撕裂性、耐磨性和抗动态裂口性等则优于正硫化胶料。因此，如果着重要求后几种性能时，制品可以轻微欠硫。

三、正　硫　阶　段

在多数情况下，制品在硫化时都必须使之达到适当的交联度。达到适当交联度的阶段叫正硫化阶段，即正硫阶段。在此阶段，硫化胶的各项物理机械性能并非在同一时间都达到最高值，而是分别达到或接近最佳值，其综合性能最好。此阶段所取的温度和时间称为正硫化温度和正硫化时间。

正硫化时间须视制品所要求的性能和制品断面的厚薄而定。例如，着重要求抗撕裂性好的制品，应考虑抗撕强度最高或接近最高值的硫化时间定为正硫化时间；要求耐磨性高的制品，则可考虑磨耗量小的硫化时间定为正硫化时间。对于厚制品，在选择正硫化时间时，尚需将"后硫化"考虑进去。所谓"后硫化"，即是当制品硫化取出以后，由于橡胶导热性差，传热时间长，制品因散热而降温也就较慢，所以它还可以继续进行硫化，特将它称为"后硫化"。"后硫化"导致制品的抗张强度和硬度进一步增加，弹性和其它机械性能降低，制品的使用寿命因之受到损害。所以，制品越厚就越应将"后硫化"考虑进去。

在一般情况下，可以根据抗张强度最高值略前的时间或以强伸积（抗张强度与伸长率的乘积）最高值的硫化时间定为正硫化时间。

四、过 硫 阶 段

正硫化阶段之后，继续硫化便进入过硫阶段。这一阶段的前期属于硫化平坦期的一部分。在平坦期中，硫化胶的各项物理机械性能基本上保持稳定。当过平坦期之后，天然橡胶和丁基橡胶由于断链多于交联（图 10-5）出现硫化返原现象而变软；合成橡胶则因交联继续占优势和环化结构的增多而变硬，且伸长率也随之降低，橡胶性能受到损害。

硫化平坦期的长短，不仅表明胶料热稳定性的高低，而且对硫化工艺的安全操作以及厚制品硫化质量的好坏均有直接影响。

对于硫黄硫化而言，硫化平坦期的长短，在很大程度上取决于所用促进剂的种类和用量。用有超速促进剂（如 TMTD）的胶料，在硫化开始以后，由于它迅速失去活性，交联键的断裂得不到补充，引起硫化平坦期缩短。如果交联键的热稳定性差，则易产生硫化返原现象。当交联键的键能较高时，即使使用超速促进剂也能获得较长的硫化平坦期，使用低硫高促体系，便能达到这一目的。增高硫化温度，裂解比交联的速度增加得更快，硫化返原倾向越强，硫化平坦期也越短。所以采用高温硫化时，必须选取能使硫化平坦期较长的促进剂。使用超速促进剂时，要求硫化温度低，否则硫化平坦期将缩短到甚至不能防护可能发生的过硫。

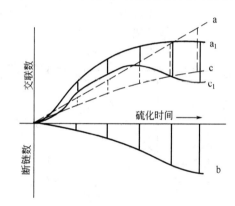

图 10-5　两类硫化曲线

a—合成橡胶（丁基除外）交联键总量；a_1—天然橡胶交联键总量；c—合成橡胶有效交联数＝a－b；c_1—天然橡胶有效交联数＝a_1－b；b—断裂的交联键数

第三节　用硫化仪测定硫化程度

通过前面两节的讨论已经知道，只有当胶料达到正硫化时，硫化胶的某一特定性能或综合性能最好，而欠硫或过硫均对硫化胶的性能产生不良影响。因此，准确测定和选取正硫化就成为确定正硫化条件（硫化温度和时间）和使产品获得最佳性能的决定因素。

目前，测定硫化程度的方法很多，其中主要有：抗张试验、定伸强度试验、永久变形试验、硬度试验、溶剂膨胀法、T-50 试验、应力松弛试验、核磁共振法等。用这些方法虽然在一定程度上能够测定胶料的硫化程度，但都存在着一定的缺点：麻烦、不经济、准确性和重现性差等。为此，人们设计了各种各样的仪器来改进上述测定方法，转子旋转振荡硫化仪即为其中的一种。20世纪50年代后期以来，各种类型的硫化仪相继出现，至今已达10余种，并正在得到广泛应用。

使用硫化仪测定胶料的硫化特性不仅具有方便、精确、经济、快速和重现性好等优点，并且能够连续测定与加工性能和硫化性能等有关的参数，而且只需进行一次试验即可得到完整的硫化曲线。由此曲线可以直观地或经简单计算得到全套硫化参数：初始粘度、最低粘度、诱导时间（焦烧时间）、硫化速度、正硫化时间和活化能等。由于硫化仪具有这些优点，故其在橡胶工业生产上及硫化动力学、硫化机理等的研究上得到越来越广泛的应用。

一、硫化仪的测定原理

转子旋转振荡式硫化仪，其测定的基本原理是根据胶料的剪切模量（G）与交联密度（D）成正比为基础的。其关系可表示为：

$$G = D \cdot R \cdot T \tag{10-3}$$

式中　G——剪切模量；

　　　　D——交联密度；

　　　　R——气体常数。

　　　　T——绝对温度。

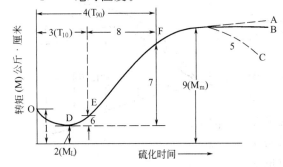

图 10-6　连续硫化曲线图解

1—起始粘度；2—最低粘度；3—焦烧时间 T_{10}；4—正硫化时间 T_{90}；5—返硫；6—10%硫化度=10% （$M_m - M_L$）；7—90%硫化度=90% （$M_m - M_L$）；8—硫化速度；9—胶料（最大或平衡）转矩

因此，通过剪切模量的测定，即可反映交联或硫化过程的情况。测定时，试样室中的胶料在一定压力和温度下经一定频率摆动一个固定的微小角度（如3转/分，±3°）的转子，使胶料产生正反向扭动变形；当胶料的交联度随硫化时间增加而变化时，转子所受胶料变形的抵抗力也随之变化，连续变化的抵抗力通过应力传感器以转矩的形式连续地记录下来，直至绘出整个硫化时间与转矩间的关系曲线，即硫化仪的硫化曲线，如图10-6所示。

二、硫化曲线的分析

胶料在试样室中硫化开始时，其转矩（或粘度）为O，当胶料逐渐受热升温，其粘度也逐渐下降至D点。D点以后，曲线又开始上升，表明胶料有轻微交联，但在E点之前胶料仍能流动。胶料从O点到E点的时间即为焦烧时间。E点以后，胶料已不能进行塑性流动，而以一定速度进行交联直到正硫化点F。生产上总是希望焦烧时间长一些，硫化速度快一些，以保证操作安全和提高生产效率，这可以通过调整配方来实现。从F点以后，曲线按不同胶料可能有三种走向：图10-6中的OA、OB、OC。这三种硫化曲线在很大程度上与所用的硫化体系和所生成交联键的性质有关。曲线OA说明胶料在硫化过程中，其硫化曲线继续上升而不趋于某一定值；用过氧化物硫化的丁腈橡胶、氟橡胶及乙丙橡胶等，其硫化曲线都可能呈现这一形态。曲线OB是最典型的硫化曲线，它说明在硫化过程中，胶料硫化到一定时间以后，交联与裂解达到平衡且保持不变；用硫黄硫化的多数合成橡胶及用硫给予体硫化的天然橡胶，其硫化曲线即表现出这一特征。曲线 OC 说明，胶料在硫化过程中，当交联与裂解达到平衡且保持一定时间以后，胶料又逐渐变软，硫化曲线开始下降；甲基硅橡胶、乙烯基硅橡胶、氟硅橡胶、丁基橡胶以及采用高硫配合或氧化锌用量不足的天然橡胶均易出现这种状态。

三、硫化参数的确定

通过分析硫化曲线，一般至少可获得四个数据：最小转矩 M_L，它反映胶料在一定温度下的流动性或可塑性；最大转矩（或平衡转矩）M_m，它反映硫化胶在硫化温度下的模量；T_{10} 为转矩 M 达到 $M_L + 10\%(M_m - M_L)$ 的时间，它反映胶料的焦烧时间；T_{90} 为转矩 M 达到 $M_L + 90\%(M_m - M_L)$ 的时间，它反映胶料的正硫化时间。经验证明，取 90% 转矩上升对应的时间作为正硫化时间，是因为从统计规律来看，这个区域所体现的硫化胶性能最好；又因为从工艺角度来考虑需有一定的保险系数，以防止过硫或欠硫；还因为胶料硫化的化学反应在此区域已足够完全。

上述三类硫化曲线中，OB 和 OC 两条曲线的 M_m 很容易确定，而具有连续增长的硫化曲线 OA，其最大转矩则需通过作图或计算而得。

第四节　硫化反应机理

橡胶的硫化是一复杂的化学反应过程。在硫化过程中，橡胶分子由线型结构转变为网状结构。这种转变一般是通过硫化剂使橡胶分子链发生交联来实现的。橡胶交联的机理及交联键的性质随硫化体系的不同而异。以下分别讨论硫黄硫化和非硫黄硫化的化学反应过程。

一、硫 黄 硫 化

绝大部分不饱和橡胶以及三元乙丙橡胶、乙烯基硅橡胶和不饱和度大于 2%（克分子）的丁基橡胶均可用硫黄硫化。在硫化的若干理论中，硫黄硫化机理是比较复杂的。

（一）含促进剂的硫黄硫化

不含促进剂而只用硫黄硫化橡胶时，硫化时间长、硫黄用量多，硫化胶的耐老化性和机械性能差，所以现在生产上几乎不再使用不含促进剂的胶料。目前在硫黄硫化体系中，所用促进剂绝大多数是有机促进剂。

以前，曾将有机促进剂视为硫黄与橡胶相互作用的催化剂。20 世纪 60 年代以来，认为促进剂起催化作用的看法与事实不符。通过试验和对硫化结构的分析，目前倾向于认为：含有机促进剂的硫黄硫化是依次进行的很多双分子反应的总和。根据对硫化有决定性影响的双分子反应，可将含有机促进剂的硫黄硫化过程分为四个基本阶段：(i) 硫化体系（硫黄、促进剂和活性剂）各组分间相互作用生成中间化合物（或络合物），这些中间化合物是事实上的硫化剂；(ii) 中间化合物与橡胶相互作用在橡胶分子链上生成活性侧基；(iii) 这些活性侧基相互间或与橡胶分子作用形成交联键；(iv) 交联键的继续反应。

1. 中间化合物的生成

已知在胶料加热时有很多双分子反应发生，如硫黄与促进剂、促进剂之间、促进剂与活性剂、生胶与硫黄、生胶与促进剂、硫化迟延剂与促进剂、炭黑与硫黄和促进剂等的反应。与总的硫化速度相比，通常生胶与硫黄、生胶与促进剂等的反应速度并不大。但认为硫化初期，硫黄与促进剂的反应及促进剂与活性剂的反应对硫化过程起主要作用。无论有无活性剂，硫黄与促进剂反应皆可生成多硫化物——中间化合物。这些中间化合物的结构随硫化体系的组成和反应条件不同而变更，故其准确结构尚难确定，但一般可用下式表示；

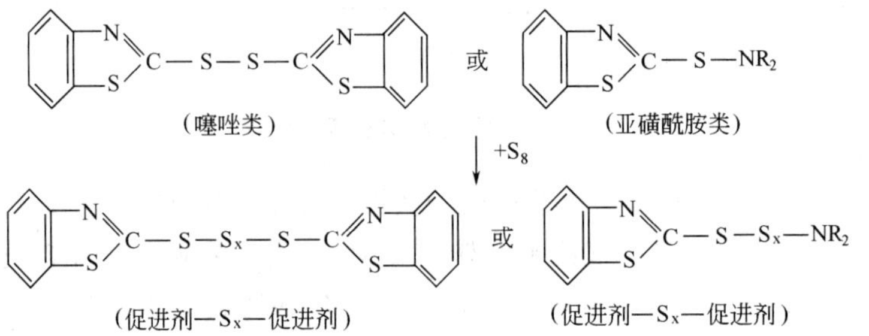

（噻唑类）　或　（亚磺酰胺类）

$+S_8$

（促进剂—S_x—促进剂）　或　（促进剂—S_x—促进剂）

2. 中间化合物与橡胶的化学反应

所生成的中间化合物，虽是事实上的硫化剂，但并非立即使橡胶分子链并联，而是先与橡胶分子链作用，分两步使橡胶分子链上生成含有硫和促进剂基团的活性侧基。例如：

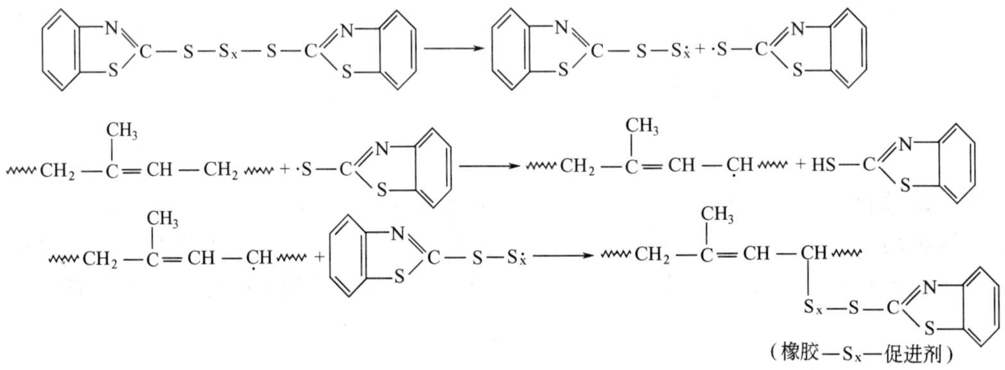

（橡胶—S_x—促进剂）

或者

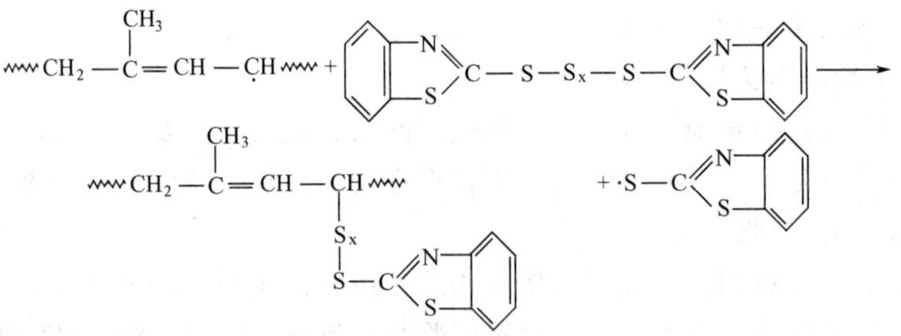

3. 活性侧基间或与橡胶分子间的化学反应

在硫化过程中，当多硫侧基的生成量达到最大值时，橡胶的交联反应即迅速进行。

（1）无活性剂时的交联反应　在无活性剂时，多硫侧基在弱键处断裂分解为游离基，然后这些游离基与橡胶分子作用生成交联键。例如：

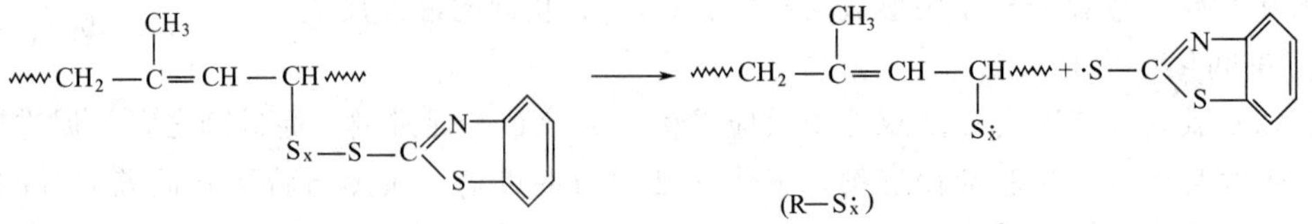

（R—$S_{\dot{x}}$）

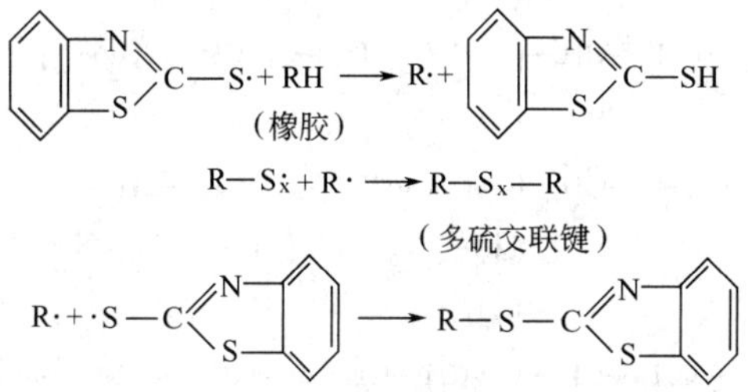

最后一个反应生成的橡胶分子的一硫侧基，在无活性剂时，不能再参与交联反应。

（2）有活性剂的交联反应　在有活性剂（如氧化锌）存在的情况下，交联反应性质发生了变化。此时，侧基间的相互作用成为主要反应。这是因为硫化时所生成的各种含硫侧基（包括多硫、二硫、一硫等侧基）被吸附于氧化锌的表面上，而这些极性侧基因相互吸引而靠近，所以它们之间容易进行反应生成交联键。例如：

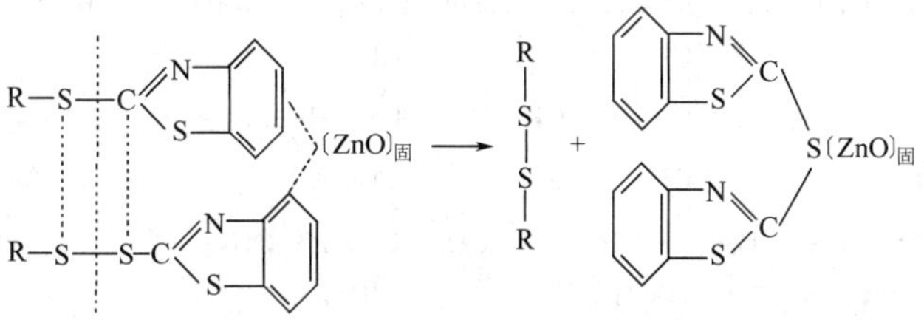

另外，还因为锌离子（氧化锌与硬脂酸反应生成的）能与多硫侧基的多硫键中间一个硫原子络合，并催化多硫侧基裂解与另一橡胶分子链的侧基进行反应生成交联键；同时还生成了能够再次进行交联反应的交联前驱。例如：

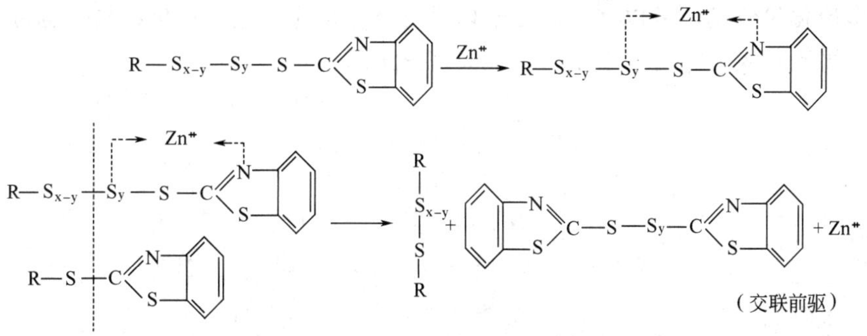

（交联前驱）

这两种交联反应说明，有活性剂时，交联键的数量增加，交联键中硫原子数减少，因而硫化胶的性能得到提高。

4. 交联键的继续反应

在第二节中已简述过硫化是一动态过程，并非所生成的硫黄交联键在硫化过程中都保持不变，而是要发生各种变化。交联键的进一步变化引起硫化结构发生改变，其性能随之变化。硫黄交联键的进一步变化与交联键的硫原子数、反应温度、活性物质的存在等有关，特别是多硫交联键更容易发生变化。在硫化过程中，可以进行多硫键变短、交联键破坏和主链改性等反应。

（1）交联键变短的反应　交联键变短即是多硫交联键中硫原子被脱出使交联键的硫原子数减少，交联键因之变短。所脱出的硫可用于生成环化结构：

此外，脱出的硫也可与促进剂发生反应生成中间化合物。

（2）交联键断裂及主链改性的反应　多硫交联键在较高的温度下，容易断裂生成橡胶分子链的多硫化氢侧基，同时另一橡胶分子链形成共轭三烯结构，主链改性。例如：

所生成的多硫化氢侧基，可以在橡胶分子内进行环化反应，生成环化结构；也可以脱离橡胶分子键生成多硫化氢，同时也使主链形成共轭三烯结构：

交联键断裂和主链改性，无论对硫化工艺或硫化胶的性能均有不良影响，应力图避免。

含促进剂的硫黄硫化，其硫化胶的结构可示意表示如下：

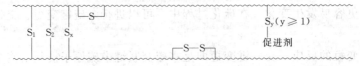

最后，以含噻唑类促进剂的硫黄硫化为例，其交联反应过程可以简单归结于下：

（二）活性剂的作用

在硫黄硫化体系中，活性剂通常是不可缺少的。用作活性剂的主要是一些金属氧化物，其中，使用最广的是氧化锌。实践证明，在相同结合硫的情况下，有氧化锌的硫化胶其交联度远比无氧化锌的硫化胶多。这反映在两种硫化胶的性能差别很大。在生产上，甚至活性剂用量不足也会造成橡胶制品报废。

在硫化过程中，交联和裂解成为一对主要矛盾。在一般硫化情况下，活性剂总是有利于交联数增加和交联键中硫原子数的减少，这在含促进剂硫黄硫化四个基本阶段的第三阶段中已有叙述。除此之外，它还可以通过参与如下反应来增加交联数和提高硫化胶的热稳定性。

1. 与多硫侧基作用

当锌离子与多硫侧基中间的一个硫原子进行络合后，多硫侧基断裂的位置与无氧化锌时不同，前者发生在强键处，后者发生在弱键处。前者断裂后生成两个游离基——一个多硫促进剂游离基和一个橡胶分子链多硫游离基。后一个游离基用以交联，前一个游离基与橡胶反应又生成多硫侧基，再次参与交联反应。结果生成的交联数比无氧化锌的多，且交联键的硫原子数却比无氧化锌的少。其反应可用下式表示：

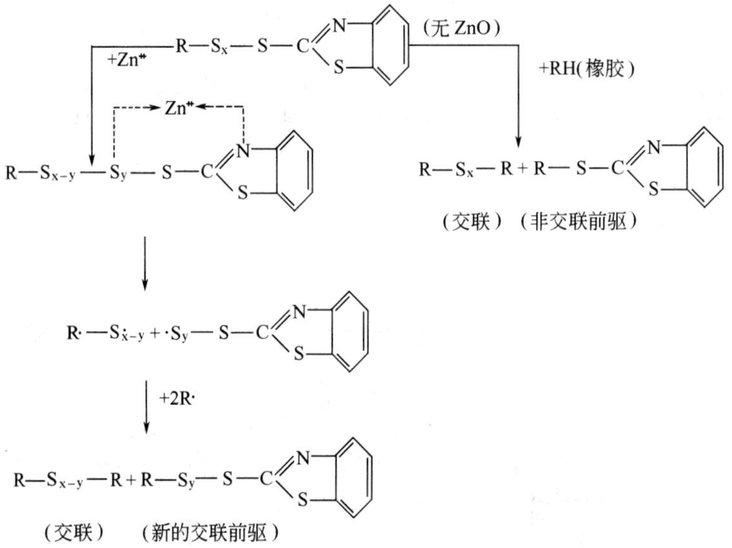

由于有氧化锌的情况下所生成的交联键硫原子数较少，而生成的橡胶多硫侧基又成为交联前驱，能够再次参与交联反应，使交联数增加。这是氧化锌（比无氧化锌）硫化胶的热稳定性和机械性能较高的重要原因之一。

2. 与多硫化氢侧基作用

在硫化过程中，交联键特别是多硫交联键容易发生断裂，在高温条件下更为显著。交联键发生断裂后所生成的多硫化氢侧基，可以使橡胶分子生成环化结构。氧化锌能与硫氢基作用，所断裂的交联键再次结合成为新的交联键。这就避免了交联键的减少和环化结构的生成。其反应如下：

$$RS_xH + R'S_xH + ZnO \longrightarrow R-S_x-Zn-S_x-R' + H_2O$$
$$R-S_x-Zn-S_x-R' \longrightarrow RS_{2x-1}R' + ZnS$$

3. 与硫化氢作用

在硫化过程中，特别是在高温硫化时，可能生成硫化氢。硫化氢能够分解多硫键，使交联键数减少。在有氧化锌时，它可与硫化氢作用，从而防止多硫键的断裂。

$$ZnO + H_2S \longrightarrow ZnS + H_2O$$

4. 与多硫交联键作用

氧化锌可与多硫键作用，脱出多硫键中的硫原子，成为较少硫原子的交联键。硫化胶的热稳定性得到提高。

$$R-S_y-R' \xrightarrow{ZnO} R-S_{y-1}-R'+ZnS$$

二、非硫黄硫化

通常，硫黄只能硫化不饱和橡胶；对于饱和橡胶、某些极性橡胶和特种橡胶，需用有机过氧化物、金属氧化物、胺类及其它物质来硫化。

（一）有机过氧化物硫化

目前，有机过氧化物几乎能够硫化除丁基橡胶和异丁橡胶以外的所有已知的橡胶。但它主要用以硫化饱和的硅橡胶、23 型氟橡胶、二元乙丙橡胶和聚酯型聚氨酯橡胶等。

有机过氧化物，目前在国内得到广泛应用的主要有三种：过氧化二苯甲酰（BPO）、过氧化二叔丁基（DTBP）和过氧化二异丙苯（DCP）。其中以过氧化二异丙苯较好。

用有机过氧化物硫化的硫化胶，其主要特点是热稳定性较高，这是因为其交联键是 C—C 之故。

1. 有机过氧化物的分解特性

（1）有机过氧化物的分解型式　有机过氧化物之所以能使橡胶分子交联，是因为它所含的过氧基团不稳定，在一定温度下其共价电子对可以发生均裂成为游离基，游离基可以脱出橡胶分子链上的氢形成橡胶游离基，橡胶游离基之间相互结合生成交联键。

有机过氧化物的分解形式在很大程度上取决于反应条件和介质的 pH 值。在碱性或中性介质中，它按游离基型分解，在酸性介质中，则按离子型分解。例如，过氧化二异丙苯的两种分解形式为：

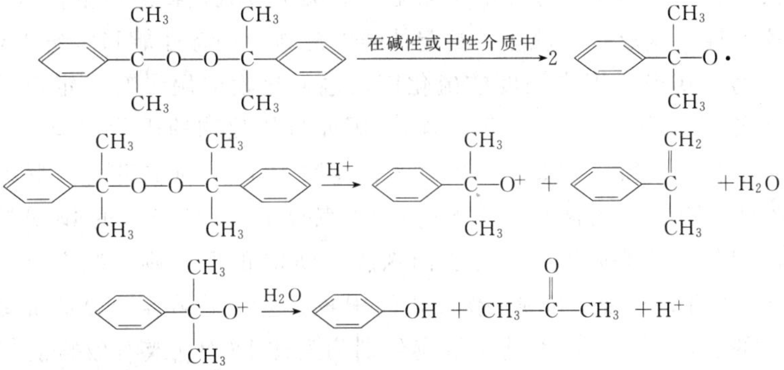

这说明用作交联橡胶的有机过氧化物，按游离基型裂解才有意义。如按离子型裂解，则引起其它反应，不能使橡胶交联。所以，在选择其它配合剂时要考虑到它们的酸碱性。

（2）有机过氧化物的半衰期与温度的关系　半衰期是指过氧化物的浓度减至原来浓度的一半所经历的时间。一般用它来表示过氧化物的分解速度。有机过氧化物的半衰期或分解速度在一定条件下只取决于温度，温度越高，半衰期越短或分解速度越快。不同的过氧化物，在同一温度下的分解速度或半衰期也各不相同。在前述的三种过氧化物中，以 BPO 的分解速度最快，DCP 次之，DTBP 最慢。这在选择过氧化物或决定硫化温度时是必须考虑的。

2. 有机过氧化物与橡胶的化学反应

在硫化过程中，首先有机过氧化物分解为游离基：

$$R-O-O-R \longrightarrow 2RO\cdot$$

生成的游离基可以脱出橡胶分子链上的氢，形成橡胶游离基。例如乙丙橡胶分子受到游离基攻击时：

$$RO\cdot + \sim\sim CH_2-CH_2-CH_2-\underset{\underset{CH_3}{|}}{CH}-CH_2\sim\sim \longrightarrow \sim\sim CH_2-\overset{\cdot}{C}H-CH_2-\underset{\underset{CH_3}{|}}{CH}-CH_2\sim\sim +ROH$$

$$RO\cdot + \sim\sim CH_2-\underset{\underset{CH_3}{|}}{CH}-CH_2-CH_2\sim\sim \longrightarrow \sim\sim CH_2-\underset{\underset{CH_3}{|}}{\overset{\cdot}{C}}-CH_2-CH_2\sim\sim +ROH$$

$$RO\cdot + \sim\sim CH_2-\underset{\underset{CH_3}{|}}{CH}-CH_2-\underset{\underset{CH_3}{|}}{CH}-CH_2-\underset{\underset{CH_3}{|}}{CH}\sim\sim \longrightarrow \sim\sim CH_2-\underset{\underset{CH_3}{|}}{CH}-CH_2-\underset{\underset{CH_3}{|}}{\overset{\cdot}{C}}-CH_2-\underset{\underset{CH_3}{|}}{CH}\sim\sim +ROH$$

……等等。

所生成的这些游离基可以相互结合而交联：

$$\sim\sim CH_2-\overset{\cdot}{C}H-CH_2-\underset{\underset{CH_3}{|}}{CH}-CH_2\sim\sim \atop \sim\sim CH_2-\overset{\cdot}{C}H-CH_2-CH_2-CH_2\sim\sim \longrightarrow \sim\sim CH_2-\underset{\underset{|}{}}{\overset{\overset{CH_3}{|}}{\underset{|}{C}}}\cdots$$

也可以在丙烯叔碳原子处发生主链断裂反应：

$$\sim\sim\sim CH_2-\underset{\underset{CH_3}{|}}{CH}\big|-CH_2-\underset{\underset{CH_3}{|}}{\overset{\cdot}{C}}-CH_2-\underset{\underset{CH_3}{|}}{CH}\sim\sim \longrightarrow \sim\sim CH_2-\underset{\underset{CH_3}{|}}{\overset{\cdot}{C}}H|+CH_2=\underset{\underset{CH_3}{|}}{C}-CH_2-\underset{\underset{CH_3}{|}}{CH}$$

丙烯含量高，分子链断裂反应可能就多。说明在一定条件下，二元乙丙橡胶的交联效率取决于合成时乙烯和丙烯的比例。

　　3. 影响有机过氧化物硫化的因素

　　（1）有机过氧化物的用量　橡胶的交联密度取决于过氧化物的用量。增加用量可以显著提高硫化胶的交联度，这反映在硫化胶的定伸强度提高，动态性能和压缩变形获得改善，但抗撕强度下降。为了获得适当交联度的硫化胶，过氧化物的用量有一定范围。橡胶种类不同，其交联效率各不一样（脱氢能力不一样），因而过氧化物的用量范围也就有所差异。其用量可以通过如下估计而得，例如，当用有效官能数为 1 的 DCP 硫化交联效率较低的二元乙丙橡胶时，对于 100 克乙丙橡胶，应配用 0.01 克分子（2.7 克）的 DCP 即可。对于交联效率为 1 的天然橡胶、丁腈橡胶、三元乙丙橡胶，DCP 的用量则可减至 0.008 克分子。对于交联效率大于 10 的丁苯橡胶和顺丁橡胶，DCP 的用量可再降至 0.005 克分子。如果使用有效官能数为 2 的过氧化物时，则其用量应分别为上述 DCP（或有效官能数为 1 的过氧化物）克分子数的一半。实际上，由于配方不同或其它因素，有机过氧化物的估算用量还必须通过试验来调整。

　　（2）防老剂和填充剂的影响　由于防老剂通常是还原剂，所以它对有机过氧化物的硫化有干扰作用。胺类防老剂的阻化作用比酚类防老剂大。如果必须使用这些防老剂，其用量一般应不大于 0.5 份，多于此量时，则需增加过氧化物的用量予以补偿。

　　胶料的 pH 值在很大程度上与所用的填充剂有关，大多数填充剂在一定程度上能降低过氧化物的交联效率。槽法炭黑、硬质陶土和 pH 值低的白炭黑不宜用于过氧化物配合。如若必须使用，需加入少量（如 0.5～1 份）碱性物（如氧化镁、二苯胍、六次甲基四胺、三乙醇胺等）或增加过氧化物的用量予以补偿。

　　不同的过氧化物对酸碱的敏感性也不一样。含酸性基团的过氧化物（如 BPO）对酸类的敏感性较小，换言之，酸性配合剂在胶料中对它（BPO）的影响要比无酸性的过氧化物（如 DCP）的影响小得多。DCP 对酸类非常敏感。

（3）硫化温度和时间的影响　与用硫黄硫化不饱和橡胶时可选用适当的促进剂和活性剂来加速硫化作用不同，用过氧化物硫化时，目前只能通过提高硫化温度来促进硫化。但是，硫化温度又必须根据所用过氧化物的性质及硫化方法来确定。例如，BPO 用于模型制品的胶料，由于它的分解温度较低，为了使硫化起步期较长而保证胶料在模型中有足够的流动时间，其硫化温度不宜高于 130℃。而用 DCP 或 DTBP 时，因其分解温度比较高（大于 135℃交联才会开始），其硫化温度可以高达 150～180℃。同理，在胶料加工时，为了避免焦烧，使用 BPO 的胶料，其加工温度应比使用 DCP 或 DTBP 的胶料为低。特别是 DTBP 的半衰期比前二者长，故其焦烧性能优良。

硫化时间应以过氧化物耗尽为止来决定。硫化时间一般可取预定温度下半衰期的 5～10 倍的时间。例如，DCP 半衰期为 1 分钟的温度是 171℃，在 171℃下经过 1 分钟，DCP 的浓度降至原来的二分之一，经过两分钟，降至原来的四分之一，经过 5 分钟降为 $1/2^5 = 1/32$，经过 10 分钟降为 $1/2^{10} = 1/1024$，即是说在 171℃下经过 5～10 分钟，DCP 已基本耗尽。其硫化时间可在 5～10 分钟范围内选定。如果已定硫化温度高于或低于 171℃时，则所需硫化时间应为已定硫化温度下过氧化物半衰期的 5～10 倍，即得在此温度下所需要的硫化时间。也可以根据硫化温度和硫化时间来选择过氧化物。

（二）金属氧化物硫化

金属氧化物如氧化锌、氧化镁、氧化铅等是氯丁橡胶、氯磺化聚乙烯、聚硫橡胶、羧基橡胶和氯醇橡胶等这些极性橡胶的主要硫化剂。由于这些橡胶的分子链上都带有活性基团，它可以与金属氧化物作用，使橡胶分子链间形成交联键。

1. 氯丁橡胶和氯醇橡胶的硫化

氯丁橡胶的硫化剂主要是氧化锌和氧化镁　氯醇橡胶 $\sim\!\!\sim\!\!O\!-\!CH\!-\!CH_2\!\sim\!\!\sim$（支链 CH_2Cl）多用氧化铅作硫化剂。在有促进剂 NA-22 存在时，两种橡胶的硫化机理相似。在此以氯丁橡胶的硫化反应为例说明。

（1）无促进剂的氯丁橡胶硫化反应　对于用硫黄调节的 GN 型氯丁橡胶，由于其交联倾向较大，一般可以不使用促进剂，仅用氧化锌和氧化镁即能正常进行硫化。

由于氯丁橡胶的分子链有 1,2 结构，结合在烯丙基叔碳原子上的氯和双键可以发生转移，活泼氯与氧化锌作用生成醚型交联键：

双键和氯转移

脱氯

交联

（2）含促进剂的氯丁橡胶硫化反应　适合于氯丁橡胶的促进剂，目前应用最广的是乙撑硫脲。通常它在非硫调节 W 型氯丁橡胶的胶料中是必不可少的，而且用于硫黄调节型氯丁橡胶胶料也很有效。

在有乙撑硫脲时，氯丁橡胶按下列反应生成硫醚交联键：

乙撑硫脲（NA-22）的加成

$$\sim\!CH_2\!-\!C\!\sim + S=C \begin{matrix} NH\!-\!CH_2 \\ | \\ NH\!-\!CH_2 \end{matrix} \longrightarrow \sim\!CH\!-\!C\!\sim$$

$$\begin{matrix} CH \\ \| \\ CH_2Cl \end{matrix} \qquad \begin{matrix} CH \\ \| \\ CH_2\!-\!S\!-\!C \\ | \\ Cl \end{matrix} \begin{matrix} NH\!-\!CH_2 \\ | \\ NH\!-\!CH_2 \end{matrix}$$

脱氯

$$\sim\!CH_2\!-\!C\!\sim \quad +ZnO \longrightarrow \sim\!CH_2\!-\!C\!\sim \quad +Zn^+Cl$$

$$\begin{matrix} CH \\ \| \\ CH_2\!-\!S\!-\!C \\ | \\ Cl \end{matrix} \begin{matrix} NH\!-\!CH_2 \\ | \\ NH\!-\!CH_2 \end{matrix} \qquad \begin{matrix} CH \\ \| \\ CH_2\!-\!S\!-\!C \\ | \\ O^- \end{matrix} \begin{matrix} NH\!-\!CH_2 \\ | \\ NH\!-\!CH_2 \end{matrix}$$

脱乙撑脲

$$\sim\!CH_2\!-\!C\!\sim \longrightarrow \sim |\ CH_2\!-\!C\!\sim \quad + \begin{matrix} CH_2\!-\!NH \\ | \\ CH_2\!-\!NH \end{matrix} C=O$$

$$\begin{matrix} CH \\ \| \\ CH_2\!-\!S\!-\!C \\ | \\ O^- \end{matrix} \begin{matrix} NH\!-\!CH_2 \\ | \\ NH\!-\!CH_2 \end{matrix} \qquad \begin{matrix} CH \\ \| \\ CH_2\!-\!S^- \end{matrix}$$

交联

$$\begin{matrix} \sim\!CH_2\!-\!C\!\sim \\ | \\ CH\!-\!CH_2\!-\!S^- \\ \\ CH\!-\!CH_2\!-\!Cl \\ | \\ \sim\!CH_2\!-\!C\!\sim \end{matrix} \quad +Zn^+Cl \longrightarrow \begin{matrix} \sim\!CH_2\!-\!C\!\sim \\ | \\ CH\!-\!CH_2 \\ \qquad\quad S \\ CH\!-\!CH_2 \\ | \\ \sim\!CH_2\!-\!C\!\sim \end{matrix} +ZnCl_2$$

2. 聚硫橡胶、羧基橡胶、氯磺化聚乙烯的硫化反应

这三种橡胶通常也是用金属氧化物来硫化的。但三者的硫化反应又各有特点：当单用金属氧化物（如氧化锌）硫化端基为硫醇基（—SH）的聚硫橡胶时，不是生成交联键的交联反应，而是分子链的合并过程；羧基橡胶的硫化反应是通过羧基与金属氧化物作用进行交联的；氯磺化聚乙烯的硫化则是磺酰氯水解后生成的羟基与金属氧化物作用进行交联的。它们的硫化反应分别为：

$$2HS\!-\!R\!-\!S\!-\!S\!-\!R\!-\!SH+ZnO \longrightarrow HS\!-\!R\!-\!S\!-\!S\!-\!R\!-\!S\!-\!Zn\!-\!S\!-\!R\!-\!S\!-\!S\!-\!R\!-\!SH+H_2O$$

（聚硫生胶）

$$\downarrow -ZnS$$

$$HS\!-\!R\!-\!S\!-\!S\!-\!R\!-\!S\!-\!S\!-\!R\!-\!SH$$

（聚硫硫化胶）

$$2R\!-\!COOH+MeO \longrightarrow R\!-\!\underset{O}{\overset{\|}{C}}\!-\!O\!-\!Me\!-\!O\!-\!\underset{O}{\overset{\|}{C}}\!-\!R+H_2O$$

（羧基橡胶）　　（金属氧化物）

$$\sim\!CH_2\!-\!CH\!-\!CH_2\!\sim \quad +H_2O \longrightarrow \sim\!CH_2\!-\!CH\!-\!CH_2\!\sim \quad +HCl$$

$$\qquad\quad \underset{O_2S\!-\!Cl}{|} \qquad\qquad\qquad\qquad \underset{O_2S\!-\!OH}{|}$$

（氯磺化聚乙烯）

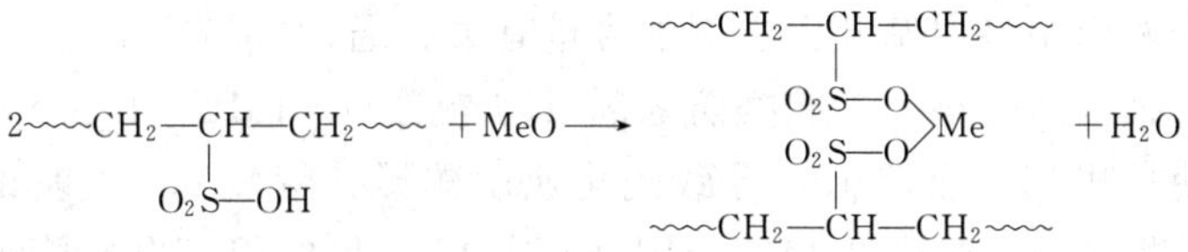

$$2 \sim\!\!CH_2\text{—}CH\text{—}CH_2\!\!\sim \underset{O_2S\text{—}OH}{\big|} +MeO \longrightarrow \quad \text{（结构式）} \quad +H_2O$$

（三）树脂硫化

树脂（主要为酚醛树脂）可被用以硫化不饱和橡胶、聚氨酯、聚丙烯酸酯和羧基橡胶等。酚醛树脂硫化胶的特点是耐热性高，这主要是因为在硫化胶的交联结构中存在色满结构（氧杂萘满结构）之故。橡胶与酚醛树脂的硫化反应（含促进剂 $SnCl_2 \cdot 2H_2O$）为离子型反应。其反应方式之一是树脂的羟甲基在酸催化下脱水，生成甲撑醌，甲撑醌与被络合酸极化了的橡胶双键发生反应进行交联：

甲撑醌的生成

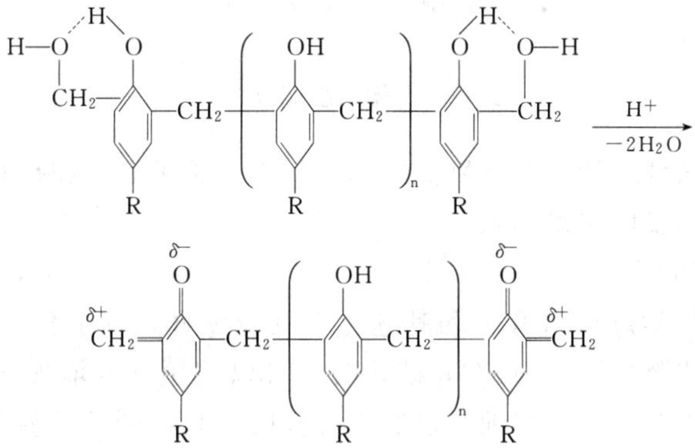

$$\xrightarrow[-2H_2O]{H^+}$$

橡胶双键被极化

$$+H^+[SnCl_2(OH)]^- \cdot H_2O \longrightarrow \quad +[SnCl_2(OH)]^- \cdot H_2O + H^+$$

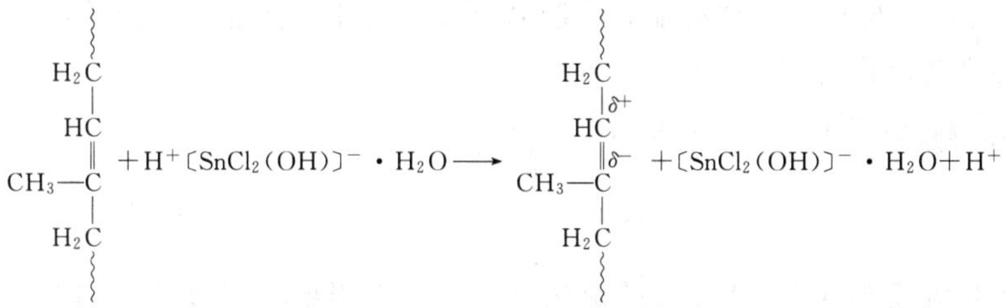

交联

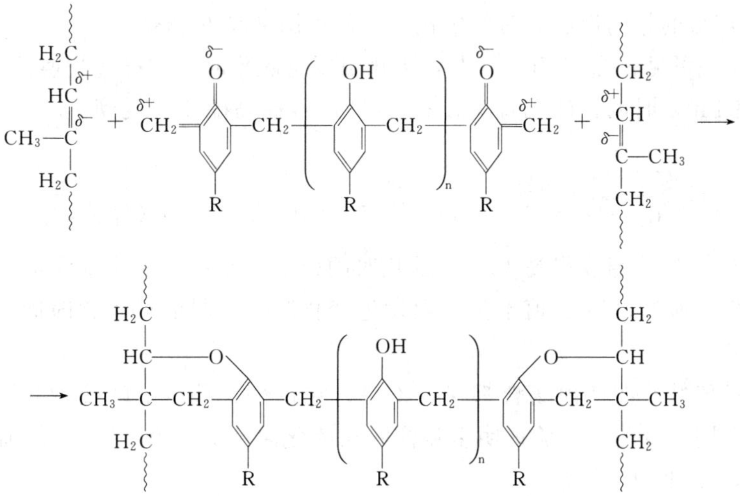

其硫化速度与树脂中羟甲基及促进剂的含量有关。通常，当羟甲基含量低于 6% 时，硫化速度大大降低。某些防老剂，如胺类防老剂（防老剂 D、4010、4010NA 等）因其胺基可与羟甲基作用，使羟甲基含量降低，导致硫化速度减慢；带巯基、胺基的硫黄硫化促进剂（如促进剂 M、促进剂 D、亚磺酰胺等）同样可与羟甲基作用，也要降低硫化速度。在含 $SnCl_2 \cdot 2H_2O$ 的胶料中，不能添加氧化锌，因为氧化锌与 $SnCl_2 \cdot 2H_2O$ 相互作用生成活性甚弱的络合盐，致使硫化速度减慢。

$$SnCl_2 \cdot 2H_2O + ZnO \longrightarrow Zn[SnCl_2(OH)] + H_2O$$

但是，当促进剂为含卤素的高聚物时，则需添加氧化锌。因为在硫化时，高聚物脱出的卤素和氧化锌作用生成促进剂——卤化锌。显然，所添加的氧化锌不宜过量，因为过量的氧化锌又可以与所生成的卤化锌促进剂作用成为活性甚弱的络合盐，从而减慢了硫化速度。

第五节 硫 化 工 艺

一、硫 化 条 件

硫化条件通常是指橡胶硫化的温度、时间和压力。正确制定和控制硫化条件特别是硫化温度是保证橡胶制品质量的关键因素。

（一）硫化温度和时间

橡胶的硫化是一化学反应过程，和其它化学反应一样，其硫化速度随温度的升高而加快。当温度每增加（或降低）8~10℃，硫化时间可以缩短（或增加）一倍。说明可以通过提高硫化温度来提高生产效率。目前，已有部分橡胶制品特别是某些连续硫化的橡胶制品已实现了高温短时间硫化。高温短时间硫化也是橡胶工业发展的趋势之一。但是，硫化温度的提高不是任意的，它与胶种、胶料配方、制品尺寸、硫化方法等有密切关系。

1. 硫化温度与硫化时间的计算

硫化温度和硫化时间的关系，可用以下方程表示：

$$\frac{t_1}{t_2} = K^{\frac{T_2 - T_1}{10}} \text{ 或 } t_1 = t_2 \cdot K^{\frac{T_2 - T_1}{10}} \tag{10-4}$$

式中 t_1 为当硫化温度为 T_1 时所需要的硫化时间；t_2 为当硫化温度为 T_2 时所需要的硫化时间；K 为硫化温度系数，它表示在一定硫化温度下，硫化胶获得某一性能的时间和硫化温度相差 10℃ 时获得的相同性能的时间之比，其值可用试验方法求得。

由式（10-4）可见，当 K 值已知时，硫化温度与硫化时间即可进行换算。例如，当 $K = 2$，且原胶料在 140℃ 时的正硫化时间为 60 分钟，若提高硫化温度到 150℃，则其正硫化时间应为：

$$t_1 = t_2 \cdot K^{\frac{T_2 - T_1}{10}} = 60 \times 2^{\frac{140 - 150}{10}} = 60 \times 2^{-1} = 30 \text{（分钟）}$$

说明在 K 为 2 时，硫化温度提高 10℃，硫化时间减少一半；若硫化温度降低 10℃，则硫化时间将增加一倍。显然，当 K 值不为 2 而发生变化时，胶料的正硫化时间所减少或增加的倍数也不一样。

事实上，K 值并非在任何场合都保持不变，它在很大程度上随胶种和胶料组成以及硫化温度范围的不同而变化。试验证明多数橡胶在硫化温度为 120~180℃ 范围内的 K 值通常是 1.5~2.5，见表 10-1。

表 10-1　在 120～180℃ 范围内各种橡胶的硫化温度系数 K（按强度）

橡胶种类	温　度　范　围				橡胶种类	温　度　范　围			
	120～140℃	140～160℃	160～170℃	170～180℃		120～140℃	140～160℃	160～170℃	170～180℃
天然橡胶	1.7	1.6	—	—	氯丁橡胶	1.7	1.7	—	—
异戊橡胶	1.8	1.7	—	—	丁腈-18	1.85	1.6	2.0	2.0
低温丁苯	1.5	1.5	1.95	2.3	丁腈-26	1.84	1.6	2.0	2.5
顺丁橡胶	1.83	1.88	—	—	丁腈-40	1.85	1.5	2.2	2.0
丁基橡胶	—	1.67	1.8	—					

　　为了便于计算，在生产上大多取 K 值为 2 左右已能满足要求。尤其是对硫化平坦期很长的胶料来说，更不致出现严重错误。

　　2. 确定硫化温度需考虑的因素

　　（1）胶种　从表 10-1 和图 10-7 可以看出，天然橡胶和异戊橡胶随硫化温度升高，其 K 值有减小的趋势，也就是说提高硫化温度，总的硫化速度不但没有提高，反而有所下降；且其硫化胶的性能特别是抗张强度和抗撕强度显著下降。这是由于这类橡胶在高温硫化时，断链增加所致。因而，此类橡胶的硫化温度不宜高于 160℃。很多合成橡胶由于高温裂解性高于前者，且升高硫化温度时，硫化速度又有不同程度增加，因而可以适当提高硫化温度。

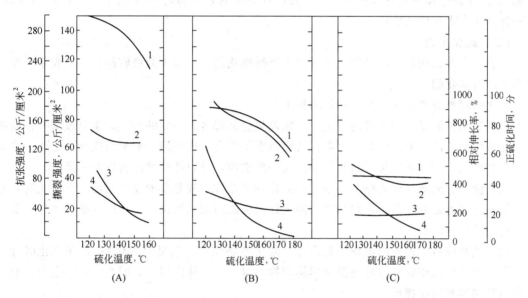

图 10-7　硫化温度对硫黄硫化的天然橡胶（A）和异戊橡胶（B）和低温丁苯橡胶（C）机械性能的影响

1—抗张强度；2—相对伸长率；3—抗撕强度；4—正硫化时间

　　（2）硫化体系　由于不同的硫化体系赋予硫化胶交联键的性质也各不相同。其中特别是硫黄硫化所生成的多硫交联键，因其键能较低，故硫化胶的热稳定性差，所以提高硫化温度易造成硫化胶的物理机械性能下降（图 10-8）。对于需要高温硫化的不饱和橡胶，根据具体情况可以考虑采用低硫高促硫化体系或无硫硫化体系以及亚磺酰胺（主促进剂）与秋兰姆（副促进剂）并用体系（称为活化亚磺酰胺体系）等。

　　（3）骨架材料　在有骨架材料（纺织物）的橡胶制品中，当胶料在硫化时，纺织物的强度损失将随硫化温度升高而增加，尤其是棉织品和人造丝更为显著。因此，其胶料不宜采用

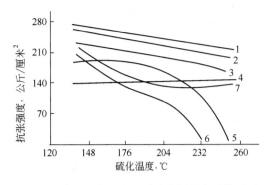

图 10-8　高温硫化对含不同硫化剂的各种橡胶强力的影响

1—硫黄硫化丁腈橡胶；2—金属氧化物硫化通用型氯丁胶；3—金属氧化物硫化 W（54-1）型氯丁橡胶；4—酚醛树脂硫化丁基胶；5—硫黄硫化丁基胶；6—硫黄硫化天然胶；7—DPC 硫化天然胶

高温硫化。对于含有合成纤维的橡胶制品，由于合成纤维的耐热性高于前二者，故其胶料可以采用较前二者更高一些的硫化温度。

（4）制品断面的厚度　由于橡胶是热的不良导体，热传导性差，当橡胶制品的断面比较厚时，在硫化过程中，其断面各部位的温度需要一定时间才能达到一致。如果硫化温度过高，则制品表面可能已达到正硫化，而其断面中部可能尚未开始硫化或欠硫程度还很高；当其断面中部达到正硫化时，制品表面也可能早已过硫了。这都将导致制品性能变坏。所以，当以一般硫化方法硫化厚制品时，通常采用低温长时间进行硫化。如果对厚制品进行预热后再进行硫化，上述问题即能得到很好地解决。目前已经开始采用高频或微波（超高频）预热大型厚断面橡胶制品（如轮胎）。由于高频预热具有预热时间短、胶料各部位的温度均匀和制品质量高等优点，因而这一技术将会得到广泛应用。

（二）硫化压力

目前，大多数橡胶制品是在一定压力下进行硫化的，只有少数橡胶制品（如胶布）是在常压下进行硫化的。

硫化时对橡胶制品进行加压的目的如下。

（1）防止在制品中产生气泡　由于生胶及配合剂都含有一定的空气和水分或某些挥发物以及在硫化时所产生的副产物，它们在硫化温度下将会形成气泡，如果不施加一定压力来阻止气泡的形成，就会在硫化后的制品中出现一些空隙，导致橡胶制品的性能下降。

（2）使胶料流散且充满模型　模型制品特别是花纹比较复杂的模型制品，在硫化时，必须施加一定压力使胶料在硫化起步之前能很好地流散而充满模型，防止出现缺胶现象，保证制品的花纹完整清晰。

（3）提高胶料与织物或金属的粘合力　对于有纺织物的制品（如轮胎），在硫化时施加合适的压力，可以使胶料很好地渗透到纺织物的缝隙中，从而增加它们之间的粘合力，有利于提高其强度和耐屈挠性。

硫化压力过低或过高对这类制品均有不良影响。硫化压力过低，会出现起泡、脱层和呈海绵状等缺陷；硫化压力过高，会将纺织物压扁而难以使胶料很好渗入到织物缝隙中去或使织物本身受到损害。这都将使制品性能降低。例如硫化外胎时水胎内的压力对外胎疲劳性能的影响如表 10-2 所示。

硫化压力的大小。要根据胶料性能（主要是可塑性）、产品结构及工艺条件而定。其原

表 10-2　水胎内过热水的压力对外胎疲劳性能的影响

压力，公斤/厘米²	帘子线屈挠至损坏时的次数	压力，公斤/厘米²	帘子线屈挠至损坏时的次数
3.5	3500～4500	22.0	90000～95000
16.0	46500～47000	25.0	80000～82000

则是：胶料流动性小者，硫化压力应高一些；反之，硫化压力可以低一些；产品厚度大、层数多和结构复杂的需要较高的压力。多数制品的硫化压力，通常在 25 公斤/厘米² 以下。当采用注压工艺时，由于胶料的填模全靠注射压力来进行，所以要采用达 800～1500 公斤/厘米² 的高压。对于薄制品（如雨布）在生产上采用脱水剂（如氧化钙）或机械消泡方法后，已实现连续常压硫化。

（三）硫化介质

在加热硫化过程中，凡是借以传递热能的物质通称硫化介质。常用的硫化介质有：饱和蒸汽、过热蒸汽、过热水、热空气以及热水等。近年来还有采用共熔盐、共熔金属、微粒玻璃珠、高频电场、红外线、γ-射线等作硫化介质的。硫化介质在某些场合下又兼为热媒（表10-3）。目前，国内广泛使用饱和蒸汽、过热水、热空气和热水作为硫化介质。

表 10-3　不同硫化工艺方法采用的硫化介质和热媒

硫化工艺方法	硫化介质	热　媒	硫化工艺方法	硫化介质	热　媒
模型硫化	金属(模具)	饱和蒸汽、电热	水胎过热水硫化	水　胎	过 热 水
直接蒸汽硫化	饱和蒸汽	饱和蒸汽	热空气硫化	热 空 气	热 空 气

1. 饱和蒸汽

饱和蒸汽的热量来自汽化潜热。其特点是热含量大、导热效率高、成本低、压力和温度容易调节。因此，饱和蒸汽是目前比较好的和应用最广的硫化介质。但是，饱和蒸汽作为加热介质也有某些缺点和局限性。如饱和蒸汽不能用以硫化涂有亮油的胶面鞋，因为蒸汽有碍于漆膜的固化；此时必须先用热空气使漆膜固化后，再通入饱和蒸汽进行所谓的混气硫化。再如，对于在硫化罐中要求低温长时间硫化的大型制品，由于硫化温度低，其相应的饱和蒸汽压力也低，因而不能有效地防止气泡的产生。在这种情况下，有时也要考虑采用混气硫化法。此外，容易水解的橡胶如聚酯型聚氨酯橡胶也不宜用饱和蒸汽直接硫化。

2. 热空气

热空气的热含量很低，传热性也较差，同时由于它含的氧对橡胶有氧化破坏作用，一般制品不宜采用。但是，由于热空气不含水分且含有一定的氧，故可用于混气硫化涂有亮油的胶面鞋。又由于热空气传热性差，因而硫化时间长，所以用于热空气硫化的胶料需加入大量的快速促进剂，使硫化起步加快以防止制品发生变形。热空气一般不宜用以硫化含过氧化物硫化剂的胶料，因为部分过氧化物与热空气中的氧发生作用而不参与交联反应。如若必须采用热空气硫化含过氧化物硫化剂的胶料，则应增加过氧化物的用量以补偿其在硫化时的损失。

3. 过热水和热水

过热水既可传热，又能赋予半成品较大的硫化压力，因此特别适合轮胎的硫化。由于在硫化时过热水的温度要发生变化，为了保持硫化温度恒定，必须对过热水进行循环加热。

常压水（热水）硫化的水温低于 100℃，硫化时间很长，所以用常压水硫化仅限于硫化含有活性温度低于 100℃ 超速促进剂的薄壁浸渍制品。大型化工容器衬里由于体积过大不能在硫化罐中硫化时，也可采用常压热水硫化。

二、硫 化 方 法

硫化方法很多，在工业上可按使用的设备、传热介质和硫化方法的不同来划分。在此以传热介质和硫化方法的不同介绍主要的传统硫化方法和一些较新的硫化方法。

（一）平板硫化

这种硫化方法是将装有半成品或胶料的模型置于能够加压的上下两个平板间进行硫化的。平板间所需的压力由油压或水压，通过唧筒的柱塞传递给平板供给的。

平板硫化机的平板可以用蒸汽或电加热。硫化温度须根据具体制品而定，一般在120～160℃之间。常用温度为140℃。硫化压力也要根据具体制品而定，一般模型制品为15～20公斤/厘米²，硬质胶制品为70公斤/厘米²。

平板硫化机主要用以硫化各种模型制品，也可用以硫化传动带、运输带和工业胶板等制品。

（二）注压硫化

注压硫化法是在平板硫化法以及塑料注射成型的基础上发展起来的，并成为橡胶工业中的一种新技术。由于橡胶的注压工艺在提高产品质量、降低生产成本以及提高劳动生产效率等方面具有很多优点，所以近年来受到相当重视，发展速度很快。

注压硫化工艺程序大致分为胶料预热塑化、注射、硫化、出模及修边等。这与塑料注射成型工艺相似。

和模压硫化法相比，注压硫化法的优点表现在如下几方面。

（1）硫化工艺程序少。模压硫化从胶料裁断到成品修边共有九个程序；而注压硫化从胶料造粒或成条到成品修边只有四个程序。

（2）胶料损失少、成品率高。模压硫化法所损失的胶料可以高达30％；而注压硫化法则可低到10％以下，且此法的废品率很低。

（3）注压硫化法的制品比较致密，因而其性能较高。

（4）胶料与金属的粘合强度较高。

（5）可以进行高温短时间硫化；而模压硫化法提高硫化温度有限。因为用于模压硫化的胶料通常是冷的，如果采用高温硫化，可能造成制品内部欠硫或制品外表过硫；特别是厚制品，提高硫化温度更容易产生这一现象。而注压硫化（图10-9）的胶料由于在注射机机筒内已行预热（图中1～2段）。且在注射时胶料通过注口过程中，其温度又急剧上升（3～4段），使整个胶料的温度与硫化温度相差不大，故制品内部与外表的硫化速度也就比较接近，不存在厚制品模压硫化的上述缺点。

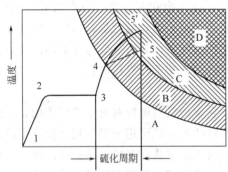

图 10-9　注压硫化图解
A—预热；B—交联度增加阶段；C—正硫化范围；
D—过硫区
1～2—胶料在注压机预塑机筒内的塑化升温阶段；
2～3—胶料在机筒内的保温阶段；
3～4—胶料在注射通过注口时的摩擦升温阶段；
4～5′—注射完毕后，制品表面升温过程（模型热量传递给制品）；
4～5—制品内部吸热升温过程

注压硫化可以用于模型制品、胶鞋、胶辊和轮胎等制品。

注压硫化法的缺点是模型和其它设备一般造价较高。但生产产品比较单一，且产量又大，采用注压法比模压法要经济得多。

（三）硫化罐硫化

硫化罐可以分为立式和卧式两种。一般硫化罐设有送气、放气及排除冷凝水的管路装置，并安装有检查仪器、压力表、温度计和安全阀等。

1. 立式硫化罐硫化

立式硫化罐主要用以硫化轮胎。这种硫化罐大多在其下部装有带柱塞的水压唧筒，可以通入高压或低压水。低压用于升降模型，高压用以加压模型。

硫化外胎时，其简单过程是将装有外胎半成品的模型放入罐内，关闭罐盖后向罐内通入蒸汽以排出罐内空气和加热模型，同时在水胎内通入过热水，使整个外胎加热受压，并按规定工艺条件和方法进行硫化。硫化结束后，应冷却（80℃以下）启模，以避免启模裂伤。

2. 卧式硫化罐硫化

卧式硫化罐一般用以硫化胶布、胶管、胶鞋和球类等制品。这些制品通常是用下述方法来硫化的。

（1）缠布硫化法　对于某些制品如夹布胶管、胶辊和硬质胶等，在硫化前先将布条缠于制品的表面上，然后在硫化罐内通入直接蒸汽进行硫化。缠布的目的是为了使制品表面不与蒸汽直接接触；避免在硫化开始时橡胶制品因受热软化引起变形。

（2）直接蒸汽硫化法　对于外观质量要求不高（如胶管）或使用其反面的制品（如自行车和力车内胎），均可在硫化罐中用直接蒸汽进行硫化。此时，要求胶料的硫化起步应快一些，避免制品在硫化开始时发生变形。

（3）混气硫化法　混气硫化是指热空气和饱和蒸汽并用的硫化方法。对于要求外表美观，色泽鲜艳的某些制品如胶鞋、胶靴等适宜采用这种硫化方法。制品在硫化的最初阶段先用热空气硫化使制品很快定型或使亮油硬化，然后再通入蒸汽加强硫化。如果仅用蒸汽硫化，易造成冷凝液滴敷于胶面上成为水斑或亮油（胶靴）硬化不好不亮，影响外观质量；如果仅用热空气硫化且硫化温度又较高时，会因严重氧化而使制品质量显著下降。所以这类制品通常采用混气硫化法硫化。

（四）个体硫化机硫化

个体硫化机是带有固定模型的特殊结构的硫化机。其上半部（或下半部）模型是安装在不动的外壳上，另一半模型则可用压缩空气、水压或立杆活动机构作上下活动。两半部模型均有蒸汽加热腔。

个体硫化机多用于轮胎的外胎、内胎和垫带以及力车的内外胎等的硫化。

个体硫化机安装有控制仪表和自动操作器，自动化程度较高，因此劳动强度较低，产品质量也比较高，但其投资和占地面积较大。

（五）共熔盐硫化

共熔盐硫化是一种较新而又简便的硫化方法。共熔盐由53％硝酸钾、40％亚硝酸钠、7％硝酸钠组成，其熔点为142℃，沸点为500℃。硫化时，将共熔盐加热到200～300℃，然后使制品通过装在槽内的共熔盐进行热硫化。制品通过的速度取决于胶料的硫化条件。

这种硫化方法的优点在于不但能够生产无接头的压出制品，而且废品率低、制品外观质量好、硫化时间短等。但是由于硫化压力低（其压力只相当于共熔盐的深度），制品在硫化时容易出现气泡。当在胶料中加入干燥剂或脱水剂（如加入8％的生石灰）或使用真空压出机等均可减少气泡的生成。

在确定共熔盐的温度时，必须考虑到所使用的胶种。胶种不同，允许的最高硫化温度也不同。例如：天然胶、异戊胶＜230℃；三元乙丙胶、丁苯胶、丁腈胶≤300℃；充油丁苯＜250℃；氯丁胶≤260℃。此外，含有过氧化物的胶料硫化温度不宜超过 200～220℃，因为在高温下，过氧化物迅速分解致使在制品中形成大量气孔。

（六）沸腾床硫化

沸腾床硫化也是一种比较新的硫化方法。它主要用于连续硫化压出制品及胶布。

这种硫化方法是以直径为 0.1～0.25 毫米的固体微粒玻璃珠作为传热介质。玻璃珠用电加热，它在气体的鼓吹下被搅动而漂浮起来形成沸腾状态。呈沸腾状态的玻璃珠有良好的传热性。它与液体硫化（如共熔盐硫化）一样可以用来硫化压出制品。硫化时，制品通过沸腾床（图 10-10）并被加热的玻璃珠所覆盖而进行热硫化。沸腾床可以由几个单元串联组成。制品通过沸腾床的速度取决于硫化条件。

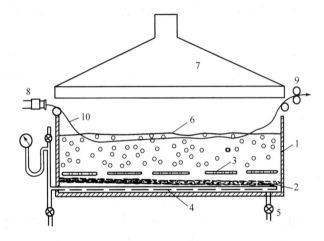

图 10-10　卧式单元沸腾床图

1—槽；2—微孔隔板；3—电热器；4—进气管；5—阀门；6—玻璃珠层；
7—排气罩；8—压出机头；9—导辊；10—橡胶制品

沸腾床硫化可以在常压或加压下进行。在常压下硫化容易产生气泡，因此，这种硫化方法在向加压硫化的方向发展。

（七）微波硫化

20 世纪 60 年代后期，微波硫化技术获得应用。由于用微波加热橡胶具有升温快、内外同时升温而无热滞后等特点，因而对实现高温短时间硫化和硫化过程的连续化、自动化以及提高制品质量等方面都具有积极意义。这一新技术虽然还有待进一步发展和完善，但它已受到普遍重视并逐渐得到广泛应用。微波是指交变频率大于 300 兆周（兆赫）的电磁波，它是通过高频振荡器产生的。

微波加热橡胶的原理是因为某些极性橡胶在交变电场的作用下，由于极性分子的取向运动与交变电场变化的频率不相适应而产生介电损耗；同时由于在取向运动过程中分子之间互相摩擦和位移导致橡胶发热升温。对非极性分子而言，由于不是分子而是原子或电子的相对位移取向，所以，其产生的介电损耗很小。因此，极性大的橡胶微波加热效率就高。根据下列橡胶介电损耗的大小，其加热效率从高到低的排列顺序为：硅橡胶、氯丁橡胶、丁腈橡胶、异戊橡胶、丁苯橡胶、三元乙丙橡胶、天然橡胶、丁基橡胶。非极性橡胶的微波加热效率可以通过增加电场频率来提高，但不经济，所以通常是用选择适当的配合剂或与极性橡胶并用等方法来提高它的微波加热效率。在配合剂中，由于填充剂的用量大，故其影响也大。

在填充剂中对提高橡胶微波加热效率有显著作用的是高耐磨炭黑（HAF）；其它填充剂的加热效率从高到低依次为快压出炉黑（FEF）、乙炔炭黑（ACET）、槽法炭黑（MPC）、炉法炭黑（SRF）、白炭黑、陶土、重质碳酸钙。

微波加热效率除与橡胶极性和胶料组成有关外，尚与交变电场的电压和频率成比例。电场强度和频率高，加热效率也高。如果胶料加热效率不高而配方又不便更改时，可以考虑适当增加电场的电压来提高它的加热效率。

目前，所谓微波硫化，多指橡胶半成品经微波预热达到硫化温度时，再将之送入热空气室内保温硫化一定时间而得成品。图 10-11 为压出制品的微波加热连续硫化示意图。图 10-11 说明，胶料经压出机（1）压出成为一定形状的半成品（6）后，运输带（5）将之带入微波加热装置（2）内进行急速升温，到达预定硫化温度的半成品进入热风炉（3）进行保温硫化，当半成品通过热风炉后，硫化即已完成，并进入冷水槽（4）中冷却后成为成品。

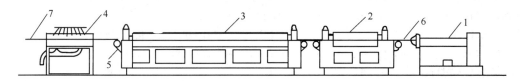

图 10-11 微波加热橡胶连续硫化示意图

1—压出机；2—微波加热装置；3—热风炉；4—冷却水槽；5—运输带；6—半成品；7—成品

必须指出，由于人体也是介电质，所以微波同样能够对人体很快进行加热升温而引起人体组织发生破坏。因此，在应用微波技术时，要特别防止微波的泄漏。

（八）高能辐射硫化

与前述的所有硫化方法不同，这种硫化方法无须在胶料中添加硫化剂，且硫化过程可以在室温下进行。

高能辐射硫化过程主要是高能射线例如 C_O^{60} 放出的 γ-射线照射橡胶时，它的能量传递给橡胶分子使之发生电离和激发，从而生成橡胶游离基，橡胶游离基再通过反应而生成交联键。事实上并非所有的橡胶在高能射线作用下都可以产生交联，一些橡胶可能以交联为主，另一些橡胶则可能以裂解为主或交联与裂解兼有，这与橡胶的结构有关。以交联为主的是天然橡胶、丁苯橡胶、顺丁橡胶、氯丁橡胶、丁腈橡胶、乙丙橡胶、甲基硅橡胶、苯基硅橡胶、氯磺化聚乙烯等；以裂解为主的是聚异丁烯、丁基橡胶、聚硫橡胶、凯尔-F 等。

不同种类的生胶对高能射线的吸收程度也不相同，说明它们硫化时所需射线剂量不一样。例如，硫化天然橡胶所需辐射剂量为 $(30\sim50)\times10^6$ 拉特，而甲基硅橡胶则只需 $(10\sim15)\times10^6$ 拉特。

在配合剂中，对橡胶辐射硫化有加速作用的是氧化锌、陶土、碳酸钙、瓦斯炭黑和灯烟炭黑；有减缓作用的是硫黄和二硫化四甲基秋兰姆（TMTD）；基本上无影响的是二苯胍（促进剂 D）和硫醇基苯并噻唑（促进剂 M）。

如果选择适当的敏化剂，辐射硫化速率可以大大提高，辐射剂量也可以减少。例如，在天然橡胶中加入敏化剂双马来酰亚胺（10％以下）后，则其原来硫化需要的剂量 $(30\sim50)\times10^6$ 拉特可以降至 $(2\sim5)\times10^6$ 拉特。

由于辐射硫化橡胶的交联键为碳—碳键，且交联键的分布比较均匀，故其硫化胶的耐热性、耐高温疲劳性和耐磨性等均较高。但是它的抗张强度则较低，这和用过氧化物硫化的橡胶性能相类似。

辐射硫化虽然早在 20 世纪 20 年代初期就已指出，但由于成本高、硫化胶的综合性能仍停留在较差的水平上，以及存在的其它困难和限制，所以这一新技术在橡胶工业的广泛应用尚有待进一步研究。

主要参考文献

〔1〕〔西德〕W. 霍夫曼著：《橡胶硫化与硫化配合剂》，石油化工出版社，1975

〔2〕А. А. Донцов . Б. А. Догадкин：Высокомолекулярное Соединение，Том. 15，№ 7，1545，（1973）

〔3〕A. Y. CORAN：Rubber Chemistry and Technology，Vol. 38，№ 1，1，（1965）

〔4〕A. Y. CORAN：Rubber Chemistry and Technology，Vol，37，№ 3，679 689（1964）

〔5〕А. А. Донцов 等：Коллоидный Журнал，№ 2，211（1973）；橡胶参考资料 № 9，1（1973）

〔6〕Г. А. Влох：Органические Ускорители Вулкаиизации Каучуков 174，221（1972）；橡胶参考资料 № 5～6，1（1976）

〔7〕Перевод Е. А. Кагановской ：Каучук и Резина，№ 5，18（1978）

〔8〕〔苏〕А. Г. 什瓦尔茨、В. Н. 金兹布尔格：《橡胶与塑料及合成树脂的并用》，石油化工出版社，174～213（1976）

〔9〕久保田喜郎：日本ゴム协会志，Vol. 50，№ 2，152（1977）；橡胶参考资料 № 10，31（1977）

〔10〕广东化工学院橡胶教研组编：《橡胶基本工艺原理》下册（讲义），（1976）

〔11〕《橡胶工业手册》，第三分册，石油化工出版社，1976

〔12〕西北橡胶工业制品研究所：橡胶参考资料 № 6，1（1973）

　　　　　　　　　　　　　　　№ 11，50（1974）

〔13〕沈阳橡胶工业制品研究所：国外橡胶资料 № 3，1（1977）

〔14〕上海橡胶工业制品研究所编：橡胶译丛，第六辑，40 页（1964）

　　　　　　　　　　　　　　　第七辑，24 页（1965）

　　　　　　　　　　　　　　　第八辑，26 页（1965）

〔15〕北京橡胶工业研究所：橡胶工业 № 5，60（1976）

第四篇 合成纤维的纺丝及加工

第十一章 纺丝液体的性质及制备

第一节 成纤聚合物的性质

合成纤维纺丝成形的整个过程就是将聚合物制成具有纤维基本结构及其综合性能的纺织纤维。成纤聚合物纺丝成形后，要求有很高的机械强度、弹性模数和一定的延伸率，并且要求热稳定性好，耐老化等。要使成纤聚合物能加工成纤维，还必须要求它有较好的纺丝性能和加工性能。通常成纤聚合物应具有如下的一般特性。

成纤聚合物的分子必须是线型结构的，它没有较长的支链、交联结构和很大的取代基基团。用于溶液法纺丝的聚合物要求能溶于溶剂中制成聚合物溶液，溶解及熔融后的液体具有适当的粘度。成纤聚合物的分子量及其分布影响纤维性能，分子量高的才能制成强度好的纤维，分子量分布窄的比宽的好。成纤聚合物的分子结构要有一定的化学及空间结构的规律性，同时还应具有好的结晶性，它的玻璃化温度高于纤维通常的使用温度，熔化温度应大大地超过洗涤和烫熨温度（100℃以上）。

成纤聚合物除上述一般特性外，还必须具有好的染色性、吸附性、耐热性和对水及化学物质的稳定性，还应具有一定的亲水极性基团。它的分子结构还应具有抗细菌、耐光及导电性能等。

根据这些基本性能和纤维的不同要求，目前，成纤聚合物有聚丙烯、聚丙烯腈、聚氯乙烯、聚偏二氯乙烯、过氯乙烯、聚四氟乙烯、聚乙烯醇、聚己内酰胺、聚对苯二甲酸乙二醇酯、聚己二酸己二胺、聚己二酸癸二胺、聚氨基庚酸、聚氨基十一酸、聚芳酰胺以及纤维素、醋酸纤维素等。对合成纤维的综合性能起重要作用的是成纤聚合物的温度特性，热稳定性及其结晶性能。聚合物的分子链及其结构对成纤聚合物的性能的影响更为重要。下面将详细讨论这方面的特性。

一、成纤聚合物的温度特性及热稳定性

成纤聚合物的重要特性之一就是温度对它性能的影响，一般日常生活中所用纤维的使用温度范围为 −50℃ 到 +50℃ 之间，作为工业、国防及特殊用途的纤维的使用温度范围要宽一些。常用于纺丝纤维材料的洗涤和熨烫温度要求在 100℃ 以上，所以纤维熔化温度应高于 100℃ 以上。这就与成纤聚合物的热力学性能有关，在热力学方面考虑的主要是成纤聚合物的玻璃态及粘流态的转变温度，如聚合物的玻璃化温度、熔化温度和粘流温度，它们在一定范围内与聚合物制备的方法及其结构有关。某些成纤聚合物的温度特性如表 11-1 所示。

对于特种纤维材料要求聚合物有更高的熔化温度。熔化温度与大分子的极性基团有关，可以从聚酰胺的熔化温度的变化明显地看出，当分子链中酰胺基密度增大时，熔化温度将升高，如大分子链中引入刚性的苯基后熔化温度也将大大地提高。成纤聚合物的加工一般是在

高于玻璃化温度的条件下进行的。纺丝过程是在粘流态进行的，纺丝成形过程是聚合物由粘流态向高弹态转化的过程，而纤维的结晶取向，松弛热处理又是在 $T_g \sim T_m$ 之间进行的。

表 11-1　某些成纤聚合物的温度特性

聚　合　物	温　度　特　性,℃			聚　合　物	温　度　特　性,℃		
	玻璃化温度 T_g	熔化温度 T_m	分解温度 T_D		玻璃化温度 T_g	熔化温度 T_m	分解温度 T_D
聚丙烯腈	$75\sim100$	—	$200\sim250$	聚己酸癸二胺	$35\sim60$	226	—
聚乙烯醇	$75\sim90$	—	$200\sim220$	聚氨基十一酸	$46\sim56$	$185\sim194$	—
聚己内酰胺	$40\sim60$	215	$300\sim350$	聚氨酯	$\sim$	$180\sim183$	—
聚己二酸己二胺	$45\sim65$	264	—	聚对苯二甲酸乙二酯	$60\sim100$	263	$300\sim350$
聚氨基庚酸	$40\sim53$	$223\sim225$	—	纤维素	$220\sim270$	分解	$180\sim220$

成纤聚合物在熔融纺丝过程中处于高温熔化状态，在此状态下很可能产生热分解及热氧降解。所以要求成纤聚合物在纺丝成形及加工过程中应具有很高的热稳定性，其分解温度一定要比熔化温度高一些。

成纤聚合物的热稳定性与很多因素有关，但在很大程度上决定于作用的介质。在无氧的情况下，成纤聚合物在高温时一方面是大分子链断裂，分子量下降；另一方面也可能脱出低分子化合物。如聚氯乙烯脱出氯化氢，醋酸纤维析出醋酸或醋酐，脱出低分子化合物后进一步产生交联结构，或大分子链之间形成桥键结构。在热作用下，某些大分子链可以产生分子内的环化反应生成环状的大分子。对聚酰胺和聚酯等杂链化合物在热降解过程中可能产生大分子链段的交换反应，不同分子量的大分子在交换过程中使其分子量的分布更为均匀。这些聚合物中如含有水分、醇类、酸类、胺类等低分子杂质，在高温时将会产生水解、醇解、酸解、胺解等反应。当其温度更高时，可能产生深度裂解，生成较多的挥发性的低分子化合物，使聚合物的性能产生较大的改变。如在有氧气作用的情况下，则产生热氧降解，不仅分子量下降，而且还生成一系列的含氧化物，如醛、酮、醚、酸、酯类等化合物，使聚合物的结构及性能发生较大的变化，影响成纤聚合物的加工性能及使用性能。

二、成纤聚合物的结晶性能

目前生产上使用的成纤聚合物大多具有结晶性能，在一定的条件下能产生结晶作用，使纺丝成形的纤维具有一定的结晶度。若无定型的成纤聚合物具有低的玻璃化温度（低于40～60℃），则加工成形的纤维耐热性差，强度较低，纤维形状不稳定，所以这类纤维无实用意义。只有玻璃化温度超过 $60\sim80$℃以上的聚合物纤维才有使用价值。真正有实用价值的成纤聚合物都是结晶聚合物或能产生部分结晶的聚合物。这类聚合物在纺丝成形和拉伸取向后，具有高的结晶度，分子结构较稳定，耐热性高，纤维形状稳定。分子链之间相互作用力较大，所以取向结晶后纤维强度高，模量高，同时具有较好的耐磨性能及其它综合性能。

用结晶聚合物制成纤维的可能性与聚合物分子链的化学结构和空间结构的规整性有关，结晶聚合物的分子链也要有足够的活动性（柔曲性）才有利于结晶过程很好地进行。

成纤聚合物的结晶行为与聚合物的热力学性质有关，但也与结晶过程的动力学因素有关。成纤聚合物只有在高于玻璃化温度和低于熔化温度时才有利于结晶作用，在低温时分子链的活动能力很小，结晶作用的产生需要较长的时间。玻璃化温度（T_g）高于室温的结晶型聚合物制成的纤维具有较好的综合性能和使用性能（如聚对苯二甲酸乙二醇酯）。它的结晶度一般为 $40\% \sim 70\%$，热稳定性能好。如降低聚合物的结晶度，将会大大地降低纤维的综合性能。

无定型聚合物的模量和强度都较低，变形较大；而结晶聚合物恰恰相反，制成的纤维结构及形状都较稳定。但是，具有高的结晶度和高结晶性能的成纤聚合物也有它的不好的方面，在制作纤维时有较大的困难，具有高的结晶性能的纤维的拉伸性能可能降低。如图 11-1 所示，不同取向度的聚丙烯有不同的拉伸倍数，取向度越大的拉伸倍数越小。比较图中直线 2 与直线 1，可看出混合结构的聚丙烯由于结晶性及结晶度较低，它的拉伸倍数要大于单斜晶结构的聚丙烯。所以结晶度和结晶性能很高聚合物的拉伸倍数将会下降，这是高度结晶聚合物的特点。

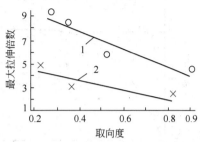

图 11-1　聚丙烯纤维最大拉伸倍
数与取向度的关系
1—具有混合结构的纤维；
2—单斜晶结构纤维（结晶度 50%～60%）

具有不同结晶性能的成纤聚合物，它们的一系列性能的差别也是很大的。在改变成纤聚合物结构时一定要注意保存它的结晶性，才能制得性能好的纤维。

三、分子链的结构对成纤聚合物性能的影响

成纤聚合物的主链结构对它的性能有一定的影响。如碳链聚合物中可能有双键或环化基团，杂链聚合物中可能有—S—、—O—、—N—、—Si—等键，以及环化基团等。这些不同的键和基团的存在，改变了分子链间的作用力和链的内旋转能力，使链的柔曲性能发生变化。不同键和基团的存在使分子链的构象和结晶能力发生变化，从而影响了纤维的结构和性能。例如聚酰胺分子中亚甲基数增多会增加链的柔性，减少分子间的作用力。分子链上取代基的性质能影响分子中电荷密度的分配，分子极性也发生变化。上述这些变化必然引起相变温度、力学性能、电性能等产生不同程度的变化。

聚合物的分子量及其分布是引起纤维性能变化的重要因素，在一定范围内分子量越大强度越高，成纤聚合物的分子量一般为 20000 至 100000 之间。通用的成纤聚合物分子量如表 11-2 所示。

表 11-2　某些成纤聚合物的分子量范围

聚 合 物	分 子 量	聚 合 度	聚 合 物	分 子 量	聚 合 度
聚 乙 烯	20000～200000	700～18000	聚 酯	15000～25000	80～125
聚 丙 烯	120000 左右	2860 左右	聚己内酰胺	11000～22000	100～200
聚氯乙烯	20000～160000	800～1600	氯化聚氯乙烯	80000～100000	800～1000
聚乙烯醇	22500±220	1750±50	乙酰纤维素	75000～100000	300～400
聚丙烯腈	60000～500000	1200～9650			

成纤聚合物的平均分子量通常也采用三种方法计算：即重均分子量 $\overline{M}_w$；数均分子量 $\overline{M}_n$ 和粘均分子量 $\overline{M}_v$。分子量分布（多分散指数）用 $\overline{M}_w/\overline{M}_n$ 表示，一般用下式计算：

$$P=(\overline{M}_w/\overline{M}_n)-1 \qquad (11-1)$$

P 值越大，说明试样的多分散性大，对于多数合成纤维来说 P 值等于 1.5～2.0，对于纤维素则为 3～5，根据大量实验数据指出，成纤聚合物应有窄的分子分布。不应含有过多

的低分子级分和高分子级分。当低分子级分过多时 P 值增大，纤维强度下降，如高分子级分太多，引起聚合物液体粘度急剧的增大，出现凝胶型的颗粒而难于拉伸取向。聚合物的分子量与强度的关系可用式（11-2）表示：

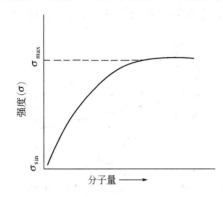

图 11-2　成纤聚合物的分子量与纤维强度的关系

σ_{max}—纤维极限强度；σ_{sin}—为低分子级分的强度

$$\sigma（强度）= a - \frac{b}{\overline{M}_n} \qquad (11\text{-}2)$$

式中 a、b 为常数。

此式说明 $\overline{M}_n$ 增大，σ 值也增大。分子量太小则无法加工成纤维，如锦纶分子量低于 1×10^4 时，不能制得高强力纤维，对于烯烃类纤维由于分子之间的作用力一般较小。要达到很高强度的分子量则要求比缩聚类聚合物的分子量高一个数量级达 10^5 以上。分子量及其分布是链结构的重要参数之一，它与加工性能有极为密切的关系。强度随分子量变化的关系如图 11-2 所示。

四、成纤聚合物的其它性能

除上述性能外，成纤聚合物还必须具有较好的吸附性能、电性能、抗腐蚀介质的性能、染色性能、耐光性、耐霉、耐菌及抗蛀等性能。纤维材料的选择性吸附能力具有很大的意义。纤维对水蒸气的吸附作用是由于聚合物分子中有羟基和酰胺基存在而造成的，如纤维素对水蒸气的吸附能力最强，在空气相对湿度为 65％ 时可达 12％～14％，在 100％ 的相对湿度下纤维素吸水量可达 33％。不含极性基的聚合物基本上不吸收大气中的水分。所以，化学结构相似的物质相互溶解的规律也适用于吸湿原理。纤维能作为离子交换材料就在于它具有选择性的吸附能力。吸水后的纤维分子间的作用力将会削弱，所以力学强度大为降低。

纤维的电性能经常在纤维加工成型时表现出来，因纤维的电阻很高（约为 10^{13}～10^{16} 欧姆·厘米），在纺纱中由于零件摩擦而产生电荷，给纺织加工带来困难。纤维的另一项重要的电性能是介电性，即能承受耐高压电的能力，它主要决定于分子结构及基团的性能，同时也与纤维中的杂质有关。

纤维抗腐性能主要是对工业用或工作服用的纤维而言，包括对酸、碱、盐及氧化剂等作用的稳定性，这类作用引起纤维大分子降解、断裂、强度下降等。如化工用的滤布用耐腐的过氯乙烯纤维。聚丙烯腈纤维同强酸作用易水解生成酰胺基，纤维素纤维不能耐碱。染色性能主要决定于分子链上的极性基团，如聚酯、聚酰胺、纤维素纤维、聚乙烯醇等由于有极性基团而容易染色，而聚丙烯腈虽有—CN 但不易染色，所以往往采用共聚引入极性基团后，解决染色的问题。

第二节　成纤聚合物的熔融及溶解

合成纤维纺丝的方法很多，如熔融法、湿法、干法、乳液法、悬浮法、喷射纺丝法、裂膜法、半熔融纺丝法、无喷丝头纺丝法等。但目前工业上生产中主要采用前三种方法。在纺丝之前，成纤聚合物必须制成纺丝的熔体或溶液。但是在制成液体过程中不希望出现化学反应及分子链结构的变化。更不希望出现聚合物的降解或交联反应。

一、纺丝液体的制备原理

(一) 纺丝熔体的制备

成纤聚合物当其吸收大量的能量后，使分子间的活动能力大于分子间的作用力，分子链节及整个大分子能产生自由运动。随大分子链吸收能量的增多，成纤聚合物从玻璃态转为粘流态。当有外力作用时，将出现分子链的流动，这时聚合物转为熔融状态，分子链的构象数目亦增加。成纤聚合物的熔融，必须使分子链的活动能力远远大于分子间的相互作用力。

聚合物的熔解过程服从于热力学原理，与系统的自由能，熵值和热焓的变化有关，可用热力学基本公式表示：

$$\Delta Z = \Delta H - T\Delta S \tag{11-3}$$

式中 ΔZ 为系统自由能，ΔH 为系统热焓，ΔS 为熵，T 为熔化绝对温度（K）。聚合物熔化过程中系统的 $\Delta Z=0$，所以聚合物的熔化温度 $T_m = \Delta H/\Delta S$，即在聚合物分子链中随 ΔH 值的增加，熔化温度提高。当 ΔH 值一定时，聚合物的 T_m 主要决定于 ΔS 的变化。当 ΔS 增大时，T_m 将下降，反之将上升。实际情况也是如此，如一些无定形或结晶度低的聚合物，由于链的柔性大，构象数目多，结晶过程中熵变化较大，熔化温度较低。另一些结晶度高的聚合物，由于链的柔性小，构象数少，情况就相反。结晶聚合物的熔化温度也与它的官能团的性能和数目有一定的关系。

非极性或极性很小的柔性链的高结晶聚合物（聚乙烯、聚丙烯等），在接近熔融温度时它们才与非极性熔剂很好地混合。具有中等柔性的分子链不含有强极性基团的聚合物所具有高的结晶性能，在熔解时不易发生分解，可以用熔融法加工，由这类聚合物不能制得浓的溶液。

某些非极性的结晶聚合物（如聚-间-苯或聚-间-二甲苯）由于分子链的刚性很大，不可能熔融，也不能溶解，所以不能制成纤维。

有的极性聚合物（如脂肪族的聚酰胺类），由于分子链的极性不是很大，具有一定的柔性，所以容易熔融，熔融时不会产生分解。这类聚合物在某些溶剂中也可以溶解成为聚合物溶液，但是采用熔融法制成纺丝液体比用溶液法更容易些。所以一般用熔融法进行纺丝。

某些极性聚合物，由于分子链有中等柔性，故在不高的温度条件下就能很好地溶解于溶剂中，如聚氯乙烯、聚乙烯醇、聚丙烯腈等，但这些聚合物的热稳定性较差，不能采用熔融法进行加工，因为在熔融过程中将会产生热降解，或脱出低分子化合物，使大分子的结构发生较大的变化，纺丝困难、制成纤维性能也不好。所以只能用溶剂溶解，制成纺丝溶液。

原则上任何结晶物质，都应在该物质的熔化温度转为粘流态。对结晶性的物质来说，具有一定能量的结晶体在发生晶格变化时的温度是一定的。但由于聚合物的结晶有较多的缺陷，所以它们的熔化温度实际上低于真正的熔化温度，真正晶体的熔化温度只能是最完善的晶体所特有。如聚四氟乙烯的熔化温度是 327℃，对真实的结晶聚合物由于结构上形成的缺陷以及它们熔化过程中能量的不均匀性，所以实际熔化温度低于平衡的熔化温度。

聚合物的熔化温度与其中杂质和低分子物质的含量有关，对共聚物来说，还与共聚合物中单体的分布有关。聚合物熔化时所受的应力和压力对熔化温度也有一定的影响，随作用于聚合物的应力的增加而上升。

非晶态聚合物转为粘流态的过程不同于晶体，非晶态聚合物变为液态以前可能出现高弹态，其特征是物系能产生相当大的可逆形变，然后由高弹态再进一步转变为粘流态，转变区较宽，聚合物在转变为粘流态的过程中与牛顿液体有明显的不同。

（二）聚合物的溶解

成纤聚合物用溶液法纺丝时，就必须使聚合物溶解，制成聚合物浓溶液。聚合物的溶解过程是热力学上的可逆过程，一般来说服从相律，但是它们的行为又不完全等同于双组分低分子系统的行为。从相律的原理看，大分子同低分子（溶剂）形成的液相体系与低分子体系之间不存在原则性的区别，只不过是在相的组成和建立平衡的动力学方面有一定的特点，如：(i) 在系统中到达平衡的速度很低，易产生过冷和过饱和现象；(ii) 在不完全相溶的体系中液相内聚合物组分的浓度较低，而溶剂浓度较大；(iii) 相平衡曲线与聚合物分子量有关，所以在多分散的聚合物中相平衡有多重性；(iv) 形成冻胶时，体系中包含大量的溶剂。

成纤聚合物为线型大分子的集聚体，整个溶解过程是溶剂同高聚物相互扩散、渗透、溶解的过程。聚合物同溶剂作用后，溶剂分子使聚合物分子间距离增大而作用力逐渐降低，并出现溶胀现象。与此同时，聚合物大分子向溶剂中缓慢地扩散。随扩散过程的发展，聚合物内部渗入溶剂最终达到平衡时，大分子便均匀地分散在溶剂中形成了单相溶液，并处于热力学的平衡状态。因此，聚合物的溶解过程完全可以用热力学有关参数来描述。

在高聚物溶解过程中，大分子链同溶剂分子相接触时有热效应，伸展的分子链在溶液中与溶剂接触机会较多，形成溶液所需能量要低一些。卷曲的分子链与溶剂分子接触的机会要少一些，形成溶液的能量较高。如分子链是伸展状态，溶解时放热，溶解粘度大，而卷曲的分子链溶解时吸热，粘度小。要聚合物——溶剂体系能达到溶解，体系的自由能必须减少，即

$$\Delta z = \Delta H - T\Delta S < 0 \tag{11-4}$$

聚合物在溶解过程中热力学参数的变化可能有两种情况：一是溶解过程中"溶解焓"的变化，在熵值变化很少时，自由能的减少主要确定于溶解过程中热焓的变化。极性聚合物溶解在极性溶剂中属于这类过程。二是溶解过程中的"溶解熵"的变化，聚合物溶解时一般有热效应，析出的热量很小。所以溶解过程主要决定于熵值的变化，非极性聚合物溶解在非极性溶剂中属于这类过程。极性聚合物和极性溶剂相溶解的情况下，聚合物的溶胀及溶解伴随有热效应。聚合物的溶胀及溶解主要决定于它的化学结构及组成、极性官能团的情况、链节分布及柔性，以及链的长度、链的支化度、取向度等，也与溶剂的化学结构有关。

聚合物的官能团对溶解度的影响最大，它将引起聚合物分子间，以及聚合物-溶剂分子的相互作用的变化，如纤维素分子链上的—OH被乙基或羟乙基取代，则溶解度将增大。某些聚合物如聚丙烯腈、聚乙酸乙烯酯、聚丙烯酸酯通过水解可大大提高在水溶液中的溶解度。

溶解过程与链的柔性有关，刚性链的聚合物只有在高温时才能溶解，柔性分子链间相互作用力较少，在室温就可能溶解，结晶的聚烯烃在20℃时仅能在烃类溶剂中溶胀，只有加热时才能溶解，聚四氟乙烯加热也不能溶解，聚乙烯醇只有加热到60~90℃时才能溶于水中。交链聚合物只能溶胀，而不能溶解。

（三）溶剂的选择

制备聚合物溶液时溶剂的选择是很重要的，对溶剂的选择包括物理-化学的、工艺的和经济等方面的要求。

(1) 要求溶剂在适当的条件下能很好地溶解聚合物，制成的高浓度溶液具有低的粘度。

（2）溶剂的沸点不能太高或太低，要求沸程为 $50\sim160℃$ 之间。沸点太低，易挥发，损耗大，同时污染环境；沸点太高时，不能用于干法成型，而且回收较困难。

（3）溶剂应有足够的热及化学的稳定性，在溶解聚合物时不产生分解等化学反应，且回收较易。

（4）溶剂的毒性应很小，且化学上是惰性的，不与设备起反应。

（5）溶剂对溶解的聚合物不应引起降解和其它变化。

评价溶剂的溶解能力，最好采用热力学方法。从热力学上估计溶剂的性质，是从溶解系统的自由能（等压位）考虑的。体系的自由能降低越大，溶剂性能就越好。当量浓溶液的粘度越小，溶剂性能就越好，这说明制得的溶液具有最小的结构化程度。提高溶剂对聚合物溶解度的方法之一，是极性溶剂中加入亲水化合物，如酸、碱、盐等化合物。在水中加入二甲基甲酰胺，二甲基乙酰胺等也可大大提高溶解度。电解质水溶液能大大提高纤维素的溶解度，如 $ZnCl_2$、$KSCN$、铜-氨液、铁的络合物等水溶液可提高纤维素的溶解，加入亲水盐类可以提高聚丙烯腈的溶解度。利用三组分的溶剂可使聚丙烯腈的溶解度增加，特别是加入不是溶剂的物质，如 $ZnCl_2$、$CaCl_2$ 的溶液，可增大其溶解度，使粘度下降。加入 $NaSCN$ 及乙醇溶液同样可达到此目的。

近年来出现了一些新型纤维，这类聚合物为刚性链，不熔融也不溶解，如芳烃聚酰胺、聚亚胺酰胺、聚噁唑、聚苯咪唑等，它们只能溶于浓酸中，如三氟醋酸、硫酸、甲酸、卤代醋酸等。

二、聚合物溶解及溶胀动力学

成纤聚合物在溶解过程中，产生溶解及溶胀的状态决定于物系组成、温度和压力。聚合物的溶胀及溶解的速度如图 11-3 所示。从图看出，聚合物的不同溶胀曲线决定于溶解的速度。而溶解的速度随温度的上升而增加，分子量低的聚合物溶胀最快（曲线 3），经过一定时间后，一部分分子量低的聚合物发生溶解后，曲线出现下降。当试样的溶胀达最大值以后，聚合物的重量下降（曲线 4），表现为有限溶胀转为溶解，直到聚合物溶解。当膨胀速度不大时，只能产生有限的溶胀（曲线 1、2）。

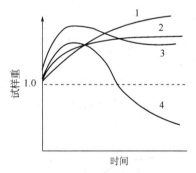

图 11-3　聚合物试样在溶胀及
溶解时的重量变化

曲线 1—有限溶胀（速度小）；

曲线 2—有限溶胀（速度大）；

曲线 3—有限溶胀，伴随萃取低分

子级分；曲线 4—有限溶胀转化成溶解

聚合物有限溶胀的动力学一般可用下列指数方程表示：

$$\frac{1}{t}\ln\frac{I_\infty}{I_\infty-I_t}=K \qquad (11\text{-}5)$$

式中　I_∞——溶胀度；

　　I_t——瞬时溶胀度；

　　t——为溶胀时间；

　　K——为溶胀速度常数。

对于一系列聚合物的溶胀动力学可用下列方程式表示：

$$\frac{1}{t}\ln\frac{I_\infty}{I_\infty-I_t}-\beta\frac{I_t}{t}=S \qquad (11\text{-}6)$$

式中　β——有关溶胀动力学扩散因素的特性系数；

　　　S——一定大小试样的常数。

溶胀开始阶段可用以下公式表示：

$$\frac{I_t}{I_\infty}=\frac{B}{L}\left(\frac{D_t}{\pi}\right)^{1/2} \tag{11-7}$$

式中　B——试样形状的系数（对方形试样的系数为 2.0，圆筒形试样为 4.0，球形为 6.0）；

　　　L——物体特性大小值，如为方形，L 为厚度；如为圆筒形或球形，则 L 为直径；

　　　I_t——瞬时溶解度；

　　　D_t——瞬时扩散系数。

由于聚合物分子量太大，不可能直接溶解，溶剂扩散到聚合物中产生溶胀过程，提高了聚合物链的柔曲性和降低了分子间的相互作用力，使聚合物的大分子链逐渐转入液相，但由于聚合物溶液的粘度高，分子扩散慢，从聚合物表面逐步向内部扩散是慢慢地转为液相，所以聚合物的溶解过程完全服从菲克（Fick）定律

$$I_V=\pm\overline{D}\,\frac{V_p}{\delta}\Delta C \tag{11-8}$$

式中 I_V 为扩散的容积，C 为单位表面所扩散的物质的数量，$\overline{D}$ 为平均扩散系数，σ 为聚合物溶胀层的厚度，ΔC 为聚合物内外层扩散物质的浓度差，V_p 为扩散物质的比容。

$\overline{D}$ 可用下式计算：

$$\overline{D}=\frac{1}{\Delta C}\int_{C_1}^{C_2}D(C)\,dc \tag{11-9}$$

式中 $D=D_s\varphi_p+D_p\varphi_s$（$D_s$、$D_p$ 为溶剂和聚合物的扩散系数，φ_s、φ_p 为溶剂和聚合物的容积百分率）。

聚合物溶解过程的速度主要决定于溶剂的扩散速度，它要比大分子向周围介质扩散的速度大许多倍，已溶解的聚合物分子从其表面扩散进入溶液中。高温时，加速溶剂向聚合物分子中扩散，使聚合物膨胀，使大分子链的柔曲性增大，扩散加快。降低扩散层的粘度时，容易使它们离开聚合物的表面，可提高溶解速度。溶解过程与温度的关系可表示为：

$$I_V=I_{v0}\exp\left(-\frac{E_0}{RT}\right) \tag{11-10}$$

式中　I_V——温度变化后通过单位面积所扩散的容积；

　　　I_{v0}——温度变化前通过单位面积所扩散的容积；

　　　E_0——溶解过程的活化能；

　　　R——气体常数；

　　　T——绝对温度。

温度对聚合物溶解的影响，一般来说提高温度可加速溶解，但不是所有情况下都是如此。

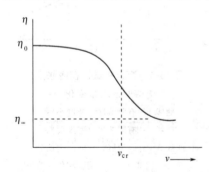

图 11-4　聚合物溶液的粘度与搅
　　　　拌速率的关系

η_0—起始粘度；

η_∞—高速搅拌时的极限粘度；

v_{cr}—临界搅拌速度

为了加速溶解过程，采用强烈的搅拌，促使破坏表面高粘度层的溶液，使溶解的大分子能及时离开聚合物的表面，降低表面的粘度，加速溶解。

聚合物在溶解时表面层有很高的粘度，为了使溶剂能很好地扩散进入聚合物内必须使表层分离，一般采用搅拌给以一定的切应力。在给定的切变速度下，使表面层的粘度达到临界粘度时才会使聚合物发生显著的流动。在扩散范围内，由纯聚合物的粘度下降到溶剂的粘度，溶剂扩散透入聚合物的深度和临界粘度决定于临界层的厚度。临界粘度的本身又取决于液体和聚合物表面间的速度梯度（即搅拌速度）。搅拌速率加大造成表面扩散层内切应力的增大，这种方法特别有效的是因为非牛顿流体的有效粘度在较高速度梯度时会大大下降。因此，任何一个溶剂-聚合物系都有一个临界搅拌速度 v_{cr}，达到这个搅拌速率时，溶解加速效果急剧增大，如图 11-4，图 11-5 所示。在聚合物溶解的物系中所受机械作用也与合理选择其它条件有关。加速溶解过程的另一种有效方法就是使聚合物固体粒子变小，增大与溶剂接触表面，可使溶解过程的时间大为缩短。

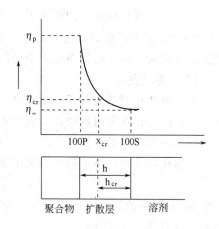

图 11-5　在给定切变速度下脱离表面的临界扩散层厚度

η_p—纯聚合物；P—聚合物，
100P 表示纯聚合物即 100%的聚合物；
h—扩散层厚度；S—为溶剂，100S 表示纯溶剂，
即 100%的溶剂；η_{cr}—临界粘度；
x_{cr}—扩散层内聚合物的临界浓度；
h_{cr}—临界脱离扩散层的厚度

三、纺丝液体的净化与脱泡

（一）纺丝液的净化

纺丝所用的熔体和溶液，需要进行净化，除去其中的杂质及各种气泡，因为杂质的存在引起喷丝头的堵塞，喷丝孔流出的液流形状发生变化，导致断头、丝条疵点增多，拉伸时出现早期破坏、断裂等。成纤聚合物液体的不均匀性是由于各种杂质及聚合物粒子造成的，它们来源如下：（i）第一类凝胶型的粒子，即不完全溶解的聚合产物；（ii）第二类凝胶型的粒子，是聚合物中分子量很高的未溶解级分，及部分交联聚合物；（iii）其它的杂质颗粒，如砂粒、设备中腐蚀的产物、大气中尘埃等；（iv）为操作中引入的固体粒子。

在纺丝液体中的这些杂质可以用过滤的方法除去，但是在聚合物溶液中所含胶块和胶粒不仅扰乱纺丝过程，将会阻塞过滤材料的孔隙，造成滤布频繁的更换。

熔体的过滤采用筛网、石英砂、素烧瓷等。而溶液经过纺织材料过滤（布、非布材料），也可用素烧瓷、石英砂等。纺丝液体过滤层的流动属于层流，因此，临界雷诺准数由 1/1000 到几千。大多数情况下纺丝液体的过滤层中的孔数是不知道的，它们是非正方形且有不同长度。对于这样的液体运动，可以利用下式计算：

$$W=\frac{dV}{Sdt}=\frac{\Delta P}{\eta R}=\frac{\Delta P}{\eta(R_1+R_2)} \tag{11-11}$$

式中 W 为液体运动的平均速度，V 为过滤液体的容积，t 为过滤时间，S 为过滤层的面积，ΔP 为过滤层的压力差，η 为液体粘度，R、R_1、R_2 分别为过滤器、过滤层和沉淀的阻力。

在熔融纺丝中细流通过通道及拉伸过程中，丝线要拉伸数十倍。而溶液法纺丝中拉伸倍

数要小得多，所以熔法所用喷丝孔径大于溶液法所用的喷丝口径。如粘胶纤维的喷丝孔为0.05～0.08毫米，而熔法为0.25～0.5毫米。对熔法纺丝中不起干扰作用的杂质可能对溶液法影响很大。所以熔体纺丝对杂质的要求没有溶液法那样高。

（二）原液的脱泡

纺丝液体在制备后由于粘度较高，溶解的空气、低分子物、水分等以气泡形式留于液体中，它们的存在常常造成纺丝细流的中断、形变、断头等，使纤维的质量不均匀。在纺丝前一般都要脱出其中的气泡。

气体在聚合物溶液中的溶解度即溶解气体的浓度，与压力 P 有一定的关系式：

$$C = K_r \cdot P \tag{11-12}$$

式中 K_r 为气体的溶解系数。在压力为 10^{-5} （m^3/m^3）巴时，各种气体在聚合物溶液中的溶解系数在 0.02～0.45 间。

空气及氨气的溶解度与聚合物浓度的关系在一定的范围内可以用下列指数方程式表示：

$$C = C_0 e^{-b} C_p \tag{11-13}$$

式中 C_0 为在聚合物溶液中空气的溶解度，b 决定于液体和气体的常数，C_p 为聚合物的浓度。

对某些聚合物这些系数根据实验所得结果如表 11-3 所示：

表 11-3　空气溶解度与温度、溶解系数的关系（在不同聚合物溶液中）

聚合物溶液	C $10^{-3} m^3/m^3$	b $1/100$(重)	K_t $1/℃$
醋酸纤维素在丙酮中	192	0.037	-0.22
聚丙烯腈在 DMF[①] 中	78	0.053	0.35
聚氨基酸在 DMF 中	82	0.68	0.55

① DMF 为二甲基甲酰胺。

提高溶液的温度时，聚合物溶液中气体的溶解度减少，溶解度（C）与温度关系用下式表示。

$$C = A \cdot \exp\left(\frac{\Delta H}{RT}\right) \tag{11-14}$$

式中 A 为该系统中的频率因子，ΔH 为气体的溶解热，R 为气体常数。

在一个很窄的温度范围内，空气和氨气的溶解度与温度呈线性关系。

$$C_t = CK_t t \tag{11-15}$$

式中 C_t 为气体在温度为 t 时的溶解度，K_t 为温度系数。

在纺丝液体中某些气体可能发生反应，如粘胶液中的空气实际上没有氧，因为氧已产生了反应。

一般制得的纺丝液体中，含气体（空气）为 0.055～0.07m^3/m^3，但经脱气后粘胶液降为 0.01～0.055m^3/m^3，有机溶剂溶解的聚合物溶液为 0.025～0.045m^3/m^3。

脱出气体的过程称为脱泡。液体粘度大，气泡脱出有一定的困难。一般采用升高温度和减压的办法脱泡，温度升高后，液体粘度下降，气体易流动；而减压能造成液面和液内压差，有利于气泡的扩散脱出。生产中采用塔式脱气设备，原液以薄层形式连续流过设备中的伞面，连续排出气泡。间歇法脱泡采用液层高为 1～3 米的贮液槽，间歇地脱泡。有时利用连续卧式槽慢慢地脱泡。目前还有其它方法脱泡。

在脱泡时，溶于液相的气体转为气相，并由小的气泡转为大的气泡而最后脱出。脱气的过程是典型的扩散过程，所以可用菲克定律表示：

$$\frac{dm}{dt} = -D \cdot S \cdot \frac{dC}{dR} \tag{11-16}$$

式中 m 为气体的质量，t 为时间，D 为扩散系数，S 为气泡表面积，dC/dR 为球体直径方向的浓度梯度。

有时也可以利用传质方程式计算：

$$\frac{dm}{dt} = \frac{D}{\delta} S\Delta C \tag{11-17}$$

$$\frac{dm}{dt} = -NS\Delta P \tag{11-18}$$

式中　δ——液层厚度；

　　ΔC——在两相间气体浓度差；

　　ΔP——两相间气体压力差；

　　N——传质系数；

　　D——扩散系数。

上述方程式用粘胶液进行了实验校正，证明此式比较正确，并可用于其它纺丝溶液。

第三节　纺丝液体的性能

纺丝液体经过喷丝头纺成的纤维再经过一系列的加工过程就能制成性能优良的纺织纤维。在生产中对纺织液体的物理、化学、力学性能、粘度及流变性能等都应适合纺丝过程的要求。熔法成形的熔体不同于干法和湿法成形的溶液，它是在很高的温度进行纺丝。因此，熔体在高温情况下分子结构不应发生较大的变化，如不产生强烈的降解作用等。熔体和溶液有所不同，熔融纺丝在粘流态进行，而溶液法纺丝是将成纤聚合物制成高粘度的溶液，在较熔纺法低得多的温度下纺丝。

液体的粘度及流变性能对纺丝成形是很重要的。如没有适合的粘度，将难以形成纤维。纺丝液体浓度过高，使粘度太大而纺丝困难。熔融纺丝过程中如不控制适当的温度，聚合物流动性能就不稳定，它既影响纺丝的正常进行，也难以制成性能合格的初生纤维。

纺丝液体的粘度与温度、压力和液体的组成等有关。因此，在实际生产中经常利用温度、压力、组成等控制液体的粘度。

一、纺丝液体的粘度与温度、压力的关系

纺丝液体的有效粘度随温度上升而变小。由分子量很高的聚合物所制成的液体粘度很高，在纺丝过程中会引起一系列的困难。为保持聚合物有一定的分子量，又能降低液体的粘度，最有效的办法是提高温度，但又不能超过它的分解温度。粘度与温度的关系式为：

$$\eta = A \cdot e^{E/RT} \tag{11-19}$$

式中 E 为粘度的活化能，R 为通用气体常数，A 为常数，T 为绝对温度。

一般低分子粘性液体流动的活化能为 12～20 千焦尔/克分子。对聚合物液体来说，式中 A 与聚合物的类型、分子量、链节的刚性等有关，E 与分子量有关，但主要决定于聚合物的

内聚力。粘性流动的活化能也决定于剪切速度和应力，随剪切速度增大活化能减少。在低剪切应力时，液体粘性流动的活化能如表 11-4 所示：

表 11-4　某些聚合物液体的粘流活化能

聚合物	熔体或液体	活化能(E)，千焦尔/克分子	聚合物	熔体或液体	活化能(E)，千焦尔/克分子	聚合物	熔体或液体	活化能(E)，千焦尔/克分子
高密度聚乙烯	熔体	25～34	聚丙烯	熔体	96	纤维素黄原酸酯	碱溶液	9.2～10
低密度聚乙烯	熔体	42～63	聚醋酸乙烯	熔体	252	聚丙烯腈	二甲基甲酰胺溶液	18.5
聚苯乙烯	熔体	92～96	聚氯乙烯	熔体	157	聚乙烯醇	水溶液	25

表 11-5　分子量对粘度的影响

分子量×10^4	10%聚乙烯醇的粘度,泊	分子量×10^4	10%聚乙烯醇的粘度,泊	分子量×10^4	10%聚乙烯醇的粘度,泊
2.4	7.46	13.5	63.0	35.2	1600.0
4.4	20.1	17.4	183.0		
7.3	86.0	26.5	635.0		

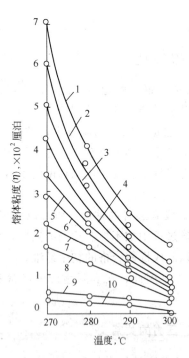

图 11-6　不同分子量的聚酯熔体
粘度与温度的关系

1—分子量为 3200；2—分子量为 29000；
3—分子量为 28000；4—分子量为 26000；
5—分子量为 25000；6—分子量为 24000；
7—分子量为 23000；8—分子量为 16500；
9—分子量为 13500；10—分子量为 11500

温度对聚酯熔体粘度的影响如图 11-6 所示，粘度随温度升高而下降，随分子量增加而增大。提高温度使液体粘度下降，对纤维的加工是有利的。

聚乙烯醇的分子量对粘度的影响如表 11-5 所示。可明显看出随分子量的上升粘度急剧增加。

在熔体及溶液系统中随压力的增加，大分子间的作用力增大，聚合物链的柔性及分子间的距离减少，使液体的粘度增大，当压力从 1400 毫巴增至 17500 毫巴时，几种熔体的粘度的变化如表 11-6 所示。表中数据说明不同熔体的粘度对压力的敏感性不同。但如果压力变化不大时，粘度并无明显的变化。

二、粘度与聚合物结构的关系

聚合物的结构对液体的粘度起着决定性的作用，如链的柔性、官能团的性质、支化度、分子量及其分布等。其它如溶剂的作用、杂质的存在都有影响。流动的聚乙烯链段约含 20～40 个链节。乙烯同丙烯酸或甲基丙烯酸共聚的聚合物中，由于增加了极性基团，分子间的相互作用有很大的变化，使得它们的流动活化能发生明显的变化（见表 11-7）。

表 11-6　聚烯烃熔体粘度在压力下的变化

聚　合　物	粘度增大倍数
高密度聚乙烯	4.1
低密度聚乙烯	5.6～9.7
聚丙烯	7.3

表 11-7　极性基团含量与流动活化能的关系

羟基,%(分子)	0	2	4	8
粘性流动活化能 千焦尔/克分子	44.0	54.5	61.0	67.0

成纤聚合物液体的粘度随分子量的增大而增加，它们之间的关系可用下式表示：

$$\eta = K P_n^{-\alpha} \tag{11-20}$$

式中 K 为比例常数，α 为指数，在 $\overline{P}_n > P_c$ 时，$\alpha = 3.4$，$P_n < P_c$ 时，$1 < \alpha \leqslant 2.5$；P_c 为临界聚合度，$\overline{P}_n$ 为平均聚合度。

当聚合物分子量很低时，其流动性能接近于牛顿液体，提高分子量不仅提高了系统粘度，而且纤维的性能也有所改进。液体的粘度与分子量分布也有密切关系。当平均分子量相等时，分子量分布宽的比分布窄的有更高的粘度。大分子支链越多粘度越大。

三、粘度与溶剂性质和聚合物浓度的关系

在浓溶液及熔体中加入特殊添加剂及溶剂可以强烈的影响它们的流动性能。少量低分子物质加入熔体中可起增塑作用，降低聚合物的熔化温度和粘度，增大聚合物熔体的流动性。例如聚己内酰胺的粘度决定于其中水和己内酰胺的含量。聚丙烯腈在不同溶剂中有不同的粘度，如表 11-8 所示。从表中数据得知溶剂对聚合物液体的粘度的影响是很大的，纯溶剂的粘度越大，制得的聚合物的粘度就越大。溶液的相对粘度同样与结构有关，在不同溶剂中制得的聚合物溶液的流动性能及活化能也不同。

表 11-8　聚丙烯腈在不同溶剂中的特性粘度（40℃）

溶　剂	溶剂粘度 η_P, 厘泊	10% PAN 溶液的粘度 η, 厘泊	相 对 粘 度 $\eta_0/\eta_P \times 10^{-2}$	在粘度为 31.5 厘泊的浓度,%
二甲基甲酰胺	0.173	1.8	15	18.2
二甲基亚砜	0.176	6.5	37	14.9
乙基碳酸盐	0.199	12.7	63	11.6
NaSCN 水溶液	0.370	24.5	66	10.6
硝酸水溶液	0.164	58.5	356	9.1

加入某些亲水的盐类物质对溶解过程及溶液性能有很重要的影响。这对于分子链刚性较大或中等的聚合物来说特别重要，如聚丙烯腈，芳烃聚酰胺，纤维素等（如图 11-7 示）。

用亲水的有机溶剂制得的聚合物溶液在很大程度上决定于其中的水分含量，但许多情况下水分含量影响该系统的状态（如图 11-8 示）。

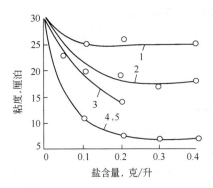

图 11-7 聚丙烯腈溶液的粘度与
DMF 中盐类含量的关系
1—ZnCl₂；2—NaSCN；3—CaCl₂；
4—MgCl₂；5—LiCl

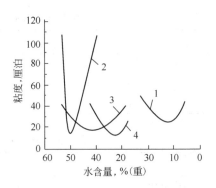

图 11-8 聚丙烯腈的粘度与溶剂中
水分含量的关系
1—碳酸乙二酯；2—NaSCN；3—ZnCl₂；
4—硝酸

聚合物液体的粘度在很大程度上也决定于它的浓度。聚合物浓度的提高不仅使粘度增加，而且有利于改善纤维的性能。在一般情况下粘度与浓度的关系可用下式表示：

$$\lg\eta = A + BC^{-\frac{1}{2}} \tag{11-21}$$

式中 A、B 为常数，C 为浓度，η 为粘度。

此外还有不少计算粘度与浓度的关系式，但大多有局限性，而且多为经验式，在这些公式中的规律是相似的。$\lg\eta$ 与浓度（C）是线性函数关系。聚合物溶液的粘度随浓度增加而增大的原因主要为浓度增加后，大分子间的相互作用力增加，大分子链自由运动困难，分子间接触点的数目增加。

四、聚合物液体在陈化过程中粘度的变化

聚合物液体不同于一般粘性液体的重要性质之一是它的粘度随着陈化时间而变化，这种变化的主要原因是：

(1) 在陈化过程中大分子产生解聚，它的分子量及其分布发生一定的变化；

(2) 由于大分子链的柔性或官能团的改变，聚合物的化学结构发生变化；

(3) 溶液结构化的变化；

(4) 由于聚合物产生了化学反应或吸附了一定的水分，使溶液的组成发生了变化。

由于上述原因，使聚合物液体的粘度发生一定的变化。如聚对苯二甲酸乙二醇酯在加热至 270℃ 流动 2 小时后，熔体粘度从 300 厘泊降至 160 厘泊，聚酰胺的熔体由于降解过程中析出己内酰胺和分子量分布的变化，粘度也发生了改变。在陈化过程中聚合物溶液由于产生结构化的作用，粘度也发生变化。结构化过程有可逆的和不可逆的两种情况，如聚氯乙烯在结构化过程中可能脱出氯化氢。

在溶液中聚集体的结构化和凝胶型的粒子大多数情况下通过加热或用超声波处理液体时会促使其破坏。聚乙烯醇、醋酸纤维素及某些溶液的结构化现象是不可逆的。粘胶液的粘度随时间的延长而不断下降。聚合物溶液中水分对粘度的影响是不可忽视的，如浓度为 17% 的聚丙烯腈溶液是在 110℃ 熔解而成的，冷到 25℃ 后如不含水分可放置 10 个月，其粘度仍无多大变化。当溶剂中含水量为 3% 时，2 小时后产生凝胶化现象。所以陈化时间与粘度的

关系其实质仍是陈化中的条件问题。粘胶溶液陈化过程中粘度的变化如图 11-9 所示。

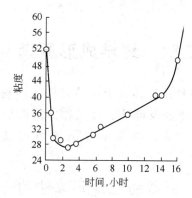

图 11-9 粘胶液的粘度与陈化时间的关系

主要参考文献

〔1〕 К. Е. Перелкин：“Физико-Химические Основы процессов формования Химические волокон”，М . химия，1978

〔2〕 С. П. Папков：“Физико-Химические Основы Производства Цскуственых и Синтен-ических Волокон”，М. Химия，1972

〔3〕 F. Fourné：“Synthetische fasern，herstellung und Verarbeitung”，Wissenschaftliche Verlag，1964

〔4〕 上海纺织学院编：《腈纶生产工艺及原理》，上海人民出版社，1976

〔5〕 成都工学院、北京化工学院、天津大学主编：《高分子化学及物理学》，化学工业出版社，1961

〔6〕 林尚安、李卓美编：《高分子化学》，1962

〔7〕 H. F. Mark，“Man made fibre Science and technology”，Volume I，Interscience Publishers，1967

〔8〕 Andvzij Ziabicki：“Fundamentals of fibre formation，the Science of fibre Spining and drawing”，London Wiley，1976

〔9〕 成都工学院：《化纤熔融纺丝工艺及其设备》（讲义），1975

〔10〕 高分子学会编：高分子の分子设计 1，2，3，培风馆，1972

第十二章　纤维成形原理及方法

纤维成形过程包括液体纺丝及液体细流的冷却固化过程。纺丝成形的方法较多，目前工业生产上主要采用熔法、干法及湿法。这三种方法的纺丝及冷却固化过程的基本原理虽有相同之点，但各有其特点。本章主要阐述纺丝过程的原理及不同生产方法的特点。

第一节　纤维纺丝成形方法的一般特性

一、熔 法 纺 丝

熔法纺丝是很早就实现了工业化的纺丝法，无论从纺丝原理到生产实际过程都是很成熟的方法。聚酯纤维、聚酰胺纤维、聚烯烃类纤维等均用此法生产。熔法纺丝是在熔融纺丝机中进行的，其生产工艺过程如图 12-1 所示。聚合物颗粒加入纺丝机后，受热熔融而成为熔体。此熔体通过纺丝泵打入喷丝头，在一定的压力下熔体通过喷丝头的小孔流出，形成液体细流。细流在纺丝通道流出时同空气接触，进行热交换冷却固化成为初生纤维。纺丝中丝线的粗细及根数受到通道冷却速度的限制，所以纺丝的速度也受冷却速度的限制，一般可达 1000～1500 米/分。如果采取措施，能强化冷却固化过程，改进通道的冷却条件，纺丝的速度可提高到 4000～5000 米/分。纺成的丝线越粗，成形速度就越低。

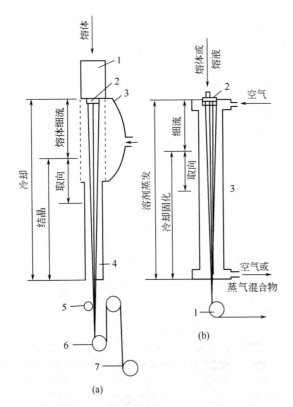

图 12-1　熔法成形（a）及干法成形（b）的示意图
(a) 1—喷丝头；2—喷丝板；3—通道；4—通道下部；
5—上油盘；6—纺丝盘；7—卷绕装置
(b) 1—卷丝盘；2—喷丝头；3—通道

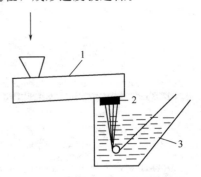

图 12-2　单丝在冷浴中成形示意图
1—纺丝挤出机；2—喷丝机；3—冷浴

熔体成形法所制得的纤维的纤度为 0.25～20 特，（注：9 且为 1 特）要形成更细的纤维将会增加成形的不稳定性，并降低生产能力。如形成太粗的纤丝则传热困难，并将增加通道的长度。如采用软化聚合物的方法成形，由于熔体的粘度太大，不可能将熔体从直径很小的喷丝孔中压出，所以不能生产很细的丝线。在熔法及软化聚合物法制成纤度大的单丝时为了强化冷却过程，可以采用冷却浴（水浴及水溶液的方法）进行冷却，此法生产过程如图12-2所示。用此法一般生产聚烯烃、聚酰胺、聚酯、聚氯乙烯及其它聚合物的单丝，成形的速度不大，一般为30米/分左右。

二、干法纺丝

聚合物溶液干法成形时用纺丝泵喂料，从喷丝孔流出的液体细流送入成形通道，在此通道中吹入热空气蒸发溶剂，制得的丝线送入卷绕装置。此法形成的流程图如12-1（b）所示。干法成形时溶剂的蒸发使聚合物产生解溶剂化作用，细流的流动性急剧下降，使其转为固态。干法成形的纤维有醋酸纤维、聚烯烃、聚氯乙烯、过氯乙烯等纤维。

用挥发性溶剂增塑聚合物的成形与溶液干法原则上区别不大。一般是聚氯乙烯和聚苯乙烯采用此法成形。

干法成形时速度由于受到丝线中溶剂挥发速度的限制，一般为100～500米/分，如果增大纺丝通道和降低纺丝的纤度时，可提高到700～1500米/分，但是这样高的速度会引起一系列的困难。

在熔法和干法成形时丝线的纤度及其根数有一定的限制，低纤度的纤维由于纺丝液粘度不高，成形的纤维达到1特。用挥发性溶剂增塑聚合物的成形过程中所形成的丝线的纤度大约为10～20特，用水增塑的聚乙烯醇成形的单纤维的纤度可达100特，但由于溶剂蒸发较慢，丝线的纤度一般不大于0.2特。

三、湿法纺丝

聚合物溶液湿法成形时用纺丝泵加料，通过过滤器，通入沉浸在凝固池中的喷丝头，从喷丝孔中流出液体细流在凝固浴中与凝固剂产生传质过程。凝固剂向细流扩散，溶剂从细流内向外扩散。在传质过程中由于低分子组分的改变使聚合物凝固并形成固相纤维。在凝固的初期是形成含有大量溶剂的凝胶，再转变为固态纤维。

纺丝细流同凝固浴的组分之间产生双扩散过程，使聚合物的溶解度急剧地发生变化，聚合物从纺丝溶液中分离出来形成纤维。有时在湿法形成的凝固浴内还进行聚合物的化学改性。湿法成形的流程如图12-3所示。湿法成形的纤维有：聚丙烯腈、聚氯乙烯、聚乙烯醇、粘胶纤维及其它纤维。

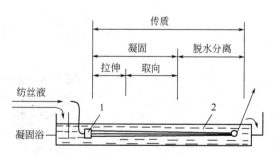

图 12-3　湿法（水平式）纺丝中成形主要过程的流程图

1—喷丝头；2—凝固浴

在湿法纺丝过程中有较多的生产设备及工艺过程，有不同的纺丝方法，这些方法决定于凝固浴的形式及纺丝的速度。水平式纺丝形成的细流长约为0.8～1米，采用高速或中速的沉淀法沉淀分离出聚合物。如生产聚氯乙烯纤维和聚丙烯腈短纤维时，纺丝板孔数较多，纺丝细流的长度约为2～2.5米。

湿法纺丝过程中，由于沉淀中双扩散过程的限制，沉淀的速度一般较慢，所以成形速度一般不高于 20 米/分，当其能用更快的速度沉淀出聚合物时，纺丝速度可达 100～120 米/分，更高的成形速度可达 200 米/分。如像熔融法和干法纺丝一样，在湿法纺丝中的纤度和纤维的根数也是有所限制的，丝线的最低纤度约为 0.1 特，最大不得大于 1～2 特，如要在纺丝中形成更细的纤维，则纺丝过程的稳定性下降，纺丝过程很难进行。如形成太粗的纤维，又受到凝固过程中扩散速度的限制。一般水平式纺丝机，丝线根数为 10～10000，短纤维的纺丝速度比长纤维要少 1.5～2.0 倍左右。湿法纺丝的方法较多，有水平式纺丝法，沉淀池纺丝法，漏斗喇叭形纺丝机法，立式纺丝法等，如图 12-4 所示。

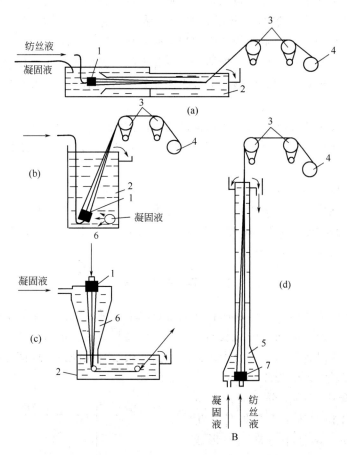

图 12-4　湿法纺丝法简图

(a) 为平式纺丝法；(b) 为沉淀池纺丝法；

(c) 喇叭漏斗法；(d) 立式纺丝法

1,7—纺丝头；2—凝固浴；3—拉伸盘；4—卷绕装置；

5—管子；6—喇叭槽

　　喇叭漏斗形的纺丝法用于凝固速度很慢的聚合物溶液。此法的特点是纺丝细流从喇叭口流出后，需要较长的时间进行凝固，才能完成凝固过程。

　　如要求纺出液体细流能较快地进行凝固，一般都采用水平式或凝固浴式的纺丝法。用此类方法纺丝形成的丝线不太长（约为 0.5 米左右）。用湿法成形由于凝固速度较慢的关系，所以不可能使纺丝速度提得很高。

　　几种纺丝方法和成型工艺参数的比较见表 12-1。

表 12-1　各种纺丝法成形的主要工艺参数的比较

成形方法	纺丝液体的特性			喷丝孔径毫米	冷却介质	拉伸倍数	纺丝速度米/分	纤维的纤度特
	聚合物 %	温度 ℃	粘度厘泊					
熔融法成形	100	高于聚合物熔化温度 20～60	50～500	0.2～0.8	用空气冷却通道长度为 4～8 米	10～100	500～1500（有时可达 4000）	0.25～20
熔融法成形（单丝）	100	高于聚合物熔化温度 20～60	50～500	0.3～1.5	用水浴冷却丝线长度为 0.8～1.3 米	3～50	3～50	20～1000
干法成形	15～20	不高于熔剂的沸点	20～100	0.1～0.4	在通道用热空气蒸发溶剂通道 4～5 米	2～7	100～500（有时为 1000）	0.2～0.1
溶液湿法（慢速凝固纺丝）	5～25	不高于50～90	不大于40	0.06～0.12	在水-有机溶剂或水-盐液中沉淀丝线在浴中长度 0.5～2.5 米	-5～+1.1	3～30	0.1～1.0
湿法（快速纺丝）	6～10	不高于35	不大于10	0.05～0.1	在酸-盐溶液中沉淀、形成浴长 0.3～1.5 米	-1.5～+1.5	30～150	0.1～2.0

第二节　纺丝溶液细流的形成

一、纺丝液体在喷丝头孔道中的流动

聚合物的纺丝液体经过计量泵后，以一定的速度和压力进入纺丝头的小孔中，从孔中流出形成液体细流。液体在喷丝孔道中的流动行为，不同于一般低分子液体，即不属于牛顿液体的行为。喷丝头的孔的长径比（L/D）一般为 1.3，纺丝细流主要经过以下几个阶段，如图 12-5 所示。

从图 12-5 可以看出：第一区段为入口段，即熔体或溶液进入喷丝孔道；第二段为液体在孔道中恒定流动；第三段为液体细流出口段；第四段为细流受外力作用发生形变，和纺丝细流受冷却介质作用固化成形的阶段。在这四段内的流动情况是很不相同的。

聚合物纺丝液的粘度高，纺丝时流体经过的喷丝孔直径很小，所以流动时的雷诺准数很小（Re≪1）。液体在喷丝头的孔道中的停留时间约为 10^{-4}～10^{-1} 秒。在纺丝中液体是在外压力下强迫流出喷丝孔的，所以流动时只有部分应力得到松弛。因此，

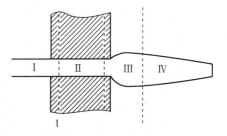

图 12-5　液体细流形成的分段图
Ⅰ—为入口段；Ⅱ—为恒定流动段；
Ⅲ—细流出口段；Ⅳ—细流受力变形段

纤维成形时，要求纺丝液的弹性最小，以有利于成形。为了确定在毛细孔中的横断面的速度，弹性不高的液体所必需的最小流动时间可用下式估计。

$$t = 0.03 \frac{\text{Re} \cdot d}{v} \qquad (12-1)$$

式中 d 为喷丝孔的直径，Re 为雷诺准数，v 为流速，t 为流动时间。

纺丝液在纺丝孔中横断面的流动速度决定于速度梯度和剪切应力，对于具有流变性能的

液体来说，它的流动速度的变化具有一定的规律性。在某点 r 处的速度与平均速度的关系为：

$$v_r = \bar{v}\left(\frac{3n+1}{n+1}\right)\left[1-\left(\frac{r}{R}\right)^{\frac{n+1}{n}}\right] \tag{12-2}$$

式中 r 和 R 为孔道某点的半径和毛细孔的半径；n 为液体的非牛顿指数；v_r 为某点（孔道内）的流速；$\bar{v}$ 为平均流速。

在纺丝孔道中粘弹液体在外力作用下产生沿轴向的法向应力，后者能引起液体细流的膨胀效应，从而影响液体细流的流动行为和纺丝过程的正常进行。一般情况下在喷丝头孔道中的切应力为 $10^3 \sim 10^4$ 巴，由于压力增高，可使液体的粘度下降一个数量级。大分子在孔道中流动有一定的取向，使液体呈各向异性，后者可用双折射法测定。

在铜氨法纤维素纺丝过程中，液体在喷丝头孔道中流动的能量分配如表 12-2 所示。

表 12-2　纺丝过程中孔道能量（焦耳/秒）的分配

能　　量	L/d=0.5	L/d=20	说　　明
供给的功率	150	1823	
成形的横断面速度	3×10^{-5}	3×10^{-5}	L 为喷丝孔的长度
摩擦损失	43	1716	d 为孔道的直径
动能变化	3×10^{-4}	3×10^{-4}	
弹性变形	107	107	
其中:应力松弛	21.5	76.4	
出口细流膨胀	85.5	30.4	

该表所列数据系得自下列条件：温度为 30℃，喷丝头的孔径为 0.015 厘米，纤维素铜氨溶液浓度为 8%，泵供液量为 5.09×10^{-10} 立方米/秒。

喷丝头孔道的横断面的形状也将会大大地影响液体的流动过程。如孔道锥形入口的长度达总长度的 2/3 以上时，将有利于液体的流动，减少液体的入口效应，使液体的入口能量损失大大减小（如图 12-6），有利于产生均匀的速度场。从此图可明显看出，圆筒形的入口能量效应比圆锥形的入口能量效应大得多。喷丝孔的形式不同，不仅大大地影响入口效应，而且还影响离模膨胀（即出口效应）及其在纺丝孔道中的流动。显然这些作用的部分原因是表面现象引起的，部分是由于流变性能引起的。纺丝过程中压力恒定时，液体在不同介质中的纺丝速度是不同的，如表 12-3 所示。

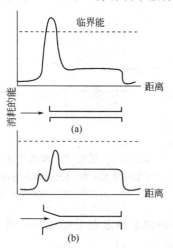

图 12-6　成形毛细孔的形式和入口
　　　　能量效应之间的关系
　　　（a）为圆筒形毛细孔
　　　（b）为锥形毛细孔

表 12-3　不同介质中的纺丝速度

介　　质	流速,米/分
水	5.7
空气	4.5
1% H_2SO_4 溶液	5.9
6% 的醋酸溶液	6.0

纺丝的速度也与喷丝板的孔数和孔的直径有密切关系。

二、纺丝细流的形成过程

纺丝液体在纺丝过程形成细流的可能性与液体从喷丝孔流出稳定性有关。影响液体细流稳定性的因素如下。

（1）喷丝头表面与液体之间的界面层上的表面张力及液体细流同冷却介质之间的界面上表面张力将会影响流动行为。

（2）液体流动的动能大小的影响。

（3）纺丝液体从纺丝头流出到丝线成形区内张力的影响。

（4）液体细流的流变性能及内应力的影响。

在一定条件下这些力相互作用的结果，保证了液体细流的形状的稳定性及流动性。从喷丝孔流出的液体细流可能有四种形状，如图 12-7 所示。

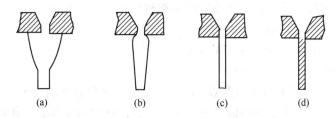

图 12-7　细流形状与流动速度的关系

（a）流速小（沿纺孔板散流）；

（b）中等流速（有膨胀区的流动）；

（c）大的流速（无膨胀区的细流）；

（d）大的流速（为扭曲形式的细流）

第一种形状称为散流。液体从喷丝孔流出时，由于流速太小，不能很好地形成纤维，而是沿喷丝头表面散流，难以形成纤维。第二种形状有膨胀状态的细流，由于纺丝速度中等，液体从喷丝孔流出后，产生膨胀，使细流直径比喷丝孔的直径大得多，膨胀细流离喷丝孔板一定距离后，直径又减小变细，使其接近喷丝孔的直径。第三种形状为无膨胀的细流，这时纺丝速度较大。第四种为扭曲状细流，纺丝速度很大，细流离开喷丝头由于速度很大而产生扭曲。

当流速低时形成的细流的横断面比孔径大 3～5 倍。当速度提高到一定范围时，在离喷丝板表面一定距离内有膨胀现象。当进一步提高纺丝速度时，细流直径接近喷丝孔的直径。形成稳定的流动过程，细流的速度较均匀。

细流的稳定性及膨胀效应除与流速有关外，同时也与周围介质、喷丝板与液体介质间的表面张力有关。当聚合物液体同喷丝头表面粘合力很大时（比聚合物溶液同凝固浴之间的作用力大时），从喷丝头底板流出的细流是不稳定的。表面张力的作用包括喷丝板同液体之间的表面张力、周围介质同液体的表面张力，液体本身的表面张力、它们之间有相互平衡的关系。

在纺丝过程中，如液体细流的周围介质是空气，在此气流中成形的细流只有在流出的液体动能（E_K）大于粘合力 A 的情况下才有可能形成稳定的细流。

$$E_K \geqslant A + E_{损失} \tag{12-3}$$

式中 $E_{损失}$ 为液体中损失的能量（包括摩擦损失）。

纺丝液体从喷丝头流出的速度达到使散流现象消失的速度，称为临界速度，超过此速度才能形成细流。临界速度与液体粘度和孔径有关。粘度越高，孔径越小，需要的临界速度越大。

如纺丝速度控制不当，则在纺丝过程中必然出现散流或膨胀很大的细流，使形成的纤维有不少缺陷，甚至丝线相互粘合而生成结节，或全部断头，或产生毛丝等不良现象，严重时将无法纺丝。这是生产中值得注意的。

三、纺丝细流的稳定性

纺丝细流从喷丝头的孔道流出后进入卷绕装置，细流在此区段内进行初步拉伸和取向，但在热力学上仍然是不稳定的，因为它的表面能及分子结构还未达到稳定状态。在一般情况下液体细流的稳定性决定于以下六个因素：

（i） 系统内液体力图自由收缩的表面作用力及其表面能；

（ii） 液体的粘度对减缓细流形状改变的影响程度；

（iii） 液体细流的流变性能；

（iv） 液体细流的横断面及其半径的大小；

（v） 液体细流的拉伸速度大小；

（vi） 使细流变形的速度梯度场内粘度的变化及细流内聚强度的大小。

在液体细流的流动速度不高的情况下，细流的稳定性与粘度及其上述诸因素的关系可用下式表示：

$$D \leqslant A \frac{v_r \eta}{\delta} \qquad (12\text{-}4)$$

式中 D 为细流在凝固浴中的长度，A 为常数（一般在 1～5 之间），η 为液体细流的粘度，r 为细流半径，δ 为相间表面张力，v 为流动速度。利用这些参数关系能够估计聚合物液体的最低粘度值的范围。例如表面张力为 35×10^{-3} 焦耳/米^2，细流在凝固浴中长度为 0.3 米，细流半径为 10^{-4} 米，细流速度约为 500 厘米/秒，在 A 相当于 0.3 时，得到最小粘度值为：

$$n \geqslant \frac{30 \times 35 \times 10^{-7}}{3 \times 500 \times 0.01} = 7 \text{ 厘泊}$$

干法成形时，细流自由区的长度很短，因为溶剂开始蒸发时接近喷丝头，形成表面层高粘度的稳定细流。

溶液法成形时，溶剂和聚合物的沉淀剂一般成为相互混合的液体，此时相界面层间的表面张力为$(1～5) \times 10^{-3}$焦耳/米^2。当纺丝细流半径为 3.5×10^{-5} 米时，凝固浴的长度约为 1.0 米。纺丝速度为 30 米/分（50 厘米/秒）时，它的最小粘度为：

$$n \geqslant \frac{1 \times (1～5) \times 10^7}{3 \times 50 \times 0.035} = 0.19～0.95 \text{ 厘泊}$$

上面的计算值与实验情况是较接近的。粘胶液可作为一例。

在研究细流的稳定性时，可以测定速度梯度场中流变性能的变化，因为粘度的增加与在拉伸过程中细流结构的改变和液体丝线稳定性的提高有关。

在纤维成形时起很大作用的因素是液体粘度的上限范围，如超过上限在生产上有一定的困难（如运输困难、纺丝机耐高压的问题等）。通常液体的粘度上限为 $10^2～10^4$ 厘泊，如进一步提高粘度，细流易在有缺陷之处产生破裂或在变形时受到空气的强烈扰动。使纺丝困难。

影响纺丝细流断裂的因素是多方面的，但主要是以下几点：

（i）液体细流的表面张力所引起的毛细现象，使液体细流破裂；

（ii）当拉伸应力超过内聚强度时液体细流产生断裂；

（iii）在纺丝板表面发生散流使细流断裂。

细流断裂成为液滴是在瞬时产生的，当其毛细现象的波动增大时，细流半径减小。根据实验确定，毛细现象的产生是在细流流动过程中通过空气产生的。细流破裂的过程如图12-8所示：

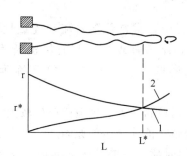

图 12-8　液体细流破裂示意图

1—细流直径的变化；2—波浪式细颈的变化；

L 和 r—细流的长度和半径；

L^*、r^*—为产生液滴的细流破裂点

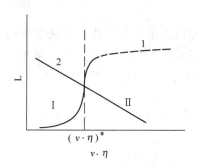

图 12-9　熔融细流应力变化图

Ⅰ—毛细破裂的范围；Ⅱ—液流内聚强度的破裂范围

1—毛细破裂；2—内聚强度破裂

细流断裂的机理如图 12-9 所示。成形丝线的最大长度与变形速度和粘度的乘积 $v \cdot \eta$ 值大小有关。从图中明显地看出，在变形速度很小和熔体细流粘度小的范围内将出现毛细现象的特性，在很大的 $v \cdot \eta$ 值范围内则又将出现液体细流的内聚强度的破裂。

上面所叙为聚合物液体的可纺性与细流的粘度、流速、表面张力等之间的相互关系。从生产上考虑，最有效的测定细流的可纺性的方法是正确确定喷丝头纺丝的最大拉伸倍数。

一般的牛顿液体从小孔流出来时，液体有压缩效应，而聚合物液体从喷丝孔流出的细流常有膨胀现象。细流膨胀的程度用孔径 D 和最大膨胀直径 D_f 的比例表示。这种膨胀现象与很多因素有关。毛细管孔道越长，细流膨胀就越小，聚合物液体的粘度越高时细流的膨胀越大。细流的膨胀主要决定于纤维成形区内丝线排出的速度。表 12-4 所列数据可说明，随拉伸倍数的增加，膨胀就小一些；细流在液体介质（凝固浴）中流动时的膨胀比在空气中要小一些；细流在出口的膨胀效应还与流动条件及流变性能有关；也与下列因素有关：

表 **12-4**　纺丝细流膨胀与拉伸倍数的关系

纺丝孔径×10^{-4}m	纺丝拉伸倍数	细流相对膨胀	纺丝孔径×10^{-4}m	纺丝拉伸倍数	细流相对膨胀
1.04	0.58	1.35	0.68	0.26	2.15
	0.87	1.15		0.49	1.69
	1.16	1.05		0.75	1.41
	1.45	0.90		1.22	1.26

（i）膨胀效应与表面张力的大小有关，表面张力力图使细流形成具有最小表面的横断面；

（ii）由于液体流出喷丝孔时细流中的流速分布和流速断面的变化引起的膨胀；

（iii）液体细流在毛细孔中流动时所受到的作用力未能得到有效的应力松弛，所以残留的应力使其膨胀；

（iv）液体细流在流动中的正应力的影响；

（v）在纺丝孔道中，流出液体细流阻碍取向聚合物粒子的影响。

四、纺丝熔体的破裂

高粘度的聚合物液体，在从纺丝孔道流出的过程中，常常伴随着流动连续性的破坏，使液体细流不均匀，产生断头、绒毛、收缩、膨胀、结节等现象，有时细流转为扭曲形式，这些现象的产生，往往是由于应力超过了它的临界值，这种现象又称为熔体的破裂。

熔体破裂的机理还不十分清楚，一般认为与在孔道进料口处和孔道内产生较大的弹性应力有关，该应力在流体从喷丝孔道排出时不能及时松弛。液体破裂的原因之一是在纺丝孔道中产生了较高的切应力，液体内部摩擦阻力增大，同时喷丝头与液体的界面上又有外摩擦力。容易造成熔体的破裂。细流的破裂也与喷丝头孔道的形式有关，如果是圆锥形的喷丝孔，可以减小细流的破裂。根据对熔体破裂的研究指出，当液体的粘度和弹性力为一定的比例时产生破裂现象。因此一般称这样的流动过程为不稳定流动过程。液体细流出现不稳定的流动过程，就会产生熔体细流的破裂。

第三节　纺丝细流的冷却及固化过程

一、纺丝细流与周围介质的热交换

纤维在纺丝过程中的传递过程是很重要的，它对纤维的结构、组成、性能都起着重要作用。在熔体及溶液法纺丝中，液体细流的冷却固化的本质是传热和传质的过程。

纤维纺丝的传热过程随着纺丝方法的不同而有所不同。从喷丝孔流出的细流与周围介质（空气或溶液）进行传热传质后才冷却固化形成初生纤维，如干法是利用加热介质带走蒸发出的溶剂使细流固化，熔法是将熔体细流同周围介质进行传热、冷却固化后形成初生纤维，而湿法中传质过程起了极为重要的作用。

纤维纺丝中的传热过程有其特殊性，热交换过程中介质同细流直接接触。细流的直径很小，而细流成形的丝线很长，从传热的边界条件来分析，细流在整个热交换过程中是连续运动的，丝线上的速度梯度和丝线的直径也连续不断变化的，就是说传热的温度场是不稳定的，因此不能用一般的传热过程来对待，而只能把这样一个复杂的传热过程看成是无限长的圆柱体不稳定温度场的传热过程。

细流同周围介质进行热交换时的热平衡方程式可用下式表示：

$$Q_1 + Q_2 = Q_3 + Q_4 + Q_5 \qquad (12\text{-}5)$$

式中 Q_1 为聚合物液体带入的热量，Q_2 为相变时产生的热，Q_3 为纤维带走的热，Q_4 为传递过程中带走的热，Q_5 为辐射损失的热。

式（12-5）与一般传热的热平衡过程是相同的，在纺丝成形中聚合物液体的最高温度不超过 300℃，一般为 200～300℃ 之间，所以辐射热 Q_5 很小，可以忽略。在计算热量时，一个重要的问题是由于这类不稳定的温度场的传热过程，不同位置的温度及温度差都是连续不断变化的，故用一般的方法来处理不能适应（因为径向及纵向的温度分布都是变化的）。所以根据传热边界条件的分析，对这样不稳定的无限长圆柱体的传热过程中的温度分布，它的热传导微分方程可用分离变数法求解。因此，当液体细流与周围介质进行热交换无相变过程时可用下式表示温度分布：

$$\theta = \frac{T(t,r) - T_{cp}}{T_0 - T_{cp}} = f\left(Bi, Fo \cdot \frac{r}{r_0}\right) \tag{12-6}$$

式中 θ 为无因次温度；$T(t,r)$ 为纤维上某点暖时（t）温度；T_{cp} 为介质的温度；T_0 为纤维开始的温度；Bi 为比欧准数；F_0 为傅里叶准数；r/r_0 为相对半径（半径之比）。

比欧准数 Bi 说明内部热交换和热传导的比例，它确定于纤维的温度阻力系数 r_B/λ_B 与表面热传导阻力系数 1/0 之比，即

$$Bi = \frac{2\alpha r_B}{\lambda_B} \tag{12-7}$$

式中 α 为外部总的传热系数，r_B 为纤维的半径（$2r_B$ 为直径），λ_B 为纤维的传热系数。

傅里叶准数的意义是无因次时间，表明热传导过程中时间的变化。

$$F_0 = \frac{\alpha_B \cdot t}{r_B^2} = \frac{\lambda_B \cdot t}{C_B \cdot P_B \cdot T_B^2} \tag{12-8}$$

式中纤维的无因次温度 θ 与比欧准数、傅里叶准数和纤维半径比有函数关系，此式经过分离变数法和一系列级数逐项积分后可得如下方程式：

$$\theta \text{ 或 } 1-\theta = 1 - \sum_{n=1}^{\infty} A_n I_0\left(B_n \frac{r}{r_B}\right) \exp(-B_n^2 Fo) \tag{12-9}$$

式中 A_n，B_n 为系数（这些系数可通过查表和图解法求得，与比欧准数有关），I_0 为贝塞尔一阶函数。

在加热和冷却过程中对纤维的中心温度可用下面方程式表示：当 r=0 时，代入上式得：

$$\theta_{(v=0)} \text{ 或 } 1-\theta_{(r=0)} = 1 - \sum_{n=1}^{\infty} A_n \exp(-B_n^2 Fo) \tag{12-10}$$

式中 θ 为加热时的无因次温度，$1-\theta$ 为冷却时的无因次温度。

纤维在实际纺丝过程中，纺丝成形的丝线长度为 L；纤维的半径为 r_B；传热系数 α。在熔体从喷丝孔流出时，析出热的固化段的 C_B 与温度有关，λ_B 也不是恒定的，所以要准确解决上述的方程是有困难的。

在热交换过程中由于材料的物理性能和传热系数 α 按不同的规律进行。在热交换中的温度分布和周围介质的温度分布是不同的，在加热和冷却情况下纤维横断面温度的分布如图 12-10 所示。在一般情况下比欧准数为 100＞Bi＞0.1，热交换过程与方程式中的指数有关，同时也与传热的机理和外部的热交换有关。

纤维中的温度阻力系数大大地超过热交换过程中的温度阻力系数（$r_B/\lambda_B \gg 1/\alpha_k$）时，比欧准数很大（Bi＞100），此时热交换决定于纤维的导热性（见图 12-10 中 b，e），显然，纤维的成形应在冷却浴中进行。在加热的液体介质中拉伸纤维，或用凝缩蒸汽在纤维表面加热。这时外部热交换以很高的速度进行，这样可能加速纤维成形过程。

对于无限长圆锥体不稳定传热过程的径向温度分布曲线，决定于 r/r_B 的座标所对应的

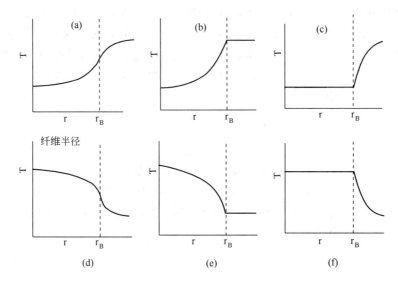

图 12-10　在加热和冷却情况下纤维横断面温度的分布

（a、b、c 为加热情况下，d、e、f 为冷却情况下）

(a)、(d) —内部和外部热交换；

(b)、(e) —限制内部热传递；

(c)、(f) —限制在外部的热传递；

r_B —纤维半径；

r —计算的流动半径

不同的傅里叶准数。从 12-11 图看出，在一定的 Fo 和 r/r_B 值时，为了计算温度的分布，可以用详细的曲线图求得。当 Fo≥0.8 时，热交换过程实际上已结束。

当其外部传热温度阻力系数大大超过纤维成形时的温度阻力系数 $(r_B/\lambda_B \ll 1/\alpha_k)$，比欧准数很小 $(Bi < 0.1 \sim 1)$。在此情况下的热交换过程决定于外部的对流。纤维横断面的温度约为恒定值（如图 12-10 中的 c、f），而且很少决定于 λ_B。因此，在加热拉伸、热加工或干燥时可用空气进行对流加热。

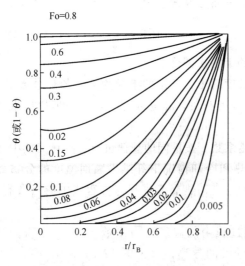

图 12-11　无限长圆锥体温度的分布与

r/r_B 比的关系

（坐标 θ 为加热，$1-\theta$ 为冷却）

为了研究纤维冷却或加热过程，必须知道沿纤维轴向的温度 $\theta(r=0)$ 可利用不同的比欧准数。细长的纤维圆锥体同周围纵向流动介质产生外部传热过程，可用下列一般关系式确定。

$$Nu = f(Re \cdot Pr) \qquad (12-11)$$

式中　Nu——努塞尔准数，$Nu = \alpha_k d_B/\lambda_c$；

Pr——卜兰特准数，$Pr = C_c \mu_c g/\lambda_c$；

Re——雷诺准数，$Re = 2r_B \cdot W \cdot P_c/\mu_c$；

α_k——对流传热系数；

λ_c——介质导热性；

W——纤维和空气的相对速度；

P_c——介质密度；

μ_c——介质的粘度；

C_c——介质的热容。

对流热交换系数 α_k 主要决定于纤维的直径和介质的相对速度。表 12-5 中的 α_k 值是根据实验所求得，与计算值相符合，在稳定对流时 α_k 的变化决定于空气吹入横断面，可用下式表示：

$$\alpha_k = \alpha_{/\!/} \left[1 + 8 \left(\frac{W_\perp}{W_{/\!/}} \right)^2 \right]^{0.67} \tag{12-12}$$

式中 α_k 为传热系数，$\alpha_{/\!/}$ 为丝线平行流动的传热系数，$W_{/\!/}$ 和 $W_\perp$ 为空气平行和垂直流动速度。

表 12-5   不同的纤维直径和空气速度条件下的传热系数 $\alpha_k (B_T / M^2 \cdot K)$

丝线直径×10⁻⁵米	空 气 速 度,米/秒				
	5	10	15	20	25
2	930	1250	1480	1650	1800
5	460	600	600	800	880
10	280	370	420	460	510
20	180	250	280	310	370

可以认为横向流动时的传热系数比纵向的大 2 倍。

二、纺丝成形的传质过程

纤维成形和后加工过程中传质过程是很重要的，如干法和湿法纺丝中不仅有传热问题，而且还有溶剂的除去，此时聚合物的凝固过程主要是传质过程在起作用，液体细流中的溶剂同聚合物的分离是通过纤维内部和外部的相互扩散来进行传质过程。

纤维在同周围介质之间的传质过程中，扩散系统中每个组分的物料平衡如下式：

$$G_1 = G_2 + G_k \tag{12-13}$$

式中 G_1——纤维或纺丝液进入的某组分重量；

G_2——纤维带出的某组分重量；

G_k——同周围介质对流传质后排出的某组分的重量。

纤维的传质过程是在很长而直径小的纤维中进行的，因此纤维中组成浓度的变化与温度的变化极为相似，也是在不稳定的无限长的圆锥体中进行的。因此，研究纤维中组成浓度的变化也与温度的分布一样，即溶剂浓度的分配在一般情况下与传热过程相似，用下式确定：

$$\theta_M = \frac{c(t,r) - C_{cp}{}^*}{C_0 - C_{cp}{}^*} = f(Bim; Fom; r/r_B) \tag{12-14}$$

式中 θ_M——无因次浓度；

$c(t,r)$——在纤维中某点瞬时 (t) 的某组分的浓度；

$C_{cp}{}^*$——在介质中该组分的浓度，$C_{cp}{}^* = X \cdot (C) \cdot (C_{cp})$；

C$_0$——在物体中起初的该组分浓度；

Bim——扩散的比欧准数，为固体物的传递阻力系数 r_B/λ_{Bl} 与对流传递阻力系数 $1/\alpha_m$ 之比；

Fom——扩散傅里叶准数，说明扩散过程的变化；

X$_c$——相间组分分布系数。

式（12-16）中的准数可按下式计算：

$$Bim = 2a_m \frac{r_B}{\lambda_{Bm}} \tag{12-15}$$

$$Fom = D_B \frac{\delta}{r_B^2} \tag{12-16}$$

式中 a$_m$——表面对流传质系数；

λ_{Bm}——导湿系数，$\lambda_{Bm} = D_B \cdot C_{Bm} \cdot \rho_B$；

D$_B$——在纤维中的扩散系数；

C$_{Bm}$——纤维的质溶量（即纤维中单位传质推动力变化时纤维中溶剂含量的变化）。

从上式看出纤维传质过程与传热相似，在研究传质过程中组成的浓度变化也应用了无因次浓度，应用了傅里叶准数及比欧准数。

传质过程中比欧准数决定于不同的机理，在一般情况下比欧准数为 $100 > 0.1$，它决定于方程式中所有的指数，即决定于纤维内部分子的扩散机理和对流（外部）传质过程。在纤维中扩散物质的浓度分布与内扩散速度和外部传质的比例有关。

传质中内部扩散控制（比欧准数很大时）过程是湿法纺丝或在液体介质中加工时的特点。在干法纺丝中或干法除去溶剂的过程中同样受到内部传质扩散的限制。

在 $Bim < 0.1 \sim 1$ 的过程中决定于纤维表面的内部传质，即内部的扩散过程是主要的。

纤维纺丝过程中，传质和传热总是同时发生，而且相互有影响，所以过程是复杂的。

利用图 12-12 上的 θ_M 及 Fom 值的关系计算出传质过程的速度及浓度的分布，即利用比欧准数和 r/r_B、θ_M 或（$1-\theta_M$）的关系查图求得某一点的浓度。但利用式（12-14）进行计算更为合理。对于在周围介质中和纤维表面组成的浓度恒定的情况下，图 12-12 中的曲线更接近于理想的传质过程。为了计算纤维中任一点的浓度 θ_M，利用 Fom 准数和 r/r_0 的比值查图 12-11 即可求得 θ_M。利用上图计算时，常常发现纤维中扩散出的组分的总重量或瞬时（t）纤维中存在的扩散组分的总重量，或仅采用传质动力过程的扩散系数所求得的重量都有一些问题。为此提出利用式（12-17）和图 12-12 的关系求出传质过程组分的变化：

$$\frac{G_t}{G_\infty} = f \left[\left(\frac{D_B t}{r_B^2} \right)^{1/2} \right] \tag{12-17}$$

式中 G$_t$ 为瞬时扩散出的组分总重量，G$_\infty$ 为平衡状态的组分重量。从纤维内部扩散出的组分的总量 G$_t$ 与 C$_c^*$ 和 C$_0$ 的大小有关，也决定于 G$_\infty$ 的大小。在图 12-12 中的曲线中 A 的参数值可用下式表示：

$$A = \frac{V_B}{D_B} \cdot \frac{1}{\varphi} = \frac{r_B}{D_B} \cdot \frac{V_{CP} \cdot X + V_B}{V_B} \tag{12-18}$$

式中 φ——纤维同周围介质之间的容积比；

V$_B$——纤维的容积；

V$_{CP}$——周围介质的容积；

X——扩散平衡状态时相同组分的分配系数。

在周围介质的容积很大时 A→∞，这种情况相当于纤维成形及加工的过程。

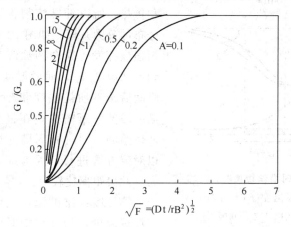

图 12-12　纤维同介质之间传质扩散曲线
（曲线上的数值相当于参数 A 的值）

$$注：A = \frac{r_B}{D} \cdot \frac{(X \cdot V_{CP}) + V_B}{V_B}$$

三、熔法纺丝的冷却固化过程

熔法纺丝过程中液体细流的温度下降，冷却至结晶时产生相变，此时温度保持恒定，相变完成以后再冷却。非结晶聚合物成形时按熔融曲线进行冷却，因此在此情况下的结晶热为零。

通常熔法成形时外部传热是强制对流过程，辐射热在纺丝板附近不超过总热交换的 3.5% 至 13.5%，比总热量低得多。成形时，纤维横断面上的温度变化如图 12-13 所示，温度沿纤维长度发生的变化与热交换过程的参数的改变有关。

$$Q(L) = f(\alpha, r_B, \tau) \qquad (12-19)$$

式中 α 为传热系数，r_B 为纤维半径，τ 为传热时间。

此式表明热量与有关参数的函数关系，但此方程式中没有考虑结晶过程的热效应。熔法纺丝中纤维在冷却过程中发现有相变场，由于结晶速度小，结晶热效应不很明显。在液体介质中冷却时，热交换过程与空气介质中的不同。

从图 12-13 看出，熔法成形的冷却过程中有结晶作用时温度下降要慢一些，无相变的细流冷却要快一些。熔纺中纤维的直径变化很大，表明成形时拉伸倍数很大。

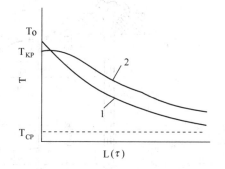

图 12-13　熔体细流冷却动力学曲线
1—无相转变（无结晶作用）；2—有结晶作用（$T = T_k$）
T—熔化温度；T_{KP}—结晶温度；T_{CP}—为周围介质温度；
$L(\tau)$—纤维冷却时的长度

四、干法纺丝的传质过程

干法成形与熔法不同，熔法中主要是传热过程，而干法同时进行传热和传质的过程。干法纺丝中有大量的溶剂要从纤维中除去，这是利用热介质加热液体细流来使溶剂挥发。它的传递过程的动力学实质与聚合物材料的干燥过程极为相似。

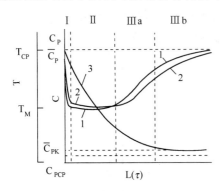

图 12-14　干法成形时沿丝线长度方向的
溶剂浓度（C）及温度（T）分布

C 为浓度，T 为温度（T、C 右下角脚注 CP
为纤维周围介质，P 为纺丝溶液，T_m 为湿球温度）；

T_{CP} 为纤维周围介质的温度；

C_{PCP} 为介质中聚合物溶液的浓度；

C_P 纺丝液浓度；$\overline{C}_P$ 为纤维中溶剂平均浓度；

C_{CK} 为纺丝细流成纤维的最后浓度

Ⅰ—开始蒸发段；

Ⅱ—蒸发恒速段；

Ⅲ—蒸发速度下降段；

1—为纤维表面温度；

2—为纤维中心温度；

3—为纤维中溶剂平均浓度

干法纺丝中，纤维在流动过程中进行传质和传热，所以纤维溶剂含量的变化及其温度的分布可分为几段，如图 12-14 所示。第一段内溶剂强烈挥发，聚合物细流表面的温度很快减少到湿球温度 T_m，而后温度变化很慢，经过一段时间后接近所需温度和纤维中层温度，因为在第一段蒸发所需热量在很大程度上是由纺丝溶液供给的，同时同周围介质产生热交换。传质以对流方式进行，因为细流表层上溶剂的浓度大。此段距离比较短。

第二段纤维的温度实际上是恒定的，相当于湿球温度，沿纤维横断面的温度同样是相同的，即 $T(r \cdot t) \approx$ 常数，纤维同周围介质之间的热交换也恒定。此时纤维直径变化小，传热系数较大，热交换的速度变化很小。所以在此段传质速度变化同样很小。这时聚合物细流中溶剂的浓度会大一些，因内部扩散没有受到过程的限制，而主要与外部的传热传质有关。在溶剂蒸发的过程中纤维的半径减小，拉伸作用也使纤维半径减小，但此段纤维表面的温度不变。

第三段是纤维开始成形，溶剂从纤维中间层向表面扩散，溶剂蒸发的速度减慢，纤维中

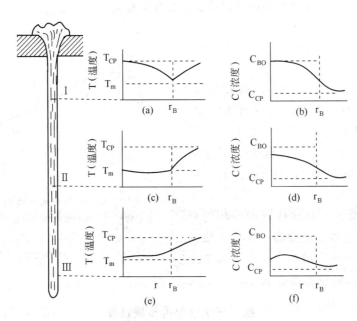

图 12-15　不同成形区段内纤维横断面的温度（a、c、e）和
浓度（b、d、f）的分布

r 为半径

的分子扩散速度又小，在此段开始除去使聚合物分子溶剂化的那部分溶剂。

在第三段过程中蒸发强度低，同时纤维温度上升。但在此段由于受到内部扩散的限制，溶剂蒸发的速度很小。根据实验对此段的扩散系数进行了计算（见图 12-13）。从所得数据得知第三段聚合物细流中溶剂开始为 $30\%\sim50\%$，从通道出来的纤维含溶剂量为 $5\%\sim25\%$，第三段实际上是纤维传质传热形成纤维结构的主要段。干法成形等沿丝线长度方向的溶剂浓度及温度的分布如图 12-15 所示，从图看出，第一段的距离短，但温度分布的变化较大，而溶剂浓度变化不大；在第二段，纤维中溶剂浓度下降很大，而温度几乎无变化；第三段的Ⅲ。段浓度继续变化，温度又上升，纤维表面温度和中心温度有差别但不很大；Ⅲ_b 段浓度变化很小，温度上升接近介质的温度。

聚丙烯腈干法成形时的温度及浓度的变化见图 12-16，纤维的直径逐步减小，浓度和温度随丝线的长度增加而变化，丝线速度在开初较快，到一定长度后则变化较小。

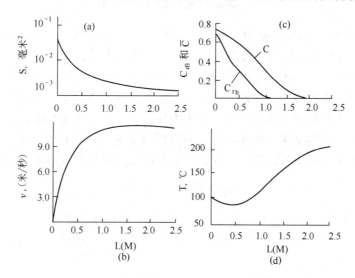

图 12-16　聚丙烯腈纤维干法成形的基本特性

（a）—横断面（S）分布；（b）—纤维速度（v）分布；（c）—表面浓度 C_{rB} 和中心平均浓度 $\overline{C}$ 的分布；

（d）—为平均温度（$\overline{T}$）的分布；L（M）—纤维长度

五、湿法纺丝的传质过程

在湿法纺丝过程中，凝固浴中凝固剂同液体细流接触作用后，改变了液体细流的相平衡，破坏了聚合物在溶剂中的溶剂化作用，使聚合物和溶剂分离为两相。液体细流中的溶剂及盐类向外扩散，而凝固剂向内扩散，结果形成固相纤维。如聚乙烯醇液体细流在硫酸钠水溶液中沉淀凝固，是聚乙烯醇液体细流中溶剂在硫酸钠溶液中向外部扩散，将聚乙烯醇液体细流中聚合物分离出来。聚丙烯腈的 NaSCN（浓度 $50\%\sim52\%$）溶液进行纺丝也是利用这个原理。纺丝所形成的液体细流在浓度很低的 NaSCN 溶液中，由于 NaSCN 浓度改变，液体细流中的聚丙烯腈被凝固成纤维。所以湿法成形的本质是双扩散的传质过程和传热过程。

在湿法成形时，热交换过程在大多数情况下没有很大的意义，因为在传质过程中温度差别不大，纺丝成形的热效应也不大。在此过程中 α_k 和 λ_B 可由实验得到。湿法纺丝中影响最大的和起主要作用的是很复杂的传质过程。大多数情况下传质过程中的 α_{Bm} 和扩散系数 D_B 很难由实验求得。湿法成形中的主要阻力系数是纤维内部的传质过程（Bim＞$20\sim100$）。

湿法传质过程主要决定于扩散过程的条件，如扩散过程中相的变化、纤维结构的不均匀性、吸附离子的作用、离子的交换作用、渗透现象、力场变化、凝固浴组成的变化等等。由于传质过程的复杂性，加上纤维横断面及溶剂的分布不稳定，所以扩散系数在纵向和横向的不同位置都有很大的差别，企图用一般扩散过程的公式来研究纤维传质过程是不可靠的。而扩散系数的计算又极为复杂。因此，大多数情况利用平均扩散系数 $\overline{D_B}$。另一方面，为了简化扩散系数的计算，把凝固过程中细流纤维的半径看成是恒定的，虽然有误差，但不很大，因为湿法纺丝中在凝固浴中丝线沿长度方向的变化不大，一般不过 30%～50%（这不同于熔法和干法，熔法纺丝过程纤维直径的变化超过 10 倍以上）。

第四节　纺丝过程中纤维的力学行为

一、纺丝过程中的拉伸作用

在纤维成形过程中液体细流从喷丝板的小孔流出后，通过同周围介质进行传热、传质、冷却、凝固的同时，纺丝细流受到拉力作用，使细流直径变化。沿外力作用的方向使纤维的外形、粗细发生连续的变化，使纺成的纤维具有一定的初步结构和性能，所以称为初生纤维。

拉伸过程是纺丝中丝线受力后的延伸过程。使液体细流中的大分子结构从无序排列向有序排列转化。纤维沿作用力的方向变形。纤维中的分子链产生取向和结晶作用。拉伸作用的产生是由于喷丝孔流出的细流速度小于卷绕装置的运动速度，即拉伸速度大于喷丝的速度，使初生纤维的直径小于喷丝孔的直径。在丝线运行中的速度变化可用下式表示：

$$\varepsilon_K = \frac{v_2 - v_1}{v_1} \times 100 \tag{12-20}$$

式中 ε_K 为实际拉伸率，v_1 为纺丝细流的速度，v_2 为卷绕拉伸速度。

在整个纺丝区段内（即从喷丝板到卷绕装置或拉伸盘）纤维的拉伸倍数 I_K 可用下式表示：

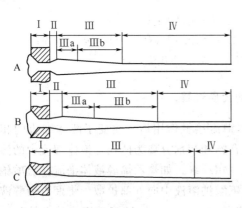

$$I_K = \frac{v_2}{v_1} = \frac{\varepsilon_K - 1}{100} \tag{12-21}$$

拉伸的倍数即 v_2 与 v_1 两速度之比，在拉伸成形过程中沿纤维轴向的速度梯度的分布在各段是不同的。根据受力情况和速度的变化，整个丝线的运动可分为四个阶段。这四个区段如图 12-17 所示，第一段主要在喷丝头孔道内，其余三段的分布情况随传质、传热及拉伸速度而有所不同。从图中可看出，第一段为纺丝液在喷丝孔中流动，在这段内流速分布的特征是横断面的速度梯度 $dv/dr > 0$，在孔道中产生最大的流速。流动的大分子产生一定的取向，形成速度梯度场。

第二段为液体细流刚从喷丝孔流出，在此段的横断面的速度梯度减小，喷丝板的拉伸作用很小，产生一定的膨胀，伴随着解取

图 12-17　纤维成形的主要区段

A、B、C—相当于最小、中等和最大的 ε 和 W_2 值。

Ⅰ—在纺丝孔中流动区段（$dv/dr > 0$）

Ⅱ—细流膨胀区段（$dv/dl < 0$）

Ⅲ—纤维结构形成区段（$dv/dl > 0$，其中 Ⅲa 的 $d^2v/dl^2 > 0$，Ⅲb 的 $d^2v/dl^2 < 0$）

Ⅳ—恒速区段（$dv/dl = 0$）

向过程，发现轴向速度梯度为负值，在最大膨胀部分为零，即 $dv/dl \leqslant 0$。膨胀随着传热冷却及拉伸作用而逐渐变小。这段细流的存在与拉伸速度及液体性能有关，在一定的条件下这段可不存在，如图 12-17 中的 C 图所示。

第三段为纤维结构形成的主要阶段，在这段内轴向的速度梯度为正值，$dv/dl > 0$，这段内沿丝线的速度梯度的变化规律是不同的，在开始的一段增加，即 $d^2v/dl^2 > 0$，而后的行为是 $d^2v/dl^2 = 0$，最后又下降到 $d^2v/dl^2 < 0$，在这段内液体固化而形成固相纤维，即形成初生纤维的结构。在此段内产生部分取向，后者由液体细流的纵向速度梯度场所引起，使丝线逐层形成初生纤维的结构。

第四段丝线运动的速度为恒定。速度梯度 $dv/dl \approx 0$，在此段继续形成纤维结构，且在外力作用下使已经成形的纤维继续变形取向，纤维结构的变化主要决定于拉伸力及其速度变化。

在液体纺丝中细流的速度分布数据，过去一般都是从纺丝板的速度即从喷丝孔流出的速度和卷绕速度之比来计算拉伸倍数，不考虑膨胀速度分布的变化。由于有膨胀作用，所以正确计算拉伸倍数时应该用喷丝孔流出细流产生最大膨胀后的速度来计算，而不能用喷丝孔中的流速来计算。所以拉伸的公式应写为：

$$\varepsilon = \frac{v_2 - v_p}{v_p} \times 100 \tag{12-22}$$

式中 v_p 为在最大膨胀区内细流的平均速度，v_p 可用膨胀前后直径的变化来计算。

$$v_p = v_2 \left(\frac{d_1}{d_p}\right)^2 \tag{12-23}$$

式中 d_1 为喷丝板的孔径，d_p 为细流最大膨胀的直径，所以将 v_p 代入上式则得：

$$\varepsilon = \left(\frac{v_2}{v_1 (d_1/d_p)^2} - 1\right) \times 100 \tag{12-24}$$

所以纺丝过程中，纺丝头表面上拉伸率（ε）与实际拉伸率（ε_K）之间可用下式换算：

$$\varepsilon = [(\varepsilon_K/100 + 1)(d_p/d_1)^2 - 1] \times 100 \tag{12-25}$$

式中 ε 与 ε_K 值的差别与膨胀有关，表 12-6 的数据说明它们的相互影响。

表 12-6 拉伸比 ε_K 和 ε 的差别

$\varepsilon_K \%$	$I_K = v_a/v_1$	d_p/d_1	$\varepsilon \%$	$I_p = v_2/v_p$
-50	0.5	1.0	-50	0.5
		2.0	$+100$	2.0
-20	0.8	1.0	-20	0.8
		2.0	$+320$	4.2
0	1.0	1.0	0	1.0
		2.0	$+300$	4.0
$+20$	1.2	1.0	$+50$	1.5
		2.0	$+500$	6.0
$+50$	1.5	1.0	$+50$	1.5
		2.0	$+500$	6.0
$+1000$	11.0	1.0	$+1000$	11.0
		2.0	$+4380$	44.0

为了估计成形过程中纺丝板拉伸的平均速度梯度，可用下式计算：

$$\overline{G}_K = v_2 - v_1/L \tag{12-26}$$

式中 $\overline{G_K}$ 为平均速度梯度，L 为成形区内纤维的长度。

但是，为了合理计算速度梯度，还是利用实际的平均速度梯度，即用卷绕速度和最大的膨胀区段的流速之差除以成形区内纤维的长度，如下式所示：

$$G_d = v_2 - v_p/L \qquad (12-27)$$

式中 G_d 为实际平均速度梯度，v_p 为最大膨胀区的流速。

二、纺丝过程中纤维的受力分析

纺丝过程，实际上是纤维在周围介质场中产生力学变形的过程。纤维拉伸变形，是各种外力作用于液体细流和初生纤维的结果。纤维结构及性能的好坏，主要决定于受力的情况，当然传质传热也有很重要的作用。

纤维成形时受到的作用力来自两方面，一是纺丝泵给的推动力使液体能通过喷丝孔流出。二是卷绕装置上给的拉伸力，使喷出的细流在拉力的作用下变形，最后形成初生纤维。纺丝泵的推动力主要消耗在液体在喷丝孔中的流动过程中，而纺丝细流和初生纤维上的变形主要与以下几个作用力有关：(i) 丝线上受的拉力（F_t），即卷绕装置给丝线的拉伸力；(ii) 丝线的重力（F_g），不同的纺丝方法中 F_g 的作用是不同的；(iii) 使纺丝产生加速度的惯性力（F_{in}）；(iv) 丝线同周围介质的摩擦力（F_f）；(v) 丝线本身的表面张力（F_s）；(vi) 丝线内分子链的流变阻力（F_R）。前两者在一般情况下是纤维拉伸变形的作用力，后四种力则是变形的阻力或反作用力。所以纺丝运行中丝线上任一点上的作用力总是上述诸力之间的平衡，可用下式表示：

$$F_t + F_g = F_R + F_s + F_f + F_{in} \qquad (12-28)$$

在大多数情况下纤维的表面张力（F_s）很小，在平衡的力系中占 1% 左右，对纤维拉伸变形的影响不大，计算时可以忽略，其它诸力的计算如下：

重力（F_g）的大小可根据丝线的细度和介质密度进行计算，如下式所示：

$$F_g = g(1 - \rho^0/\rho)\cos w \qquad (12-29)$$

式中 g 为重力加速度，ρ^0 为介质密度，ρ 为细流的细度。

当其细流的细度和介质密度之差较小时，即 ρ^0/ρ 近于 1.0 时，则 F_g 很小，可以忽略不计，如湿法纺丝时，ρ^0 与 ρ 值之差不大，而熔法纺丝时，ρ^0 与 ρ 之差值较大，特别是纺成纤度较高的纤维时其重力将增加，式中 cosw 代表纺丝的方向的参数，决定于纺丝方法。如维纶、氯纶采用垂直向上的湿法纺丝时，cosw＝－1，垂直向下纺丝时刻 cosw＝＋1；水平纺丝时，cosw＝0。当 cosw 为－1 时表示 F_g 起反作用的力，cosw＝＋1 时则 F_g 为纤维变形的作用力，水平纺丝时 F_g 为 0。

惯性力就是使纤维获得加速度的力。外力对纤维所作的功应等于纤维动能的增加，可用下式计算：

$$F(X_2 - X_1) = \frac{1}{2g}(mv_2^2 - mv_1^2)$$

$$F\Delta X = m/2g(v_2^2 - v_1^2) \qquad (12-30)$$

式中 g 为重力加速度，X_1 和 X_2 分别代表离纺丝板的两点距离。从上式看出当喷丝板的丝线速度不变时，纺丝速度的增加将使惯性力大大增加，纺丝速度与惯性力的相互变化如表 12-7 所示。

对于湿法来说除考虑纤维本身的加速度外，还必须考虑同纤维一起运动的凝固液的加速度。熔法纺丝的惯性力为总阻力的 5%～10% 左右，而湿法纺丝时约为 10% 以上。

表 12-7 纺丝速度与惯性力的关系 (聚酰胺-6)

纺丝速度(厘米/秒)	惯性力(达因)
554	24.3
606	26.0
1125	82.0
4726	148.0

摩擦阻力 (F_f) 是指纤维与周围介质之间的表面摩擦力。运动物体在介质密度为 ρ^0 的流体中运动时，若速度为 v，则任一点的摩擦阻力可以用 $\rho^2 v^2 C_f/2g$ 来表示，g 为重力加速度，v 为运行速度，C_f 为摩擦阻力系数。ρ^0 值愈大则 C_f 愈大，F_f 值亦增大，速度增加时 F_t 将增加更甚，所以每根纤维在距离为 L_0-L_1 之间行进时的 F_f 为：

$$F_f = \rho^0 v^2 C_f \cdot A/2g = 2\pi r(L-L_0)v^2 \cdot C_f/2g \tag{12-31}$$

式中 r 为纤维半径，A 为纤维面积，C_f 与雷诺准数 (Re) 有关。

$$C_f = 0.68 \times Re^{-0.8} \tag{12-32}$$

$$Re = D \cdot v \cdot \rho^0/\mu \tag{12-33}$$

D 为直径，v 为速度，ρ^0 为介质密度，μ 为介质粘度。

在纺丝过程中，随纤维根数的增加，表面积增大，所以摩擦阻力就增大。

流变阻力一般是从测得的总张力中减去其它各项力而得到。根据聚酰胺-6的纺丝参数，可以得知上述诸力的分配情况如表 12-8。

表 12-8 聚酰胺-6 纺丝作用的平衡数据

纺 丝 参 数		作　用　力(达因)							
卷取速度 厘米/秒	泵供应量 克/秒	纤 度 特	F_t	F_g	F_m	F_g	F_f	F_R	总拉伸力
550	4.83	78.5	393	393	24.3	2.8	50	207	284.3
4720	4.83	9.2	1470	4.5	228.0	3.5	425	817	1474.5

从表中数据看出，卷取张力随纺丝速度的增大而增大，纤度随纺丝速度的上升而下降，重力的影响变得很小。纺丝速度上升，空气摩擦阻力、加速度力和流变阻力等都将会增加。流变阻力 (F_R) 是使纤维变形的阻力，也随纺丝速度的增大而增大，它和纤维的速度梯度有关，也与细流的性能有关。

在湿纺过程中，纺线上所受的力不同于熔法，液体细流对喷丝板的表面张力是很小的。惯性力在湿法中由于拉伸作用不大所以也很小，完全可以忽略。流变阻力也是液体细流变形时产生的，与液体粘度有一定关系，随液体的粘度的增大而增大。

在纺丝过程中丝线上所受各种作用力都随丝线离喷丝板的距离而发生变化。离喷丝板较远，作用力和阻力（反作用力）的变化较大。同时也可以看出纤维上的作用力主要是拉伸力，重力在纺丝开始的一段距离起作用，随距离的增加，重力作用不大。反作用力中主要是流变阻力，随距离的增加而逐步有所增加；其次是空气阻力 (F_f)，最大的空气阻力是在离喷丝板 100~200 厘米之间。在 200 厘米之后逐渐下降。

主要参考文献

〔1〕 Ziabicki Andrzej：“Fundamentals of fibrmation the Science of fibre Spinning and drawing”，London Wile，1976

〔2〕 К. Е. Перелелкин：“Физико Химические Основы Продессов Формования Химических Волокон”，М，Химия，1978

〔3〕 С. П. Папков：“Физико-Химические Основы Производства искусственных и Синтетических Волокон” М，Химия，1972

〔4〕 上海纺织学院编：《腈纶生产工艺及原理》，上海人民出版社，1976

〔5〕 成都工学院、北京化工学院、天津大学主编：《高分子化学及物理学》，化学工业出版社，1961

〔6〕 А. В. 雷柯夫著：烈均、丁履德译：《热传导原理》，1956

〔7〕 H. F. Mark：“Man made fibre Science and technology”，Vol. I，Interscience Publishers，1967

〔8〕 F. Fourne：“Synthetische fasern herstellung und Verarbeitung”，Wissen Schaffliche Verlag.，1964

〔9〕 Б. Э. 格勒列尔；李克友译：《氯纶纤维的化学及工艺学》，中国工业出版社，1962

〔10〕 Г. И. Кудряков；М. П. Носов；А. В. Вояохина：“Полиамидные Волокна”，М.，Химия，1976

〔11〕 赫尔曼·路德维希著；天津市化学纤维研究所译：《聚酯纤维化学及工艺学》上册；纺织工业出版社，1977

第十三章 纤维的后拉伸及热处理

用不同的纺丝法制成的初生纤维，虽然具有纤维的基本结构和性能，特别是经过纺丝过程中的初步拉伸和定向后，纤维已具有一定的结晶度和取向度，但是纤维的物理机械性能还不适宜作纤维成品。这是由于它的取向度和结晶度还较低，结晶还不稳定，结构也不紧密，它的强度和模数都不够高，延伸率较大，所以这种初生纤维容易变形，纤维的外形和尺寸不稳定，因此需要进一步加工及处理。初生纤维的进一步加工不仅强化了纤维的结构，提高了它的取向度和结晶度，同时还可改善它的综合性能。此外，要求进一步除去纤维中的不纯物质，如干法纺成的丝线中还残留不少溶剂需要除去，湿法制成的初生纤维中还有不少溶剂及凝固浴中带入的杂质或盐类等需要除去。所以初生纤维的进一步加工及处理又称为纤维的第二次加工。

第一节 初生纤维的拉伸取向过程

初生纤维进行拉伸取向的生产过程是纤维分子结构发生取向结晶重排的过程。在外力作用下使纤维直径变小，纤维沿作用力作用的方向发生变形，使纤维中柔曲的分子链沿作用力的方向单向变形、重排和取向，同时产生结晶作用。拉伸取向过程中无论是无定形的或结晶形的聚合物，分子链的链段及整个大分子都有可能沿外力作用方向进行排列，分子间的距离缩小，结构变紧密，分子间的相互作用力增大，物理机械性能随拉伸倍数的增加而改变。

在拉伸过程中纤维结构的变化，分子链或链段取向度的增大，使分子构象数目减少，蜷曲的分子链转为排列整齐和舒展状态，所以纤维的强度指标上升。通过拉伸取向后纤维的强度可提高 4～9 倍。取向度达最大值的纤维的强度可接近理论值。例如未拉伸的聚酰胺-6 纤维的强度为 2.5 公斤/毫米^2，高度取向后可超过 15.0 公斤/毫米^2，提高了 4 倍多。从表13-1 的数据说明聚酰胺-6 纤维的性能随拉伸倍数的增加而变化。当聚酰胺-6 拉伸 1.5 倍时，强度为 1.44 克/特，伸长率为 369％，密度为 1.1327 克/厘米^3，双折射 Δn 为 11.9×10^{-8}。当伸长 4.0 倍时，强度提高到 4.75 克/特，伸长下降到 24％，双折射 Δn 上升为 53.5×10^{-3}。这些数据有力地说明拉伸取向后纤维性能的变化。特别要指出的是纤维的双折射指标，它即是纤维的光学性能指标也是纤维取向度变化的指标。未取向的纤维的光学性能是各向同性的，即纤维对光的折射率在不同方向上相同。取向度越大，折射率之差值就越大。纤维的双折射是测量纤维在两个相互垂直方向的折光率之差，一般用下式表示。

表 13-1 聚酰胺-6 的拉伸倍数与性能的关系

聚酰胺-6 拉伸倍数	强度 克/特	伸长率 ％	密度 克/厘米^3	双折射 $\Delta n \times 10^3$	聚酰胺-6 拉伸倍数	强度 克/特	伸长率 ％	密度 克/厘米^3	双折射 $\Delta n \times 10^3$
1.15	1.44	369	1.1327	11.9	3.5	4.20	48	1.1367	46.0
1.50	1.70	259	1.1331	2.0	3.8	4.60	34	1.1360	49.5
2.0	2.26	133	1.1337	42.5	4.0	4.75	24	1.1385	53.5
2.5	2.80	75	1.1324	43.2	3.8(二段)	6.25	41	1.1445	54.2
3.0	2.61	67	1.1324	43.8					

$$(n_{/\!/} - n_{\perp}) = B\lambda = \frac{R_0}{D} = \frac{\lambda\delta}{2\pi D} \tag{13-1}$$

式（13-1）中的（$n_{/\!/} - n_{\perp}$）为与拉力平行和垂直的两个方向的折光率之差，用 Δn 表示，B 是每厘米厚样品的光程差，以光的波长为单位，R_0 为光的减速。λ 是光的波长（厘米），δ 为两个方向上的相差（单位为弧长），D 为试样厚度。

双折射指标的上升不仅证明纤维取向度增加，而且也证明纤维结晶度增加，纤维的密度因分子链整齐排列而增加。

纤维拉伸取向过程是在纺丝过程中初步拉伸取向的基础上进行的。纤维加工中进一步的取向情况与纤维上受力情况有关。在纺丝过程中纤维的初步取向随每段的速度而变化，如在第一段内主要是在喷丝孔中流动，液体细流沿孔轴方向形成剪切流动，分子强迫取向，由于温度高，粘度低，分子间相互作用力小，取向是不稳定的。在此段不产生结晶作用，速度梯度 $dv/dr \geqslant 0$。第二段为细流膨胀段，原在孔中取向的分子链由于应力松弛作用而产生解取向，这时的速度梯度为负值。第三段由于丝线的温度下降，在拉伸力的作用下，速度梯度为正值。纤维拉伸后直径变细，取向度增大，初生纤维的取向是在此段完成的。第四段为固态纤维，纤维直径变化不大，此段取向过程近于停止。经过这四段后形成的初生纤维具有一定的取向度，这样的纤维在拉伸过程中能进一步取向和产生结晶作用。初生纤维的拉伸取向不同于纺丝过程中的取向，它是在一定温度下进行的。由于取向拉伸的温度是恒定的（或接近恒定），从而保证了纤维各部分均匀取向和结晶，纤维的质量才均匀。适当升高温度进行拉伸有利于分子重排，减少拉伸过程中分子链的阻力，使分子链沿受力方向重排而不出现机械断裂现象。

非晶态纤维的取向过程是在 T_f 至 T_g 之间进行的，即在高弹态进行。在取向过程中分子链段和链间的结构单元发生相对的运动。它们可能是链段的取向，也可能是整个分子链的取向。所以只有在 T_g 以上的温度时，分子链才具有较大活动性，才容易取向，取向速度较快。同时也只有当拉伸的外力大于分子链的活动力时，纤维的取向变形才能固定下来。取向的速度主要决定于温度，外力大小和拉伸速度。

结晶性纤维取向，不同于前者，在拉伸过程中结晶体分子链沿作用力的方向重排，原来纤维中的部分晶体被破坏，重新沿作用力方向取向结晶，其中的微结晶体也产生重排。结晶态纤维在拉伸取向中经常容易出现"细颈"现象，所谓"细颈"就是纤维在变形中出现粗细变化，纤维中一部分较粗，另一部分又很细，在应力稳定不变或很少变化的情况下继续产生变形。结晶体的变形曲线如图 13-1 所示。曲线分为五段，在 o-a 段为最初阶段，变形不大，而应力增加较快，应力与应变的速比较大。第二阶段为 a-b 段，此段斜率下降。此段变形相当于强迫高弹变形，而 L 点为屈服点，此点应力为屈服应力。第三段 b-c 段，此段变形大而应力变化极小，纤维上出现"细颈"不均匀的变形。第四段为 c-d 段，此段将出现的"细颈"又进一步拉伸，到 d 点"细颈"消失，所以变形特别大，取向度不断增加，而应力维持平衡值。第五段为 d-e 段，过 d 点纤维被拉伸变形不大，而应力增加很快，这时纤维受到均匀的拉伸和取向。到 e 点纤维将发生断裂，强度达极限值。

"细颈"现象是结晶类纤维在拉伸到一定伸长率出现的，它与温度有关。在较高温度情况下不易出现此现象；在温度适当、分子链活动力较小、作用力较大时，拉伸时易出现此现象。

初生纤维中生成的部分晶体为不稳定的 β 型晶体，或称为六角形晶体，在冷却放置中或外力作用下可以转化为单斜晶体（α 晶体）。拉伸倍数越大取向度越大，结晶度也越大。在拉伸时开始形成的为 β 型结晶体，拉伸倍数增加后，温度升高才转为 α-型晶体，β 型的结晶体在拉伸中逐渐减少，α-型的晶体逐渐增多。

在拉伸取向中强化了纤维结构，提高了纤维的综合性能，但是在此过程中由于温度、变形受力、设备和操作等因素也可能引起纤维的机械降解、热裂解、热氧裂解，以及官能团的反应等，这些反应无疑会影响纤维理化性能和其它性能。

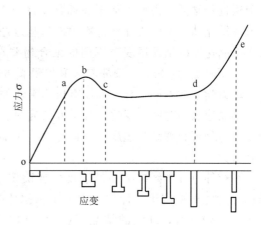

图 13-1　拉伸过程的不均匀现象和应力-应变曲线

拉伸取向的方法可分为以下几种。

（1）增塑拉伸，对于湿法纺成的初生纤维多采用此法，此法是将刚纺成的丝线在热介质中进行拉伸，多数情况是在一次加热中进行拉伸。

（2）在无增塑剂存在的条件下加热纤维并进行拉伸，在加热时拉伸可以促使有高的取向，同时又可使部分内应力得到一定的松弛；对热稳定性不好的纤维，此法将受到限制。

（3）某些纤维可以进行冷拉伸。

从拉伸的过程来看，可以采用一步拉伸法，二步拉伸法以及多步拉伸法等，根据纤维的特性加以选择。

第二节　初生纤维在加工过程中的结晶现象

一、纤维在拉伸取向中的结晶作用

纤维在拉伸取向过程中产生结晶的现象与一般聚合物在结晶过程中的情况有些相似，即分子链间或链段在结晶中产生有序的排列，大分子间的作用力增加，链段的排列很整齐，聚合物密度增加。但纤维在拉伸过程中的结晶作用又有它的特殊性，它是在外力作用下产生的，不同于自然冷却中的结晶作用，结晶体的排列方向是有限制的，即沿外力作用的方向产生分子链的重排和结晶作用。由于外力的作用，结晶排列的总趋势是线型的。在拉伸中 β 型结晶体逐步转为稳定的 α 型晶体。纤维在拉伸中产生晶体是在外力作用下强制形成的，所以不同于橡胶或塑料中的自然结晶过程。

在纺丝过程中已生成的部分结晶体在拉伸中由于外力的作用以及纤维变形较大，大多数的结晶体都将受到外力作用，使分子产生重排，便晶核增多，晶体增大。

纤维在拉伸中结晶度的大小与拉伸温度、伸长倍数、拉伸速度等有密切关系。经过拉伸取向后生成的结晶体比较稳。结晶度越高纤维的强度越大，模数越高。纤维在拉伸中的结晶速度是指单位时间内结晶体增长的速度。结晶体的形成过程一般分晶核生成和晶体的形成两步。晶核生成的速度与晶体长大的速度不同。结晶过程的第一步是形成晶核，然后以晶核为中心，晶体不断生长。晶核生成的速度随温度的下降而增大，而晶体的增长速度随温度的升高而增加，所以结晶的速度与温度有明显的关系。

在温度接近于熔点时，分子链内部的活化能较高，链运动剧烈，分子间的作用力小，所以无法进行结晶。当温度降至玻璃化温度（T_g）时，由于大分子链热运动将被冻结，也不易形成结晶体。不同成纤聚合物的结晶能力是不同的，如聚酰胺的结晶能力比聚酯大得多。最大结晶速度的结晶温度对不同的聚合物差别很大。例如聚丙烯的最大结晶速度的温度为65℃，而聚酯为190℃，聚酰胺-6和聚酰胺-66分别为150℃和145.6℃。不同成纤聚合物的结晶动力学参数不同，都与温度有极为密切的关系。结晶时间决定于结晶速度，在一定的温度下结晶速度随时间而变化。为了方便起见，一般将结晶度达到50％的结晶时间（$t_{\frac{1}{2}}$）的倒数作为各种聚合物结晶速度比较的标准，并称为结晶速度常数（K）。结晶速度加快时，K值将增大。

在拉伸过程中纤维结晶的速度主要决定于拉伸的工艺参数。如在温度恒定的条件下，结晶速度主要决定于拉伸作用力大小、拉伸变形的速度和纤维的拉伸倍数。拉伸倍数高、变形速度较低时，纤维的结晶度就大，如变形速率太高，容易产生细颈过程而使结晶不均匀。变形速率太低时，流动缓慢，纤维中产生的应力不足以使不稳定的晶粒破坏并继而产生重排，结果拉伸倍数可能达最高值，但取向效果仍然不良。在生产过程中，对某种纤维来说拉伸温度被固定在一定的范围内，故影响纤维晶种生成的因素是拉伸速度和拉伸倍数。

二、初生纤维取向结晶过程的热力学

初生纤维在进行拉伸过程中产生的取向和结晶作用是成纤聚合物的基本特点之一。影响此过程的动力学参数前已指出，主要为温度、外力、内部活化能以及外力作用时间等因素。纤维拉伸的温度在 $T_m \sim T_g$ 之间，温度在过程中起了决定性的作用，外力作用大小及作用的速度和时间也是重要的因素。这些因素的内在联系无疑是热力学的基本参数。拉伸过程中纤维的变形其本质是热力学第一、第二定律起决定性作用。拉伸取向过程近似于热力学上的等温等压过程。因为拉伸中外压力低（为一大气压），温度是恒定的。纤维在外力作用下产生变形，纤维中的分子链从无序向有序状态转化，不规整的分子转为规整结构的分子结构，在此过程中分子链的构象数目减少，分子间作用力增强，分子链活动能力减少。同时由于结晶作用产生相变过程。在拉伸过程中可发现粗纤维被拉成细纤维时有热效应和温度升高的现象。因此在拉伸取向过程中系统的内能、熵值都将发生明显的变化，即 ΔU、ΔS 发生变化。纤维的外形尺寸的变化也相当于外力作了部分机械功，所以整个系统内热力学有关参数可用下式表示。

$$A = F\Delta L = \Delta U - T\Delta S + P\Delta V + A' = \Delta H - T\Delta S + A' \tag{13-2}$$

式（13-2）中 A 为外力的机械功，F 为外加拉伸力，L 为试样长度，U 为内能，S 为熵，H 为热焓，P 为压力，V 为试样容积，A' 为简单形式的功。

在取向过程中链运动减弱，相应地产生热效应，内能减少，$\Delta H < 0$。分子链构象数目减少引起熵值减少，即 $\Delta S < 0$，由于纤维体积和外形的变化虽然不大，但也需要作一定的外功，这部分功相当于方程式中的 $p\Delta V + A'$。所以拉伸取向过程中外力作功主要产生系统内的热焓及熵值的变化，上式可写为：

$$A \approx \Delta H - T\Delta S = \Delta H - T(\Delta S_{comf} + \Delta S_K) \tag{13-3}$$

式中 ΔS 由纤维分子链构象数目减少所引起的熵变（ΔS_{comf}）和产生结晶相的熵变（ΔS_K）所组成的。拉伸过程中产生的热效应表明熵值减少。所以拉伸过程是系统熵值减少的过程，在无外力作用功的情况下此过程是不可能自动进行的，即纤维的取向结晶不可能自动进行。要完成此过程就必须有外力作功。相反，对已经被拉伸取向的纤维，要使其分子链恢复到卷曲无规状态，也不可能在不吸收一定能量的条件下会自动进行。只有在升高温度进行热处理，并给纤维吸收一定的能量后，才能使纤维中的分子链产生松弛和卷曲，达到解取向的目的。

解取向过程中，分子构象数目增加，系统熵值增大。即系统熵值的变化是正值（$\Delta S > 0$），聚合链的柔性增大，规整性减少。此时再进行热处理，熵值变化是不大的。在纤维进行热处理时，拉伸后大分子的柔性链产生有限制的卷曲，其过程是自动进行的（$\Delta A < 0$）。

外力的存在将大大地影响热处理过程，此时系统的热熔的变化很小，熵值却发生改变。热处理时外力越大则分子构象转变的可能性越小，纤维的收缩将趋向于零。纤维拉伸结晶的柔性链如在固定的状态下（即无收缩现象和无外力作功时）进行热处理时，自由能的变化有限，同在自由状态下进行热处理（即有收缩现象）相比，熵值变化很小，所以在固定状态下热处理可以保持纤维中高度取向。

刚性链纤维的取向和热处理时与柔性链完全不同，在进行热处理时同样可使系统热熔减少（$\Delta H < 0$），但刚性链分子构象数目的变化较少，熵值也可能减少（$\Delta S < 0$）。如分子间的相互作用力达到很大时，热熔减少的绝对值比熵的增加要大一些（即$|\Delta H| > |T\Delta S|$），此时外力所作的功 $\Delta A < 0$，过程可能自动进行，纤维的长度将会增加。柔性链和刚性链的初生纤维在进行拉伸和热处理时，它们的热力学参数的变化很大，也很不相同。从图 13-2 明显地看出柔性链和刚性链的拉伸和收缩的热力学参数变化的差别。总之，在初生纤维的拉伸取向和热处理等过程中，纤维的取向结晶以及松弛收缩等现象都是热力学有关参数变化的结果。纤维直径变

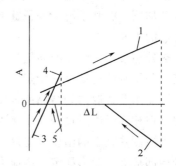

图 13-2　不同柔性的聚合物在拉伸中外力所作的功（A）与变形（ΔL）的关系

1—柔性链聚合物的拉伸；2—柔性链聚合物拉伸后在自由状态下热处理；3—刚性链聚合物的拉伸和自动伸长；4—拉伸的刚性链聚合物在自由状态热处理

小、长度增加、结构紧密的变化等都是外力作用后引起系统的热熔、熵值变化的结果。拉伸结晶过程是熵值减少的过程。

第三节　纤维的热处理

合成纤维经过冷却，固化和拉伸后要进一步进行热处理，从生产的角度来看要求成形的纤维尺寸稳定，内部应力松弛达到平衡状态。同时，在纺织加工和使用过程中具有稳定的结构，不产生收缩和变形，具有这样稳定结构的纤维才具有使用价值。

初生纤维经过拉伸定向后，使纤维内部的分子结构排列整齐规整，有高的取向度和结晶度，分子间的相互作用力增加，所以纤维的使用性能有明显的改善和提高。但当外力作用时，分子链相互受到的作用力是不平衡的，所以各个分子链受力后的变形也极不相同。在同一时间内有的分子链的取向和结晶度高，变形与作用力相适应地达到平衡变形，或达到较稳定的变形。有的分子链或分子的某些链段虽然在外力作用下发生了变形，但分子链间或链段的作用力并未达到平衡状态，外力除去后分子链间或链段中存在的内应力并没有消除。纤维中内应力的存在使纤维的结构处于不稳定状态。这种不稳定的结构使分子链的排列，取向度和结晶度都将不够稳定。所以刚拉伸后未进行热处理的纤维容易变形。尺寸不稳定，性能也不稳定。

　　成纤聚合物由于它的粘弹特性，在变形后分子链上产生的内应力不是瞬时能达到平衡状态的，而是要经过一定的时间才能使分子的变形与应力相适应，也就是说这种内应力随时间的延长而逐渐衰减、消失。受外力作用产生变形的初生纤维在外力消除后分子链上的内应力的消除有一较宽的时间谱。就是说初生纤维中的内应力的下降是时间的函数。如果要纤维拉伸定向后的纤维的外形不变，即保持它的结构不变，并使内应力达到稳定的平衡状态，那就需要很长很长的时间，实际上这是不可能的，只要外界的条件发生变化，它的结构、外形必将产生一定的变化。

　　热力学的状态函数分析表明内应力的松弛过程是纤维内部熵和热焓变化的过程。解决纤维的内应力采用热处理，生产上称为热定型，就是将拉伸定形的纤维在较高温度的热介质（空气，水溶液等）中处理一段时间。在热处理过程中纤维可以是自由状态，或处在一定的外形装置上（即外形变化很少的圆筒上）进行短时间加热。纤维中分子链吸收一定的能量使分子运动加剧，有利于消除分子链上的内应力。这样使纤维的结构和分子链上的内应力很快达到稳定的平衡状态。

　　在热处理过程中温度的高低是极为重要的，如温度太低则应力松弛所需时间很长。如温度太高，分子链的运动过分剧烈，不仅消除了纤维上的内应力，同时使纤维结构也产生较大变化，可能出现解取向，结晶度也发生变化，导致纤维的物性下降。所以在热处理中取向和解取向是在相互矛盾的过程中，解决这对矛盾除了控制纤维在热处理时的形状外，核心的问题是适当控制热处理的温度。但热处理的时间和压力等也不可忽视。通过热处理后使纤维分子得到局部舒展，变形稳定，内应力能很好松弛而达到平衡状态，又不会使纤维的结晶度和取向度发生较大的变化。如纤维处于自然状态受热必然产生较大的收缩。如纤维在固定装置上热处理时，它的收缩要少得多。温度越低收缩越少。

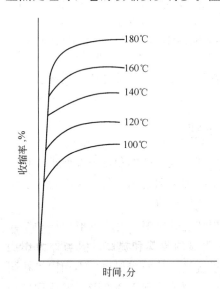

图 13-3　聚酯纤维热处理时的温度与
时间的关系

　　热处理的温度应该高于使用温度。如对衣料用的纤维在热处理时的温度应高于衣料的使用温度，这样才能保证纤维在使用中有稳定的尺寸。热处理中纤维自然会产生一定的收缩。但如果使纤维在固定装置上和一定的压力下进行处理，可以避免大量的收缩及解取向作用。这时，内应力的消失当然不如纤维处于自由状态下热处理那样完全，但这对纤维性能不仅没有坏的影响，而且还更为可取。

　　纤维在热处理过程中的收缩程度主要决定于温度和时间，不同的纤维的收缩率不一样，所以热处理的条件也是不同的。如聚酰胺-6 和聚酰胺-66 两种纤维热处理的时间比聚酯纤维进行热处理的时间就要短一些，因为后者结晶较缓慢。如图 13-3 所示，聚酯纤维在热处理时的收缩率随温度的升高而增加，在同一时间内，高温产生的收缩率要高。不同温度的收缩率曲线的形状是相似的，在最初的一段时间收缩率变化最大，但经过一定时间后，曲线趋于水平，此时表示纤维的变形达稳定状态。从图看出，温度较高则松弛过程进行得较快，应力松弛的时间较短。所以热处理过程中温度和时间有一定的关系，一般用式（13-3）表示它们的相互关系：

$$t^* = Ae^{E/RT} \tag{13-4}$$

式中 t^* 为松弛时间，T 为温度，E 为松弛过程中 1 克分子聚合物高弹变形的活化能，A、R 为常数。

此式可改写为：

$$\ln t^* = \ln A + \frac{E}{RT} \tag{13-5}$$

从式（13-5）看出，随温度的升高松弛时间缩短，降低 E 值有利于松弛时间的减少。为了缩短纤维中内应力松弛的时间，可以升高温度，但温度的升高受到结构、变形、收缩的限制。因此对某些纤维来说，为了缩短时间，可以采用降低 E 值的办法。在生产中经常在拉伸前进行热增塑，使拉伸的活化能下降，使纤维预收缩一部分以减少过程的时间。如果增塑后活化能下降值为 E_p，则应力松弛时间可写成：

$$t^* = A \cdot e^{\frac{E - E_p}{RT}} \tag{13-6}$$

从此式得知 E 值下降后松弛时间 t^* 减少。当高聚物内部有应力存在时，也可能使活化能进一步下降。如果内应力的方向与作用力的方向相同时，链节活动就容易些；如与作用力的方向相反，链段活动比未加作用力之前更为困难，活化能不但不下降，反而增加。因此，内应力对活化能的影响导致改变松弛时间，可用下式表示：

$$t^* = A \cdot e^{\frac{E - \alpha|\sigma_e|}{RT}} \tag{13-7}$$

式（13-7）中 α 为常数，σ_e 为内应力。

在热处理定型过程中如同时存在内应力和增塑作用，活化能的下降应包括两部分，即为 $E - (E_p + \alpha|\sigma_e|)$ 代入式（13-7）中则得松弛时间与活化能的关系式：

$$t^* = A \cdot e^{\frac{E - (E_p + \alpha|\sigma_e|)}{RT}} \tag{13-8}$$

当温度一定时，热松弛时间主要决定于成纤聚合物大分子的高弹变形的活化能。活化能降低的办法不是对所有纤维都能起一定作用的，在实际生产中进行热定型处理时，主要是控制温度和时间。纤维经过热处理后，其综合性能得到改善。

主要参考文献

〔1〕 Ziabicki Andvzej: "Fundamentals of fibre formation, The Science of fibre Spinning and Drawing", London, Wiley, 1976

〔2〕 К. Е. Перепелкин: "Физико-Химические Основы Процессов Формования Химических Волокон", М., Химия, 1978

〔3〕 С. П. Папков: "Физико-Химические Основы Производства Химинеские Волокон", Химия, 1972

〔4〕 H. F. Mark: "Man made fibre Science and technology", Vol I, Interscience Publishers, 1967

〔5〕 F. Fourne: "Synthetische Fasern Herstellung und Verarbeitung", Wissenschaftliche Verlag, 1964

〔6〕 上海纺织学院编：《腈纶生产工艺及其原理》，上海人民出版社，1976

〔7〕 成都工学院编：《化学纤维熔融纺丝工艺及其设备》（讲义），1975

〔8〕 赫尔曼、路德维希著，天津市化学纤维研究所译：《聚酯纤维化学及工艺学》上册，纺织工业出版社，1977

〔9〕 Г. И. Кудрявцев, М. П. Мосов. А. В. Воряохцена: "Полиамидные Волокон" Химия. 1976

〔10〕 Б. Э. 格勒列尔，李克友译：《氯纶纤维的化学及工艺学》，中国工业出版社，1962

〔11〕 林尚安、李卓美等编：高分子化学，(1962)

〔12〕 A. V. 托博尔斯基；H. F. 马克编：《聚合物科学与材料》，科学出版社，1977

〔13〕 A. B. 雷柯夫著，烈均，丁履德译：《热传导原理》，1956

〔14〕 成都工学院，北京化工学院，天津大学主编：《高分子化学及物理学》，化学工业出版社，1961

〔15〕 高分子学会编："高分子の分子设计"1~3 培风馆，1972

第五篇　高分子复合材料及高分子共混物的加工成型

第十四章　高分子复合材料

第一节　概　　述

单一的高分子材料往往很难满足生产和科学技术部门对材料性能的要求，因而发展了高分子复合材料。

高分子复合材料的种类很多，若以高聚物的类型来分，有塑料、橡胶、纤维复合材料；若按所用填料材质分类，有纸、木材、麻、棉、石棉、玻璃、合成高分子、碳、硼、金属等填充的复合材料，泡沫塑料亦可看做气体填充的复合材料；此外，还可依填料的形状（粉末、颗粒、长纤维、短纤维、碎片、织物等）和填料所起的主要作用（改进力学性能或其它性能）等来分类。

上述复合材料中，高聚物与填料在组合方式上可为有规律的层状分布，如各种片状材料填充的层压板；也可为无规则分布，如由粉末、颗粒、碎屑状材料填充的模压物。总之，高分子复合材料内部都存在明显的相界面，因而高分子复合材料具有非均相结构。

高分子复合材料受到重视的首要原因是由于"复合"所赋予的各种优良性能，例如高强度、耐热性、卓越的电性能、耐化学腐蚀性、耐磨性、耐燃性、耐烧蚀性、低透气性以及尺寸稳定性等等。因而可以适应于多方面的、苛刻的要求。目前，高分子复合材料不仅大量用于军工、机械、电机、化工、建筑、交通、轻工等工业部门，而且应用于农业、文教、体育、卫生等几乎一切领域，尤其是特殊性能复合材料的发展，为宇航提供了优良的材料，促进了空间科学的研究。

本章限于篇幅，将重点讲述玻璃纤维增强塑料，其它类型复合材料仅作简介。

第二节　高分子复合材料的组成

一、高　聚　物

高聚物在高分子复合材料中是必不可少的成分，从数量上看，高聚物可以是主要成分（如以二硫化钼填充的尼龙，较少量玻璃纤维增强的不饱和聚酯树脂等），也可以是次要成分（如以高聚物粘合的层压木板、夹层安全玻璃等）。不论前者还是后者，高聚物的物理和化学性能都对复合材料的综合性能具有重大的影响。为此，高聚物通常应满足以下要求。

1. 良好的综合性能

为使高分子复合材料性能卓越，所使用的高聚物应具有良好的综合性能，例如良好的电性能、热性能、力学性能、耐化学腐蚀性、耐老化性能等。然而，同时兼有上述性能往往是困难的，因此应根据填料的特性和复合材料的使用范围，合理选择高聚物，以最大限度地发挥高聚物所固有的特性。

2. 对填料具有强大的粘附力

高聚物在复合材料中的一项重要作用是作为粘合剂将填料粘接成一个整体，从而构成一种具有崭新性能的新材料。这种粘合作用非常重要，因为对于长纤维填料来说，虽然有很高的轴向抗张强度，但却不能承受压缩及弯曲载荷，而短纤维及粉状、粒状填料更不能作为承载材料。但是，当它们被高聚物粘接成一个整体后就可以改善其力学性能；另外，在这个整体中，高聚物除了部分承载外，还起到传递载荷的作用，假若在长纤维填料中存在着某些断头，虽然这些断头的末端没有承载能力，但由于高聚物与纤维界面的粘接作用，可以通过界面传递载荷。同时，高聚物还把纤维末端的集中载荷均衡地分布到邻近的纤维上去，因而使复合材料的强度不因有部分的断裂纤维而遭受显著的损失；高聚物还可以保护填料免受周围介质的侵蚀和磨蚀，从而更有利于发挥填料的作用。

影响高聚物对填料粘附能力的主要因素是高聚物与填料的化学结构、高聚物的粘度、填料的几何形状等。为了提高高聚物对填料的粘附能力，填料（主要是玻璃纤维）有时需进行表面处理。

3. 良好的工艺性能

制造复合材料时希望有较易控制的加工成型条件，以降低设备投资，简化操作和便于制造大型制品。高聚物应有恰当的粘度，粘度过大不易浸渍填料；粘度过小，在成型时易于流失。高聚物与填料的收缩率不应过大，且较接近为好，否则在界面上容易产生较大的收缩应力，影响复合材料的强度。热固性树脂要具有适宜的固化时间，过长影响生产率，过短又难以施工和应用于大型制品。

二、填　　料

为改进高聚物的某项或某几项重要性能而加入的填料是复合材料的重要成分。这里仅着重介绍玻璃纤维及其织物。像玻璃纤维及其织物这类对高聚物具有突出增强效果的填料又常称为增强填料。由于它们增强的复合材料强度相当高，其体积强度可与钢材相匹敌，故号称"玻璃钢"。此外，玻璃钢一般还具有卓越的电性能、耐热性、耐腐蚀性等。

1. 玻璃纤维及其制品

玻璃纤维长丝是将玻璃球或碎玻璃熔融拉丝制成。玻璃纤维直径一般为 $6\sim10\,\mu m$，这样细的玻璃丝大大减少了原来存在于玻璃中的微裂纹数目，因而强度显著提高。

用作高聚物增强填料的玻璃纤维通常分为碱玻璃纤维和无碱玻璃纤维两类。前者主要成分是钙钠硅酸盐，后者主要成分是铝硼硅酸盐。

有碱玻璃纤维来源广，成本低，耐酸性较好，主要缺点是与水分接触易于发生水解作用：

$$Na_2SiO_3 + 2H_2O \longrightarrow 2HaOH + H_2SiO_3$$

析出的碱与空气中 CO_2 又发生如下作用：

$$2NaOH + CO_2 \longrightarrow Na_2CO_3 + H_2O$$

上述过程俗称"风化"，它导致玻璃纤维性能下降。所以有碱玻璃纤维的耐水性和电绝缘性能较差，机械强度也比无碱玻璃纤维低约 $10\%\sim20\%$。为此，有碱玻璃纤维适宜制取强度要求不很高以及耐酸的玻璃钢制品。

无碱玻璃纤维耐水性、强度及电性能较好，但成本高，故用以生产强度要求高的或电绝缘用玻璃钢制品。

玻璃纤维比有机纤维具有抗拉强度高、弹性模量大、耐热性和电绝缘性能优良、不燃、不霉、耐化学腐蚀、尺寸稳定性好以及原料易得、价格低廉等优点。然而它耐揉折性差、易磨损，且表面光滑，不易被高聚物粘附。此外，生产过程对生产者的呼吸器官及皮肤均有刺激作用。

长玻璃纤维可以加工成各种玻璃纤维制品。长玻璃纤维加捻并股制成纱，由纱可织玻璃布带、玻璃布、或用多股纱加捻绞制成玻璃纤维绳。纱及带主要用于缠绕成型，绳多用于玻璃钢制品的局部加强。玻璃布按其织法不同可分为平纹布、斜纹布和缎纹布。编织平纹布时，玻璃纱的卷曲程度最大；而缎纹布中，卷曲程度最小；斜纹布介于二者之间。因而平纹布密实而柔性小，缎纹布表面光滑、疏松而柔性好，具有良好的铺复性。斜纹布仍介于二者之间。布的织法对玻璃钢强度的影响是缎纹＞斜纹＞平纹，耐磨性则以平纹布较好。布的厚度增加，玻璃钢的压缩强度降低，抗冲强度增加。大束的玻璃纤维束及其卷曲作用能使纤维束在完全压实之前吸收冲击能，所以厚布制成的玻璃钢抗冲强度较高。一般来说，平纹布宜于制造各向强度要求均匀和型面曲线简单的制品或层压板材，特别是电绝缘制品。缎纹布和斜纹布则适用于制造型面复杂和单方向强度要求高的制品。玻璃布广泛用于手糊法、真空袋法、层压法等成型工艺中。

无捻粗纱是由连续纤维不加捻直接合股而成。近年来，无捻粗纱在玻璃钢工业中的应用显著增加，它可以直接用于缠绕成型，也可切短后供预成型用。另外，无捻粗纱通过高聚物的挤出包覆后再切短又可用于注射成型。若将无捻粗纱织成无捻粗纱布，适用于手糊成型。

将原丝或无捻粗纱根据需要切成几毫米至几十毫米长短即为短切纤维。短切纤维主要用于制造模压料团。将长度 $50\sim70$ 毫米的短切纤维无规则分布，并以粘结剂粘接得到短切纤维毡，它适用于手糊成型。

连续纤维毡是由多层连续纤维借树脂粘接而成，呈旋涡形，又称卷形毡，它适宜于深模模压。

玻璃纤维制品的一种新形式是无纺织物，它由连续纤维平行排列或交叉排列，直接喷上粘接剂粘接成织物。无纺织物可以制成各向异性的材料，弹性模量高，不经纺织，纤维磨损少，而且在拉丝过程中就喷覆树脂胶液，保持了纤维的新生态，避免了空气介质的影响，也提高了纤维与高聚物的粘接力，特别是大大简化了生产玻璃钢的工序。

为了提高高聚物与玻璃纤维之间的粘接能力，纤维需经表面处理。玻璃纤维表面处理常用偶联剂。这种物质的分子结构一般两端含有不同的基团，分别与玻璃纤维表面和高聚物发生化学作用或物理作用，从而促进了两者的粘合。

目前所用偶联剂主要是铬络合物和硅烷两类。铬络合物偶联剂的通式为 $R-C\begin{array}{c} O\rightarrow CrCl_2 \\ \diagup\diagdown \\ \diagdown\diagup \\ O\rightarrow CrCl_2 \end{array}OH$ ，

通式中 R— 若为 $CH_2=\overset{\overset{\displaystyle CH_3}{|}}{C}-$ ，即称甲基丙烯酸氯化铬络合物，俗称"沃兰"，是使用最早、最广泛的一种铬络合物。沃兰与玻璃纤维表面的作用可表示如下：

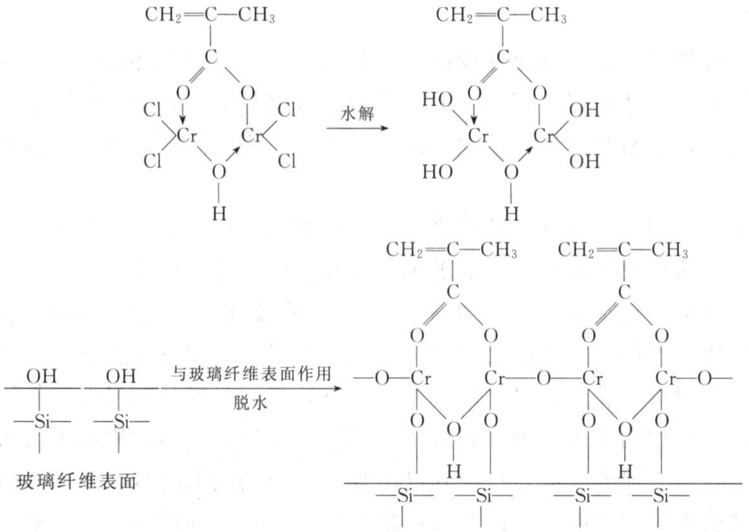

沃兰的另一端借甲基丙烯酸的不饱和双键再与树脂组分中的活性基团进行化学作用。铬络合物偶联剂除适用于环氧、聚酯、酚醛等热固性聚合物外，亦可用于聚苯乙烯、聚甲基丙烯酸甲酯等热塑性聚合物。硅烷是一类目前品种最多，效果更为显著的偶联剂，它的通式是 R_nSiX_{4-n}，其中 R 是有机基团，绝大多数是含有双键、环氧基、胺基等的活性基团，X 是 Cl，OR'，$R'-\overset{O}{\overset{\|}{C}}-O-$ 等易于水解的基团。n 代表 1，2，或 3，通常 n＝1。以最常用的乙烯基三乙氧基硅烷 $CH_2{=}CHSi(OC_2H_5)_3$ 为例，它和玻璃纤维表面的作用可表示如下：

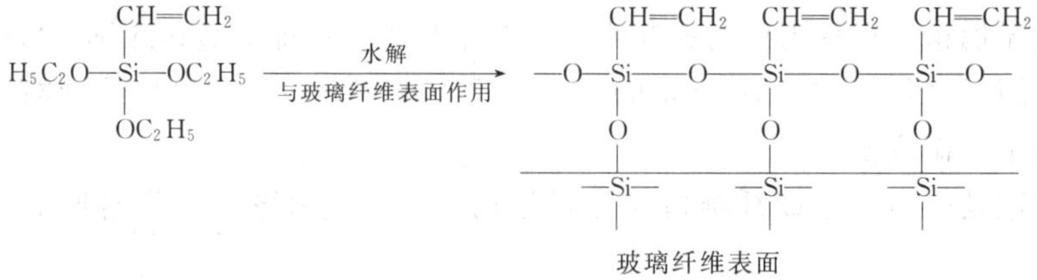

　　玻璃纤维在进行表面化学处理之前，常需在 550℃ 高温下热处理几十秒钟，以除去纺丝时涂上的润滑剂。高温处理可使玻璃布上的残留物含量降低至 0.1％ 以下，但布的强度降低到原来的 40％ 左右。若在 350℃ 较低温处理，时间需几分钟，布上残留物为 0.2％～0.25％，强度为原来的 60％～70％。

　　近年来发展了高强度玻璃纤维，主要有镁铝硅（S 玻璃）和硼硅酸盐两个系统。前者比无碱玻璃纤维强度提高 53％ 左右，后者虽仅提高约 36％，但其熔化拉丝温度较前者低，制造较易。高强度玻璃纤维增强玻璃钢是制造飞机、火箭、导弹等有关部件的重要材料。

　　为了克服一般玻璃钢模量低、刚性不足的缺点，发展了一种含氧化铍（BeO）的高模量玻璃纤维，例如某种氧化铍玻璃纤维的弹性模量可达 $11.5{\times}10^5$ 公斤/厘米^2。但氧化铍有剧毒，故研究不含铍的高模量纤维具有重要意义。在低铝的钙镁硅酸盐系统中加入铬、钛、钽、铌等氧化物，也可提高玻璃纤维的弹性模量，其值高达 $12.6{\times}10^5$ 公斤/厘米^2。

　　此外，还有高硅氧纤维和石英纤维，它们均具有耐高温的特点。高硅氧纤维含 SiO_2 达 90％～99％，它可由高钙的硼硅酸盐玻璃纤维用酸处理，溶析出可溶成分制得；也可由含碱玻璃纤维化学提纯后制得。高硅氧纤维能耐 1700℃ 以上的高温，但强度较低，一般仅为无碱玻璃纤维强度的 20％～30％。石英纤维是直接以高纯度的石英棒于 2000～2100℃ 下熔融拉丝制得，此种纤维的 SiO_2 含量达 99％以上，可耐 1700℃以上的高温，且强度较高，其弹性模量相当于无碱玻璃纤维。石英纤维较脆、易磨损，故需很好的进行表面处理。

采用铝硼硅酸盐成分还能制成空心玻璃纤维，纤维空心率为 10％～65％，外径 10～17 微米。此种纤维重量轻、硬度高、介电常数低，主要用于制取宇航及水下用的玻璃钢。

2. 其它填料

（1）纸 用于复合材料的纸是特制的，要求纯净、吸收高聚物能力强。按纸的品种可分为牛皮纸、α-纤维素纸和碎布浆制造的纸三类。目前以用牛皮纸的为多。纸对高聚物的增强作用不显著，主要用于绝缘层压复合材料的制造。

（2）棉布 棉布也和玻璃布一样，按织法分为平纹、斜纹和缎纹三种。三种布的特点也和玻璃布相仿。棉布的增强作用介于玻璃布与纸之间，用布增强的复合材料多用于制造机械零件。

（3）石棉 石棉是一类硅酸盐类矿物质纤维的总称。石棉可赋予高聚物以优良的耐腐蚀性和较好的机械强度。石棉纤维很细，一般仅有 0.1 微米的直径，但该种纤维内部抱合很紧，树脂难以浸透，以致其复合材料的抗冲强度较低。

第三节　高分子复合材料的力学性能

本节从讨论原材料性质和体积含量对高分子复合材料性能影响这一点出发，仅对应用最广泛的纤维增强复合材料的基本力学性能加以讨论。

一、长纤维增强复合材料

为研究长纤维增强复合材料的弹性性能和强度，作了三个基本假设：①等变形假设，即假设纤维与高聚物粘接情况良好，形成一个整体，当复合材料承受载荷时，两者的变形是一致的；②弹性假设，即应变与应力成直线关系，当载荷移去后，变形消失；③等初应力假设，即每根纤维中承受相同的初应力。

长纤维单向排列时，复合材料的各项力学性能如下。

1. 拉伸性能

单向纤维增强复合材料是各向异性材料，与纤维平行的方向（纵向）和与纤维垂直的方向（横向）的力学性能相差悬殊。纵向拉伸性能主要由纤维的性质决定，横向拉伸性能主要由高聚物决定。对复合材料的拉伸性能研究较多，曾提出了各种各样的计算方法，其中比较适用和简便的计算方法如式（14-1）～式（14-5）所示。

纵向拉伸弹性模量 E_L：

$$E_L = E_1 \phi_1 + E_2 \phi_2 \tag{14-1}$$

式中 E_1、E_2 分别为高聚物和纤维的弹性模量；ϕ_1 和 ϕ_2 为相应的体积分数。此式称为纵向拉伸弹性模量的混合定律。

横向拉伸弹性模量 E_T：

$$\frac{E_T}{E_1} = \frac{1 + AB\phi_2}{1 - B\varphi\phi_2} \tag{14-2}$$

式中 $A = 0.5$，$B = \dfrac{E_2/E_1 - 1}{E_2/E_1 + A}$，$\varphi \doteq 1 + \left(\dfrac{1 - \phi_m}{\phi_m^2}\right)\phi_2$，$\phi_m$ 为最大填充系数，一般为 0.82 左右。

纵向抗张强度 σ_{BL}：

$$\sigma_{BL} = \sigma_{B1}\phi_1 + \sigma_{B2}\phi_2 \tag{14-3}$$

式中 σ_{B1}，σ_{B2} 分别为高聚物和纤维的抗张强度。σ_{BL} 一般大于 σ_{B1}，也就是说单向纤维增强复合材料的纵向抗张强度大于高聚物的抗张强度。当载荷与纤维纵向夹角 θ 为 $0\sim5°$ 时，纵向抗张强度主要决定着复合材料破裂的形式。

横向抗张强度 σ_{BT}：

$$\sigma_{BT} \div \frac{1}{2}\sigma_{B1} \tag{14-4}$$

可见横向抗张强度一般小于树脂的抗张强度。当载荷与纤维纵向夹角 $\theta > 45°$ 时，横向抗张强度主要决定着复合材料的破裂形式。

任意方向的抗张强度 $\sigma_{B\theta}$

$$\sigma_{B\theta} = \frac{\sigma_{BT}}{\sin\theta} \tag{14-5}$$

此式仅适用于 $\theta \geqslant 10°$ 的场合

2. 压缩性能

关于单向长纤维增强复合材料的压缩性能，问题更为复杂，而且研究得较少。此种材料受压力破坏的机理有许多种观点，一种理论认为，在纵向压力下，高聚物支撑下的纤维发生"失稳"，并导致复合材料的破坏。

单向长纤维增强复合材料在纵向受压时"失稳"可能有两种形式：一种是相邻纤维反向屈曲（图 14-1a），此时高聚物承受着拉压应力；另一种是相邻纤维同向屈曲（图 14-1b），此时高聚物承受着剪应力。相应于两种形式的压缩强度分别为：

$$\sigma_{C1} = 2\phi_2[\phi_2 E_2 E_1 / 3(1-\phi_2)]^{1/2} \tag{14-6}$$

$$\sigma_{C2} = G_1/(1-\phi_2) + G_1/G_2\phi_2 \tag{14-7}$$

式中 σ_{C1} 为反向屈曲情况的压缩强度；σ_{C2} 为同向屈曲情况的压缩强度；G_1 为高聚物的剪切弹性模量；G_2 为纤维的剪切弹性模量。

当 ϕ_2 或 E_2/E_1 较小时，优先产生反向屈曲，相反时，则以同向屈曲为主。

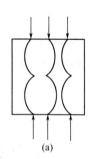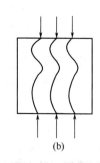

由于纤维的"失稳"，使得此种复合材料的纵向压缩强度远比纵向抗张强度为低。横向压缩强度受高聚物强度的影响，因而比纵向压缩强度小，但通常比横向抗张强度高。

3. 剪切性能

复合材料的剪切性能分边缘剪切和层间剪切两种。当剪切应变产生在层平面内时，或者说剪应力沿着层缘，称为边缘剪切，如复合材料管材承受扭力的情况。当剪切应变产生在垂直于层平面时，亦即剪应力垂直于各层的边缘时，称为层间剪切，如受横向力弯曲的平板。

(a)　　　　　(b)

图 14-1　单向纤维增强复合材料
纵向受压时，纤维的两种屈曲情况示意
（a）反向屈曲；（b）同向屈曲

复合材料的层间剪切强度主要取决于高聚物的强度以及和增强纤维界面的结合能力。因为高聚物浇铸体的剪切强度较低，一般只有 500 公斤/厘米^2 左右，而制成玻璃钢后，含有的微空隙又对剪切强度产生不利影响，所以剪切强度低是玻璃钢的一个较大的弱点。复合材料的剪切性能研究得还很不完善，目前尚难以定量计算。

4. 冲击性能

复合材料的冲击性能比未填充的高聚物更复杂，这是因为除高聚物外，还受界面粘合情况的影响。要想建立复合材料冲击性能与高聚物和纤维性能的关系式是很困难的，而且各种冲击试验方法所得结果也常互有矛盾。

一般来说，材料受冲击时，若能量集中于较小的体积内，材料就容易产生脆裂，冲击强度就小；反言之，冲击强度大的材料必定存在着某种使冲击能量在尽可能大的体积内被吸收的机构。

复合材料中包含的纤维至少有两个使能量逸散的机构，即：（1）当纤维从高聚物中拔离时，由于力学的摩擦，使能量逸散，同时也因为纤维的拔离，阻碍了应力沿纤维方向集中；（2）当纤维与树脂粘接面脱接，应力集中区域就被扩大，有利于阻止裂缝的延展。

但是，纤维也至少有两个使冲击强度下降的机构，其中：（1）通常由于纤维的填充使聚合物断裂伸长率显著下降，应力-应变曲线下的面积就会减小；（2）靠近纤维末端的区域，粘接不良的部分以及纤维相互接触的区域产生应力集中。

总的来看，对于纵向（与纤维平行）冲击性能而言，纤维长，粘接好时，复合材料的冲击强度低。纤维短，粘接不良时，复合材料的冲击强度高。这种效果恰与对抗张强度的影响相反。

对于横向冲击性能，为获得中等程度的冲击强度需要良好的粘接。一般来说，单向长纤维复合材料的横向冲击强度比纵向冲击强度和纯高聚物的冲击强度低，这是因为纤维在这个方向对高聚物不起增韧作用。

二、短纤维增强复合材料

使用短纤维增强高聚物，即使单向排列其增强效果也不如长纤维单向排列的增强效果，原因为：①纤维端部相当一段长度对载荷的传递是无效的；②纤维末端处产生应力集中；③互相不叠交的纤维不起增强作用；④短纤维无法达到长纤维那样高的定向程度；⑤短纤维填充量，按体积计最多为 50%，一般仅为 30%～40%，而单向长纤维可达60%～90%。综合上述各种原因，短纤维增强复合材料的纵向抗张强度总是小于长纤维增强复合材料的纵向抗张强度，最高也只能达到后者的 85.7%。

虽然如此，用短纤维增强高聚物仍然获得了大量应用，这是因为复合材料注射成型必须使用短纤维增强的物料。当前短纤维主要用于热塑性高聚物的增强。短纤维增强复合材料是各向同性材料，因为其中短纤维一般是处于无规排列。需要注意的是，这种复合材料在注射成型时，将会有一部分纤维形成单向排列（见第四章），因而可能增加某方向的强度。相反，成型过程中又会因大多数纤维遭受损伤而使强度受到影响。

第四节 复合材料成型工艺概述

复合材料成型方法种类繁多，随复合材料组分的性质、结构、形状等因素而不同，与塑料、橡胶的一般成型方法一样，通常可用压制、挤出、注射、压延、粘（贴）合等方法或综合使用上述几种方法来成型。本节着重介绍以玻璃纤维及其织物为填料的复合材料的成型工艺。玻璃纤维增强复合材料的成型若按成型压力可分为低压和高压两大类；如按成型时的工艺特点，则可分为手糊成型法、层压成型法、模压成型法以及纤维缠绕成型法。

一、手糊成型法

所谓手糊成型是通过手工在预先涂好脱模剂的模具上，先涂上或喷上一层按配方混合好的树脂，随后铺上一层增强材料，排挤气泡后再重复上述操作直至达到要求的厚度，最后经固化后脱模，必要时再经过加工和修饰工序即得成品。

作为玻璃纤维及其织物粘合剂的树脂，要求配制成粘度为 400～900 厘泊的树脂胶液，该胶液最好能常温固化，固化过程不排出低分子物，以及毒性小。目前经常使用的树脂主要为常温固化的不饱和聚酯树脂和环氧树脂。

制造模具的材料可选用木材、石蜡、石膏、水泥、玻璃钢、金属以及可溶性盐、河沙等。模具结构分为阳模、阴模、对模等多种形式。阳模操作方便，但只能保证制件内表面光洁，相反阴模则只能保证制件外表面光洁，对模则可获得内、外表面都光洁的制件。

为便于制品脱模并得到表面完好、尺寸准确的制品，以及不使模具受损，手糊成型必须使用脱模剂。例如使用凡士林等油膏类物质、聚乙烯醇溶液、硅油等液体物质作为脱模剂，也可以用玻璃纸、聚酯膜等薄膜类物质作为脱模材料。

手糊成型通常还包括袋压法、热压釜法、柔性柱塞法等低压成型法（图 14-2～图 14-5）。这几种方法都较人工所施压力大而均匀，故制品质量有所提高。如袋压法有效压力约为

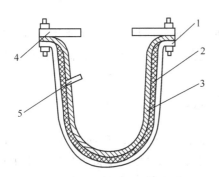

图 14-2　真空袋压法示意图
1—阴模；2—铺叠物；
3—橡皮袋；4—夹具；5—抽气口

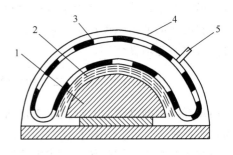

图 14-3　加压袋压法示意图
1—阳模；2—铺叠物；
3—橡皮袋；4—扣罩；5—进气口

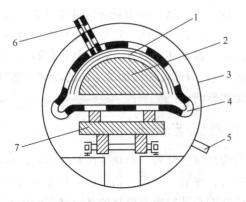

图 14-4　热压釜法示意图
1—铺叠物；2—阳模；3—热压釜；
4—橡皮袋；5—进气口；6—抽气口；7—小车

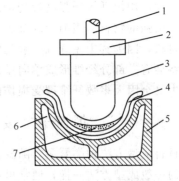

图 14-5　柔性柱塞法示意图
1—压机柱塞；2—压机压板；
3—柔性柱塞；4—玻璃布或毡；
5—阴模；6—蒸汽通道；7—树脂

1.4～3.5公斤/厘米²；热压釜法不仅压力可以更高一些，而且可以加热；柔性柱塞法以柔性柱塞代替橡皮袋，压力范围达 3.5～7 公斤/厘米²，模具中有蒸汽通道可供加热。由于有一定的压力，这几种方法所使用的模具皆为金属制成。

手糊成型法所用设备及操作均较简单，特别适合于一些对光洁度、精确度要求不高的大型制品的制造。缺点是生产效率低、产品质量不稳定，制品强度和尺寸的精确度较差，而且劳动条件差。

二、层压成型法

层压成型是制取复合材料的一种高压成型法，此法多用纸、棉布、玻璃布作为增强填料，以热固性酚醛树脂、芳烃甲醛树脂、氨基树脂、环氧树脂及有机硅树脂为粘接剂。其工艺过程如下：

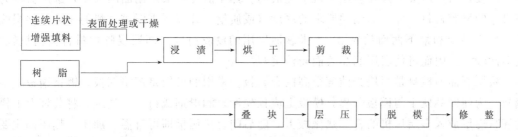

上述过程中，增强填料的浸渍和烘干是在浸胶机中进行。浸胶机有立式和卧式两种（图14-6、图14-7）。立式浸胶机占地面积小，可多次浸渍、便于控制含胶量，但湿强度低的增强填料（例如纸）不能用此法；卧式浸胶机的优缺点恰与立式浸胶机相反。

浸胶必须使增强填料被树脂液充分而又均匀的浸渍，要达到规定的含胶量。影响浸胶质量的主要因素包括树脂液的浓度、粘度、浸渍时间。因此在浸渍过程中，增强填料的张紧程度、与树脂液的接触时间，挤压辊的夹紧程度都很重要。

增强填料浸渍后连续进入干燥室以除去树脂液中含有的溶剂以及其它挥发性物质，并控制树脂的流动度。烘干过程主要控制温度、温度分布、停留时间等工艺条件。

增强填料通过浸渍和烘干后所得的浸胶材料是制造层压制品的半成品，其指标包括树脂含量、挥发分含量和不溶性树脂含量。不溶性树脂含量表示浸胶材料上的树脂在烘干过程中固化的程度，反映了浸胶材料在热压时的软化温度、流动性等工艺特性。这些指标均直接影响层压制品的质量。

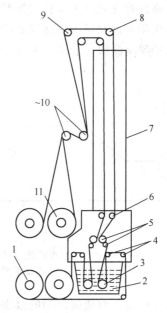

图 14-6 立式浸胶机示意图
1—原材料卷辊；2—浸胶槽；3—涂胶辊；4—导向辊；
5—挤压辊；6、8、9—导向辊；7—干燥室；10—张紧辊；
11—浸胶材料收卷辊

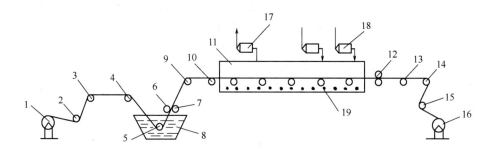

图 14-7　卧式浸胶机示意图

1—原材料卷辊；2、4、9—导向辊；3—预干燥辊；5—涂胶辊；6、7—挤压辊；8—浸胶槽；10、13—支承辊；
11—干燥室；12—牵引辊；14、15—张紧辊；16—收卷辊；17—通风机；18—预热空气送风机；19—加热蒸汽管

　　浸胶材料层压成型是在多层压机上完成的。热压前需按层压制品的大小，选用剪裁为适当尺寸的浸胶材料，并根据制品要求的厚度（或质量）计算所需浸胶材料的张数，逐层叠放后，再于最上和最下两面放置 2～4 张表面层用的浸胶材料。面层浸胶材料含树脂量较高、流动性较大，因而可使层压制品表面光洁美观。

　　层压制品的模具是两块光洁度很高的金属板。常用的模板是镀铬钢板、镀铬铜板或不锈钢板。为使制品便于与模板分离，模板上应预先涂以润滑剂或衬上玻璃纸。将装好上下模板的坯料逐层放入多层压机的各层热压板上，随后闭合热压板即可升温、加压。热压的主要目的是使树脂熔融流动更均匀地浸入到增强填料中去，并加快树脂的硬化（交联）成型。温度、压力和时间是层压法成型的三个重要的工艺条件，下面分别进行讨论。

　　温度的高低首先取决于树脂的类型和固化速度，此外还受浸胶材料含胶量、树脂中挥发分及不溶性树脂含量和层压制品厚度的影响。

　　层压法的温度曲线一般可分为五个阶段，如图 14-8 所示。

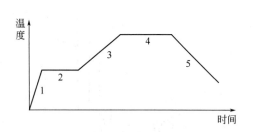

图 14-8　层压工艺温度曲线示意图
图中 1、2、3、4、5 为层压工艺各阶段

　　第一阶段为预热阶段，一般指从室温升到树脂开始显著反应的温度。预热达到使树脂熔化，进一步均匀浸透填料并驱赶一部分挥发分的目的。此阶段压力控制为最高压力的 1/3～1/2。第二阶段为中间保温阶段，这一阶段的作用在于使树脂以较低的反应速度硬化。一般经验，当自模板边缘外流之树脂达到不能拉成细丝时即可升温，并升压至操作规范中的最高压力。第三阶段为升温阶段，此时树脂流动性已显著下降，故升温加快交联反应也不致造成树脂的过多流失。升温时为了避免在层压制品中产生缺陷（气道、裂缝、分层等），除了须控制升温速度不要过快之外，还需加足压力。第四阶段为热压保温阶段，此阶段在于使树脂充分交联。第五阶段为冷却阶段，在压机上逐渐冷却到一定温度再出料是为了避免冷却过速造成层压制品的翘曲变形。

　　在层压时要求一定的成型压力，压力起到压紧浸胶材料、迫使粘稠树脂流动的作用。此外在冷却过程保压还可防止由于残余挥发分引起的变形。成型压力的大小主要应根据

树脂的硬化特性来确定。通常，如果树脂在硬化过程有低分子物排出，成型压力就要大些；树脂的硬化温度较高时，成型压力也要相应地增大。在热压的五个阶段压力各不相同，由于在热压初期树脂流动性较大，若压力高，树脂将大量流失，造成层压制品树脂量不足，故第一和第二两阶段压力较低。当树脂的流动性下降到一定程度时，才可以在第三阶段升温和加足压力。

热压时间主要决定于树脂的类型、硬化特性及层压制品的厚度。通常制品愈厚，所需热压周期愈长。

几种层压板材成型的主要工艺条件列于表 14-1 中。

表 14-1　几种层压板材成型的主要工艺条件

增强填料种类	树　脂	浸胶材料树脂含量，(以干填料为基准)%	压　制　条　件		
			温度，℃	压　力公斤/厘米³	热压时间(分/毫米板厚)
纸	脲-三聚氰胺-甲醛	50～53	135～140	100～120	～4
纸	酚甲醛	30～60	160～165	60～80	3～7
棉　布	酚甲醛	30～55	150～160	70～100	3～5
石棉布	酚甲醛	40～50	150～160	100	～15
玻璃布	酚甲醛	30～45	145～155	45～55	～7
玻璃布	三聚氰胺甲醛	35～45	140	70～140	
玻璃布	环　氧	25～35	150	13～14	
玻璃布	有机硅	～35	170～220	100～200	冷至80℃,取出再在烘箱中经100～250℃热处理

层压板主要用作绝缘材料、建筑材料以及用以制造机械零件、受力构件等。层压板使用性能主要取决于树脂和填料的类型，例如纸填充的氨基树脂层压板，色浅、美观，适宜作建筑装饰板；纸填充的酚醛树脂层压板适宜作绝缘材料，布填充的则强度大，适宜作机械零件；玻璃布填充的酚醛、环氧、有机硅等树脂的层压板可用作绝缘材料、耐腐蚀材料、结构材料。

三、模压成型法

复合材料模压成型沿用了塑料压制成型的工艺（见第六章），亦即将模压料在金属对模中于一定温度和压力下成型。模压料系以树脂浸渍填料再经烘干（以及切割）后制成的中间产物。复合材料模压料可按填料的物理形态区分为粉粒状模压料（压塑粉）、纤维模压料、毡状模压料、碎屑模压料、片状模压料、织物模压料等。作为增强复合材料的原料，以短玻璃纤维模压料和碎屑模压料应用最广泛。此外，织物模压料可用于生产有特殊性能要求的制品，尤其是三向织物的应用显著地改善了复合材料的力学性能。模压料也可按树脂类型分类，主要有酚醛、氨基、环氧、环氧-酚醛及聚酯等模压料。

模压料一般可采用预混法和预浸法两种型式制备。预混法系先将增强填料（玻璃纤维需切成 15～30 毫米的短纤维）与树脂在 Z 形捏和机中捏和、搅拌均匀后，再经撕松、烘干。预混法设备生产能力大，对于玻璃短纤维模压料来说，所得模压料中纤维松散无一定方向，压制时流动性较好，但比容较大且纤维强度降低较多。预浸法仅用于生产纤维模压料，该法系将玻璃纤维束经过树脂浸渍、烘干后再切短。预浸法所得纤维模压料中的纤维强度损失小，纤维成束状，比较紧密，其缺点是模压料的流动性及料束间的粘接性稍差。

模压成型生产效率高，制品尺寸准确、表面光洁，可一次成型形状不太复杂的制件，不需繁杂的后加工（如车、铣、刨、钻等）。模压成型法的主要缺点是压模的设计和制造较复杂、价昂，且一般仅适宜制取中、小型制品。不饱和聚酯可在较低温度和压力下模压成型，故便于制造大型制品，近年来发展很快，以下重点介绍聚酯模压料的生产及其压制工艺。

聚酯模压料由糊及增强填料组成。糊常包含不饱和聚酯树脂、交联剂、引发剂、增稠剂等物料。目前最通用的树脂——交联剂体系是顺酐型不饱和聚酯-苯乙烯体系。引发剂可用过氧化二苯甲酰，若为提高糊的使用及贮存稳定性，可选用较稳定的引发剂，例如过氧化苯甲酸叔丁酯、过氧化二异丙苯以及加入少量阻聚剂对苯二酚。增稠剂是为解决浸渍填料时要求聚酯树脂粘度低，但模压成型时又要求坯料粘度尽量高这一矛盾而加入的。模压成型时，坯料粘度高，能减少树脂流失，便于模压操作和降低制品收缩率。

最常用的增稠剂为 MgO 和 Mg(OH)$_2$，另外还可使用其它碱土金属的氧化物和氢氧化物以及复合增稠剂(MgO、Mg(OH)$_2$与金属锂盐或与有机酸类化合物的混合物)。

关于增稠机理，目前尚无定论，一种理论认为，MgO、Mg(OH)$_2$ 增稠作用一般可分为两个阶段。第一阶段为酸碱反应，即 MgO 和 Mg(OH)$_2$ 分子与不饱和聚酯树脂大分子中的羧酸端基形成盐，其反应如下：

(i) $\cdots\sim COOH + MgO \longrightarrow \cdots\sim COOMgOH$

(ii) $\cdots\sim COOH + Mg(OH)_2 \longrightarrow \cdots\sim COOMgOH + H_2O$

(iii) $\cdots\sim COOH + \cdots\sim COOMgOH \longrightarrow \cdots\sim COO-Mg-OCO\sim\cdots + H_2O$

由于水和极性溶剂可以破坏羧基之间的氢键，故当有少量水和极性溶剂存在时，上述三个反应才能顺利进行，而且（ii）、（iii）两反应析出的水将起到自催化作用。增稠作用的第二阶段是形成配价键络合物：

$$
\begin{array}{c}
| \\
O=C-O- \\
\downarrow \\
-C-O-Mg-OH \\
\parallel \qquad\uparrow \\
O \quad O-C=O \\
\qquad | \\
\end{array}
$$

在制备聚酯模压料过程中，加入增稠剂后，粘度并不迅速上升，一般需 3～7 天或经 40～50℃ 低温烘 2 小时，冷却再放置 1～2 天才能达到预期的粘度。

有人认为，糊的粘度变化还与形成触变性液体有关。当增稠剂加入树脂并形成触变性液体时，由于浸渍填料时常需搅动，剪切作用能使糊的粘度降低，流动性增大，从而改善了填料的浸渍操作；模压时合模后，由于成型过程基本不存在明显的剪切作用，于是糊的粘度增大，流动性减小，又改善了成型操作。

聚酯模压料中的增强填料主要用短切玻璃纤维及短切玻璃纤维毡。前者长度约取40～50毫米为宜，纤维过短影响复合材料强度，过长又易在预混合操作中"结团"并使成型时流动困难，以致不能充满模具；后者常采用长度约 50 毫米的短切玻璃纤维用可溶性树脂粘接而成。聚酯模压料中玻璃纤维含量可由 5％ 变动到 50％，一般用量为 20％ 左右。

聚酯模压料按外形的不同可分为两种，一种是用预混法制成的，模压料成块团状，故称为块状模压料或料团（国外简称 BMC）；另一种是用浸毡法制成的，模压料成片状，故称为片状模压料（国外简称为 SMC）。

SMC 的生产为一连续过程（图 14-9），糊料连续注入不断前移的二层玻璃毡之间，同时浸入玻璃毡。而玻璃毡的两面又衬以聚乙烯薄膜，经过压辊和加热器，最后卷成圆筒。生产 SMC 的主要优点是过程连续、省劳力、周期短、成本低。

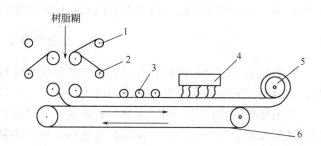

图 14-9　聚酯片状模压料（SMC）生产过程示意图
1—玻璃纤维毡卷辊；2—聚乙烯薄膜卷辊；
3—挤压辊；4—加热器；5—收卷辊；6—传送带

聚酯模压料的模压，原则上和普通热固性塑料的模压是一致的，但是由于增强填料形态上与一般粉状填料不同，故此种物料在模压成型过程中表现出下列特点：（1）流动性较差，且易产生树脂与纤维在制品中分布不均匀；（2）在模具狭窄处及薄截面处易产生纤维的流动取向；（3）比容较大，因而压缩比较大；（4）模压料团组分分布的不均匀性较一般压塑粉大，故易使制品各部分的性能不一致。

四、卷绕及缠绕成型法

卷绕成型主要用以获得管状层合制品，这类制品广泛用作电工绝缘材料、化工管道材料以及轻质结构材料。卷管工艺可参见图 14-10。胶布自胶布卷牵引出，经张紧辊和导向辊后在已加热的前支承辊上受热软化发粘，随后卷到包好底布的管芯上去，当卷至要求的厚度时，割断胶布，将卷好的管坯连同管芯一同取下送入加热炉进行固化，然后取出管芯即得层合管。

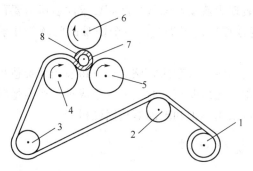

图 14-10　卷绕成型制管工艺过程示意图
1—胶布卷；2—张紧辊；3—导向辊；
4—前支承辊；5—后支承辊；6—大压辊；
7—管芯；8—管坯

层合管的填料多用平纹布（棉布、玻璃布），因平纹布不易"走形"。树脂常用酚醛及环氧树脂。卷管所用浸胶布比起层压时所用浸胶布要求含树脂量稍高，不溶性树脂含量较少，其原因在于卷管时所施加的压力一般仅有 5 公斤/厘米^2 左右，远小于层压时的压力，且固化时不再受压，若不控制较高的树脂含量和较低的不溶性树脂含量，则会影响层间的粘接。

管芯多用无缝钢管，为保证强度一般要求壁厚不小于 5 毫米。管芯外表面光洁度▽7，并要有一定锥度，且卷管前管芯表面需涂上脱模剂，否则不易脱模。

卷管时的主要工艺参数是前支承辊的温度和浸胶布所承受的压力和张力。固化时的主要工艺参数是固化温度和时间。显然，这些工艺参数主要取决于所用树脂的类型，另外，也受增强填料种类及制品壁厚的影响。

缠绕成型法可将浸胶布带按一定规律缠绕到管芯上，然后固化后脱去管芯以制取层合管材。缠管工艺的特点是能够生产较长的管子，例如 3 米以上，管的径向强度较高。

缠绕成型主要是用纤维缠绕成型，其操作系将连续的玻璃纤维合股毛沙浸渍树脂粘接剂后，按照各种预定的绕型，有规律地排布在与制品外形相应的芯模或内衬上，然后加热硬化制成一定结构形状的玻璃钢制品。此法机械化程度高，近年来在制造大型贮罐、化工管道、压力容器、火箭发动机的壳体和喷管以及雷达罩等方面得到了广泛的应用。

五、注射成型法

复合材料（主要是指粉、粒填料及玻璃短纤维填料增强的材料）也可以使用注射模塑成型，尤其近年来热塑性增强材料的兴起更促进了这一方法的发展。

注射模塑的模压料一般要求制成颗粒状。玻璃短纤维填充的颗粒料的制法有两种，即长纤维法和短纤维法。长纤维法如同制取塑料包覆电线那样，将连续多股经干燥的无捻玻璃纤维束在塑料挤出机的包覆机头中，通过塑料熔体然后一齐引出，经冷却后切成一定长度，即得颗粒料，颗粒的长度一般约 3~15 毫米。长纤维法的特点是模压料中纤维长度与颗粒长度相等，且玻璃纤维受损伤较轻，故制品力学性能较好，但此法有纤维头表露在颗粒料端部的情况，因而注射成型时必须采用混合效果优良的螺杆式注射机。

短纤维法是以长度 4~6 毫米的短切玻璃纤维与树脂在挤出机中造粒。短切玻璃纤维可与树脂在混合机中预混合或直接在挤出机料斗中混合。短纤维法制颗粒料过程中玻璃纤维损伤较大，劳动条件差，而且所得模压料较松散。一种改进的方法是首先用长纤维法造粒后再用排气式挤出机回挤一次，此法提高了颗粒料的密度和均匀性，避免了前述两种方法的缺点。

另外，采用玻璃纤维含量高达 60%~80% 的所谓浓缩颗粒料供应加工厂，而在注射成型前再与树脂混合稀释的浓缩料法，其操作简便且经济，所以很受重视。

目前应用注射模塑成型的复合材料主要是玻璃纤维增强的聚乙烯、聚丙烯、聚碳酸酯、聚对苯二甲酸乙二醇酯（及丁二醇酯）、尼龙以及新型耐高温的聚苯硫醚、聚砜、聚苯醚等热塑性塑料。

与未增强的热塑性树脂注射成型的主要区别表现为流动性降低，因而要求注射压力要稍高；注射机料筒温度需提高 10~20℃；模具温度也相应适当提高。一个困难的问题是注射机及模具的磨损严重。

此外，还有一种使用玻璃纤维毡作为增强材料的注射成型法，该法首先将玻璃纤维毡片在模具中铺展，闭模后再用注射机注入树脂，冷却固化后脱模。此法适合于成批生产容量较大的玻璃钢容器，如贮罐、浴盆等，此种方法还可采用不饱和聚酯等热固性树脂。

第五节 特种复合材料

特种复合材料并无严格定义，通常系指某项性能特别卓越的复合材料或除力学性能而外，具有某种特殊功能的功能性复合材料。

一、高模量、高强度复合材料

普通玻璃纤维的弹性模量较低，在用玻璃纤维复合材料作结构材料时，为保证结构的刚性就必须使材料用量超过按强度计算所需要的量，这样它的比强度高的优点就被部分地抵消了。因而在飞机、导弹、人造卫星、宇宙飞船上，它只能作为非结构材料，用作一些次要的零部件。

为此，20 世纪 50 年代以来研制了一些以碳纤维、石墨纤维、硼纤维等特种纤维增强的复合结构材料。由于这些纤维都具有比重小、强度高、刚度好的优点，所以它们增强的复合材料能作为结构材料成功地用在飞机、火箭、导弹上，并使结构重量大大减少。这类复合材料中以碳纤维、石墨纤维、硼纤维与酚醛、环氧，聚酯树脂组成的复合材料最普遍。它们与玻璃纤维复合材料及目前通用的航天材料（钢、铝等）的比强度、比刚度对比如图 14-11 所示。这类复合材料的加工方法与玻璃纤维复合材料大致相同（如用手糊、层压、缠绕法等），所以下面仅介绍碳纤维、硼纤维的制法及其特性。

1. 碳纤维（CF）

制造碳纤维的原料可分为两类，一类是天然纤维或化学纤维，另一类是高含碳量的有机化合物的混合物。由各种原材料制备碳纤维的工艺过程如方框图所示。

目前，生产碳纤维以聚丙烯腈和人造丝为原料的路线占主要地位。碳纤维按其力学性能分为三类，如表 14-2 所示。若按烧成温度也分为三类，即黑化纤维、碳纤维、石墨纤维，它们的烧成温度依次为 200～500℃、800～1600℃、2500～3000℃。

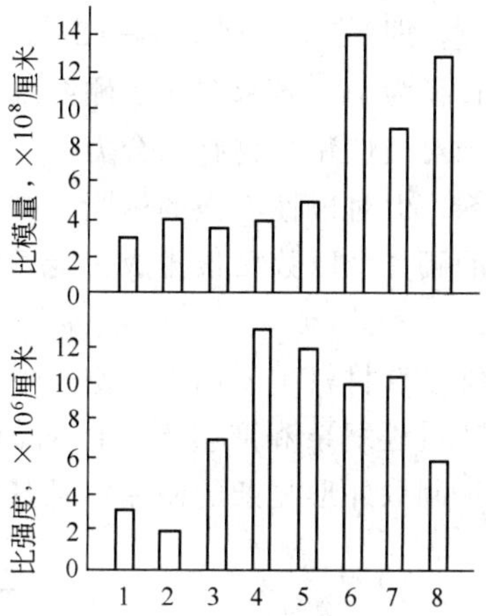

图 14-11 碳纤维、硼纤维的复合材料与通用的航天材料比强度、比模量的比较

1—钛；2—铝合金；3—高强度钢；4—玻纤 70%＋环氧；5—高强度玻纤 75%＋环氧；6—硼纤维 70%＋环氧；7—高强度碳纤维 60%＋环氧；8—高弹性碳纤维 60%＋环氧

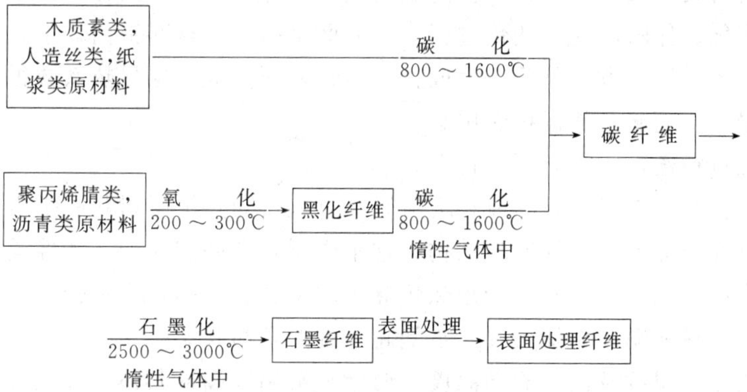

表 14-2 碳纤维的类型

指标＼类型	低强度	中强度	高强度
强度，公斤/厘米^2	30～100	100～200	200～300
弹性率，公斤/毫米^2	3～10	10～30	30～50

碳纤维比重小、强度高、刚度好，但有导热性大、吸湿性强、易氧化、价昂等缺点。同时碳纤维复合材料的层间剪切强度较差，这是由于碳纤维的自润滑性导致它与树脂粘接不良所引起的。对碳纤维进行表面处理，或与玻璃纤维混合使用，可以得到改善。

2. 硼纤维（BF）

硼纤维是一种强度、刚度比碳纤维更高的纤维。目前生产硼纤维的最好方法是化学气相沉积法，它是以 10 微米的钨丝为芯材，将其通电加热到 1200℃，并通过水银密封的有氢气流动的容器，进行预先表面净化，随后把这种钨丝芯通电加热到 1100℃左右，并送入水银密封反应容器中，由于在这种容器内同时流动着三氯化硼和氢气，于是发生三氯化硼被氢气还原的反应，即 $2BCl_3 + 3H_2 \longrightarrow 2B\downarrow + 6HCl$。生成的无定形硼便沉积在炽热的钨丝上面，从而制得直径为 100 微米左右的硼纤维。

硼纤维对极性化合物有亲合力，故对环氧树脂、聚酰胺树脂有自发的粘合倾向，而不必采用偶联剂，但对极性不强的树脂，则需用偶联剂。

连续的硼纤维以数百根排成一定宽度的带，以环氧树脂等预浸并制成浸胶带、卷，供手糊成型用。

硼纤维复合材料主要用于航空工业部门，除作为结构材料外，亦用作耐高温材料。由于硼纤维生产过程复杂和产量低，因而价格很高。硼纤维直径大，又有钨丝作芯材，所以刚硬，不适于制取外形复杂的制品，且其复合材料加工困难，需用金刚石刀具进行机加工。

二、烧 蚀 材 料

宇宙飞般及导弹在发射、空间飞行以及重返大气层等过程中，将受到极高温度（2800℃以上）的作用，因而需选用在超高温环境下能经受各种因素综合作用的材料来制造宇宙航行器的壳体、鼻锥以及火箭喷管，借此对飞行器各部位起到热屏蔽作用

作热屏蔽用的材料中最有效和最有前途的一种是烧蚀材料。采用烧蚀材料的热防护系统称为烧蚀冷却。它的热保护机理是利用可分解材料的消耗反应产生的热绝缘作用，也就是说烧蚀冷却是利用高聚物及其复合材料在高温高热流条件下所发生的分解、碳化、熔融、升华等化学和物理变化。伴随着这一变化过程，一方面是一部分材料被消耗了，与此同时也消耗和辐射了大量的热，另一方面是反应生成物在材料表面生成一层导热系数很小的热绝缘良好的多孔的碳化层，从而起到热保护作用。

良好的烧蚀材料通常应具有下述特点。

（1）高的产碳率　有机耐烧蚀材料之所以具有能作为热屏蔽材料的宝贵性能，最主要是因为它在烧蚀过程中能形成表面碳层结构，这个碳层具有坚固表面，能经受气动剪切力和高速流动粒子的磨蚀，同时它又具有较小热传导率的多孔状结构，更加强了热屏蔽作用。所以碳产率高就意味着材料耐高温能力强，承受超高温的寿命长。

（2）高的热分解温度及高的表面温度　树脂分解温度高即其热稳定性好，这时它的产碳率也高，而表面能承受的温度越高则表面层耐烧蚀能力越强。

（3）低的线性烧蚀速率、高的烧蚀热、高的绝热指数、低的热传导率。

（4）良好的强度、刚度和高的抗热冲击能力。

（5）加工容易，裂解产物无毒或低毒。

烧蚀复合材料所用树脂有酚醛及其衍生物类树脂和某些线型聚合物、芳香聚合物、杂环聚合物。增强填料常使用玻璃纤维、高硅氧纤维、碳纤维、石墨纤维和硼纤维。

三、功能性复合材料

1. 固体自润滑复合材料及耐磨复合材料

以复合材料作固体自润滑材料及耐磨材料，近年来发展很快，在工业上也得到越来越广泛的应用。自润滑材料是指本身有润滑作用的结构材料，它们大多是在聚合物（聚甲醛、聚苯硫醚、聚苯撑、聚四氟乙烯等）中加入起增强及润滑作用的填料（玻璃纤维、碳纤维、石棉纤维以及二硫化钼、石墨、青铜粉、机油等）制成的。例如氟塑料，虽然其摩擦系数小，

热性能及耐腐蚀性优良，但由于它的耐磨性差、易冷流、热膨胀系数大以及导热性差，使它作为润滑材料的应用受到很大限制。然而在氟塑料中加入上述能起增强和润滑作用的填料制成复合材料时，则既能克服其缺陷又能保持固有的优异性能。以 20％～30％ 的长玻璃纤维增强的氟塑料可制成耐高温轴承。把氟塑料浸涂或压注到青铜（或不锈钢、铝）的疏松的网状结构中而得的复合体，由于多孔青铜 起骨架作用，既避免了氟塑料冷流和蠕变又提高了强度，而且能迅速地导出摩擦热（其导热系数比一般塑料高 40～200 倍），故成为一种优良的自润滑材料，如果再在其中加入石墨、二硫化钼等物料，更可提高其耐磨性。这种复合材料轴承可以不加润滑油，在高温、高真空下可靠地工作，磨损较小。

在耐磨及固体自润滑材料中较新的是以石墨纤维、碳纤维增强的尼龙、聚甲醛、聚酰亚胺、聚苯撑、聚四氟乙烯的复合材料。它能用作高速自润滑、耐磨及耐高温的轴承、齿轮和密封件。这是由于石墨（或碳）纤维有显著的耐磨和自润滑性能，它暴露在滑动表面上，承受着一部分负荷，另外它还能抛光对偶面，因而减少了表面突峰接触处的局部应力，成以石墨纤维能有效地降低聚合物的磨损，摩擦系数可降到 0.2～0.3，且由它填充的所有材料的摩擦系数都大致相同。目前国外已大力发展这类抗磨材料。

2. 复合光敏塑料

用感光硬化的塑料复合材料作印刷板代替铅、铜、锌印刷板，近年来已获得应用。这种板材制作工艺简便、迅速、重量轻、传墨好、耐印率高、成本低廉、操作条件好。复合光敏塑料系填充光硬化剂的复合材料，由其制得之感光塑料板材在光硬化剂所要求的波长的光源照射下通过底片曝光，能使见光部分交联硬化，而后冲洗显影，洗去没有硬化的部分（未见光部分），然后再进一步曝光硬化，就能制得所需要的版材。光敏塑料还可用于电子工业、涂料、照相和复印技术中。

另外还有一种能发光的塑料复合材料，它是在固体的透明塑料中以种种方法溶入低浓度的有机发光物，称之为塑料闪烁体，它具有显著的荧光特性。

3. 导电的复合材料

绝大多数的高聚物都是电绝缘物质，但近年来用各种复合方法得到了很多导电的高分子复合材料。如用电镀法可在聚四氟乙烯表面镀上各种金属，而得到表面导电良好的材料，可用来制作电容器。

用填充法把石墨粉或金属粉混合在树脂中亦可得到导电、导热性能好的复合材料。

4. 阻燃及自熄性复合材料

在制备复合材料时加入含硼、磷、卤素的有机物或含锑或其它金属的阻燃剂就可增加材料的阻燃性或自熄性。这类材料即为阻燃及自熄性复合材料。

聚氨酯、聚氯乙烯、聚苯乙烯、环氧树脂、不饱和聚酯等类型的阻燃及自熄性复合材料适宜制造海上油井救生艇、小型快速舰艇的构件或建筑材料、电工材料。

此外，在塑料中加入大量的无机填料，如碳酸钙、滑石粉也能制成阻燃性较强的复合材料。

第六节　高分子复合材料的发展趋势

一、原材料发展动向

用作复合材料的树脂，最早为热固性树脂，目前所使用的树脂正朝着两个方面发展。其一是选用耐高温树脂，例如聚酰亚胺、聚苯并咪唑、聚苯氧氮杂茂、聚喹啉并咪唑等；另一方面是使用现在大量生产的热塑性树脂制成增强热塑性塑料（RTP），常用的热塑性树脂有聚乙烯、聚丙烯、聚苯乙烯、聚碳酸酯、聚对苯二甲酸乙二醇酯、尼龙、ABS 等。前者主要用以生产耐高温复合材料、后者主要制造一般工、农业及生活用品。

增强填料早已由天然纤维转向以玻璃纤维为主。近年来合成纤维、碳纤维、硼纤维的使用增多，同时以晶须作为增强填料也引起人们的重视。

所谓晶须又叫单晶纤维，这是一类新型高强度、高模量的增强填料，它的直径在 30 微米以下，强度很高并接近于原子间结合力的理论值，它兼有玻璃纤维伸长率大和硼纤维模量高的特点。晶须包括金属晶须及非金属晶须。金属晶须有铁、不锈钢、铬、铜、镍的晶须，非金属晶须有氧化铝、氮化铝、碳化硅、氮化硅、氧化铍、碳化硼的晶须，它们已有小批量生产。晶须可以单独作为复合材料的增强填料，也可以作为玻璃纤维缠绕制品的辅助增强填料，在玻璃纤维缠绕过程中撒在制品强度要求特别高的部位，以达到局部增强和降低成本的综合作用。

在有机纤维方面，除应用了尼龙、聚酯等纤维外，近年来特别注意新型耐高温纤维的合成和应用。例如，一种由芳香聚酰胺类聚合物制得的有机纤维是在 260℃ 左右结晶而成的高度定向纤维，其模量接近金属，成为聚合物中模量最高的一种，且强度比尼龙大两倍、刚性大 20 倍，因而受到重视。

除了研制新的增强填料外，还注意了填料的使用形式。例如把不同的增强填料以不同比例和不同的形式进行混合交织，可以获得多种性能的增强填料，由此而制得的复合材料适用于某些特殊场合。目前混合交织填料的主要类型有玻璃纤维-碳纤维交织布、碳纤维-金属纤维交织布、玻璃纤维-碳纤维-金属纤维交织布以及玻璃纤维加晶须、硼纤维加晶须的联合增强填料。此外还有用各种纤维织成的三向织物以及使晶须在碳纤维表面生长而得的新型混合组分纤维。

近来，用大量的无机材料（甚至在 60% 以上）填充热塑性塑料是一个值得注意的动向。其重要性首先是大大降低了热塑性塑料制品的成本，并扩大了它们的使用范围，另外可以回收利用废旧塑料、减少环境污染。无机填料包括碳酸钙、硫酸钙、二氧化硅、含二氧化硅的三氧化二铝、氢氧化铝等。其中用的最多的是碳酸钙。碳酸钙可用以填充聚氯乙烯、聚乙烯、聚丙烯和 ABS 等（通常称为钙塑塑料）。大量无机填料复合的热塑性复合材料，强度有所下降，必要时可同时填充少量短玻璃纤维以保证复合材料一定的强度。此外，对无机填料用表面处理剂进行表面处理，或者对树脂进行改性（例如在聚烯烃类聚合物的大分子上引入羧基），则依靠填料与聚合物之间结合力的加强，亦可使此类复合材料的强度得以提高。

钙塑塑料可用通常的热塑性塑料加工成型设备进行加工，例如通过挤出成型或挤出与压延成型相结合的方法很方便的生产板材和多种异形材料，它们可用于家具制造及供作建筑和包装材料。

无机填料中还新发展了玻璃微气球和玻璃碎薄片。所谓微气球系指直径为几十到数百微米的空心玻璃球或硅球，其比重仅约 0.3～0.6。微气球除可单独作为填料外，还可与玻璃纤维合用，此时有利于消除玻璃纤维末端的应力集中现象，从而使复合材料的性能更加卓越。玻璃碎薄片复合材料作为钢壳体内衬，不易出现分层，开裂现象，且透水性低。

填料的表面处理始终受到极大的重视，为了得到更有效的表面处理剂，设想应采用兼具有无机化合物和有机化合物特点的两性化合物。例如这样的化合物，其一端带有能与聚合物活性基结合的活泼的双键、氨基或环氧基，另一端则能与无机填料形成氢键或螯合的活泼基团。另外还希望表面活性剂能兼有阻燃剂、稀释剂等其它配合剂的作用，这类化合物中包括磷酸酯、缩水甘油、多种酸酐等。由于碳纤维与树脂的亲合力小，表面处理更为重要。比较成功的方法是用硝酸、铬酸、高锰酸钾-硫酸、次氯酸钠或空气、臭氧等进行表面氧化或采用高温高真空脱吸法排除碳纤维表面所吸附的空气。经如上处理后，可使碳纤维复合材料的抗剪强度提高 20％～30％。

二、成型工艺的发展

手糊成型及层压成型已有多年历史，随着复合材料品种的增多，尤其是热塑性树脂复合材料的发展，挤出、注射等高效率的成型法也在复合材料的成型工艺中获得广泛应用。近年来，复合材料成型工艺仍在不断改进和发展，其重点是解决大型制品生产技术和效率问题。以下介绍几种新型工艺。

1. 喷附成型　此法是在切断玻璃纤维的同时，把它与树脂液一起喷到模具的表面上，达一定厚度后，进而固化成型。采用这种技术可在较短时间内制成大型的、曲面形状稍复杂的制品，操作条件亦比手糊成型法有所改善。

2. 对模成型　首先在模具内铺好玻璃纤维毡，然后闭模并注入树脂，经固化成型脱模后即得制品。此法生产周期短、制品外观平滑、易实现自动化，特别适于制取大型产品。

3. 离心成型　在一个空心模内，放入含增强填料的树脂溶液或用树脂浸渍过的增强填料，使空心模旋转，于是由于离心力的作用，物料均匀分布并紧贴在模内壁上，然后固化成型。用这种技术可制造贮罐、管道等，产品壁厚均匀，表面质量比普通的卷绕法好，而成本比手糊工艺低，生产率可提高 3～4 倍。

4. 拉出成型　这是一种连续成型法，其操作特点是以牵引设备拉引玻璃纤维粗纱或其它类似的增强填料通过一浸渍槽，然后把此浸胶材料拉入具有所需外形的阴模管。通过此阴模管时，树脂被无线电频或微波电频加热而迅速硬化。此法可制得在拉引方向上强度很高的产物，例如棒状及管状复合制品。

此外，高分子复合材料在应用技术方面也几乎伸展到了所有的技术领域，在此从略。

主要参考文献

〔1〕牧广　岛村昭治：“复合材料技术集成”，东京产业技术センター，1976 年

〔2〕Lawrence E. Nielsen 著：小野木重治译：“高分子复合材料の力学的性质”，东京，化学同人，1976 年

〔3〕G. 卢宾等著：哈尔滨玻璃钢研究所译：《增强塑料手册》，建筑工业出版社，1975 年

〔4〕JAPAN PLASTICS INDUSTRY ANNUAL, 1975 18th edition

第十五章　高分子物的共混

第一节　概　　述

将两种或两种以上的高分子物加以混合，使之形成一种表观均匀的混合物，称为高分子共混物，这种混合过程称为高分子物的共混。一般来说，高分子共混物各组分之间系物理结合。目前，要严格划分高分子共混物，高分子复合物和高分子共聚物是有困难的，这是因为大多数高分子物之间缺乏相容性，难以达到分子级的均匀混合（均相）；另一方面，实际的高分子物共混技术往往又伴随着接枝和嵌段共聚反应。

实践表明，通过高分子物的共混可以起到改变高分子物的物理机械性能、改善加工性能、降低成本和扩大使用范围的作用。例如，聚苯乙烯与橡胶共混制得的抗冲聚苯乙烯，冲击强度可提高十几倍；某些高分子物与氯化聚乙烯等含卤素的高分子物共混可大大增加耐燃性；顺丁胶与天然胶或丁苯胶共混可克服作为胎面胶的防滑性低、易崩花掉块、不耐刺扎等缺点，同时还解决了顺丁胶在混炼操作中容易出现散兜和不易包辊的弊病，此外，成本也有所降低。

当前，高分子物的共混技术已被广泛用于塑料、橡胶工业中。主要的高分子物共混体系可大致分为塑料与塑料的共混；塑料与橡胶的共混；橡胶与橡胶的共混；橡胶与塑料的共混等四种类型。前两种是塑性材料称为塑料共混物，又常被称为高分子合金；后两种是弹性材料，称为橡胶的共混物，在橡胶工业中多称为并用胶。

本章将着重讨论高分子物相容性理论、高分子共混物的流变特性、高分子共混物的一般制备方法。关于高分子共混物的成型工艺，由于与本书前述之塑料和橡胶的成型并无显著区别，故从略。

第二节　高分子物相容性理论

高分子物共混过程既涉及高分子物理学也涉及到高分子化学，影响共混物相态及性能的因素极多，本节仅对高分子物相容性概念给以简略介绍。

高分子物相容性概念是建立在低分子液体相溶性概念基础上的。当两种低分子液体混合后，能形成均一相的混合物时，称为相溶，否则为不相溶。显然，均相是相溶的惟一必要条件。判断两种低分子液体在恒温、恒压条件下，混合能否自动进行，其条件是混合过程的自由能变化 ΔF 是否为负值。其热力学方程（吉布斯方程）如下：

$$\Delta F_m = \Delta H_m - T\Delta S_m \tag{15-1}$$

式中，ΔF_m 为混合过程自由能的变化；ΔH_m 为混合过程热焓的变化；ΔS_m 为混合过程熵值的变化。

以热力学观点来看，无定形高分子物是处于刚硬聚集状态的液体，因此，为了鉴别它们的自动混合能力，可以运用低分子液体混合所遵循的规律。根据高分子液体本性的概念，可认为高分子物的热力学相容性，是指在任何比例时都能形成稳定的均相体系的能力。

品种不同的高分子物在高于它们的玻璃化温度条件下，经混合所得到的宏观均相体系。有时并不会像水与油那样在宏观上分成两相，但这不能证明组分间彼此具有热力学相容性，因为它们并不一定能形成微观均匀的单相。与低分子液体的混合相同，任意两种高分子物是否相容，要由混合过程 ΔF 是否为负值来判断。但是，与低分子液体混合相比，高分子物由于分子量很大，两种高分子物混合过程熵值的变化很小（ΔS 很小，TΔS 也很小）。于是，两种高分子物混合过程自由能的变化（ΔF）将主要取决于混合的热效应。只有由于异种分子的相互作用能大于同类分子间的相互作用能而放热（ΔH<0）或者虽然是吸热（ΔH>0），但却仍能小于很小的 TΔS 值时，两种高分子物才可能是热力学相容的，否则，为热力学不相容。对于大多数高分子物来说，由于分子量巨大和长链分子普遍呈现一定的近程有序性，破坏大分子间的作用所消耗的能量比较大。因此，高分子物在混合过程中如能放热，就必须要求异种分子相互作用时所放出的能量超过它们在无序状态同种分子间的相互作用能和相应的结晶能。不过这样的体系是罕见的，即绝大多数高分子物之间不具有热力学相容性。

混合过程的热效应可用赫尔德布兰德（Hildebrand）方程式计算：

$$\Delta H_m = V_m \left(\sqrt{\frac{\Delta E_A}{V_A}} - \sqrt{\frac{\Delta E_B}{V_B}} \right)^2 \phi_A \cdot \phi_B \tag{15-2}$$

式中，ΔH_m 为混合热（卡/克分子）；V_m 为混合体系总体积（毫升）；ΔE_A 和 ΔE_B 分别为组分 A 及组分 B 的内聚能（卡/克分子）；V_A 和 V_B 分别为组分 A 及组分 B 的克分子体积（毫升）；ϕ_A 及 ϕ_B 分别为组分 A 及组分 B 的体积分率。

ΔE/V 为组分的比内聚能，又称内聚能密度。$\sqrt{\frac{\Delta E}{V}}$ 通常以 δ 表示，称为溶解度参数，则式（15-2）可写为：

$$\Delta H_m = V_m (\delta_A - \delta_B)^2 \cdot \phi_A \cdot \phi_B \tag{15-3}$$

由上可知，组分的溶解度参数是内聚能密度的开方值，它同样表示该组分分子间结合能的大小。式（15-3）表明，两组分的 δ 值越接近，ΔH_m 愈小，越易混容。当 δ_A = δ_B 时，ΔH_m = 0，对混容最为有利。因此，两组分 δ 的差值可用以判断两组分的相容性。关于高分子物的溶解度参数可从有关书籍中查找。

溶解度参数既然是分子间内聚能的度量，它必然与组分的结构和极性有关。因而两种高分子物相容的难易也可依据它们的结构与极性是否相近加以估计。

由式（15-3）还可以看到，混合时 ΔH_m 也受两组分浓度影响。当 $\phi_A = \phi_B = 0.5$ 时，$(\phi_A \cdot \phi_B)$ 值最大，ΔH_m 也随之增大；若 $\phi_A \neq \phi_B$，则 $(\phi_A \cdot \phi_B)$ 值较小，ΔH_m 也随之降低。若两组分之一的浓度极低且接近于零时，则 $(\phi_A \cdot \phi_B)$ 及 ΔH_m 相应亦接近于零。由此可见，两组分按 1:1 混合，对达到热力学相容最不利，两组分浓度相差较大，对达到热力学相容有利。

需要说明的是，前述混合热的计算式是以高分子物在混合时，其本身热焓不发生变化为前提的。但是实际上，高分子物本身热焓也会改变。例如分子有结晶结构存在，这时即使两种高分子物的性质相近，甚至即使 $(\delta_A - \delta_B)$ 为零（例如天然橡胶与古塔波胶共混），由于破坏结晶结构，还要额外消耗能量，所以仍然不具有热力学相容性。由此可知，除非高分子共混产生共晶，通常结晶性高分子物是难以达到热力学相容的。

此外，高分子物的分子量也影响热力学相容性。例如，聚苯乙烯的分子量从 12.5×10^3 降至 0.84×10^3，则其在聚异戊二烯中的溶解度从 0.7% 上升到 84%（重量）。这是由于混合熵变增加了的缘故。

然而，对于若干热力学不相容的高分子共混体系，在工业中仍然可以制得相态稳定的制品，这种稳定性（指两组分在使用条件下不分为宏观的两相）是由下列原因造成的。

（1）高分子物粘度大，分子链段移动困难。两组分共混后，虽然由于热力学的不相容性，两组分有自动分离为两相的倾向，但实际上进行极为缓慢，以至于在极长时间内也不会明显地分成两相。

（2）热力学不相容的两种高分子物，在共混物的相界面上因分子链段相互扩散形成了过渡层，也增加了共混体系的稳定性。

（3）两种高分子物共混时，在混炼设备的高剪切力作用下，部分大分子链被切断，由此可导致生成嵌段和接枝共聚物。新生成的共聚物，其溶解度参数将介于原来两种高分子物之间，从而提高了共混组分的相容性。起到上述增加相容性的嵌段和接枝共聚物，通常称为增溶剂（Compatibilizing Agent）。增溶剂可以作为第三组分有意识的加入到相容性不良的高分子共混体系中去，它必须与被混合的高分子物结构相似才能起到促进相容的作用。例如AB为嵌段或接枝共聚物，它可促使高分子物 A 与 B 相容。

（4）高分子共混体系也常加入填料，例如橡胶并用体系大都含有炭黑，在混炼时它可促使胶相结构趋于细小，有利于形成均匀稳定的相态。

（5）共混组分自身或共混组分之间如发生交联，则可使所获得的均匀分散相态固定，从而不会因热力学不相容而逐渐发生相分离。

利用电子显微镜可以直接观察高分子共混物的相态。当两组分热力学相容，其共混物为均相，两组分达到微观分散，且组分之间无明显界面；若两组分热力学不相容，则为非均相，两相的相区较大，组分之间界面明显。从工艺角度，应保证达到微观或亚微观的非均相。这种微观或亚微观两相共混体系，按分布形态的不同可分为所谓香肠结构（图 15-1a 及 b）和互锁结构（图 15-1c）两种类型。香肠结构的特点表现为一种聚合物为连续相，另一种为分散相，有时在分散相的颗粒中还含有构成连续相的那种聚合物，这种情况又称为胞状结构（图 15-1b）。互锁结构的特点是两种聚合物构成的两相互相交错排布，分散相与连续相区分不明显。

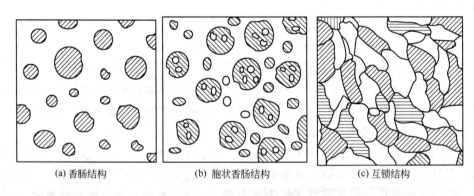

(a) 香肠结构　　　　　(b) 胞状香肠结构　　　　　(c) 互锁结构

图 15-1　两相共混体系的相态

玻璃化温度 T_g 也可作为高分子物之间相容性的判断。均聚物和无规共聚物只有一个玻璃化温度。热力学相容的高分子共混体系同样也只有一个玻璃化温度，其值介于两组分玻璃化温度之间，且与两组分的相对体积含量成正比。当两种热力学不相容的高分子物共混时，形成了两相体系，则两相分别保持着原组分的玻璃化温度。此外，若两种参与共混的高分子物部分互容时，两相中任一相都是一种高分子物在另一高分子物中的溶液。在这种情况下，共混物的玻璃化温度出现两个区，它们与共混前两组分的玻璃化温度不一致，且相互较靠近。

第三节　高分子共混物的流变特性

如第二章所述，大多数高分子熔体的流变性质符合指数定律方程。研究高分子共混体系，例如聚苯乙烯/高密度聚乙烯（PS/HDPE）共混物的流变性能发现，在200℃、220℃、240℃三个温度下，熔体粘度都随剪应力增加而下降，并服从指数定律方程。

但是，高分子共混物的流变性质比单一的聚合物更为复杂。其原因首先是高分子共混物的非均相结构给这种体系流变性质造成的影响。当两相都是粘弹性的，则此共混体系的流变性质不仅受两相粘度比而且受两相弹性比的影响。此外，分散相颗粒大小、粒度分布、颗粒形状以及两相间界面张力的大小亦均为影响高分子共混物流变性质的重要因素。尤其特殊的是，分散相颗粒形态还会随剪切速率的变化而不同，甚至随之产生相的转化，或者使得两相皆成为连续相。

在诸影响因素中，研究较多的是共混物组成与其粘度的关系。一般情况，相容共混物的粘度是组成的函数。在恒定温度和恒定剪切速率下，下述对数定律可作为粗略估计高分子共混物粘度的一个依据：

$$\log\eta = \phi_A\log\eta_A + \phi_B\log\eta_B \tag{15-4}$$

式中，η 为高分子共混物的粘度；η_A 和 η_B 分别为同一温度下 A、B 两种高分子物的粘度，ϕ_A 和 ϕ_B 分别为 A、B 两种高分子组分的体积分率。

此外，韩（C. D. Han）等人根据大量试验研究，认为高分子共混物的粘度不但受两组分组成比例影响，而且随着共混组成的变化，其粘度通常还会出现极小值和极大值。以 PS/HDPE 共混物为例（见图 15-2），200℃时，在 $\tau = 0.6 \times 10^6$ 达因/厘米² 这样的低剪切应力下，PS 的粘度大于 HDPE 的粘度，共混物中当 PE 重量含量在 45％和 80％左右时，粘度分别有一极小值和极大值，而在高剪切应力下（$\tau = 1.2 \times 10^6$ 达因/厘米²），PS 的粘度变得低于 HDPE，这种情况下，共混物粘度没有极小值，不过在 HDPE 质量含量为 80％左右时，共混物粘度仍有一极大值。有趣的是，研究两相共混体系的弹性时，发现对应于上述具有极小粘度的共混物表现出极大的弹性，反之，具有极大粘度的共混物表现出极小的弹性。

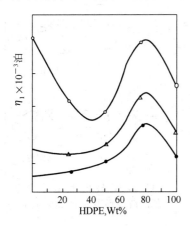

图 15-2　PS/HDPE 共混物在不同
剪应力下，粘度与共混比的关系
○—0.6×10^6 达因/厘米²；
△—0.9×10^6 达因/厘米²；
●—1.2×10^6 达因/厘米²

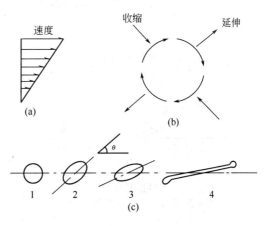

图 15-3　两相流体的剪切流动
（a）速度梯度；（b）变形的主轴及旋转方向；
（c）分散相颗粒变形过程

高分子共混物在某些共混比例下，其粘性和弹性可能出现极限值的原因，可以从相态角度给予说明。不难理解，当高分子共混物中两组分比例发生变化时，共混物的相态结构就必然有所变化。若共混比例的变化导致了相的转化，即原连续相组分转为分散相，而原分散相组分转为连续相，就会使得高分子共混物的粘性和弹性出现突变，因而产生极大值或极小值。

含有可变形颗粒的两相高分子共混物，其熔体流动特性的另一特点是作为分散相的颗粒在流动中的变形、旋转、迁移与取向。以橡胶颗粒分散于树脂所得的橡胶增韧塑料为例，未经硫化的胶粒特别易于变形，这种共混体系的剪切流动如图 15-3 所示。随剪切速率的增高，变形颗粒的主轴方向角 θ 逐渐由 45° 趋向于零，并可破裂为许多更小的颗粒。对于已硫化交联的胶粒，虽然仍可变形，然而即使在高剪切速率下也不易破裂。上述这种高分子共混物若在成型为制品后迅速被冷却，变形的颗粒就可能或多或少地保持着变形后的形状，且形成一定的取向度，以致共混制品呈现出各向异性。

两相高分子共混物的注射成型制品，取向情况更为复杂。从橡胶增韧塑料注射制品的电子显微照相看到的制品内部形态至少可区分为三层、即表面层、剪切层和中心层。在表面层，胶粒按椭圆形的长轴排列成一线，并平行于流体流动方向。表面层中胶粒的椭圆率最大。剪切层居于表面层之下，其中的胶粒仍呈椭圆形，但其长轴与流动中心线有一倾斜角。中心层位于制品中心，所含胶粒基本保持球状，取向程度低。表面层的形成是由于共混物料熔体的前端在进入模具后受到了延伸变形，胶粒发生变形和取向，当与冷模壁接触后，熔体被冷却并凝固，同时取向被冻结。其余物料在凝固的表面层之间通过，因冷却较缓慢而能够有机会发生某种程度的松弛作用，减小了胶粒的取向程度。中心层因剪切速率低，甚至接近于零，故取向程度更小，或者全无取向，关于两相流体中球状颗粒于注射模塑成型时的变形过程示意于图 15-4。表面层的分子及颗粒取向，使得此种共混物料的注射成型制品易于脆裂。熔体温度较高及制品冷却速度较慢，显然有利于降低表面层的取向程度并改善易脆裂的缺陷。

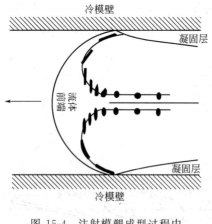

图 15-4 注射模塑成型过程中
两相流体所含颗粒的变形示意

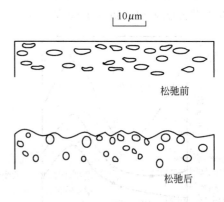

图 15-5 HIPS 挤出
制品波浪形表面的形成

挤出成型在口模处的温度比注射成型模具的温度高，剪切速率较注射成型的低，挤出后制品冷却速度也较慢，故含有可变形颗粒的高分子共混物，其挤出成型制品的取向程度较低。然而这样的低取向程度也不应忽视，它往往由于取向分子的松弛及颗粒的回弹作用，引起制品表面呈波浪形并且失去光泽（参见图 15-5）。

挤出成型时，含有可变形颗粒的两相高分子共混物还存在颗粒从流道壁向中心迁移的特殊现象。这种迁移现象导致挤出制品外部形成一层无分散相颗粒的表面层，以致产品的韧性不良。分散相颗粒径向迁移的速度随流道径向剪切速度梯度、颗粒度以及距流道中心距离的增大而提高。

由上述共混体系制得的塑料板，在热成型过程中也会因延伸力的作用使分散相颗粒取向。由于靠近模具的一面较内层冷却更快，分子来不及松弛，因而取向度较大。内外层取向程度不一致常会引起制品的翘曲变形。

第四节 高分子共混物的制备方法

为使不同类型高分子物实现均匀混合，通常采用机械混合法，即所谓物理混合法。此法应用最早，至今仍占据重要的地位。这种物理混合过程常可依据参与共混物料的形态而区分为干粉共混、溶液共混、乳液共混和熔融共混四种。

干粉共混是将不同类型高分子物粉末在球磨机、螺带式混合机、捏合机以及其它形式的非加热熔融的混合设备中混合。混合后的高分子共混物料仍为粉状，可直接用于成型。除恰当的设备外，较小的粉末粒径，不同组分在粒径与重度上比较接近以及保证必要的混合操作时间，显然都有利于提高混合分散效果。干粉共混法在塑料共混方面仅应用于难以熔融流动或熔融温度下易分解的场合。例如聚四氟乙烯与其它树脂的共混就是采用干粉共混，共混料冷压成型后再高温烧结定型即得制品。由于干粉共混法的混合分散效果较差，如无进一步的混炼措施，则制品的相区尺寸较大，性能改进不突出。在橡胶并用方面，干粉共混法已应用于粉末丁腈橡胶与聚氯乙烯粉末共混压制鞋底、隔音胶板等产品。干粉共混法具有设备简单、加工费用低和大分子受机械破坏程度小等优点。干粉共混法必须使用粉末态高分子物，这对于某些聚合物，例如橡胶类聚合物和韧性聚合物来说存在较大的困难。

将两种高分子物的溶液加以混合，然后加热驱除溶剂即可制得高分子共混物。两种溶液的溶剂应属同种或虽不同种但能充分互溶。此法因需消耗大量溶剂，在工业上无法推广，不过常在实验室研究工作中使用。

聚合物乳液的共混称为乳液共混。共混后的乳液经共同凝聚即得共混物料，此法因受原料形态的限制，共混效果亦不很理想，现主要应用于胶乳制品的制取。

使用混炼机和螺旋挤出机将高分子物在软化或熔融流动状态下加以混合，其混合分散效果优于上述各法。尤其在混炼设备的强剪切力作用下可生成嵌段或接枝共聚物，起到前述的相容剂作用，可促进高分子物之间的相容。由于此时已伴随有化学反应，故又称为机械-化学共混法。

在采用挤出机共混时，为增加共混效果，有时先进行干粉混合（必要时还加入各种配合剂），然后送入挤出机加热熔融，从口模挤出、造粒以备成型之用。若在挤出机料筒与口模之间安置静态混合器（Static Mixer）将显著加强混合效果。所谓静态混合器是一种无运动部件的混合装置，其结构如图 15-6 所示。静态混合器的主要混合部件是一些螺旋形元件，这些元件有左旋和右旋两类。将左旋和右旋螺旋元件交替排列并互成 90 度焊接在一起，装于管道中即构成静态混合器。元件的长度一般为直径的 1.5 倍，数目将由工艺要求确定。从挤出机输送至静态混合器的熔融物料，通过静态混合器的每一个元件都会被分割为两股料流，并产生强烈的径向流动。被分割的料流总层数 $s = 2^n$，n 是螺旋元件的数目。当 n 为 20 时，s 即超过百万。图 15-7 为物料通过静态混合器的混合情况示意图。

318

此外，采用双螺杆挤出机也可获得较好的共混效果。双螺杆挤出机系由两根相互啮合的螺杆装在一个"∞"字形机筒内组成（图15-8）它是依靠双螺杆旋转所产生的"正向输送"作用，将物料强制推向前进。两根螺杆不论是异向旋转还是同向旋转都能在两螺杆啮合处产生强烈的混合、剪切作用。对同向旋转双螺杆的混合作用进行分析的结果表明，若设计合理，物料经十个螺距后，其混合次数可达 2^{20}。由于"正向输送"的强制性，物料在双螺杆挤出机中的平均停留时间仅为单螺杆挤出机的二分之一以下，停留时间分布也仅为后者的五分之一左右，因而双螺杆挤出机特别适用于热敏性高分子物的共混。此外，即使两种高分子物的熔融粘度相差比较大，也能强制它们均匀混合。

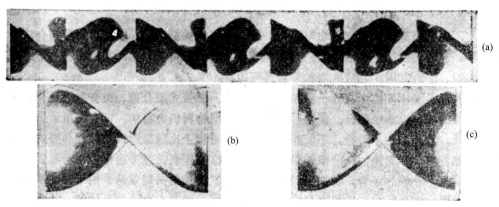

图 15-6　静态混合器及其元件
（a）静态混合器（b）左旋元件（c）右旋元件

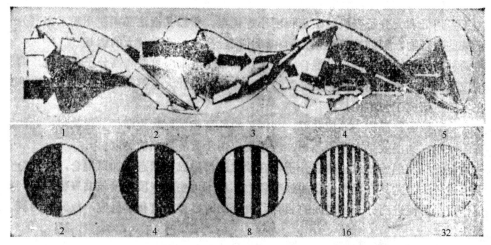

图 15-7　物料通过静态混合器的变化状态
图中 1～5 系指单元数，2、4、8、16、32 系指每经一单元物料混合倍数

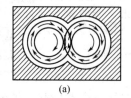 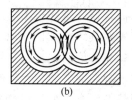

图 15-8　双螺杆挤出机示意图
（a）同向旋转（b）异向旋转

开放式双辊筒混炼机也常用于聚氯乙烯等塑料共混物的制备，不过目前多用于橡胶的共混。橡胶在此种混炼机上共混，按操作情况可分为三种情况：(i) 全部炭黑加入到一种橡胶中，混炼后再以另一种橡胶稀释；(ii) 两种胶先合炼，然后将炭黑加入到合炼胶内混炼；(iii) 炭黑分别与两种橡胶混炼，随后两胶料再混合。实际生产中需要从混炼的劳动条件、设备利用率、劳动生产率以及胶料性能等多方面考虑选择其中任一种方法。

近年来利用接枝共聚-共混法制取塑料共混物的发展很迅速，此法系化学共混法，其典型操作过程是首先将一种高分子物溶于另一种高分子物的单体中，然后使单体聚合，即得到共混物。此法所得高分子共混体系包含着两种均聚物以及两种均聚物的接枝共聚物。由于接枝共聚物促进了两种均聚物的相容，因而此法所制的共混物，其相区尺寸较小，制品性能较优。工业上已使用接枝共聚-共混法广泛生产橡胶增韧塑料，在这方面已有取代机械共混法的趋势，例如抗冲聚苯乙烯和ABS塑料现已主要用这种方法生产。

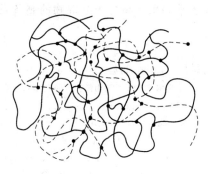

图 15-9　相互贯穿聚合物网络示意

某些高分子共混物的制备及性能特点

共混物名称	参考的共混比	主要改进性能	共 混 方 法	主要应用范围
HDPE/LDPE	任　意	增加 HDPE 柔软性或增加 LDPE 硬度	挤　出	容器、薄膜、泡沫塑料
PP/PE+EPR	85/15	增加 PP 抗冲性	挤　出	容器，注射成型制品
PVC/CPVC/CPE	75/25/1	增加 PVC 强度	辊　压	结构材料
PVC/CPE	85/15	增加 PVC 耐候性	挤出或辊压	
PVC/ABS		增加 PVC 抗冲性	辊　压	容器、板、管
PVC/EVA	100/5	增加 PVC 抗冲性	挤出或辊压	容器，膜
PS/SBR	75/25	增加 PS 抗冲性	辊压或接枝共聚	结构材料
ABS		增加 PS 抗冲性	辊压或接枝共聚	结构材料
NBR/PVC	任　意	增加 NBR 耐候性或增加 PVC 抗冲性	辊　压	密封、耐油橡胶制品及韧性 PVC 制品
NBR/SBR	NBR≮60%	增加 NBR 耐寒性	辊　压	耐油制品
SBR/HDPE	100/5—20	增加 SBR 耐候性、耐磨性,改善加工性	辊　压	
SBR/NR	任　意		辊　压	轮胎等
SBR/BR	任　意	增加 SBR 耐寒性、耐磨性	辊　压	胎　面
CR/NR	80/20	改善 CR 的加工性	辊　压	运输带
CR/BR	90—60/10—40	改善 CR 耐寒性耐磨性、加工性	分别混炼再合炼	胶带、耐寒制品
IIR/PE	60—80/40—20	改善 IIR 耐油性、耐腐性	辊　压	化工设备衬里

表中各物料代表符号：HDPE—高密度聚乙烯；LDPE—低密度聚乙烯；PP—聚丙烯；PVC—聚氯乙烯；CPE—氯化聚乙烯；CPVC—氯化聚氯乙烯；PS—聚苯乙烯；EPR—乙丙胶；NBR—丁腈胶；SBR—丁苯胶；NR—天然胶；BR—顺丁胶；CR—氯丁胶；IIR—丁基胶；EVA—乙烯-醋酸乙烯共聚物；ABS—丙烯腈-丁二烯-苯乙烯共混物

利用化学交联法可以制取相互贯穿聚合物网络（Interpenetrating Polymer Networks），这种高分子共混物的结构特点如图 15-9 所示。其制备过程是先制取一种交联聚合物网络，将其在含有活化剂和交联剂的第二种聚合物的单体中溶胀，然后聚合，于是第二步反应所产生的聚合物网络与第一种聚合物网络相互贯穿。当应用两种聚合物胶乳共混，所得共混胶乳中两组分共凝聚后再同时硫化即可制得相互贯穿的弹性体网络。相互贯穿聚合物网络的相态具有两相连续的特点。

关于某些重要高分子共混物的制备及性能特点见 319 页。

主要参考文献

〔1〕 后藤邦夫：日本ゴム协会志，47，〔11〕，721～724，（1974）

〔2〕 А. Г. 什瓦尔茨等著；江伟译：橡胶与塑料及合成树脂的并用，石油化学工业出版社，1976

〔3〕 John A. Manson, Leslie H. Sperling: "Polymer Blends And Composites" Plenum Publishing Corporation, 1976

〔4〕 L. E. Nielsen: "Polymer Rheology" Marcel Dekker, INC, 1977

〔5〕 CHANG DAE HAN "Rheology in Polymer processing", Academic press, 1976

〔6〕 C. B. Bucknall: "Toughened plastics", Applied Science Publishers, 1977

〔7〕 Robert F. "Gould: Copiolymers, Polyblends, and Composites" American Chemical Society, 1975

〔8〕 S. S. Chen, A. R. Macdonald: Chem, Eng. 80, 〔7〕, 105～110, 1973

内 容 提 要

本书是高等学校高分子专业的教材。结合高分子材料的加工方法和成型工艺，介绍了聚合物加工性能、流变性能、物理和化学变化等加工原理，还介绍了高分子复合材料及共混物的加工成型。本书虽以塑料的成型加工为重点阐述，但对合成纤维的纺丝及加工、成型原理及方法，对橡胶的组成及配合，加工和硫化等进行了专门的论述。

本书可供从事三大合成材料（塑料、橡胶、纤维）专业的科技人员和教学设计人员学习参考。